高等学校通信工程专业“十二五”规划教材

信号与系统分析

彭　静　主　编
张丽娜　孙春霞　副主编

中国铁道出版社有限公司
CHINA RAILWAY PUBLISHING HOUSE CO., LTD.

内 容 简 介

本书根据教育部电子信息类专业教学指导委员会修订的“信号与系统”课程基本要求，并充分考虑各院校新一轮修订专业教学计划中该课程的学时数编写而成。全书全面系统、深入浅出地介绍了连续与离散信号及系统分析的基本理论和方法，其主要内容包括：信号与系统分析的基本概念、连续时间信号与系统的时域分析、连续时间信号与系统的频域分析、连续时间信号与系统的复频域分析、离散时间信号与系统的时域分析、离散时间信号与系统的 z 域分析共 6 章内容，全书各章节均配有习题，书末附有部分习题的参考答案，以方便教学。为方便使用 MATLAB 对信号进行基本的处理，除第 1 章外每章增加一节以 MATLAB 为工具进行信号与系统分析的内容。

本书适合作为普通高等教育通信工程、电子信息工程、自动化、电子信息科学与技术、测控技术与仪器、计算机科学与技术等专业的本科生的教材，对从事电子类专业的工程技术人员也有重要的参考价值。

图书在版编目（CIP）数据

信号与系统分析/彭静主编．—北京：中国铁道出版社，2016.1（2024.1 重印）
高等学校通信工程专业“十二五”规划教材
ISBN 978 - 7 - 113 - 21339 - 8

Ⅰ. ①信… Ⅱ. ①彭… Ⅲ. ①信号系统 - 高等学校 - 教材
Ⅳ. ①TN911.6

中国版本图书馆 CIP 数据核字（2016）第 005882 号

书　　名：信号与系统分析
作　　者：彭　静

策　　划： 周海燕　　**编辑部电话：**（010）63549501
责任编辑： 周海燕　鲍　闻
封面设计： 一克米工作室
封面制作： 白　雪
责任校对： 王　杰
责任印制： 樊启鹏

出版发行： 中国铁道出版社有限公司（100054，北京市西城区右安门西街 8 号）
网　　址： http://www.tdpress.com/51eds/
印　　刷： 三河市宏盛印务有限公司
版　　次： 2016 年 1 月第 1 版　2024 年 1 月第 5 次印刷
开　　本： 787 mm × 1 092 mm　1/16　**印张：** 18　**字数：** 433 千
书　　号： ISBN 978 - 7 - 113 - 21339 - 8
定　　价： 42.00 元

前　言

FOREWORD

“信号与系统分析”是电子、通信、自动控制、雷达、生物电子学等多种学科的一门主干专业基础课程。作为该课程核心的一些基本概念和方法，对于其他的社会和自然类学科都是非常重要的。近年来，随着信息科学与技术的迅速发展，新的信号处理和分析技术不断涌现，信号与系统分析方法潜在的和实际的应用一直在扩大，随之而来的该课程的理论教学也在不断地革新。国外每隔一年就有一本这类代表性的著作问世，国内同类书籍也出版了多种。我们根据多年的教学实践经验，同时参考了大量的国内外同类教材，编写了本书。

本书采用先信号后系统，先连续后离散，先时域后变换域，同时加强理论与实践的结合，除第1章外，每章最后增加一节用MATLAB仿真软件进行信号与系统分析的内容。这种结构符合由浅入深，由简到繁，由静到动，由局部到整体的认识规律，便于学生学好本课程。同时在教材编写上，注意物理语言描述与数学语言描述并重，注意同前后课程的衔接，内容叙述深入浅出，使之更加符合学生的认知过程。在辅助工具上，注重计算机仿真软件的运用，使学生从单纯的习题计算转移到基本概念、基本原理和基本方法的理解和应用上，以提高学习效率和效果。在例题与习题的选择上，加强工程性和综合性例题与习题，培养学生分析问题和解决问题的能力。

本书由彭静任主编，张丽娜、孙春霞任副主编。具体编写分工如下：第1、2章由孙春霞编写，第3、4章由张丽娜编写，第5、6章由彭静编写，彭静负责全书的组织编排及统稿工作。

由于编者水平有限，书中难免有疏漏和不当之处，恳请读者批评指正。

编　者

2015年9月

目　录

CONTENTS

第❶章　信号与系统分析的基本概念 …… 1

1.1　信号的概念与分类 …… 1

1.1.1　信号的概念 …… 1

1.1.2　信号的分类 …… 1

1.2　系统的定义与分类 …… 4

1.2.1　系统的定义 …… 4

1.2.2　系统的分类 …… 4

1.2.3　系统分析方法概述 …… 8

习题 1 …… 9

第❷章　连续时间信号与系统的时域分析 …… 11

2.1　基本信号及其时域特性 …… 11

2.1.1　普通信号 …… 11

2.1.2　奇异信号 …… 14

2.2　连续时间信号的时域运算 …… 20

2.2.1　相加（相减） …… 20

2.2.2　相乘 …… 20

2.2.3　信号时移 …… 21

2.2.4　翻转（折叠） …… 21

2.2.5　尺度变换 …… 21

2.2.6　微分 …… 23

2.2.7　积分 …… 24

2.2.8　信号的时域分解 …… 24

2.3　连续时间 LTI 系统的响应 …… 27

2.3.1　时域经典分析法 …… 28

2.3.2　初始条件的确定 …… 31

2.3.3　系统的零输入响应和零状态响应 …… 32

2.4　连续 LTI 系统的冲激响应和阶跃响应 …… 34

2.4.1　系统的单位冲激响应 …… 34

2.4.2　系统的单位阶跃响应 …… 36

2.5　卷积积分 …… 36

2.5.1　卷积积分法原理 …… 36

2.5.2　卷积积分的图示 …… 37

2.6　卷积积分的性质 …… 39

2.6.1　卷积的代数运算 …… 39

2.6.2　函数与冲激函数的卷积 …… 40

2.6.3　卷积积分的时移特性 …… 41

2.6.4　尺度变换性质 …… 41

2.6.5　卷积的微分特性 …… 42

2.6.6　卷积的积分特性 …… 42

2.6.7　卷积的微积分特性 …… 43

2.7　利用 MATLAB 实现连续时间信号与系统的时域分析 …… 44

2.7.1　连续时间信号的 MATLAB 表示 …… 44

2.7.2 用 MATLAB 实现连续时间信号的卷积 …… 47
2.7.3 LTI 连续时间系统冲激响应、阶跃响应的 MATLAB 实现 …… 51
习题 2 …… 51
第3章 连续时间信号与系统的频域分析 …… 58
3.1 正交函数的概念 …… 58
3.1.1 正交矢量 …… 58
3.1.2 正交函数 …… 59
3.1.3 完备的正交函数集 …… 60
3.2 傅里叶级数 …… 61
3.2.1 三角形式的傅里叶级数 …… 62
3.2.2 周期信号的对称性与傅里叶级数系数的关系 …… 64
3.2.3 傅里叶级数的指数形式 …… 67
3.3 周期信号的频谱及功率谱 …… 69
3.3.1 周期信号的频谱 …… 69
3.3.2 周期信号的功率谱 …… 72
3.4 非周期信号的频谱——傅里叶变换 …… 74
3.4.1 傅里叶变换 …… 74
3.4.2 典型信号的傅里叶变换 …… 75
3.5 傅里叶变换的性质 …… 80
3.5.1 线性 …… 80
3.5.2 奇偶虚实性 …… 81
3.5.3 对称性 …… 83
3.5.4 尺度变换 …… 84
3.5.5 时移特性（延时特性） …… 85
3.5.6 频移特性 …… 86
3.5.7 时域卷积定理 …… 88
3.5.8 频域卷积定理 …… 89
3.5.9 时域微分和积分特性 …… 90
3.5.10 频域微分和积分特性 …… 93
3.5.11 帕斯瓦尔定理 …… 94
3.6 周期信号的傅里叶变换 …… 95
3.6.1 正弦和余弦信号的傅里叶变换 …… 96
3.6.2 单位冲激序列的傅里叶变换 …… 96
3.6.3 一般周期信号的傅里叶变换 …… 97
3.6.4 傅里叶级数系数与傅里叶变换之间的关系 …… 98
3.7 连续 LTI 系统的频域分析 …… 98
3.7.1 频域分析法 …… 98
3.7.2 无失真传输 …… 100
3.7.3 理想低通滤波器 …… 101
3.8 连续信号与系统频域分析的 MATLAB 实现 …… 102
3.8.1 周期信号频谱的 MATLAB 实现 …… 102
3.8.2 非周期信号频谱的 MATLAB 实现 …… 106
3.8.3 信号的幅度调制及 MATLAB 实现 …… 108
3.8.4 利用 MATLAB 分析系统的频率特性 …… 109
习题 3 …… 112
第4章 连续时间信号与系统的复频域分析 …… 119
4.1 拉普拉斯变换 …… 119
4.1.1 从傅里叶变换到拉普拉斯变换 …… 119

4.1.2 拉普拉斯变换的收敛域 …… 120
4.1.3 常用信号的拉普拉斯变换 …… 121
4.2 拉普拉斯变换的性质 …… 123
4.2.1 线性性质 …… 123
4.2.2 时移（延时）特性 …… 123
4.2.3 尺度变换特性 …… 125
4.2.4 复频移特性 …… 125
4.2.5 时域微分性质（定理） …… 126
4.2.6 时域积分性质（定理） …… 127
4.2.7 s 域微分性质 …… 128
4.2.8 s 域积分性质 …… 128
4.2.9 卷积定理 …… 129
4.2.10 初值定理 …… 130
4.2.11 终值定理 …… 131
4.3 拉普拉斯逆变换 …… 132
4.3.1 逆变换查表法 …… 132
4.3.2 部分分式展开法 …… 133
4.3.3 留数法（围线积分法） …… 135
4.4 系统的复频域分析 …… 136
4.4.1 微分方程的变换解 …… 136
4.4.2 电路的 s 域模型 …… 138
4.4.3 系统函数 …… 142
4.5 系统函数的零极点分析 …… 144
4.5.1 根据系统零极点的分布判断系统的稳定性 …… 145
4.5.2 系统函数的零极点与系统的频率响应特性 …… 149
4.6 系统稳定性的一般判别方法 …… 153
4.7 LTI 系统复频域框图和信号流图 …… 156
4.7.1 LTI 连续系统复频域的基本图示法 …… 156
4.7.2 系统的复频域模拟 …… 158
4.7.3 梅森公式及应用 …… 160
4.8 连续信号与系统复频域分析的 MATLAB 实现 …… 163
4.8.1 由连续系统零极点分布分析系统冲激响应的时域特性 …… 163
4.8.2 由连续系统零极点分布分析系统的频率特性 …… 165
习题 4 …… 169
第5章 离散时间信号与系统的时域分析 …… 177
5.1 离散时间信号及其运算 …… 177
5.1.1 离散时间信号——序列 …… 177
5.1.2 常用序列 …… 178
5.1.3 序列的运算 …… 181
5.2 采样定理 …… 184
5.2.1 理想采样 …… 184
5.2.2 采样定理 …… 185
5.2.3 采样信号的恢复 …… 186
5.3 离散时间系统的描述与模拟 …… 187
5.3.1 离散时间系统的差分方程 …… 187
5.3.2 离散时间系统的算子方程 …… 188
5.3.3 离散时间系统的模拟 …… 190
5.4 离散时间系统的响应 …… 191

5.4.1 离散时间系统的时域经典解法 …… 192
5.4.2 离散时间系统的零输入与零状态解法 …… 194
5.5 离散时间系统的单位脉冲响应 …… 198
5.5.1 由差分方程求解系统的单位脉冲响应 $h(n)$ …… 198
5.5.2 由传输算子求解系统的单位脉冲响应 $h(n)$ …… 200
5.6 卷积和 …… 203
5.6.1 卷积和的定义 …… 203
5.6.2 卷积和的计算 …… 204
5.6.3 卷积和的性质 …… 207
5.7 利用 MATLAB 实现离散时间信号与系统的时域分析 …… 210
5.7.1 常见离散时间信号的 MATLAB 表示 …… 210
5.7.2 利用 MATLAB 对离散时间系统进行时域分析 …… 213
习题 5 …… 218
第6章 离散时间信号与系统的 z 域分析 …… 222
6.1 z 变换 …… 222
6.1.1 从拉普拉斯变换到 z 变换 …… 222
6.1.2 z 变换的定义 …… 223
6.1.3 z 变换的收敛域 …… 223
6.1.4 常见序列的双边 z 变换 …… 225
6.2 z 变换的性质 …… 227
6.2.1 线性 …… 227
6.2.2 时移特性 …… 228
6.2.3 z 域尺度变换（序列乘 a^n） …… 230
6.2.4 z 域微分特性（序列乘 n） …… 231
6.2.5 初值定理 …… 233
6.2.6 终值定理 …… 233
6.2.7 时域卷积定理 …… 234
6.2.8 复频域卷积定理 …… 236
6.3 逆 z 变换 …… 238
6.3.1 逆 z 变换的定义 …… 238
6.3.2 逆 z 变换的计算 …… 238
6.4 离散时间系统的复频域分析 …… 246
6.4.1 差分方程的 z 域解法 …… 246
6.4.2 离散时间系统的系统函数 …… 250
6.4.3 z 变换与拉普拉斯变换的关系 …… 251
6.5 离散时间系统的系统函数与系统特性 …… 252
6.5.1 系统函数的零点与极点 …… 252
6.5.2 系统函数的零极点与系统的时域响应 …… 253
6.5.3 系统函数与系统的因果稳定性 …… 254
6.5.4 系统函数的零极点与系统的频率响应 …… 256
6.6 利用 MATLAB 实现离散时间信号与系统的 z 域分析 …… 258
6.6.1 用 MATLAB 实现部分分式展开 …… 258
6.6.2 用 MATLAB 计算 z 变换和逆 z 变换 …… 259
6.6.3 用 MATLAB 实现离散 LTI 系统的 z 域分析 …… 259
习题 6 …… 263
附录 部分习题参考答案 …… 268
参考文献 …… 280

第❶章 信号与系统分析的基本概念

本章介绍信号与系统的基本概念,以及信号与系统的分类和特征,并简要介绍信号与系统分析的基本内容和方法。

1.1 信号的概念与分类

1.1.1 信号的概念

现代社会的人们每天都会与含有信息的各种各样的信号接触,如打电话、看电视、观天象等等,以便获得信息或将信息传递出去。但信息一般都不能直接传送,它必须借助于一定形式的信号(光信号、声信号、电信号等),才能远距离快速传输和进行各种处理。因此,可以说信号是信息的载体,是信息的表现形式。那么,什么是信号?广义地说,信号是带有信息的随时间变化的物理量。例如,机械振动产生的力信号、位移信号及噪声信号;雷电过程产生的声信号,光信号;电气系统随参数变化产生的电磁信号等。在数学上,信号可以用含有一个或多个变量的函数来表示。在讨论信号的有关问题时,“信号”与“函数”两个词常互相通用。

在可以作为信号的诸多物理量中,电信号是应用最广泛的物理量。电信号易于产生与控制,传输速度快,容易实现与非电量的相互转换。所谓电信号,是指带有一定信息量,随时间变化的电流、电压、电容器上的电荷、电感线圈的磁通,以及空间的电磁波等。本书主要研究随时间变化的电流或电压信号。

1.1.2 信号的分类

信号的分类方法很多,可以从不同的角度对信号进行分类。根据信号时间函数的性质,从不同的研究角度出发,可将信号大致分为下列类型:确定信号与随机信号,连续时间信号与离散时间信号,周期信号与非周期信号,实信号与复信号,能量信号与功率信号,普通信号与奇异信号,因果信号与非因果信号等。

1. 确定信号与随机信号

按照时间函数的确定性来划分,信号可分为确定信号和随机信号。

确定信号也叫规则信号,是指有明确数学函数表达式的信号。对于这种信号,给定某一时刻后,就能确定一个相应的信号值。如果信号是时间的随机函数,则事先将无法预知它的变化规律,这种信号称为不确定信号或随机信号。随机信号不能以明确的数学表达式表示,只能用概率统计的方法描述。确定信号的基本理论与分析方法是研究随机信号的基础,本书只讨论确定信号。

2. 连续时间信号与离散时间信号

按照信号自变量取值的连续性来划分,信号可分为连续时间信号与离散时间信号。

一个信号,如果在某个时间区间内除有限个间断点外都有定义,就称该信号在此区间内为连续时间信号,简称连续信号。这里“连续”一词是指在定义域内(除有限个间断点外)信号变量是连续可变的。至于信号的取值,在值域内可以是连续的,也可以是跳变的。如图 1.1.1 所示的信号,其自变量 t 在定义域($-\infty$, $+\infty$)内连续变化,所以是连续信号,其中图 1.1.1(a)所示的信号值在值域 $[-A,A]$ 上连续取值;图 1.1.1(b)所示的信号在 $t=0$ 时发生了跳变;图 1.1.1(c)在 t_0 处发生了跳变。为了简便起见,若信号表达式中的定义域为($-\infty$, $+\infty$),则省去不写。也就是说,凡没有标明时间区间时,其定义域均默认为($-\infty$, $+\infty$)。

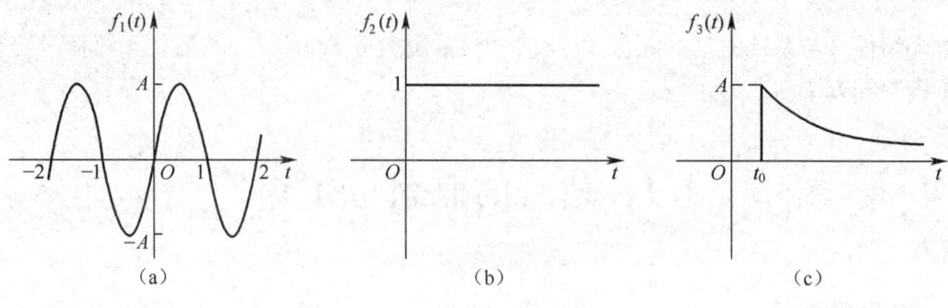

图 1.1.1　连续信号

仅在离散时刻点上有定义的信号称为离散时间信号,简称离散信号。这里“离散”一词表示自变量只取离散的数值,相邻离散时刻点的间隔可以是相等的,也可以是不相等的,在这些离散时刻点以外,信号无定义。信号的值域可以是连续的,也可以是不连续的,如图 1.1.2 所示。

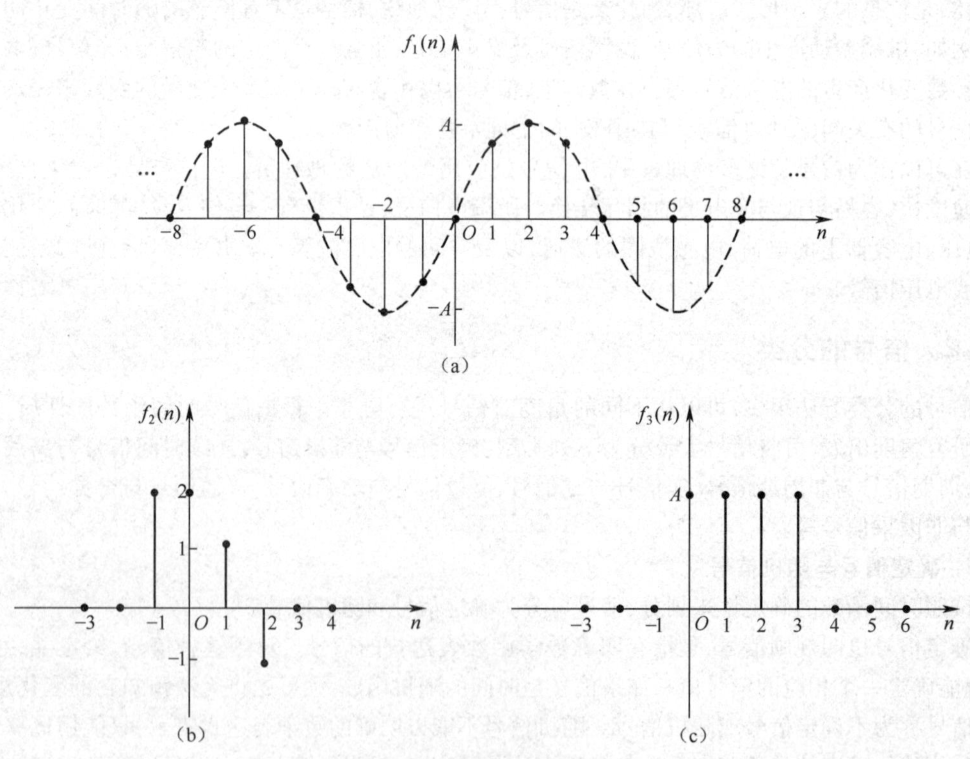

图 1.1.2　离散信号

信号与系统分析

定义在等间隔离散时刻点上的离散信号叫作均匀离散信号，也称为序列，通常记为$f(n)$，其中n称为序号。与序号n相应的序列值$f(n)$称为信号的第n个样值。本书只研究均匀离散信号，所以本书所说的离散信号均指均匀离散信号。

在工程应用中，常常把幅值可连续取值的连续信号称为模拟信号，如图 1.1.1(a)所示；把幅值可连续取值的离散信号称为采样信号，如图 1.1.2(a)所示；而把幅值只能取某些规定数值的离散信号称为数字信号，如图 1.1.2(b)、(c)所示。

3. 周期信号与非周期信号

按照时间函数的周期性来划分，信号可分为周期信号与非周期信号。

一个连续信号$f(t)$，若对所有t均有

$$f(t)=f(t+mT) \quad m=0, \pm 1, \pm 2, \cdots \tag{1.1.1}$$

则称$f(t)$为连续周期信号，满足式(1.1.1)的最小T值称为$f(t)$的周期。

一个离散信号$f(n)$，若对所有n均有

$$f(n)=f(n+mN) \quad m=0,\pm 1,\pm 2,\cdots \tag{1.1.2}$$

则称$f(n)$为离散周期信号或周期序列，满足式(1.1.2)的最小N值称为$f(n)$的周期。周期信号的波形如图 1.1.3 所示。

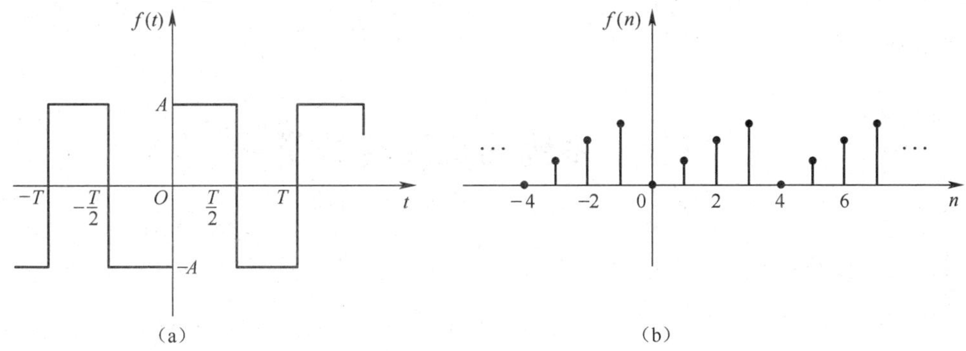

图 1.1.3　周期信号

凡是无重复变化规律的信号皆为非周期信号。

4. 能量信号与功率信号

我们有时需要知道信号的能量特性和功率特性。为此，需要研究信号电流或电压在一单位电阻上所消耗的能量和功率。

若信号$f(t)$在一单位电阻上的瞬时功率为$|f(t)|^2$，在$(-\infty, +\infty)$区间的信号能量定义为

$$E=\lim_{T\to\infty}\int_{-T/2}^{T/2}|f(t)|^2\mathrm{d}t \tag{1.1.3}$$

而信号功率P定义为在$(-\infty, +\infty)$区间信号$f(t)$的平均功率，即

$$P=\lim_{T\to\infty}\frac{1}{T}\int_{-T/2}^{T/2}|f(t)|^2\mathrm{d}t \tag{1.1.4}$$

式(1.1.3)、式(1.1.4)中，被积函数都是$f(t)$模的平方，所以信号能量E和信号功率P都是非负实数。

若信号$f(t)$的能量$0<E<\infty$，此时$P=0$，则称此信号为能量有限信号，简称能量信号。

若信号$f(t)$的功率$0<P<\infty$，此时$E=\infty$，则称此信号为功率有限信号，简称功率信号。

值得注意的是，一个信号不可能同时既是功率信号，又是能量信号，但可以既是非功率信号，又

是非能量信号,如单位斜坡信号就是一个例子。一般来说,周期信号都是功率信号;非周期信号则可能出现三种情况:能量信号、功率信号、非功率非能量信号。例如:持续时间有限的非周期信号为能量信号,如图 1.1.4(a)所示的脉冲信号;持续时间无限、幅度有限的非周期信号为功率信号,如图 1.1.4(b)所示;持续时间、幅度均无限的非周期信号为非功率非能量信号, 如图 1.1.4(c)所示。

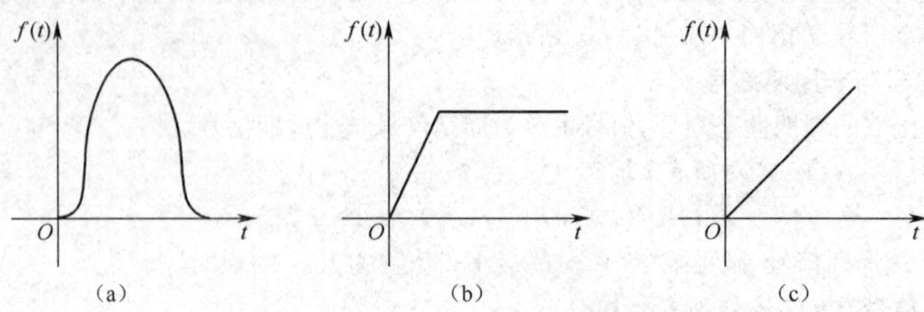

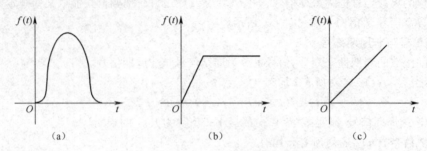

图 1.1.4　三种非周期信号

5. 因果信号与非因果信号

按信号存在的时间范围,可以把信号分为因果信号与非因果信号。当 $t<0$ 时,连续信号 $f(t)=0$,信号 $f(t)$ 是因果信号,反之为非因果信号;当 $n<0$ 时,离散信号 $f(n)=0$,则信号 $f(n)$ 是因果信号,反之为非因果信号。

1.2　系统的定义与分类

1.2.1　系统的定义

所谓系统,是由一些相互制约的部件或事物组成并且具有一定功能的整体。例如,为了实现某种特定的功能(如能量转换或信息处理),人们把若干部件有机地组成一个整体,这个整体就是系统,如通信系统、雷达系统、控制系统、电力系统、机械系统等。系统的概念不仅适用于自然科学的各个领域,而且还适用于社会科学,如政治领域、经济组织、生产管理、教育体制、人口发展等。在各种系统中,电系统具有特殊的重要作用,这是因为大多数非电系统可以用电系统来模拟或仿真。

系统在外加信号作用下将产生某种反应,这种外加信号称为系统的输入或激励,相应的反应称为系统的输出或响应。对系统的理论研究包括系统分析和系统综合两个方面。系统分析讨论的中心问题是在给定的输入作用下,系统将产生什么样的输出;系统综合是讨论在规定了某种激励下的响应后,确定系统的结构以满足规定的可实现的技术要求。尽管系统分析和系统综合紧密相关,而且系统的设计是科研人员最富于创造性的部分,但是系统分析却是最基本的。本书主要讨论系统分析。

1.2.2　系统的分类

在信号与系统分析中,常按系统的数学模型和基本特性分类。系统可分为线性与非线性系统,时变与时不变系统,因果系统与非因果系统,即时系统与动态系统,集总参数系统与分布参数系统,连续时间系统与离散时间系统,稳定系统与非稳定系统,记忆系统与无记忆系统等。

1. 线性系统与非线性系统

线性包含齐次性与叠加性两个概念。所谓齐次性，是指若系统的激励（输入）增大至 k 倍，则其响应（输出）也增大至 k 倍，如图 1.2.1(a)所示。

若
$$f(t) \to y(t)$$
则
$$kf(t) \to ky(t) \tag{1.2.1}$$

若有 n 个激励同时作用于系统，则系统的总响应等于各激励单独作用（其余激励为零）时所引起的响应之和，这就是叠加性，如图 1.2.1(b)所示。

若
$$f_1(t) \to y_1(t), f_2(t) \to y_2(t)$$
则有
$$f_1(t) + f_2(t) \to y_1(t) + y_2(t) \tag{1.2.2}$$

凡能同时满足齐次性与叠加性的系统称为线性系统，如图 1.2.1(c)所示。即对于线性系统，

若
$$f_1(t) \to y_1(t), f_2(t) \to y_2(t)$$
则有
$$k_1 f_1(t) + k_2 f_2(t) \to k_1 y_1(t) + k_2 y_2(t) \tag{1.2.3}$$

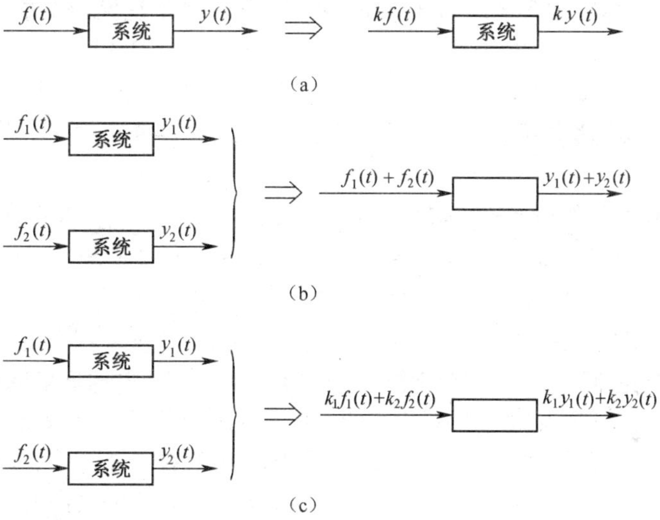

(a)

(b)

(c)

图 1.2.1　线性系统

对于一个动态系统而言，其响应 $y(t)$ 不仅与激励 $f(t)$ 有关，而且还与系统的初始状态 $\{x(t_0)\}$ 有关。设具有初始状态的系统加入激励时的总响应为 $y(t)$，称其为全响应；仅有激励而初始状态为零的响应为 $y_f(t)$，称其为零状态响应；仅有初始状态而激励为零的响应为 $y_x(t)$，称其为零输入响应。若将系统的初始状态看作系统的另一种激励，这样，系统的响应将取决于两个不同的激励：输入信号 $f(t)$ 和初始状态 $\{x(t_0)\}$。依据线性系统的性质，对于线性系统，其总响应等于每个激励单独作用时相应响应之和，即

$$y(t) = y_x(t) + y_f(t) \tag{1.2.4}$$

此性质称为线性系统的分解性。对于线性系统，当系统有多个初始状态时，零输入响应对每个输入初始状态成线性（称之为零输入线性）；当系统有多个输入时，零状态响应对于每个输入成线性（称之为零状态线性）。

凡是不具备上述特征的系统则称之为非线性系统。

【例 1.2.1】试判断下列输出响应所对应的系统是否是线性系统。

系统 1：
$$y_1(t) = 5y(0) + 2\int_0^t x(\tau)\,d\tau, t > 0$$

系统 2：$$y_2(t)=5y(0)+2x^2(t),t>0$$
系统 3：$$y_3(t)=5y^2(0)+2x(t),t>0$$
系统 4：$$y_4(t)=5y^2(0)+\lg x(t),t>0$$

【解】根据线性系统的定义，系统 1 的零输入响应和零状态响应均成线性，故为线性系统；系统 2 仅有零输入响应成线性；系统 3 仅有零状态响应成线性；系统 4 的零输入响应和零状态响应均不成线性，故系统 2、3、4 均不是线性系统。

【例 1.2.2】已知某系统的全响应

$$y(t)=x^2(0)+\int_0^t f(\tau)\mathrm{d}\tau,t>0$$

其中，$x(0)$ 为系统的初始值，$f(\tau)$ 为激励，试判断此系统是否是线性系统。

【解】根据全响应表达式可看出该系统具有分解特性，因为其中一部分响应仅与初始值有关，即 $y_x(t)=x^2(0)$，而另一部分仅与输入信号有关，即 $y_f(t)=\int_0^t f(\tau)\mathrm{d}\tau$，且零状态响应与输入信号满足线性关系。但零输入响应与初始值 $x(0)$ 之间不满足线性的要求，所以该系统是非线性系统。

【例 1.2.3】某线性系统在初始值 $x_1(0)=x_2(0)=1$ 作用下的零输入响应为 $y_x(t)=2+3\mathrm{e}^{-2t}$，$t\geqslant 0$，该系统在同样的初始条件下，输入为 e^{-t} 时的全响应为 $y(t)=4-\mathrm{e}^{-t}+4\mathrm{e}^{-2t}$，$t\geqslant 0$，求系统在 $5\mathrm{e}^{-t}$ 作用下的零状态响应。

【解】根据题意，在 $5\mathrm{e}^{-t}$ 作用下的零状态响应 $y_f(t)$ 为

$$\begin{aligned}y_f(t)&=5[y(t)-y_x(t)]=5[4-\mathrm{e}^{-t}+4\mathrm{e}^{-2t}-(2+3\mathrm{e}^{-2t})]\\&=5[2-\mathrm{e}^{-t}+\mathrm{e}^{-2t}]=10-5\mathrm{e}^{-t}+5\mathrm{e}^{-2t},t\geqslant 0\end{aligned}$$

2. 时变系统与时不变系统

如果系统的参数与时间无关，为一个常数，或它的输入与输出不随时间的起点而变化，即系统的输出仅取决于输入，而与输入的起始作用时间无关，则称此系统为时不变系统或非时变系统。图 1.2.2 为时不变系统示意图，即如果激励是 $f(t)$，系统产生的响应为 $y(t)$，当激励的时间延迟 τ 为 $f(t-\tau)$ 时，则其输出响应也相同地延迟 τ 时间，为 $y(t-\tau)$。它们之间的变化规律仍保持不变，波形保持不变，即若

$$f(t)\rightarrow y(t)$$

则

$$f(t-\tau)\rightarrow y(t-\tau) \tag{1.2.5}$$

若系统在同样信号的激励下，输出响应随加入时间始点的不同而产生变化，即不具备时不变特性，则称该系统为时变系统。

系统的线性和时不变性是两个不同的概念，线性系统可以是时不变的，也可以是时变的，非时变系统也如此。若系统既是线性的又是时不变的，则称该系统为线性时不变系统，简记为 LTI 系统。实践表明，有关 LTI 系统的理论和方法在系统分析中非常有效，故本书仅研究线性时不变系统的问题。

【例 1.2.4】试判断下列系统是时不变系统还是时变系统。

系统 1：$$y(t)=tf(t)$$
系统 2：$$y(t)=f(-t)$$

【解】对于系统 1 有 $f_1(t)\rightarrow y_1(t)=tf_1(t)$

则
$$y_1(t-\tau)=(t-\tau)f_1(t-\tau)$$

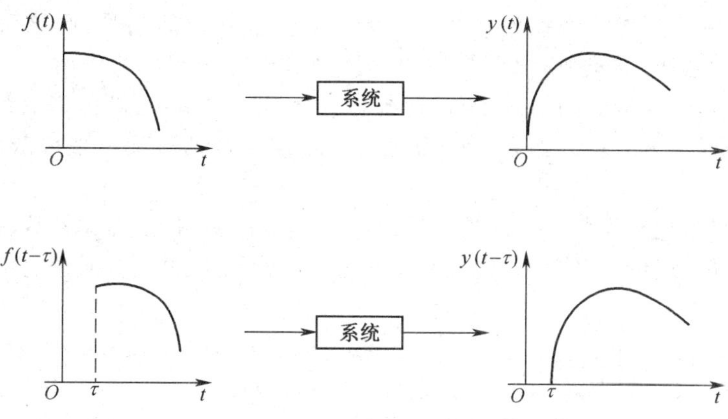

图 1.2.2 时不变系统

而 $$f_1(t-\tau)\rightarrow y_2(t)=tf_1(t-\tau)\neq y_1(t-\tau)$$

故系统 1 为时变系统。

对于系统 2 有 $$f_1(t)\rightarrow y_1(t)=f_1(-t)$$

则 $$y_1(t-\tau)=f_1(\tau-t)$$

而 $$f_1(t-\tau)\rightarrow y_2(t)=f_1(\tau-t)=y_1(t-\tau)$$

故系统 2 为时不变系统。

3. 因果系统与非因果系统

因果系统是指其响应不出现于激励作用之前的系统,也就是说,系统在某时刻的输出(响应)只决定于某时刻输入(激励)以及过去的输入,而与未来的输入无关。激励是产生响应的原因,响应是激励引起的结果。否则称为非因果系统。即设输入信号 $f(t)$ 在 $t<0$ 时恒等于零,则因果系统的输出信号 $y(t)$ 在 $t<0$ 时也必然等于零,而非因果系统的响应领先于激励,它的输出取决于输入的将来值。非因果系统是不可实现的,故本书中重点研究因果系统。

4. 即时系统与动态系统

若系统在任一时刻的输出仅取决于该时刻的输入信号,而与系统的历史状况无关,该系统称为即时系统(非记忆系统)。只由电阻元件组成的系统就是即时系统。如果某系统在任一时刻的输出响应不仅与该时刻的输入信号有关,而且与系统的历史状况有关,该系统称为动态系统(记忆系统)。只要系统中有一个储能元件(电感线圈或电容器),那么该系统必定是一个动态系统。

5. 集总参数系统与分布参数系统

若系统的几何尺寸远小于输入信号的波长(音频信号的波长 $\lambda=\dfrac{c}{f}=\dfrac{3\times10^8\,\text{m/s}}{25\times10^3\,\text{Hz}}=12\ \text{km}$,其中 c 为光速,即电磁波传播的速度,f 是音频范围的最高频率),此时元件可称为集总参数元件,由这种元件构成的系统称为集总参数系统。在集总参数系统中,同一时间在同一元件中各点的电流值是相同的。若元件的几何尺寸与通过它的信号波长近似,此时元件的几何尺寸就不能忽略。这种元件称为分布参数元件,传输线、波导一般属于这种元件,传输线上任一点的电流值,不仅与时间有关,而且与所在位置有关,由这种元件构成的系统称为分布参数系统。

6. 连续时间系统与离散时间系统

如果作用于一个系统的激励和它产生的响应均为连续时间信号,则该系统称为连续时间系统,简称连续系统。描述连续系统的数学模型是微分方程。若作用于一个系统的激励和它产生的响应均为离散时间信号,则该系统称为离散时间系统,简称离散系统。描述离散系统的数学模型是差分方程。如果一个系统内既出现连续信号又出现离散信号,这种系统称为混合系统。

以上是电系统的简单分类,本书将要讨论的是因果、线性、时不变、集总参数、动态连续时间系统和离散时间系统。以后书中提到的连续或离散的时间系统都是指上述类型的系统,不再特意加以说明。

1.2.3 系统分析方法概述

系统分析是对给定的系统建立数学模型并求解。在建立系统模型方面,描述系统的方法有输入-输出法(外部法)和状态变量法(内部法)。输入-输出法是建立系统激励与响应之间的直接关系,不涉及系统内部变量的情况,因而输入-输出法对于通信工程中常遇到的单输入单输出系统是适用的;状态变量法不仅给出了系统的响应,还给出了系统内部变量情况,特别适用于多输入多输出系统,这种方法便于计算机求解,它不仅适用于线性时不变系统,也便于推广应用于时变系统。

系统数学模型的求解方法主要有两大类:时域法和变换域法。时域法比较直观,它直接分析时间变量的函数,研究系统的时域特性。对于输入-输出法,利用经典法求解常系数线性微分方程或差分方程。在线性系统时域分析中,卷积方法是一种重要的方法,在第 2 章中将做详细讨论。变换域法是将信号与系统的时间变量函数变换成相应变换域的某个变量函数。例如,第 3 章中讨论的傅里叶变换(FT)是以频率为变量的函数,利用 FT 来研究系统的频域特性;第 4 章中讨论的拉普拉斯变换(LT)和第 6 章中讨论的 z 变换则主要研究极点与零点分布,对系统进行 s 域或 z 域分析。变换域法可以将时域分析中的微分方程或差分方程转换为代数方程,或将卷积积分与卷积和转换为乘法,这使信号与系统分析求解过程变得简单而方便。

在利用变换域法和时域法进行 LTI 系统分析时,这两种方法都是把激励信号分解为某些类型的基本信号,在这些基本信号分别作用下求得系统的响应,然后叠加。这些基本信号在时域法中是单位冲激信号,在频域法中是正弦信号或指数信号,而在 s 域分析中是复指数信号。

随着现代科学技术的迅猛发展,新的信号与系统的分析方法不断涌现。其中计算机辅助分析方法就是近年来较为活跃的方法。这种方法利用计算机进行数值计算,从而免去复杂的人工运算,且计算结果精确可靠,因而得到广泛的应用和发展。本书引用了软件工具 MATLAB 对信号与系统进行分析。此外,计算机技术的飞速发展与应用,为信号分析提供了有力支持,但同时对信号分析的深度与广度也提出了更高的要求,特别是对离散时间信号的分析。因此,近年来,离散时间信号的理论研究得到很大发展,离散时间信号与系统的分析已形成一门独立的课程。

综上所述,信号与系统分析这门课程主要研究确定信号与线性时不变系统。该课程应用了较多的数学知识,在学习过程中,应着重掌握信号与系统分析的基本理论与基本方法,将数学概念、物理概念以及工程概念相结合,注意其提出问题、分析问题与解决问题的方法。只有这样,才可以真正理解信号与系统分析的实质,为以后的学习与应用奠定坚实的基础。

习 题 1

1.1 设$f_1(t)$和$f_2(t)$是周期分别为T_1和T_2的周期信号。证明$f(t)=f_1(t)+f_2(t)$是周期为T的周期信号的条件为

$$mT_1=nT_2=T(m,n\text{为正整数})$$

1.2 试判断下列信号是否为周期信号。若是,确定其周期。

(1) $f(t)=5\sin(\pi t+\frac{\pi}{5})$;　　(2) $f(t)=2\sin\tau t+6\sin\pi t$;

(3) $f(t)=5e^{j(2t+\frac{\pi}{4})}$;　　(4) $f(t)=\cos\left(2t+\frac{\pi}{4}\right)$;

(5) $f(t)=\sin\left(\frac{\pi}{2}t\right)+\sin\left(\frac{\pi}{3}t\right)+\sin\left(\frac{\pi}{5}t\right)$;　　(6) $f(t)=5t-3$;

(7) $f(t)=\left[\sin\left(t-\frac{\pi}{6}\right)\right]^2$;　　(8) $f(n)=\cos\left(\frac{8\pi}{7}n-\frac{\pi}{8}\right)$。

1.3 试判断下列信号中哪些为能量信号,哪些为功率信号,或两者都不是。

(1) $f(t)=5t,t\geqslant 0$;　　(2) $f(t)=3e^{-5t}$;

(3) $f(t)=2\cos\left(t+\frac{\pi}{3}\right)$;　　(4) $f(t)=4,\ t\geqslant 0$;

(5) $f(n)=e^{j2n},n\geqslant 0$;　　(6) $f(n)=(-4.5)^n,0\leqslant n\leqslant 2$。

1.4 已知$t\geqslant 0$时其输出响应分别如下所示,试判断其是否为线性系统。

(1) $y(t)=x^2(t)+f^2(t)$;

(2) $y(t)=3x(0)+5f(t)$;

(3) $y(t)=x(0)+\int_0^t f(\tau)d\tau$;

(4) $y(t)=\lg x(0)+\int_0^t f(\tau)d\tau$。

1.5 已知系统具有初始条件$x(t_0)$,其输出响应$y(t)$与输入激励$f(t)$的关系如下所示,试说明其为线性系统或非线性系统的理由。

(1) $y(t)=ax(t_0)+bf(t)$;

(2) $y(t)=x^2(t_0)+2t^2f(t)$;

(3) $y(t)=x(t_0)\sin 5t+f(t)$;

(4) $y(t)=x(t_0)+3t^2f(t)$。

1.6 某线性系统,已知描述其系统的微分方程为

$$\frac{dy(t)}{dt}+2y(t)=f(t)$$

当输入信号$f(t)=e^{-t}u(t),y(0_-)=2$时,$y(t)=e^{-2t}+e^{-t},t\geqslant 0.$

试求:(1) 当$f(t)=5e^{-t}u(t),y(0_-)=2$时,$y(t)$的表达式。

(2) 当$f(t)=e^{-t}u(t),y(0_-)=10$时,$y(t)$的表达式。

1.7 某线性时不变系统,在相同的初始状态下,当输入为$f(t)$时($t<0$时,$f(t)=0$),其全响应$y(t)=2e^{-t}+\cos 2t,t\geqslant 0$;当输入为$2f(t)$时,其全响应$y(t)=e^{-t}+2\cos 2t,t\geqslant 0$。

试求在同样初始状态下,若输入为 $4f(t)$ 时系统的全响应 $y(t)$ 。

1.8 已知描述系统的微分方程如下所示,试判断所描述的系统是线性系统还是非线性系统;是时变系统还是时不变系统?

(1) $(5t-1)\dfrac{\mathrm{d}^2y(t)}{\mathrm{d}t^2}+t\dfrac{\mathrm{d}y(t)}{\mathrm{d}t}+5y(t)=f^2(t)$;

(2) $t\dfrac{\mathrm{d}^3y(t)}{\mathrm{d}t^3}+\sqrt{y(t)}=\cos t$;

(3) $\dfrac{\mathrm{d}^2y(t)}{\mathrm{d}t^2}+5\dfrac{\mathrm{d}y(t)}{\mathrm{d}t}+5y(t)=u(t)$。

第❷章　连续时间信号与系统的时域分析

本章对信号与系统的分析和计算都是以时间为变量进行的，所以称为时域分析。时域分析比较直观，物理概念清楚，是其他分析方法的基础。

2.1　基本信号及其时域特性

在信号与系统的研究中，有几种很重要的基本信号，如指数信号、正弦信号、阶跃信号、冲激信号等。这些信号本身可以作为自然界中很多实际物理信号的模型，还可以用这些信号构造出更复杂的信号。基本信号分为两类：一类称为普通信号；另一类称为奇异信号。

2.1.1　普通信号

1. 指数信号

指数信号的数学表达式为

$$f(t)=Ae^{\alpha t}, t\in \mathbf{R} \tag{2.1.1}$$

式(2.1.1)中，A 和 α 是实数，$\mathbf{R}$ 表示实数集，系数 A 是 $t=0$ 时指数信号的初始值。在 A 为正实数时，若 $\alpha>0$，则指数信号幅度随时间增长而增长；若 $\alpha<0$，则指数信号幅度随时间增长而衰减；在 $\alpha=0$ 的特殊情况下，信号不随时间而变化，成为直流信号。指数信号的波形如图 2.1.1所示。

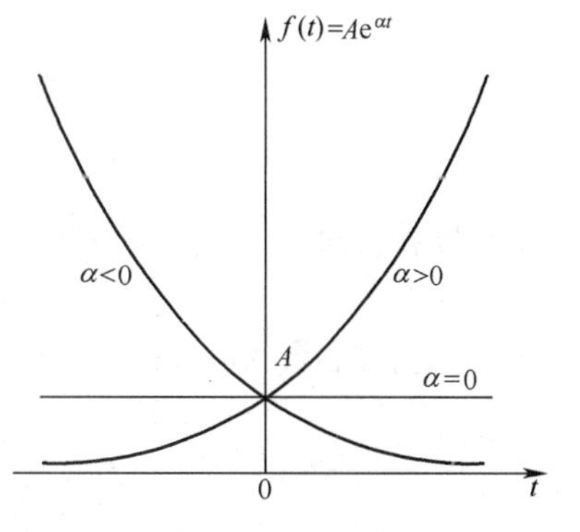

图 2.1.1　指数信号

指数信号为单调增或单调减信号，为了表示指数信号随时间单调变化的快慢程度，将 $|\alpha|$ 的倒数称为指数信号的时间常数，以 τ 表示，即

$$\tau=\frac{1}{|\alpha|} \tag{2.1.2}$$

τ 越小，指数信号增长或衰减的速率越快。实际中遇到的多是如图 2.1.2 所示的单边衰减指数信号，其表达式为

$$f(t)=\begin{cases}Ae^{-\alpha t} & t>0\\ 0 & t\leqslant 0\end{cases} \tag{2.1.3}$$

特别地，在 $f(0)=A$ 时，$f(t)\big|_{t=\tau}=f(\tau)=\dfrac{A}{e}=0.368A$。

即经过时间 τ 后，信号衰减为初始值的 36.8%。

指数信号的一个重要性质是其对时间的微分和积分仍是指数形式。

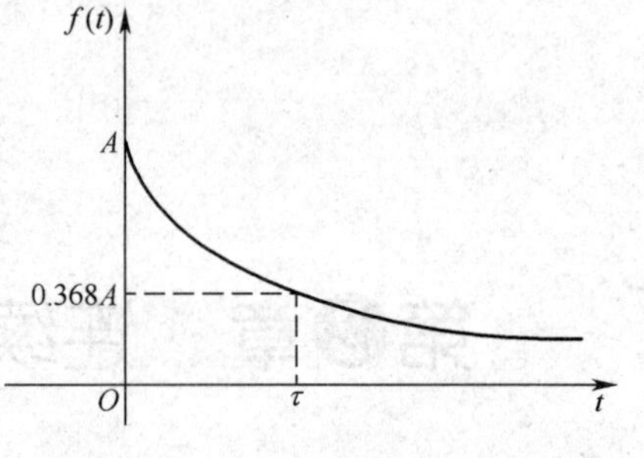

图 2.1.2　单边衰减指数信号

2. 虚指数信号和正弦信号

虚指数信号的数学表达式为

$$f(t)=\mathrm{e}^{\mathrm{j}\omega_0 t},t\in\mathbf{R} \tag{2.1.4}$$

该信号的一个重要特性是它具有周期性，这一特性可以通过周期信号的定义加以证明。如果存在一个 T_0 使下式成立

$$f(t)=f(t+T_0)=\mathrm{e}^{\mathrm{j}w_0 t}=\mathrm{e}^{\mathrm{j}w_0(t+T_0)} \tag{2.1.5}$$

则 $\mathrm{e}^{\mathrm{j}w_0 t}$ 就是以 T_0 为周期的周期信号。因为 $\mathrm{e}^{\mathrm{j}w_0(t+T_0)}=\mathrm{e}^{\mathrm{j}w_0 t}\mathrm{e}^{\mathrm{j}w_0 T_0}$，要使其为周期信号，必须有 $\mathrm{e}^{\mathrm{j}w_0 T_0}=1$，即 $\omega_0 T_0=2\pi m$，由此可得

$$T_0=m\frac{2\pi}{\omega_0}\quad m=\pm1,\ \pm2,\cdots \tag{2.1.6}$$

因此，虚指数信号 $\mathrm{e}^{\mathrm{j}\omega_0 t}$ 是周期为 $2\pi/|\omega_0|$ 的周期信号。

正弦信号和余弦信号二者仅在相位上相差 $\pi/2$。通常统称为正弦信号，表达式为

$$f(t)=A\sin(\omega_0+\varphi),t\in\mathbf{R} \tag{2.1.7}$$

式中，A 为振幅，ω_0 为角频率，φ 为初相位，其波形如图 2.1.3 所示。与虚指数信号一样，正弦信号也是周期为 $2\pi/|\omega_0|$ 的周期信号。

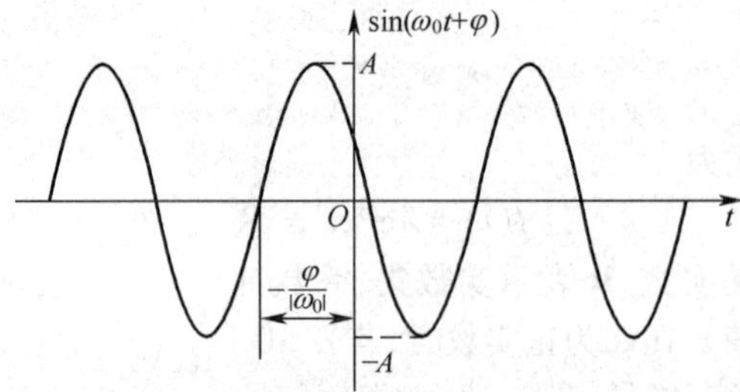

图 2.1.3　正弦信号

利用欧拉(Euler)公式，虚指数信号可以与其相同周期的正弦信号表示，即

$$\mathrm{e}^{\mathrm{j}\omega t}=\cos\omega t+\mathrm{j}\sin\omega t \tag{2.1.8}$$

而正弦信号和余弦信号也可用相同周期的虚指数信号来表示，即

$$\cos\omega t=\frac{1}{2}(\mathrm{e}^{\mathrm{j}\omega t}+\mathrm{e}^{-\mathrm{j}\omega t}) \tag{2.1.9}$$

$$\sin\omega t=\frac{1}{2\mathrm{j}}(\mathrm{e}^{\mathrm{j}\omega t}-\mathrm{e}^{-\mathrm{j}\omega t}) \tag{2.1.10}$$

虚指数信号和正弦信号的另一个特性是对其时间微分和积分后，仍然是同周期的虚指数信号和正弦信号。

3. 复指数信号

复指数信号的数学表达式为

$$f(t)=A\mathrm{e}^{st},t\in\mathbf{R} \tag{2.1.11}$$

式中，$s=\sigma+\mathrm{j}\omega$，$A$ 一般为实数，也可为复数。

借用欧拉公式

$$Ae^{st} = Ae^{(\sigma+j\omega)t} = Ae^{\sigma t}e^{j\omega t} = Ae^{\sigma t}\cos\omega t + jAe^{\sigma t}\sin\omega t \tag{2.1.12}$$

复指数信号可分解为实部与虚部。实部为振幅随时间变化的余弦函数,虚部为振幅随时间变化的正弦函数。可分别用波形画出实部、虚部变化的情况,如图 2.1.4 所示。σ 表示了正、余弦信号振幅随时间变化的情况;ω 是正、余弦信号的角频率。特别地,当 $\sigma<0$ 时,正、余弦信号是减幅振荡;当 $\sigma=0$ 时,正、余弦信号是等幅振荡;当 $\omega=0$ 时,$f(t)$ 为一般指数信号;当 $\sigma=0$, $\omega=0$ 时,$f(t)$ 为直流信号。虽然实际上没有复指数信号,但它概括了多种情况,且复指数信号的微分和积分仍然是复指数信号,利用复指数信号可以使许多运算和分析简化,因此,复指数信号也是一种非常重要的信号。

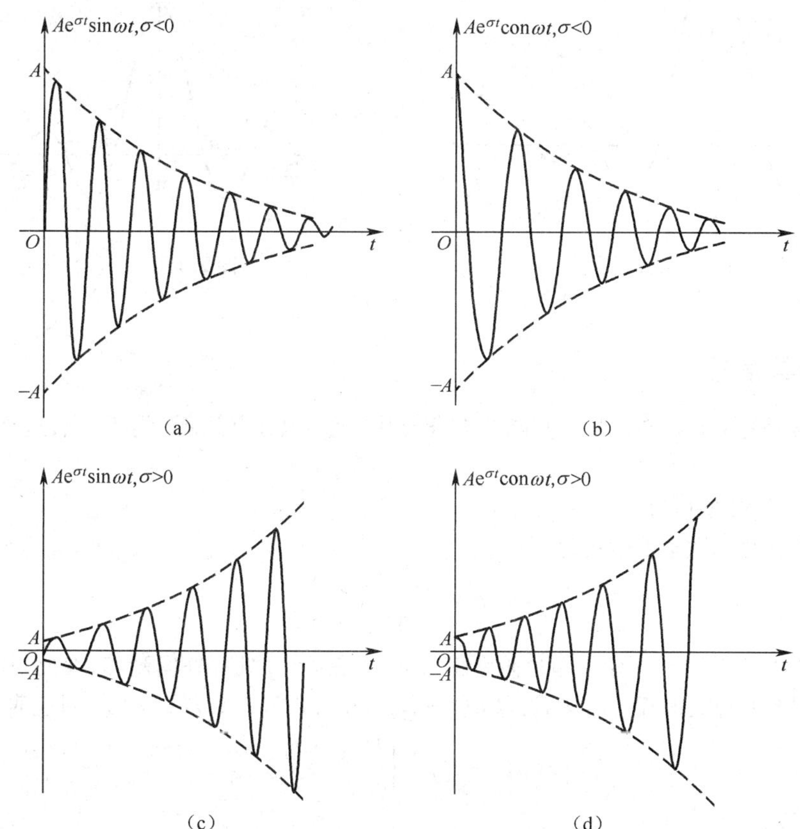

图 2.1.4　复指数信号的实部和虚部

4. 抽样信号

抽样信号的数学表达式为

$$\mathrm{Sa}(t) = \frac{\sin t}{t} \tag{2.1.13}$$

其波形如图 2.1.5 所示。抽样函数具有以下性质:

$$\mathrm{Sa}(0) = 1\ ,\ \lim_{t\to\pm\infty}\mathrm{Sa}(t) = 0$$

$$\mathrm{Sa}(k\pi) = 0 \quad k = \pm 1,\ \pm 2,\cdots$$

$$\int_0^{+\infty}\mathrm{Sa}(t) = \frac{\pi}{2}$$

$$\int_{-\infty}^{\infty} \mathrm{Sa}(t)\,\mathrm{d}t = \pi$$

实际中遇到的多为 $\mathrm{Sa}(at)$ 信号,其表达式为

$$\mathrm{Sa}(at) = \frac{\sin at}{at} \tag{2.1.14}$$

其波形如图 2.1.6 所示。

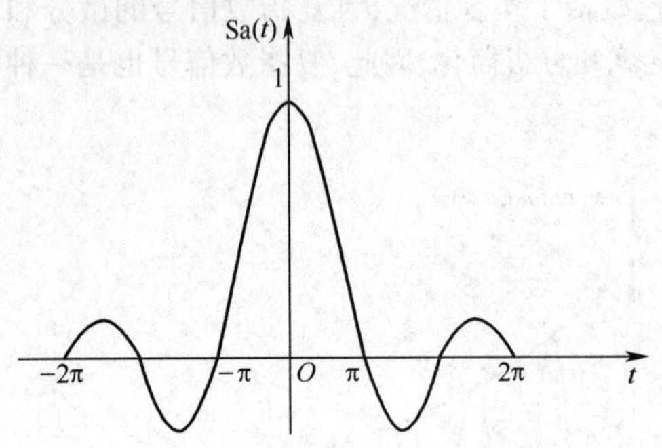

图 2.1.5　Sa(t)信号

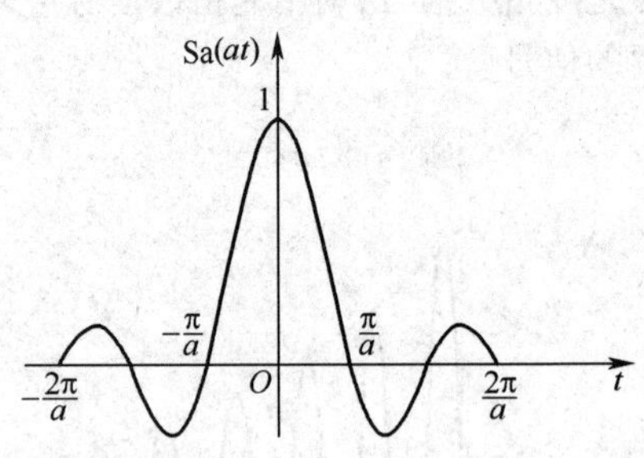

图 2.1.6　Sa(at)信号

2.1.2　奇异信号

奇异信号是另一类基本信号。其函数本身或其导数、积分有间断(跳跃)点,这样的函数称为奇异函数。

1. 单位阶跃信号 $u(t)$

单位阶跃信号的数学表达式为

$$u(t) = \begin{cases} 1 & t > 0 \\ 0 & t < 0 \end{cases} \tag{2.1.15}$$

其波形如图 2.1.7(a)所示。单位阶跃信号 $u(t)$ 在 $t = 0$ 处存在间断点,在此点 $u(t)$ 没有定义。阶跃信号也可以延时任意时刻 t_0,以 $u(t - t_0)$ 表示,如图 2.1.7(b)所示,对应表达式为

$$u(t - t_0) = \begin{cases} 1 & t > t_0 \\ 0 & t < t_0 \end{cases} \tag{2.1.16}$$

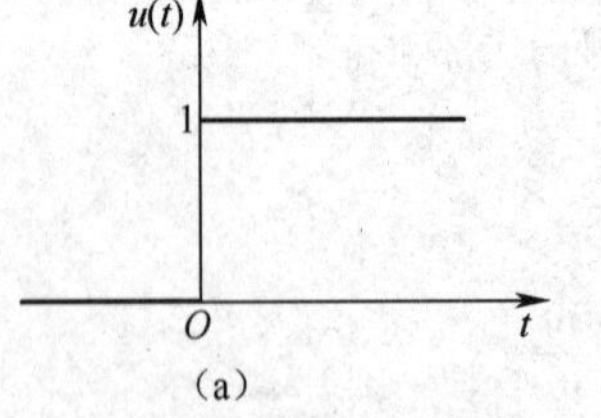

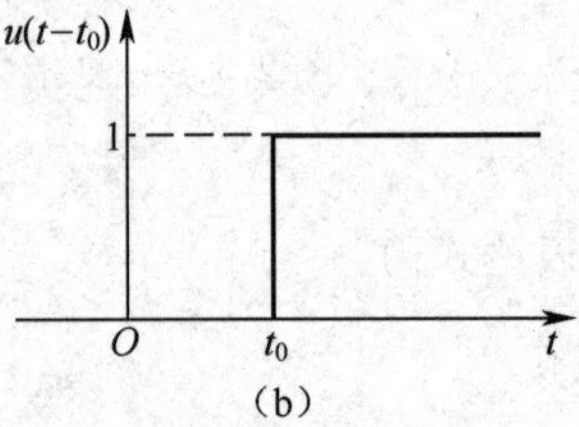

图 2.1.7　阶跃信号

应用阶跃信号与延迟阶跃信号,可以表示任意的矩形脉冲信号。例如,图 2.1.8 所示的矩形波信号可表示为

$$f(t) = u(t - T) - u(t - 3T) \tag{2.1.17}$$

阶跃信号具有单边性,任意信号(以图 2.1.9(a)为例)与 $u(t)$ 乘积即可截断该信号。利用单位阶跃信号可以很方便地描述信号的接入(开关)特性或因果(单边)特性,如图 2.1.9(b)所示。

$$f(t)u(t)=\begin{cases}f(t) & t>0\\0 & t<0\end{cases} \tag{2.1.18}$$

同样,利用矩形信号与任意信号相乘,可截取该信号在矩形区间的部分,如图 2.1.9(c)所示。

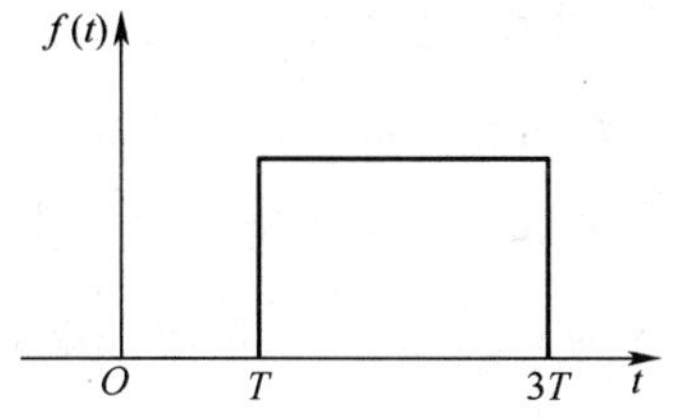

图 2.1.8　矩形信号

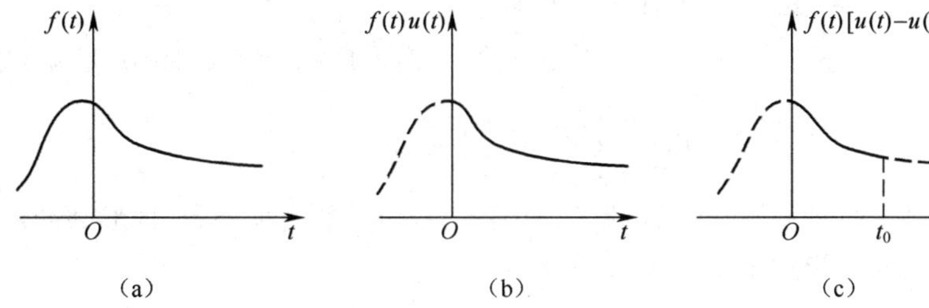

图 2.1.9　阶跃及矩形信号与任意信号相乘

2. 单位冲激信号 $\delta(t)$

1)单位冲激信号的定义

单位冲激信号可由不同的方式来定义,其中一种定义是采用狄拉克(Dirac)的定义,即

$$\begin{cases}\int_{-\infty}^{+\infty}\delta(t)\,\mathrm{d}t=1\\ \delta(t)=0,t\neq 0\end{cases} \tag{2.1.19}$$

冲激信号用箭头表示,如图 1.2.10(a)所示。冲激信号具有强度,其强度就是冲激信号对时间的定积分值。在图中以括号注明,以与信号的幅值区分。

冲激信号可以延迟至任意时刻 t_0,以符号 $\delta(t-t_0)$ 表示,定义为

$$\begin{cases}\int_{-\infty}^{+\infty}\delta(t-t_0)\,\mathrm{d}t=1\\ \delta(t-t_0)=0,t\neq t_0\end{cases} \tag{2.1.20}$$

其波形如图 2.1.10(b)所示。

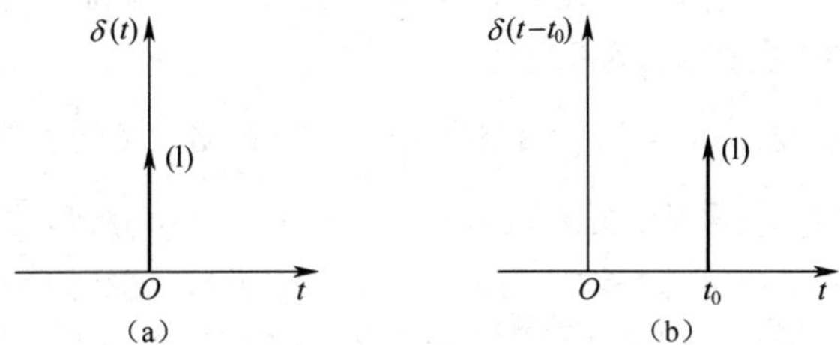

图 2.1.10　冲激信号

单位冲激信号 $\delta(t)$ 是作用时间极短,但取值极大的一类信号的数学模型。例如,单位阶跃信号加在不含初始储能的电容器两端,t 在 $0_-\sim0_+$ 的极短的时间内,电容器两端的电压将从 0 V 跳变

到 1 V,而流过电容器的电流 $i(t)=C\frac{\mathrm{d}u(t)}{\mathrm{d}t}$ 为无穷大,可以用冲激信号 $\delta(t)$ 描述。

为较直观的理解冲激信号,可以将其看成是某些普通偶信号的极限。如图 2.1.11 所示为一个宽度为 τ,幅度为 $\frac{1}{\tau}$ 的对称矩形脉冲信号。当保持矩形脉冲面积 $\tau\frac{1}{\tau}=1$ 不变,而令宽度 $\tau\to 0$ 时,其幅度 $\frac{1}{\tau}$ 趋于无穷大,这个极限情况即为单位冲激函数,其定义为

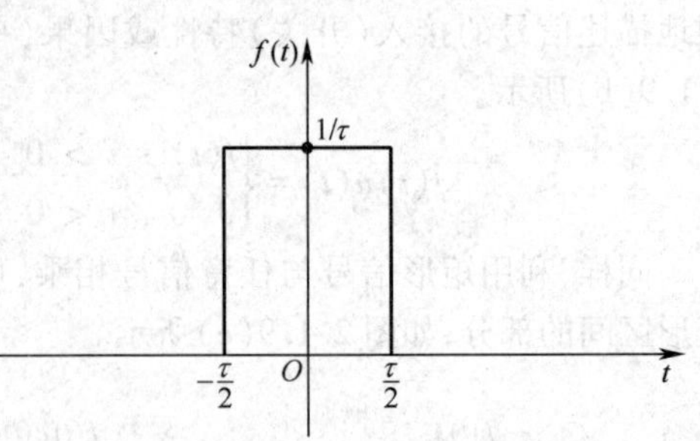

图 2.1.11　矩形脉部的极限为冲激函数

$$\delta(t)=\lim_{\tau\to 0}\frac{1}{\tau}\left[u\left(t+\frac{\tau}{2}\right)-u\left(t-\frac{\tau}{2}\right)\right] \tag{2.1.21}$$

还有一些面积为 1 的偶函数,如三角形脉冲函数、双边指数脉冲函数、钟形脉冲函数等,当其宽度趋于 0 时的极限也可以用来定义 $\delta(t)$ 函数。

$\delta(t)$ 的广义函数定义:

广义(分布)函数理论认为,虽然某些函数不能确定它在每一时刻的函数值(不存在自变量与应变量之间的确定映射关系),但是可以通过它与其他函数(又称测试函数)的相互作用规律(运算规则)来确定其函数关系,这种新的函数就是广义(分布)函数。

$\delta(t)$ 就是一个把在 $t=0$ 处连续的任意有界函数 $\varphi(t)$ 赋予 $\varphi(0)$ 值的一种广义函数,记为

$$\int_{-\infty}^{+\infty}\varphi(t)\delta(t)\,\mathrm{d}t=\varphi(0)$$

这种用运算规则来定义函数的思路,是建立在测度理论基础上的普通函数是相容且不矛盾的。因此,只要一个函数 $g(t)$ 与任意的测试函数 $\varphi(t)$ 之间满足关系式

$$\int_{-\infty}^{+\infty}\varphi(t)g(t)\,\mathrm{d}t=\varphi(0)$$

则这个函数 $g(t)$ 就是单位冲激函数,即

$$g(t)=\delta(t)$$

$\varphi(t)$ 是 $t=0$ 时刻有界的任意函数。

2)冲激信号的性质

(1)取样特性。若一个在 $t=0$ 处连续的信号(且处处有界)与单位冲激信号相乘,则其乘积在 $t=0$ 处为 $f(0)\delta(t)$,其他 t 处乘积均为 0,于是

$$\int_{-\infty}^{+\infty}f(t)\delta(t)\,\mathrm{d}t=\int_{-\infty}^{+\infty}f(0)\delta(t)\,\mathrm{d}t=f(0)\int_{-\infty}^{+\infty}\delta(t)\,\mathrm{d}t=f(0) \tag{2.1.22}$$

上式表明,$f(t)$ 与 $\delta(t)$ 相乘后,在区间 $(-\infty,+\infty)$ 内积分,最终得到 $f(0)$,即抽选出 $f(0)$,称为抽(取)样特性,也叫筛选特性。与此类似,若 $f(t)$ 与一延时 t_0 的单位冲激信号 $\delta(t-t_0)$ 相乘,在区间 $(-\infty,+\infty)$ 内积分,即得到 $f(t_0)$。

$$\int_{-\infty}^{+\infty}f(t)\delta(t-t_0)\,\mathrm{d}t=\int_{-\infty}^{+\infty}f(t_0)\delta(t-t_0)\,\mathrm{d}t=f(t_0)\int_{-\infty}^{+\infty}\delta(t-t_0)\,\mathrm{d}t=f(t_0) \tag{2.1.23}$$

(2)偶函数。

$$\delta(t)=\delta(-t) \tag{2.1.24}$$

证明

$$\int_{-\infty}^{+\infty} f(t)\delta(-t)\,\mathrm{d}t = \int_{-\infty}^{+\infty} f(-\tau)\delta(\tau)\,\mathrm{d}\tau = f(0)\int_{-\infty}^{+\infty}\delta(t)\,\mathrm{d}t = f(0)$$

(3)尺度特性。

$$\delta(at) = \frac{1}{|a|}\delta(t) \tag{2.1.25}$$

证明

$a > 0$时，

$$\int_{-\infty}^{+\infty}\delta(at)\,\mathrm{d}t = \frac{1}{a}\int_{-\infty}^{+\infty}\delta(\tau)\,\mathrm{d}\tau = \frac{1}{a}$$

$a < 0$时，

$$\int_{-\infty}^{+\infty}\delta(at)\,\mathrm{d}t = \frac{1}{a}\int_{+\infty}^{-\infty}\delta(\tau)\,\mathrm{d}\tau = -\frac{1}{a}\int_{-\infty}^{+\infty}\delta(\tau)\,\mathrm{d}\tau = -\frac{1}{a}$$

综合 $a > 0$, $a < 0$ 两种情况，得 $\delta(at) = \frac{1}{|a|}\delta(t)$ 。

(4)冲激信号与阶跃信号的关系。由冲激信号与阶跃信号的定义，可以推出 $\delta(t)$ 与 $u(t)$ 的关系如下：

$$\int_{-\infty}^{t}\delta(\tau)\,\mathrm{d}\tau = \begin{cases}1 & t > 0\\ 0 & t < 0\end{cases} = u(t) \tag{2.1.26}$$

$$\frac{\mathrm{d}u(t)}{\mathrm{d}t} = \delta(t) \tag{2.1.27}$$

这表明冲激信号是阶跃信号的一阶导数，阶跃信号是冲激信号的时间积分。从它们的波形可见，阶跃信号 $u(t)$ 在 $t = 0$ 处有间断点，对其求导后，即产生冲激信号 $\delta(t)$ 。由此可见，信号在不连续点处的导数为冲激信号或延时冲激信号，冲激信号的强度就是不连续点的跳跃值。

(5)复合函数形式的冲激函数。

在实践中有时会遇到形如 $\delta[f(t)]$ 的冲激函数，其中 $f(t)$ 是普通函数。设 $f(t) = 0$ 有 n 个互不相等的实根 $t_i(i = 1,2,\cdots)$ ，则在任一单根 t_i 附近足够小的邻域内，$f(t)$ 可展开为泰勒级数，考虑到 $f(t_i) = 0$，并忽略高次项，有

$$f(t) = f(t_i) + f'(t_i)(t - t_i) + \frac{1}{2}f''(t_i)(t - t_i)^2 + \cdots = f'(t_i)(t - t_i)$$

式中，$f'(t_i)$ 表示 $f(t)$ 在 $t = t_i$ 处的导数，由于 $t = t_i$ 是 $f(t)$ 的单根，故 $f'(t_i) \neq 0$，于是在 $t = t_i$ 附近，根据式(2.1.25)，$\delta[f(t)]$ 可写成

$$\delta[f(t)] = \delta[f'(t_i)(t - t_i)] = \frac{1}{|f'(t_i)|}\delta(t - t_i)$$

这样，若 $f(t) = 0$ 的 n 个根 $t = t_i$ 均为单根，即在 $t = t_i$ 处 $f'(t_i) \neq 0$，则有

$$\delta[f(t)] = \sum_{i=1}^{n}\frac{1}{|f'(t_i)|}\delta(t - t_i) \tag{2.1.28}$$

这表明，$\delta[f(t)]$ 是由位于各 t_i 处强度为 $\frac{1}{|f'(t_i)|}$ 的 n 个冲激函数构成的冲激函数序列。例如，若 $f(t) = 4t^2 - 1$，则有

$$\delta(4t^2 - 1) = \frac{1}{4}\delta\left(t + \frac{1}{2}\right) + \frac{1}{4}\delta\left(t - \frac{1}{2}\right)$$

如果 $f(t) = 0$ 有重根，则 $\delta[f(t)]$ 没有意义。

【例 2.1.1】 计算下列各式的值。

(1) $\int_{-\infty}^{+\infty}\sin(t)\delta\left(t-\frac{\pi}{4}\right)\mathrm{d}t$;

(2) $\int_{-4}^{+6}\mathrm{e}^{-2t}\delta(t)\mathrm{d}t$;

(3) $\int_{-4}^{+6}\mathrm{e}^{-2t}\delta(t+8)\mathrm{d}t$;

(4) $\cos(t)\delta(t)$;

(5) $\mathrm{e}^{-4t}\delta(2+2t)$。

【解】(1) $\int_{-\infty}^{+\infty}\sin(t)\delta\left(t-\frac{\pi}{4}\right)\mathrm{d}t=\sin\left(\frac{\pi}{4}\right)=\frac{\sqrt{2}}{2}$;

(2) $\int_{-4}^{+6}\mathrm{e}^{-2t}\delta(t)\mathrm{d}t=\mathrm{e}^{0}=1$;

(3) $\int_{-4}^{+6}\mathrm{e}^{-2t}\delta(t+8)\mathrm{d}t=0$(因 δ(t+8) 不在积分区间内);

(4) $\cos(t)\delta(t)=\delta(t)$;

(5) $\mathrm{e}^{-4t}\delta(2+2t)=\mathrm{e}^{-4t}\frac{1}{2}\delta(t+1)=\frac{1}{2}\mathrm{e}^{-4(-1)}\delta(t+1)=\frac{1}{2}\mathrm{e}^{4}\delta(t+1)$。

3. 单位斜坡信号 $R(t)$

单位斜坡信号波形如图 2.1.12 所示,定义为

$$R(t)=tu(t)=\begin{cases}t & t>0\\0 & t<0\end{cases}\tag{2.1.29}$$

任意时刻的单位斜坡信号如图 2.1.13 所示,数学表达式为

$$R(t-t_0)=(t-t_0)u(t-t_0)=\begin{cases}t-t_0 & t>t_0\\0 & t<t_0\end{cases}\tag{2.1.30}$$

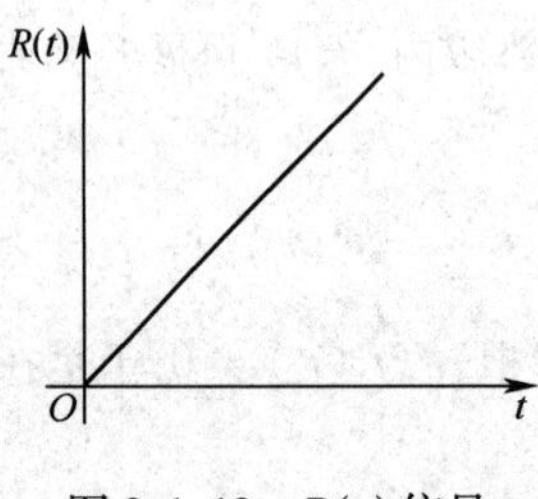

图 2.1.12 $R(t)$信号

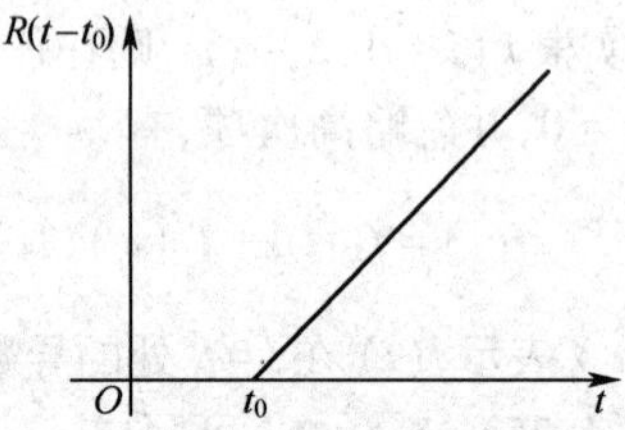

图 2.1.13 $R(t-t_0)$信号

从阶跃信号与斜坡信号的定义,可以导出阶跃信号与斜坡信号之间的关系,即有

$$R(t)=\int_{-\infty}^{t}u(\tau)\mathrm{d}\tau=\begin{cases}t & t>0\\0 & t<0\end{cases}\tag{2.1.31}$$

$$\frac{\mathrm{d}R(t)}{\mathrm{d}t}=u(t)\tag{2.1.32}$$

4. 单位冲激偶信号 $\delta'(t)$

1)单位冲激偶信号的定义

冲激信号 $\delta(t)$ 的导数即为冲激偶信号 $\delta'(t)$ 或 $\delta^{(1)}(t)$,其定义为

$$\delta'(t)=\frac{\mathrm{d}\delta(t)}{\mathrm{d}t} \tag{2.1.33}$$

因为单位冲激函数可表示为

$$\delta(t)=\lim_{\tau\to 0}\frac{1}{\tau}\left[u\left(t+\frac{\tau}{2}\right)-u\left(t-\frac{\tau}{2}\right)\right]$$

所以

$$\delta'(t)=\frac{\mathrm{d}\delta(t)}{\mathrm{d}t}=\lim_{\tau\to 0}\frac{1}{\tau}\left[\delta\left(t+\frac{\tau}{2}\right)-\delta\left(t-\frac{\tau}{2}\right)\right] \tag{2.1.34}$$

式(1.2.34)取极限后是两个强度为无限大的冲激函数,当 t 从负值趋向零时,是强度为正无穷的正冲激函数;当 t 从正值趋向零时,是强度为负无穷的负冲激函数,如图 2.1.14 所示。

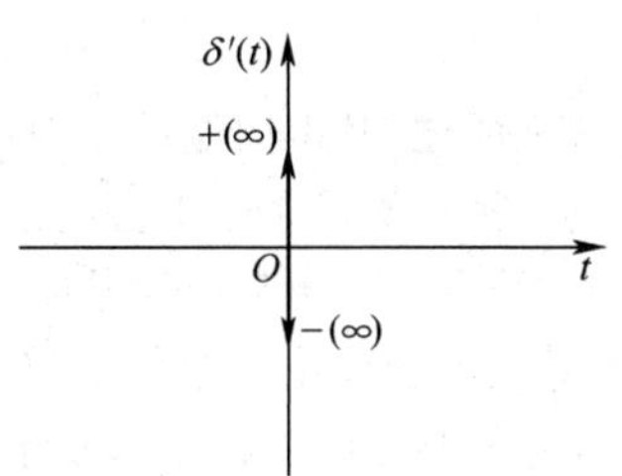

图 2.1.14　单位冲激偶函数 $\delta'(t)$

2)冲激偶信号的性质

(1)取样特性。对 $f'(t)$ 在 $t=0$ 点连续的函数,有

$$\int_{-\infty}^{+\infty}\delta'(t)f(t)\,\mathrm{d}t=-f'(0) \tag{2.1.35}$$

证明

$$\begin{aligned}\int_{-\infty}^{+\infty}\delta'(t)f(t)\,\mathrm{d}t&=\int_{-\infty}^{+\infty}f(t)\,\frac{\mathrm{d}\delta(t)}{\mathrm{d}t}\mathrm{d}t\\&=f(t)\delta(t)\Big|_{-\infty}^{+\infty}-\int_{-\infty}^{+\infty}f'(t)\delta(t)\,\mathrm{d}t\\&=-\int_{-\infty}^{+\infty}f'(t)\delta(t)\,\mathrm{d}t\\&=-f'(0)\end{aligned}$$

同理有

$$\int_{-\infty}^{+\infty}\delta'(t-t_0)f(t)\,\mathrm{d}t=-f'(t_0) \tag{2.1.36}$$

(2)尺度特性。

$$\delta'(at)=\frac{1}{a|a|}\delta'(t)\quad(a\neq 0) \tag{2.1.37}$$

由式(1.2.37),当 $a=-1$ 时,有

$$\delta'(-t)=-\delta'(t) \tag{2.1.38}$$

这说明 $\delta'(t)$ 是奇函数,故有

$$\int_{-\infty}^{+\infty}\delta'(t)\,\mathrm{d}t=0 \tag{2.1.39}$$

可以证明

$$\delta^{(n)}(-t)=(-1)^n\delta^{(n)}(t) \tag{2.1.40}$$

即 $\delta(t)$ 的偶次导数是偶函数,奇次导数是奇函数。

(3)冲激偶信号与冲激信号的关系。

$$\delta'(t)=\frac{\mathrm{d}\delta(t)}{\mathrm{d}t} \tag{2.1.41}$$

$$\int_{-\infty}^{t}\delta'(\tau)\,\mathrm{d}\tau=\delta(t) \tag{2.1.42}$$

【例 2.1.2】 计算 $\int_{-\infty}^{+\infty} 4t^2\delta'(-4t+1)\,\mathrm{d}t$ 的值。

【解】 利用

$$\delta'(at)=\frac{1}{a|a|}\delta'(t)$$

$$\int_{-\infty}^{+\infty} f(t)\delta'(t-t_0)\,\mathrm{d}t=-f'(t_0)$$

可得

$$\int_{-\infty}^{+\infty} 4t^2\delta'(-4t+1)\,\mathrm{d}t=\int_{-\infty}^{+\infty}\frac{t^2}{(-4)}\delta'\left(t-\frac{1}{4}\right)\mathrm{d}t=\frac{1}{8}$$

综上所述,基本信号可分为普通信号和奇异信号。普通信号以复指数信号加以概括,复指数信号的几种特例可派生出直流信号、指数信号、正弦信号等,这些信号的共同特性是对它们求导或积分后形式不变;而奇异信号以冲激信号为基础,取其积分或二重积分而派生出阶跃信号、斜坡信号,取其导数派生出冲激偶信号。因此,在基本信号中,复指数信号与冲激信号是两个核心信号,它们在信号与系统分析中起着十分重要的作用。

2.2 连续时间信号的时域运算

在信号的传输与处理过程中,往往需要对信号进行变换,一些电子器件被用来实现这些变换功能,并且可以用相应的信号运算表示。另外,有些复杂信号实际上是一些基本信号经过一定的运算得到的。所以信号的运算是信号与系统分析的一个很重要的内容。

2.2.1 相加(相减)

相加指两个(或多个)信号之和构成另一个信号,它在任何瞬间的值等于两个(或多个)信号在同一瞬间的代数和。

【例 2.2.1】如图 2.2.1 所示的矩形脉冲

$$g_\tau(t)=\begin{cases}1 & |t|\leqslant\dfrac{\tau}{2}\\[2mm] 0 & |t|>\dfrac{\tau}{2}\end{cases}$$

可用两个单位阶跃信号之差表示,即

$$g_t(t)=u\left(t+\frac{\tau}{2}\right)-u\left(t-\frac{\tau}{2}\right)$$

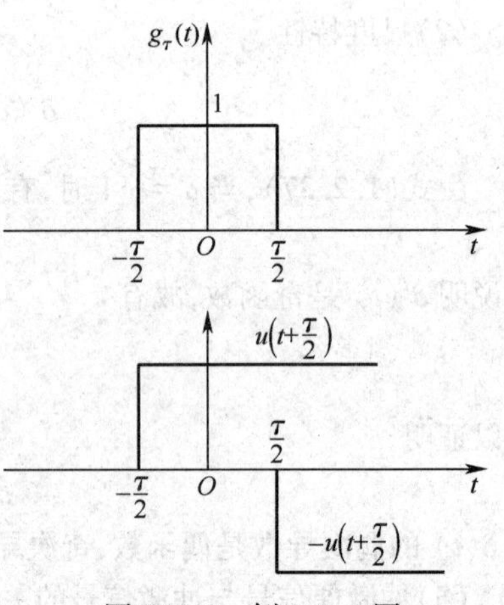

图 2.2.1 例 2.2.1 图

2.2.2 相乘

相乘指两个或多个信号相乘构成另一个信号,信号相乘必须把所有相同瞬间的值一一相乘。

例如

$$f_1(t)=k\mathrm{e}^{-at}u(t),\quad f_2(t)=\cos\omega t$$

则

$$f_1(t)f_2(t)=k\mathrm{e}^{-at}\cos\omega t u(t)$$

其波形如图 2.2.2 所示。

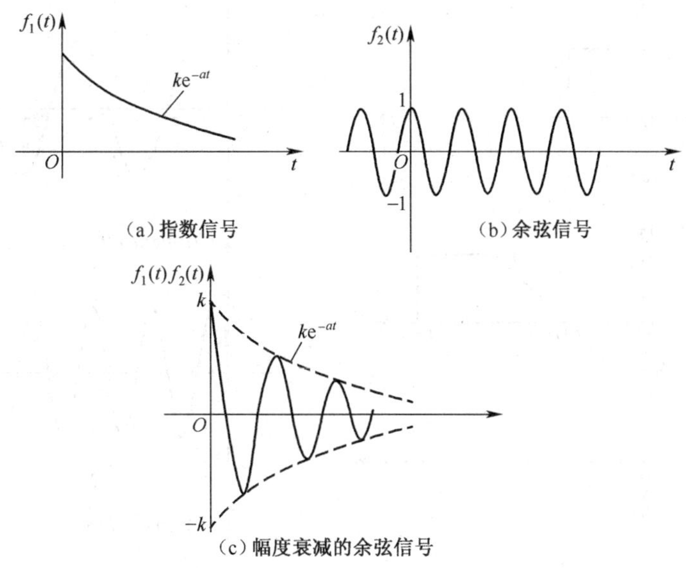

图 2.2.2 $f_1(t)f_2(t)$ 形成衰减振荡信号

一般两个信号相乘,变化慢的信号形成包络线,包络线反映了相乘信号总的变化趋势。

2.2.3 信号时移

信号的时移也叫信号的位移(或平移),意指将信号 $f(t)$ 变化为 $f(t \pm t_0)$ 的运算。若 $t_0 > 0$,$f(t-t_0)$ 表示 $f(t)$ 的波形在时间 t 轴上整体向右移位 t_0;$f(t+t_0)$ 表示 $f(t)$ 的波形在时间 t 轴上整体向左移位 t_0;如图 2.2.3 所示。

2.2.4 翻转(折叠)

信号的翻转是指将信号 $f(t)$ 变化到 $f(-t)$ 的运算,即将 $f(t)$ 以纵轴为中心反转,所以也叫反转或折叠,如图 2.2.3 所示。

2.2.5 尺度变换

信号的尺度变换是指将信号 $f(t)$ 变化到 $f(at)$ $(a > 0)$ 的运算,其波形是 $f(t)$ 波形在时间轴上的压缩或扩展。从物理意义上说,时间变量乘以一个系数等于改变了观察时间的尺度。$a > 1$ 时,t 变为 at,时间尺度扩大至原来的 a 倍,其结果等于压缩波形,也就是信号的持续时间变短了;反之,$a < 1$ 时,尺度缩小了,其结果相当于波形扩展。如图 2.2.4 所示,假设 $f(t) = \sin\omega t$ 是正常语速的信号,则 $f(2t) = \sin 2\omega t$ 是两倍语速的信号,而 $f\left(\frac{t}{2}\right) = \sin\left(\omega\frac{t}{2}\right)$ 是降低一半语速的信号。

注意,尺度变换仅是信号在时间轴上被压缩或扩展,但幅度均没有变化。

由上面的分析可知,无论是展缩、平移还是翻转,都是对自变量的变化而言的。实际上,信号的变化常常是上述三种方式的综合,即信号 $f(t)$ 变化为 $f(at+b)$。现举例说明其变化过程。

【例 2.2.2】 已知 $f(t)$ 的波形,求 $f(-2t+1)$ 的波形。

【解】 图解过程如图 2.2.5 所示。

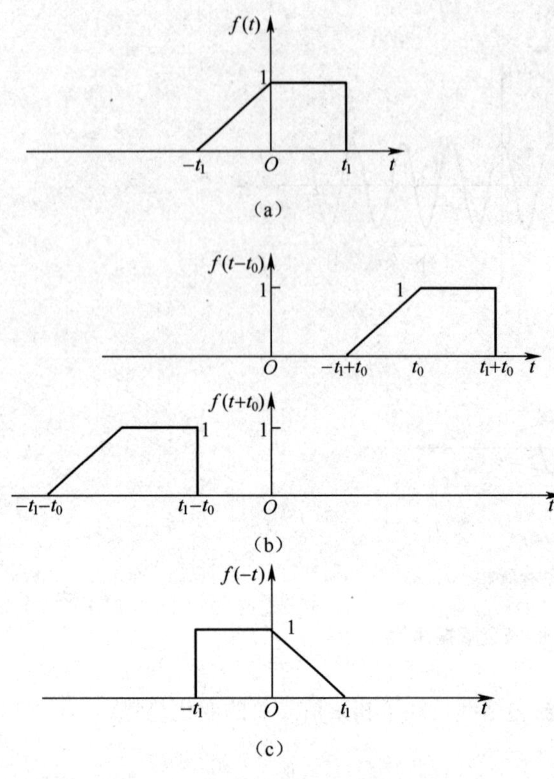

图 2. 2. 3　信号的平移和翻转

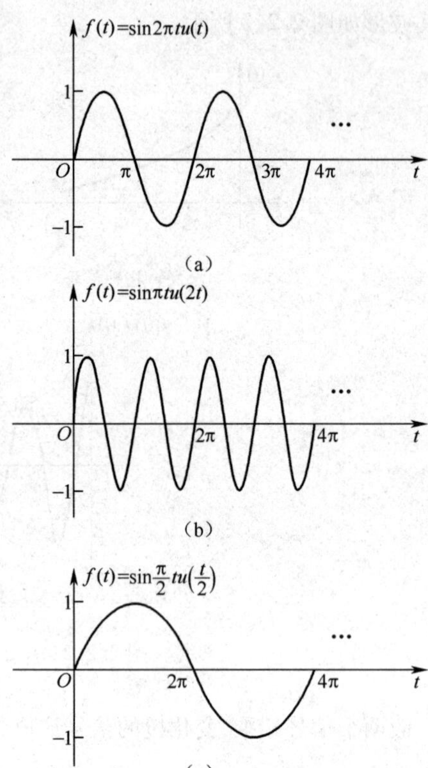

图 2. 2. 4　信号的压缩和扩展

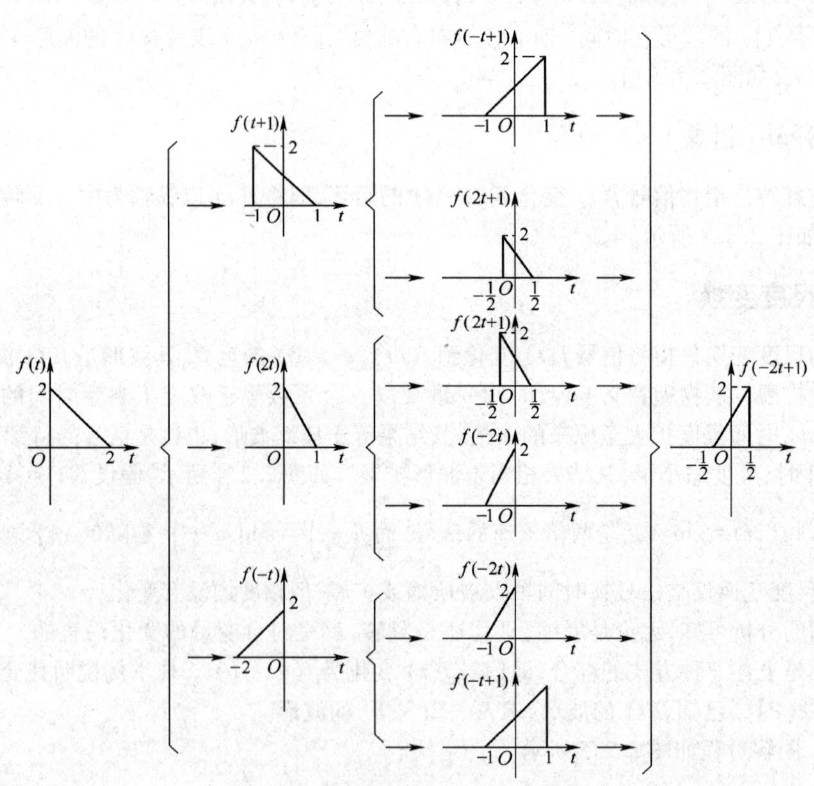

图 2. 2. 5　例 2. 2. 2 图

【例 2.2.3】 画出 $\delta(3t+2)$、$\delta(-3t+2)$ 的波形。

【解】 图解过程如图 2.2.6 所示。

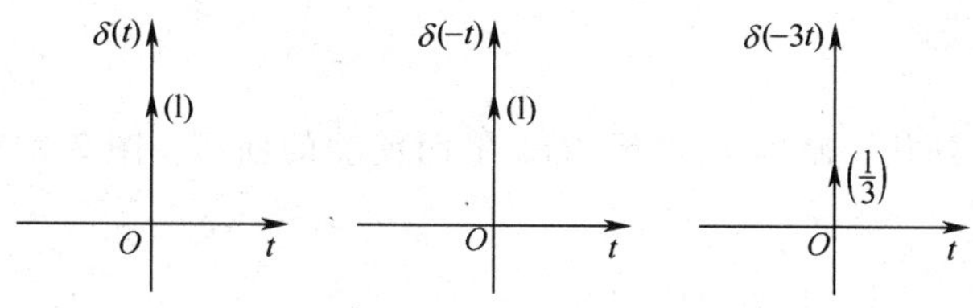

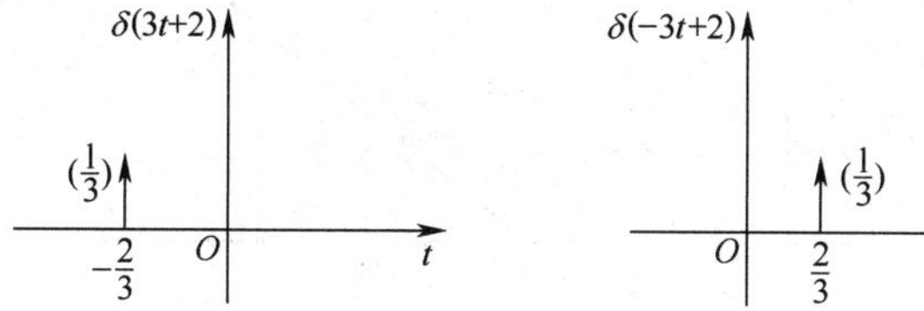

图 2.2.6 例 2.2.3 图

2.2.6 微分

微分是对 $f(t)$ 求导数的运算,表示为

$$f'(t)=\frac{\mathrm{d}f(t)}{\mathrm{d}t} \tag{2.2.1}$$

需要注意的是,当 $f(t)$ 中含有间断点时,则 $f'(t)$ 中在间断点上将有冲激函数存在,其冲激强度为间断点处函数 $f(t)$ 跳变的幅度值。

【例 2.2.4】 已知 $f(t)=\mathrm{e}^{-t}u(t)$,求 $f'(t)$ 和 $f''(t)$。

【解】
$$f'(t)=\frac{\mathrm{d}f(t)}{\mathrm{d}t}=-\mathrm{e}^{-t}u(t)+\mathrm{e}^{-t}\delta(t)=-\mathrm{e}^{-t}u(t)+\delta(t)$$

$$f''(t)=\frac{\mathrm{d}f'(t)}{\mathrm{d}t}=\mathrm{e}^{-t}u(t)-\delta(t)+\delta'(t)$$

【例 2.2.5】 已知 $f(t)$ 如图 2.2.7(a)所示,求 $f'(t)$ 的波形。

【解】 波形如图 2.2.7(b)所示。

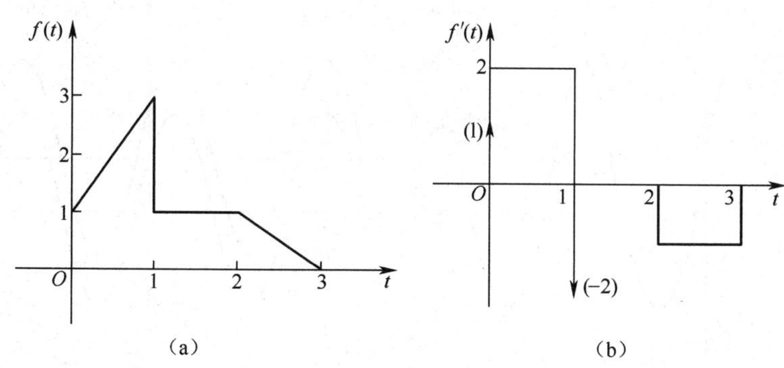

图 2.2.7 信号的微分

第❷章 连续时间信号与系统的时域分析

2.2.7 积分

一个连续时间信号 $f(t)$ 的积分定义为

$$f^{-1}(t)=\int_{-\infty}^{t} f(\tau)\mathrm{d}\tau \tag{2.2.2}$$

也就是求从 $-\infty$ 到任一瞬时 t，曲线 $f(t)$ 下面覆盖的面积。图 2.2.8 所示为信号积分的例子。

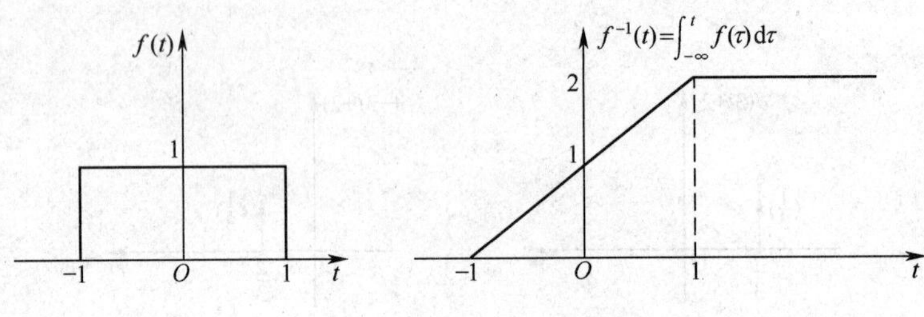

图 2.2.8 信号的积分

2.2.8 信号的时域分解

在信号分析中，常将信号分解为基本信号的线性组合。这样，对任意信号的分析就变为对基本信号的分析，从而将复杂问题简单化，且可以使信号分析的物理过程更加清晰。另外，信号可以从不同角度分解。

1. 信号分解为直流分量和交流分量之和

任意信号 $f(t)$ 可分解为直流分量 $f_{\mathrm{D}}(t)$ 与交流分量 $f_{\mathrm{A}}(t)$ 之和，即

$$f(t)=f_{\mathrm{D}}(t)+f_{\mathrm{A}}(t) \tag{2.2.3}$$

信号 $f(t)$ 的直流分量 $f_{D}(t)$ 就是信号的平均值。例如，若 $f(t)$ 为周期信号，其周期为 T，则其直流分量为

$$f_{\mathrm{D}}(t)=\frac{1}{T}\int_{-T/2}^{T/2} f(t)\mathrm{d}t \tag{2.2.4}$$

若 $f(t)$ 为非周期信号，可认为它的周期 $T\to+\infty$，只需求式(2.2.4)中 $T\to+\infty$ 的极限。图 2.2.9 所示为信号分解的实例。

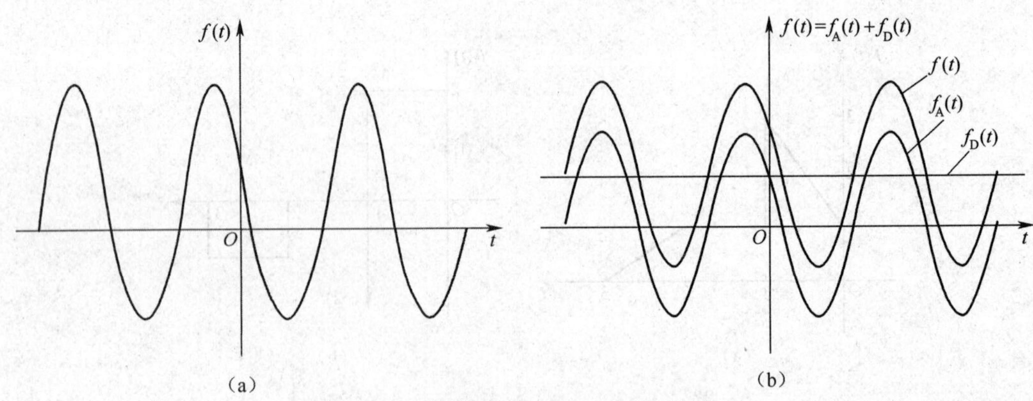

图 2.2.9 信号分解为直流分量和交流分量之和

2. **信号分解为偶分量与奇分量之和**

信号可以分解为偶分量与奇分量之和，即

$$f(t)=f_e(t)+f_o(t) \tag{2.2.5}$$

偶分量 $f_e(t)$ 定义为

$$f_e(t)=\frac{1}{2}[f(t)+f(-t)] \tag{2.2.6}$$

奇分量 $f_o(t)$ 定义为

$$f_o(t)=\frac{1}{2}[f(t)-f(-t)] \tag{2.2.7}$$

且有

$$f_e(t)=f_e(-t) \tag{2.2.8}$$

$$f_o(t)=-f_o(-t) \tag{2.2.9}$$

证明

$$\begin{aligned} f(t)&=\frac{1}{2}[f(t)+f(t)+f(-t)-f(-t)] \\ &=\frac{1}{2}[f(t)+f(-t)]+\frac{1}{2}[f(t)-f(-t)] \\ &=f_e(t)+f_o(t) \end{aligned}$$

【例 2.2.6】试求单位阶跃信号 $u(t)$ 的偶分量与奇分量。

【解】因为

$$u_e(t)=\frac{1}{2}[u(t)+u(-t)]=\frac{1}{2}$$

所以

$$u_o(t)=\frac{1}{2}[u(t)-u(-t)]=\frac{1}{2}\text{sgn}(t)$$

其中 $\text{sgn}(t)=\begin{cases}1 & t>0 \\ -1 & t<0\end{cases}$，称为符号函数。

$u(t)$的分解如图 2.2.10 所示。

$$u(t)=u_e(t)+u_o(t)$$

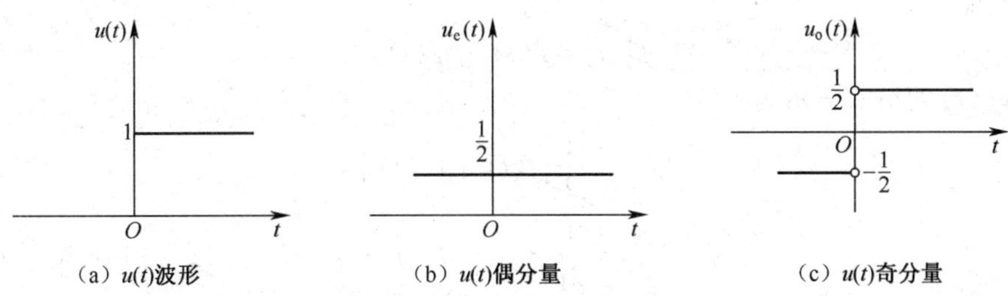

图 2.2.10　$u(t)$的分解

【例 2.2.7】已知图 2.2.11(a)所示因果信号，试画出奇分量 $f_o(t)$ 与偶分量 $f_e(t)$ 的波形。

【解】　解题过程如图 2.2.11 所示。

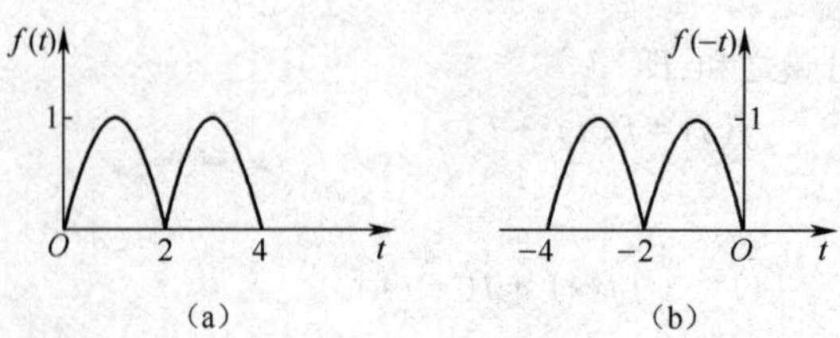

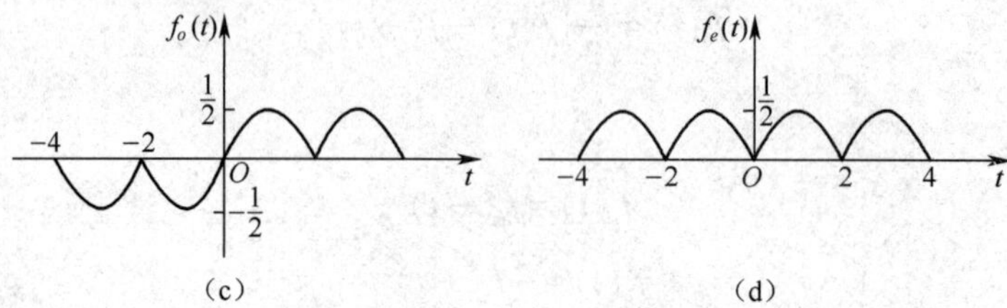

图 2.2.11　例 2.2.7 图

由图 2.2.11 可看出,若$f(t)$为因果信号,则其$f_o(t)$和$f_e(t)$之间满足如下关系:

$$f_e(t)=f_o(t)\ ,\ t>0$$

$$f_e(t)=-f_o(t)\ ,\ t<0$$

若用符号函数 $\text{sgn}(t)$ 表示,则可写为

$$f_e(t)=f_o(t)\,\text{sgn}(t) \tag{2.2.10}$$

$$f_o(t)=f_e(t)\,\text{sgn}(t) \tag{2.2.11}$$

证明　式(2.2.6)等号两端同乘以 $\text{sgn}(t)$,即

$$f_e(t)\,\text{sgn}(t)=\frac{1}{2}[f(t)\,\text{sgn}(t)+f(-t)\,\text{sgn}(t)]$$

$$=\frac{1}{2}[f(t)-f(-t)]=f_o(t)$$

同法可证式(2.2.11)。

3. 复信号分解为实部分量和虚部分量之和

若$f(t)$为实变量t的复数信号,则可将$f(t)$分解为实部分量和虚部分量之和,即

$$f(t)=f_r(t)+\text{j}f_i(t) \tag{2.2.12}$$

其中,$f_r(t)$、$f_i(t)$都是实信号,分别表示实部分量和虚部分量。若信号$f(t)$对应的共轭信号以$f^*(t)$表示,即

$$f^*(t)=f_r(t)-\text{j}f_i(t) \tag{2.2.13}$$

则$f_r(t)$和$f_i(t)$可分表表示为

$$f_r(t)=\frac{1}{2}[f(t)+f^*(t)] \tag{2.2.14}$$

$$f_i(t)=\frac{1}{2\text{j}}[f(t)-f^*(t)] \tag{2.2.15}$$

复信号$f(t)$的模的平方为

$$|f(t)|^2=f(t)f^*(t)=f_r^2(t)+f_i^2(t) \tag{2.2.16}$$

复信号在通信系统、网络理论与信号处理方面的应用非常广泛。利用复信号分解为实部分量和虚部分量,可以实现对复信号的分析与处理。

4. 连续信号分解为冲激信号的线性组合

任意信号 $f(t)$ 都可分解为冲激信号的线性组合。下面以图 2.2.12 来加以说明。

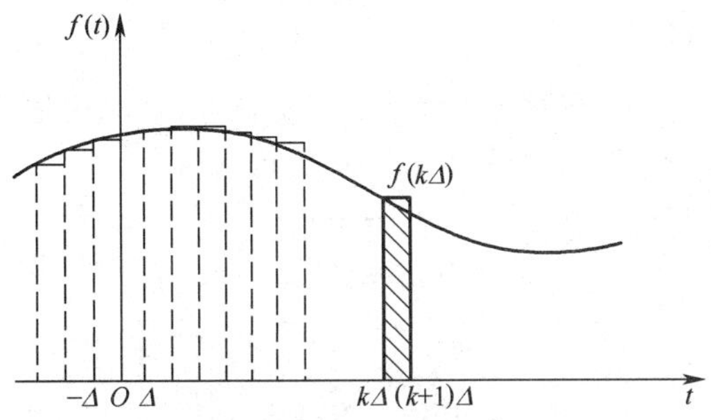

图 2.2.12 信号分解为冲激信号的线性组合

从图 2.2.12 可见，将任意信号 $f(t)$ 分解为许多小矩形，间隔为 Δ，各矩形的高度就是信号 $f(t)$ 在该点的函数值。根据函数积分原理，当 Δ 很小时，可以用这些小矩形来近似表达信号 $f(t)$；而当 $\Delta \to 0$ 时，可以用这些小矩形来完全表达信号 $f(t)$，即

$$\begin{aligned} f(t) &\approx \cdots + f(0)[u(t)-u(t-\Delta)] + f(\Delta)[u(t-\Delta)-u(t-2\Delta)] + \cdots + \\ &\quad f(k\Delta)[u(t-k\Delta)-u(t-k\Delta-\Delta)] + \cdots \\ &= \cdots + f(0)\frac{u(t)-u(t-\Delta)}{\Delta}\Delta + f(\Delta)\frac{u(t-\Delta)-u(t-2\Delta)}{\Delta}\Delta + \cdots + \\ &\quad f(k\Delta)\frac{u(t-k\Delta)-u(t-k\Delta-\Delta)}{\Delta}\Delta + \cdots \\ &= \sum_{k=-\infty}^{+\infty} f(k\Delta)\frac{u(t-k\Delta)-u(t-k\Delta-\Delta)}{\Delta}\Delta \end{aligned} \tag{2.2.17}$$

上式只是近似表示信号 $f(t)$，且 Δ 越小，误差越小。当 $\Delta \to 0$ 时，可以用上式完全表示信号 $f(t)$。由于当 $\Delta \to 0$ 时，$k\Delta \to \tau$，$\Delta \to \mathrm{d}\tau$，且

$$\frac{u(t-k\Delta)-u(t-k\Delta-\Delta)}{\Delta}\cdot\Delta \to \delta(t-\tau)\mathrm{d}\tau$$

故 $f(t)$ 可准确表示为

$$f(t) = \lim_{\Delta\to 0}\sum_{k=-\infty}^{+\infty} f(k\Delta)\delta(t-k\Delta)\Delta = \int_{-\infty}^{+\infty} f(\tau)\delta(t-\tau)\mathrm{d}\tau \tag{2.2.18}$$

式(2.2.18)实际上就是冲激信号的卷积特性。它表明任意信号均可以分解为冲激信号的线性组合，这是非常重要的结论。因为它表明信号 $f(t)$ 都可以分解为冲激信号的加权和，不同的只是它们的强度不同。这样，当求解信号 $f(t)$ 通过系统产生的响应时，只需要求解冲激信号 $\delta(t)$ 通过系统产生的响应，然后利用线性时不变系统的特性，进行叠加和延时即可求得信号 $f(t)$ 产生的响应。因此，任意信号 $f(t)$ 分解为冲激信号的线性组合是连续时间系统时域分析的基础。

2.3 连续时间 LTI 系统的响应

连续时间 LTI 系统(线性时不变系统)的数学模型是常系数线性微分方程，通常可以采用求解微分方程的经典方法分析信号通过系统的响应，也可以把系统的响应分为零输入响应和零状态响应。对于由系统初始状态产生的零输入响应，可通过求解齐次微分方程得到。对于与系统外部输

入激励有关的零状态响应的求解,则可通过卷积积分的方法来得到。冲激响应和卷积积分概念的引入,使 LTI 系统分析更加简洁明晰,它们在系统分析理论中有重要作用。

2.3.1 时域经典分析法

一般而言,如单输入-单输出系统的激励为$f(t)$,响应为$y(t)$,则描述 LTI 连续系统激励与响应之间关系的数学模型是 n 阶常系数线性微分方程,它可写为

$$\begin{aligned} &y^{(n)}(t)+a_{n-1}y^{(n-1)}(t)+\cdots+a_1y^{(1)}(t)+a_0y(t)\\ &=b_mf^{(m)}(t)+b_{m-1}f^{m-1}(t)+\cdots+b_1f^{(1)}(t)+b_0f(t) \end{aligned} \tag{2.3.1}$$

或记作

$$\sum_{i=0}^{n}a_iy^{(i)}(t)=\sum_{j=0}^{m}b_jy^{(j)}(t) \tag{2.3.2}$$

式中,a_i ($i=0,1,\cdots,n$) 和 b_j ($j=0,1,\cdots,m$) 均为常数,$a_n=1$。该微分方程的全解由齐次解 $y_h(t)$ 和特解 $y_p(t)$ 组成,即

$$y(t)=y_h(t)+y_p(t) \tag{2.3.3}$$

1. 齐次解

齐次解是齐次微分方程

$$y^{(n)}(t)+a_{n-1}y^{(n-1)}(t)+\cdots+a_1y^{(1)}(t)+a_0y(t)=0 \tag{2.3.4}$$

的解,它是形式为 $Ce^{\lambda t}$ 的一些函数的线性组合。将 $Ce^{\lambda t}$ 代入式(2.3.4),得

$$C\lambda^n e^{\lambda t}+Ca_{n-1}\lambda^{n-1}e^{\lambda t}+\cdots+Ca_1\lambda e^{\lambda t}+Ca_0e^{\lambda t}=0$$

由于 $C\neq 0$,且对于任意 t 上式均成立,则上式可简化为

$$\lambda^n+a_{n-1}\lambda^{n-1}+\cdots+a_1\lambda+a_0=0 \tag{2.3.5}$$

式(2.3.5)称为齐次微分方程的特征方程,其 n 个根 λ_i ($i=0,1,\cdots,n$) 称为齐次微分方程的特征根。或齐次解 $y_h(t)$ 的函数形式由特征根确定。表 2.3.1 列出了特征根取不同值时所对应的齐次解,其中 C_i、D_i、A_i 和 θ_i 等为待定系数。

表 2.3.1 不同特征根对应的齐次解

特征根 λ	齐次解 $y_h(t)$
单实根	$Ce^{\lambda t}$
r 重实根	$C_{r-1}t^{r-1}e^{\lambda t}+C_{r-2}t^{r-2}e^{\lambda t}+\cdots+C_1te^{\lambda t}+C_0e^{\lambda t}$
一对共轭复根 $\lambda_{1,2}=\alpha\pm j\beta$	$e^{\alpha t}(C\cos\beta t+D\sin\beta t)$ 或 $Ae^{\alpha t}\cos(\beta t-\theta)$,其中 $Ae^{j\theta}=C+jD$
r 重共轭复根	$A_{r-1}t^{r-1}e^{\alpha t}\cos(\beta t+\theta_{r-1})+A_{r-2}t^{r-2}e^{\alpha t}\cos(\beta t+\theta_{r-2})+\cdots+A_0e^{\alpha t}\cos(\beta t+\theta_0)$

例如,若式(2.3.5)的 n 个特征根 λ 均为单实根,则其齐次解

$$y_h(t)=\sum_{i=1}^{n}C_ie^{\lambda t} \tag{2.3.6}$$

式中,常数 C_i 将在求得全解后,由初始条件确定。

2. 特解

特解的函数形式与激励函数的形式有关。表 2.3.2 列出了几种激励及其对应的特解。选定特解后,将它代入到原微分方程,求出各待定系数 P_i,就得出方程的特解。

表 2.3.2　不同激励所对应的特解

激励 $f(t)$	特解 $y_p(t)$
t^m	$P_m t^m + P_{m-1}t^{m-1} + \cdots + P_1 t + P_0$　所有特征根均不等于 0； $t^r[P_m t^m + P_{m-1}t^{m-1} + \cdots + P_0]$　有 r 重等于 0 的特征根
$e^{\alpha t}$	$Pe^{\alpha t}$　α 不等于特征根； $P_1 te^{\alpha t} + P_0 e^{\alpha t}$　α 等于特征单根； $P_r t^r e^{\alpha t} + P_{r-1}t^{r-1}e^{\alpha t} + \cdots + P_1 te^{\alpha t} + P_0 e^{\alpha t}$　α 等于 r 重特征根
$\cos\beta t$ 或 $\sin\beta t$	$P\cos\beta t + Q\sin\beta t$　所有的特征根均不等于 $\pm j\beta$ 或 $A\cos(\beta t - \theta)$　其中，$Ae^{j\theta} = P + jQ$

3. 全解

得到齐次解的表示式和特解后，将两者相加可得全解的表达式。利用已知的 n 个初始条件 $y(0)$，$y^{(1)}(0)$，$y^{(2)}(0)$，…，$y^{(n-1)}(0)$，即可求得齐次解的待定系数，从而得到微分方程的全解。

【例 2.3.1】　描述某 LTI 系统的微分方程为

$$y''(t) + 5y'(t) + 6y(t) = f(t) \tag{2.3.7}$$

求：(1) 当 $f(t) = 2e^{-t}$ $(t \geqslant 0)$，$y(0) = 2$，$y'(0) = -1$ 时的全解；

(2) 当 $f(t) = e^{-2t}$ $(t \geqslant 0)$，$y(0) = 1$，$y'(0) = 0$ 时的全解；

(3) 当 $f(t) = 10\cos t$ $(t \geqslant 0)$，$y(0) = 2$，$y'(0) = 0$ 时的全响应。

【解】(1) 微分方程的特征方程为

$$\lambda^2 + 5\lambda + 6 = 0$$

其特征根 $\lambda_1 = -2$，$\lambda_2 = -3$。微分方程的齐次解

$$y_h(t) = C_1 e^{-2t} + C_2 e^{-3t}$$

由表 2.3.2 可知，当输入 $f(t) = 2e^{-t}$ 时，其特解可设为

$$y_p(t) = Pe^{-t}$$

将 $y_p''(t)$、$y_p'(t)$、$y_p(t)$ 和 $f(t)$ 代入微分方程，得

$$Pe^{-t} + 5(-Pe^{-t}) + 6Pe^{-t} = 2e^{-t}$$

解得 $P = 1$。于是的微分方程的特解

$$\lambda_p(t) = e^{-t}$$

微分方程的全解

$$y(t) = y_h(t) + y_p(t) = C_1 e^{-2t} + C_2 e^{-3t} + e^{-t}$$

其一阶导数

$$y'(t) = -2C_1 e^{-2t} - 3C_2 e^{-3t} - e^{-t}$$

令 $t = 0$，并将初始值代入，得

$$y(0) = C_1 + C_2 + 1 = 2$$

$$y'(0) = -2C_1 - 3C_2 - 1 = -1$$

由上式可解得 $C_1 = 3$，$C_2 = -2$，最后可得微分方程的全解：

$$y(t) = \overbrace{\underbrace{3e^{-2t} - 2e^{-3t}}_{\text{自由响应}}}^{\text{齐次解}} + \overbrace{\underbrace{e^{-t}}_{\text{强迫响应}}}^{\text{特解}} \qquad t \geqslant 0 \tag{2.3.8}$$

由上式可见，LTI 系统的数学模型——常系数线性微分方程的全解由齐次解和特解组成。齐次解的函数形式仅依赖于系统本身的特性，而与激励 $f(t)$ 的函数形式无关，称为系统的自由响应

或固有响应。但应注意，齐次解的系数 C_i 是与激励有关的。特解的形式由激励信号确定，称为强迫响应。

(2)由于微分方程与(1)相同，故特征根也相同，齐次解仍为

$$y_h(t)=C_1e^{-2t}+C_2e^{-3t}$$

当激励 $f(t)=e^{-2t}$ 时，其指数-2 与特征根之一相同。由表 2.3.2 知，其特解为

$$y_p(t)=P_1te^{-2t}+P_0e^{-2t}$$

将 y_p''、y_p'、y_p 和 $f(t)$ 代入式(2.3.7)并稍加整理，得

$$(4P_1-10P_1+6P_1)te^{-2t}+(-4P_1+4P_0+5P_1-10P_0+6P_0)e^{-2t}=e^{-2t}$$

由上式可解得 $P_1=1$，但 P_0 未能求得(这是因为激励的指数与特征根相同)，于是微分方程的特解

$$y_p(t)=te^{-2t}+P_0e^{-2t}$$

微分方程的全解为

$$y(t)=C_1e^{-2t}+C_2e^{-3t}+te^{-2t}+P_0e^{-2t}=(C_1+P_0)e^{-2t}+C_2e^{-3t}+te^{-2t}$$

其一阶导数

$$y'(t)=-2(C_1+P_0)e^{-2t}-3C_2e^{-3t}+te^{-2t}-2e^{-2t}$$

令 $t=0$，将初始条件代入得

$$y(0)=(C_1+P_0)+C_2=1$$

$$y'(0)=-2(C_1+P_0)-3C_2+1=0$$

由上式解得 $C_1+P_0=2$，$C_2=-1$，最后得微分方程的全解

$$y_p(t)=2e^{-2t}-e^{-3t}+te^{-2t}\ ,\ t\geqslant 0 \tag{2.3.9}$$

上式第一项的系数 $C_1+P_0=2$ 中，不能区分 C_1 和 P_0，因而也不能区分自由响应和强迫响应。

当输入信号是阶跃函数或有始的周期函数(例如，正弦函数、方波等)时，系统的全响应也可分解为瞬态响应和稳态响应。瞬态响应是指激励接入后，全响应中暂时出现的分量，随着时间的增长，它将消失。也就是说，全响应中按指数衰减的各项[如 $e^{-\alpha t}$、$e^{-\alpha t}\sin(\beta t+\theta)$ 等，其中 $\alpha>0$]组成瞬态响应。如果系统微分方程的特征根 λ_i 的实部均为负(这样的系统是稳定的，其齐次解均按指数衰减)，那么，全响应减去瞬态响应就是稳态响应，它通常是由阶跃函数或周期函数组成。

(3)其齐次解仍为

$$y_h(t)=C_1e^{-2t}+C_2e^{-3t}$$

由表 2.3.2，因输入 $f(t)=10\cos t$，其特解为

$$y_p(t)=P\cos t+Q\sin t$$

将 y_p''、y_p'、y_p 和 $f(t)$ 代入原微分方程式(2.3.7)得

$$(-P+5Q+6P)\cos t+(-Q-5P+6Q)\sin t=10\cos t$$

因上式对所有 $t\geqslant 0$，成立，故有

$$5P+5Q=10$$

$$-5P+5Q=0$$

解得 $P=Q=1$，得方程的特解

$$y_p(t)=\cos t+\sin t=\sqrt{2}\cos\left(t-\frac{\pi}{4}\right)$$

于是方程的全解

$$y(t)=C_1e^{-2t}+C_2e^{-3t}+\sqrt{2}\cos\left(t-\frac{\pi}{4}\right)$$

其一阶导数

$$y'(t) = -2C_1 e^{-2t} - 3C_2 e^{-3t} - \sqrt{2}\sin\left(t - \frac{\pi}{4}\right)$$

令 $t = 0$,并代入初始条件,得

$$y(0) = C_1 + C_2 + 1 = 2$$
$$y'(0) = -2C_1 - 3C_2 + 1 = 0$$

解得 $C_1 = 2,\ C_1 = -1$,最后得系统的全响应

$$y(t) = \overbrace{\underbrace{2e^{-2t} - e^{-3t}}_{\text{瞬态响应}}}^{\text{固有响应}} + \overbrace{\underbrace{\sqrt{2}\cos\left(t - \frac{\pi}{4}\right)}_{\text{静态响应}}}^{\text{强迫响应}},\ t \geq 0 \tag{2.3.10}$$

2.3.2 初始条件的确定

再用经典法解微分方程时,若输入 $f(t)$ 是在 $t = 0$(或 $t = t_0$)时接入的,那么方程的解也适用于 $t \geq 0$(或 $t \geq t_0$)。为确定解的待定系数所需的一组初始条件是指 $t = 0_+$(或 $t = t_{0_+}$)时刻的值,即 $y^{(j)}(0_+)$ 或 $y^{(j)}(t_{0+})$ $(j = 0, 1, \cdots, n-1)$。

在确定初始条件时,应当注意,由于激励信号的作用,响应 $y(t)$ 及其各阶导数有可能在激励接入时发生跳变。为区分跳变前后的数值,以 0_-(或 t_{0_-})表示激励接入之前的瞬间,该瞬间 $y^{(j)}(0_-)$ 或 $y^{(j)}(t_{0-})$ 反映了系统的历史情况而激励无关,它们为求得 $t \geq 0$(或 $t \geq t_0$)的响应 $y(t)$ 提供了以往历史的全部信息,称这些值为起始状态。通常对于具体的系统初始状态常容易求得。而以 0_+ 或($t = t_{0+}$)表示激励接入之后的瞬间,在 $t = 0_+$(或 $t = t_{0+}$)时的状态称为初始状态。在一般情况下,我们把系统微分方程的解限于 $0_+ < t < \infty$(或 $t_{0+} < t < \infty$)的时间范围,因此不能把 $y^{(j)}(0_-)$ 作为初始条件,而应当利用 $y^{(j)}(0_+)$ 作为初始条件,代入微分方程后求得待定系数。

在某些情况下,起始值可能发生跳变。因此系统的初始条件 $y^{(j)}(0_+)$ 要由已知的起始状态 $y^{(j)}(0_-)$ 及激励接入时起始值有无跳变设法求得。现举例说明利用微分方程两边奇异函数系数平衡的方法来判定有无跳变,进而求得 $y^{(j)}(0_+)$ 的值。

【例 2.3.2】 描述某 LTI 系统的微分方程为

$$y''(t) + 3y'(t) + 2y(t) = 2f'(t) + 6f(t)$$

已知 $y(0_-) = 2,\ y'(0_-) = 0,\ f(t) = u(t)$,求 $y(0_+)$ 及 $y'(0_+)$。

【解】 将输入 $f(t)$ 代入微分方程得

$$y''(t) + 3y'(t) + 2y(t) = 2\delta(t) + 6u(t) \tag{2.3.11}$$

如果式(2.3.11)对 $t = 0_-$ 也成立,那么在 $0_-<t<0_+$ 区间等号两端 $\delta(t)$ 项的系数应相等。由于等号右端为 $2\delta(t)$,故 $y''(t)$ 应包含冲激函数,从而 $y'(t)$ 在 $t = 0$ 处将跳变,即 $y'(0_+) \neq y'(0_-)$。但 $y'(t)$ 中不含冲激函数,否则 $y''(t)$ 中将含有 $\delta'(t)$ 项。由于 $y'(t)$ 含有阶跃函数,故 $y(t)$ 在 $t = 0$ 处连续的。

对式(2.3.11)等号两端从 0_- 到 0_+ 进行积分,有

$$\int_{0_-}^{0_+} y''(t)\,dt + 3\int_{0_-}^{0_+} y'(t)\,dt + 2\int_{0_-}^{0_+} y(t)\,dt = 2\int_{0_-}^{0_+} \delta(t)\,dt + 6\int_{0_-}^{0_+} u(t)\,dt$$

由于积分是在无穷小区间 $[0_-, 0_+]$ 进行的,而且 $y(t)$ 是连续的,故 $\int_{0_-}^{0_+} y(t)\,dt = 0,\ \int_{0_-}^{0_+} u(t)\,dt = 0$,于是由上式得

$$[y'(0_+) - y'(0_-)] + 3[y(0_+) - y(0_-)] = 2$$

考虑到 $y(t)$ 在 $t=0$ 处是连续的,将 $y(0_-)$、$y'(0_-)$ 代入上式得

$$y(0_+) - y(0_-) = 0 \text{，即 } y(0_+) = y(0_-) = 2$$
$$y'(0_+) - y'(0_-) = 2 \text{，即 } y'(0_+) = y'(0_-) + 2 = 2$$

由上可见，当微分方程式等号右端含有冲激函数及其各阶导数时，响应 $y(t)$ 及其各阶导数中，有些将发生跳变。这可利用微分方程两端各奇异函数项的系数相匹配的方法来判断，并从 0_- 到 0_+ 积分，求得 0_+ 时刻的初始值。

2.3.3 系统的零输入响应和零状态响应

LTI 系统的完全响应 $y(t)$ 也可分为零输入响应和零状态响应。零输入响应是激励为零时仅由系统的初始状态 $y^{(j)}(0_-)$ 所引起的响应，用 $y_x(t)$ 表示；零状态响应是系统的起始状态为零时，仅由输入信号 $f(t)$ 所引起的响应，用 $y_f(t)$ 表示。这样，LTI 系统的全部响应将是零输入响应和零状态响应之和，即

$$y(t) = y_x(t) + y_f(t) \tag{2.3.12}$$

在零输入条件下，微分方程式(2.3.1)等号右端为零，为齐次方程。若其特征根均为单根，则其零输入响应

$$y_x(t) = \sum_{i=1}^{n} C_{x_i} e^{\lambda_i t} \tag{2.3.13}$$

式中，C_{x_i} 为待定系数。

若系统的起始状态为零，这时方程式(2.3.1)仍是非齐次方程 。若其特征根均为单根，则其零状态响应

$$y_f(t) = \sum_{i=1}^{n} C_{f_i} e^{\lambda_i t} + y_p(t) \tag{2.3.14}$$

式中，C_{f_i} 为待定系数。

若系统的全响应分为自由响应和强迫响应，也可以分为零输入响应和零状态响应，其关系是

$$y_f(t) = \underbrace{\sum_{i=1}^{n} C_i e^{\lambda_i t}}_{\text{自由响应}} + \underbrace{y_p(t)}_{\text{强迫响应}} = \underbrace{\sum_{i=1}^{n} C_{x_i} e^{\lambda_i t}}_{\text{零输入响应}} + \underbrace{\sum_{i=1}^{n} C_{f_i} e^{\lambda_i t} + y_p(t)}_{\text{零状态响应}} \tag{2.3.15}$$

式中

$$\sum_{i=1}^{n} C_i e^{\lambda_i t} = \sum_{i=1}^{n} C_{x_i} e^{\lambda_i t} + \sum_{i=1}^{n} C_{f_i} e^{\lambda_i t} \tag{2.3.16}$$

可见，两个分解方式有明显的区别，虽然自由响应和零输入响应都是齐次方程的解，但二者的系数各不相同，C_{x_i} 仅由系统的起始状态所决定，而 C_i 要由系统的起始状态和激励信号共同来确定。在起始状态为零时，零输入响应等于零，但在激励信号的作用下，自由响应并不为零。也就是说，自由响应包含零输入响应和零状态响应的一部分。

在用经典法求零输入响应和零状态响应时，也需要用响应及其各阶导数的初始值来确定待定系数 C_{x_i} 和 C_{f_i} 。由式(2.3.12)可得其各阶导数

$$y^{(j)}(t) = y_x^{(j)}(t) + y_f^{(j)}(t),\ j = 0,1,2,\cdots,n-1 \tag{2.3.17}$$

如果上式对 $t = 0_-$ 也成立，则有

$$y^{(j)}(0_-) = y_x^{(j)}(0_-) + y_f^{(j)}(0_-) \tag{2.3.18}$$

$$y^{(j)}(0_+) = y_x^{(j)}(0_+) + y_f^{(j)}(0_+) \tag{2.3.19}$$

对于零状态响应，在 $t = 0_-$ 时刻激励尚未接入，故应有

$$y_f^{(j)}(0_-) = 0 \tag{2.3.20}$$

对于零输入响应,由于激励为零,故应有

$$y_x^{(j)}(0_+) = y_x^{(j)}(0_-) = y^{(j)}(0_-) \tag{2.3.21}$$

根据给定的起始状态(即0_-值),利用式(2.3.18)至式(2.3.21)可求得零输入响应和零状态响应的0_+时刻的初始值。

【例 2.3.3】 描述某 LTI 系统的微分方程为

$$y''(t) + 3y'(t) + 2y(t) = 2f'(t) + 6f(t) \tag{2.3.22}$$

已知 $y(0_-) = 2,\ y'(0_-) = 0,\ f(t) = u(t)$,求该系统的零输入响应和零状态响应。

【解】 (1)零输入响应 $y_x(t)$ 。

零输入响应是激励为零,仅由起始状态引起的响应,故 $y_x(t)$ 是方程

$$y_x''(t) + 3y_x'(t) + 2y_x(t) = 0$$

且满足 $y_x(0_+)$, $y_x'(0_+)$ 的解,由式(2.3.18)至式(2.3.21)可知,由于 $y_f(0_-) = y_f'(0_-) = 0$,且激励也为零,故有

$$y_x(0_+) = y_x(0_-) = y(0_-) = 2$$

$$y_x'(0_+) = y_x'(0_-) = y'(0_-) = 0$$

特征根 λ_1、λ_2 分别为-1、-2,故零输入响应

$$y_x(t) = C_{x_1}\mathrm{e}^{-t} + C_{x_2}\mathrm{e}^{-2t}$$

将初始值代入上式及其导数得

$$y_x(0_+) = C_{x_1} + C_{x_2} = 2$$

$$y_x'(0_+) = -C_{x_1} - 2C_{x_2} = 0$$

由上式解得 $C_{x_1} = 4,\ C_{x_2} = -2$,解得系统的零输入响应

$$y_x(t) = 4\mathrm{e}^{-t} - 2\mathrm{e}^{-2t},\ t \geqslant 0$$

(2)零状态响应 $y_f(t)$ 。

零状态响应是起始状态为零,仅由激励引起的响应,它是方程[考虑到 $f(t) = u(t)$]

$$y_f''(t) + 3y_f'(t) + 2y_f(t) = 2\delta(t) + 6u(t) \tag{2.3.23}$$

且满足 $y_f(0_-) = y_f'(0_-) = 0$ 的解。由于(2.2.23)等号右端含有 $\delta(t)$ 项,故 $y_f''(t)$ 应含有冲激函数,从而 $y_f'(t)$ 将跳变,即 $y_f'(0_+) \neq y_f'(0_-)$;而 $y_f(t)$ 在 $t = 0$ 处是连续的,即 $y_f(0+) = y_f(0-)$ 。对式(2.3.23)从0_-到0_+积分,得

$$[y_f'(0_+) - y_f'(0_-)] + 3[y_f(0_+) - y_f(0_-)] + 2\int_{0_-}^{0_+} y_f(t)\,\mathrm{d}t = 2 + 6\int_{0_-}^{0_+} u(t)\,\mathrm{d}t$$

考虑到 $\int_{0_-}^{0_+} y_f(t)\,\mathrm{d}t = 0,\ \int_{0_-}^{0_+} u(t)\,\mathrm{d}t = 0$ 以及 $y_f(t)$ 在 $t = 0$ 处是连续,得

$$y_f(0_+) = y_f(0_-) = 0$$

$$y_f'(0_+) = 2 - y_f'(0_-) = 2$$

当 $t > 0$,式(2.3.23)可写为

$$y_f''(t) + 3y_f'(t) + 2y_f(t) = 6$$

不难求得其齐次解为 $C_{f_1}\mathrm{e}^{-t} + C_{f_2}\mathrm{e}^{-2t}$,其特解为常数3,于是有

$$y_f(t) = C_{f_1}\mathrm{e}^{-t} + C_{f_2}\mathrm{e}^{-2t} + 3$$

将初始值代入上式及其导数,得

$$y_f(0_+) = C_{f_1} + C_{f_2} + 3 = 0$$

$$y_f'(0_+) = -C_{f_1} - 2C_{f_2} = 2$$

解得 $C_{f_1} = -4,\ C_{f_2} = 1$ 系统得系统得零状态响应

$$y_f(t) = -4e^{-t} + e^{-2t} + 3\ ,\ t \geqslant 0$$

2.4 连续 LTI 系统的冲激响应和阶跃响应

在求零状态响应时同样会遇到与经典法求特解类似的困难,这需要借助于卷积法来解决。在利用卷积法求零状态响应时。冲激响应与阶跃响应是两个重要的概念,同时也是表征系统本身特性的两个重要概念。

2.4.1 系统的单位冲激响应

一个线性时不变系统,当其起始状态为零时,以单位冲激信号 $\delta(t)$ 作激励,系统产生的零状态响应称为单位冲激响应,简称为冲激响应,用 $h(t)$ 表示,如图 2.4.1 所示。

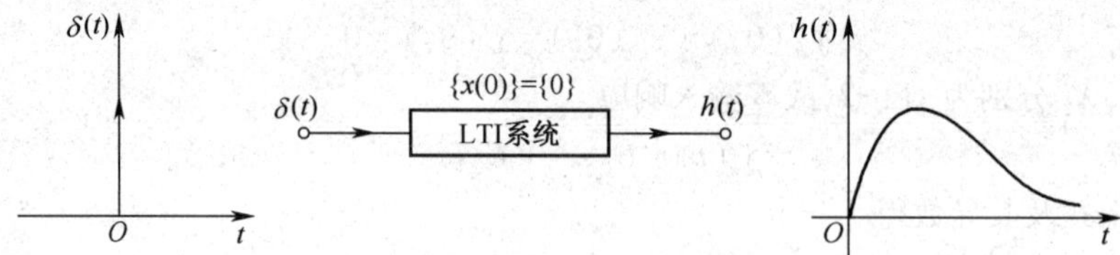

图 2.4.1 冲激响应示意图

下面研究系统冲激响应的时域解法。从一阶和二阶系统开始,然后推广到一般情况。

【例 2.4.1】 某线性不变时域系统的微分方程为

$$2y'(t) + 3y(t) = 5f(t)$$

求系统的冲激响应 $h(t)$ 。

【解】 根据冲激响应的定义,令 $f(t) = \delta(t)$, $y(t) = h(t)$,代入方程后得

$$2h'(t) + 3h(t) = 5\delta(t) \tag{2.4.1}$$

由于冲激函数及其各阶导数仅在 $t = 0$ 处作用,而在 $t > 0$ 区间函数恒为零。也就是说,激励信号 $\delta(t)$ 的作用是在 $t = 0$ 的瞬间给系统输入了若干能量,存储在系统的各储能元件中,而在 $t > 0$ 以后系统的激励为零,只有冲激引入的那些储能在起作用,因而系统的冲激响应由上述储能唯一地确定。因此,系统的冲激响应与该系统的零输入响应具有相同的函数形式。

对于式(2.4.1),其特征根 $\lambda = -1.5$,其零输入响应的形式为 $e^{-1.5t}$ $(t > 0)$,所以上述系统的冲激响应为

$$h(t) = Ce^{-1.5t}u(t) \tag{2.4.2}$$

式中, C 为特定常数,它可利用方程两端各奇异函数项系数相匹配的方法求得。

由式(2.4.2)可得冲激响应 $h(t)$ 的导数为

$$h'(t) = Ce^{-1.5t}\delta(t) - 1.5Ce^{-1.5t}u(t) = C\delta(t) - 1.5Ce^{-1.5t}u(t)$$

再将 $h(t)$ 和 $h'(t)$ 代入式(2.4.1),整理得

$$2C\delta(t) = 5\delta(t)\ ,\ C = 2.5$$

所以

$$h(t) = 2.5e^{-1.5t}u(t)$$

由于 $f(t) = \delta(t)$ 时,式(2.4.1)在左端也要存在对应的冲激项才可以保持平衡,所以该式左端的这个冲激项只能是最高阶项 $2h'(t)$,不可能是低阶项 $3h(t)$,否则 $2h'(t)$ 项会出现冲激偶函数

$\delta'(t)$，无法同该式右端平衡。也就是说，该系统的 $h(t)$ 不具有冲激函数。

假设式(2.4.1)右端增加一项 $4\delta'(t)$，即

$$2h'(t) + 3h(t) = 5\delta(t) + 4\delta'(t) \tag{2.4.3}$$

这时，该系统的 $h'(t)$ 出现 $\delta'(t)$ 项，$h(t)$ 出现冲激函数项，应该设

$$h(t) = Ce^{-1.5t}u(t) + D\delta(t)$$

则

$$h'(t) = D\delta'(t) + C\delta(t) - 1.5Ce^{-1.5t}u(t)$$

再将 $h(t)$ 和 $h'(t)$ 代入式(2.4.3)，整理得

$$2D\delta'(t) + (2C + 3D)\delta(t) = 4\delta'(t) + 5\delta(t)$$

可得

$$2D = 4$$

$$2C + 3D = 5$$

解得 $C = -0.5$，$D = 2$，所以

$$h(t) = 2\delta(t) - Ce^{-1.5t}u(t)$$

【例 2.4.2】 设描述系统的微分方程为

$$y''(t) + 4y'(t) + 3y(t) = f'(t) + 2f(t)$$

求系统的冲激响应 $h(t)$。

【解】 令 $f(t) = \delta(t)$，$y(t) = h(t)$ 代入上式得

$$h''(t) + 4h'(t) + 3h(t) = \delta'(t) + 2\delta(t) \tag{2.4.4}$$

其齐次方程的特征根为 $\lambda_1 = -1$，$\lambda_2 = -3$，且由上式平衡分析可知 $h(t)$ 中不含冲激函数，于是有

$$h(t) = (C_1e^{-t} + C_2e^{-3t})u(t)$$

对 $h(t)$ 求导，得

$$h'(t) = (C_1 + C_2)\delta(t) + (-C_1e^{-t} - 3C_2e^{-3t})u(t)$$

$$h''(t) = (C_1 + C_2)\delta'(t) + (-C_1 - 3C_2)\delta(t) + (C_1e^{-t} + 9C_2e^{-3t})u(t)$$

代入式(2.4.4)，得

$$(C_1 + C_2)\delta'(t) + (3C_1 + C_2)\delta(t) = \delta'(t) + 2\delta(t)$$

利用方程两端的奇异函数相匹配的方法，得

$$C_1 + C_2 = 1$$

$$3C_1 + C_2 = 2$$

解得 $C_1 = \frac{1}{2}$，$C_2 = \frac{1}{2}$，因此得冲激响应为

$$h(t) = \frac{1}{2}(e^{-t} + e^{-3t})u(t)$$

一般而言，若描述线性时不变系统的微分方程为

$$\begin{aligned} &a_ny^{(n)}(t) + a_{n-1}y^{(n-1)}(t) + \cdots + a_1y^{(1)}(t) + a_0y(t) \\ &= b_mf^{(m)}(t) + b_{m-1}f^{(m-1)}(t) + \cdots + b_1f^{(1)}(t) + b_0f(t) \end{aligned} \tag{2.4.5}$$

为求得上式得冲激响应，令 $f(t) = \delta(t)$，$y(t) = h(t)$，将它们代入上式后，在等号右端就出现冲激函数及其各阶导数，其最高阶导数 $\delta^{(m)}(t)$。为保证式(2.4.5)等号两端所含各奇异函数相互平衡，等式左端也应包含 $\delta^{(m)}(t)$，…，$\delta'(t)$，。由于等式左端的最高阶项为 $y^{(n)}(t) = h^{(n)}(t)$，因此，至少最高阶项 $h^{(n)}(t)$ 中应包含 $\delta^{(m)}(t)$，由此可见，冲激响应 $h(t)$ 的形式与 n 和 m 有关。当 $n=m$ 时，为使 $h^{(n)}(t)$ 中包含 $\delta^{(m)}(t)$，必须在 $h(t)$ 中含有 $\delta(t)$ 项；当 $n>m$ 时，例如 $n=m+1$，为使 $h^{(n)}(t)$ 中包含有 $\delta^{(m)}(t)$，只要在 $h'(t)$ 中含有 $\delta(t)$ 就够了，因而 $h(t)$ 中将不包含冲激函数项；当

$n < m$ 时,则 $h(t)$ 中将包含冲激函数的导数项。

由于 $\delta(t)$ 及其各阶导数在 $t > 0$ 时全都等于零,于是式(2.4.5)右端在 $t > 0$ 时等于零,因此冲激响应 $h(t)$ 应与方程的齐次解有相同的形式。若方程的特征根 λ_i ($i = 1, 2, \cdots, n$)均为单根,则当 $n > m$ 时

$$h(t) = \left(\sum_{i=1}^{n} C_i \mathrm{e}^{\lambda_i t}\right) u(t)$$

当 $n = m$ 时

$$h(t) = D\delta(t) + \left(\sum_{i=1}^{n} C_i \mathrm{e}^{\lambda_i t}\right) u(t)$$

式中,待定系数 C_i ($i = 1, 2, \cdots, n$)和 D 可利用方程式两端各奇异函数项系数相匹配的方法求得。冲激响应完全由系统本身决定,是系统固有的,与外界因素无关。

2.4.2 系统的单位阶跃响应

一线性时不变系统,当其起始状态为零时,以单位阶跃信号 $u(t)$ 作激励,系统产生的零状态响应称为单位阶跃响应,简称阶跃响应,用 $g(t)$ 表示,如图 2.4.2 所示。

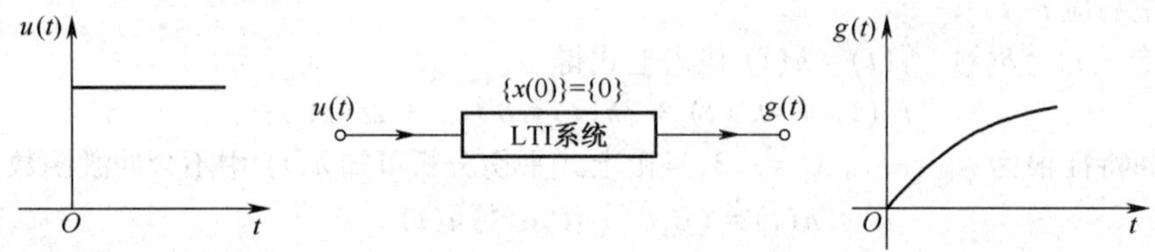

图 2.4.2 阶跃响应示意图

系统阶跃响应的求法与冲激响应的求法类似。所不同的是,由于输入的阶跃函数在 $t > 0$ 时不为零,因而系统的阶跃响应应包括齐次解和特解两部分。在此不做进一步推导。另外,根据 LTI 系统的微(积)特性,同一系统的阶跃响应与冲激响应的关系为

$$h(t) = \frac{\mathrm{d}g(t)}{\mathrm{d}t} \tag{2.4.6}$$

$$g(t) = \int_{-\infty}^{t} h(\tau)\mathrm{d}\tau \tag{2.4.7}$$

2.5 卷 积 积 分

卷积积分法在信号和系统理论中占有重要地位,随着理论研究的深入和计算机技术发展,卷积法得到了更广泛的应用,它也是时域与变换域方法之间相联系的重要手段。

2.5.1 卷积积分法原理

卷积积分法求 LTI 系统的零状态响应,就是利用 2.2 节中式(2.2.18)表明的任意信号均可以分解为冲激信号的线性组合,即

$$f(t) = \int_{-\infty}^{+\infty} f(\tau)\delta(t - \tau)\mathrm{d}\tau \tag{2.5.1}$$

来求得任意信号作用在线性时不变系统的零状态响应。推导过程简述如下：

	激励		响应
	$\delta(t)$	$\longrightarrow$	$h(t)$
时不变性	$\delta(t-\tau)$	$\longrightarrow$	$h(t-\tau)$
齐次性	$f(\tau)\delta(t-\tau)$	$\longrightarrow$	$f(\tau)h(t-\tau)$
叠加(积分)性	$\int_{-\infty}^{+\infty} f(\tau)\delta(t-\tau)\mathrm{d}\tau$	$\longrightarrow$	$\int_{-\infty}^{+\infty} f(\tau)h(t-\tau)\,\mathrm{d}\tau$

即任意信号 $f(t)$ 作用下系统的零状态响应为

$$y_f(t) = \int_{-\infty}^{+\infty} f(\tau)h(t-\tau)\mathrm{d}\tau = f(t) * h(t) \tag{2.5.2}$$

式中：τ——积分变量，信号输入的瞬间；

t——观察响应的瞬间，积分过程中的常量；

$t-\tau$——表示系统的记忆时间。

对于因果系统，观察响应的时间 t 和信号的作用时间必须满足 $t-\tau \geqslant 0$ 的关系，由此可知变量 τ 的积分上限为 t，故因果系统的零状态响应表示为

$$y_f(t) = \int_0^t f(\tau)h(t-\tau)\mathrm{d}\tau \tag{2.5.3}$$

可以注意到，这种求解响应的方法与求解微分方程不同，是数学卷积运算的一种形式，因此叫卷积积分法，简称卷积法。其实质就是把一系列冲激响应进行叠加的过程。另外，卷积法求系统的零状态响应只适用于线性时不变系统，对于非线性系统不适用。

连续时间信号卷积积分是计算连续时间 LTI 系统零状态响应的基本工具。因此，卷积积分在时域分析中是非常重要的运算，下面详细介绍卷积积分的计算及其性质。

2.5.2 卷积积分的图示

借助图解方法可以形象地说明卷积的含义，帮助理解卷积的概念，现举例说明卷积积分的图示方法。若给定冲激响应

$$h(t) = \frac{1}{2}t[u(t) - u(t-2)]$$

输入信号

$$f(t) = u\left(t + \frac{1}{2}\right) - u\left(t - \frac{1}{2}\right)$$

如图 2.5.1 所示。

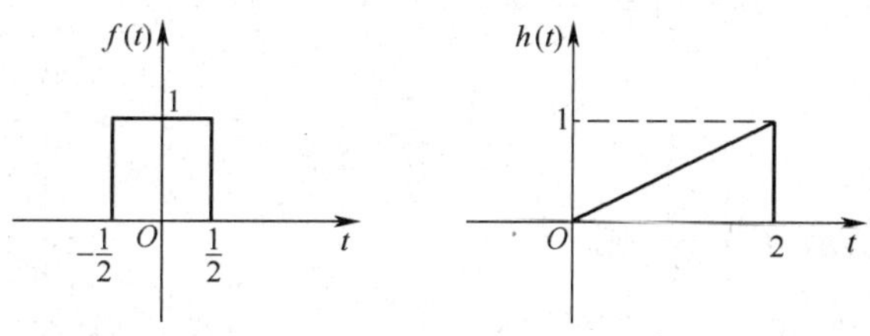

图 2.5.1　$f(t)$ 和 $h(t)$ 的波形

计算 $f(t)$ 与 $h(t)$ 的卷积积分

$$f(t) * h(t) = \int_{-\infty}^{+\infty} f(\tau)h(t-\tau)d\tau$$

在上式中，积分变量是 τ，函数 $f(\tau)$ 和 $h(\tau)$ 与原波形完全相同，只需将横坐标换成 τ 即可。为求出在任何时刻的卷积，其计算过程可分为翻转、平移、相乘与积分三个步骤，现分述如下：

1）翻转

将 $f(t)$ 与 $h(t)$ 的自变量 t 用 τ 代换，然后将函数 $h(\tau)$ 以纵坐标轴线进行翻转。

2）平移

将 $h(-\tau)$ 沿 τ 轴平移时间 t（$-\infty < t < +\infty$）得到 $h(t-\tau)$，如图 2.5.2(a)所示。

3）相乘与积分

将 $f(\tau)$ 与 $h(t-\tau)$ 相乘，对乘积后的图形积分。如图 2.5.2 所示，对应不同的 t 值范围，卷积积分的结果如下：

(1) 如图 2.5.2(b)所示，$-\infty < t \leqslant \frac{1}{2}$，则

$$f(t) * h(t) = 0$$

(2) 如图 2.5.2(c)所示，$-\frac{1}{2} \leqslant t \leqslant \frac{1}{2}$，则

$$f(t) * h(t) = \int_{-1/2}^{t} 1 \times \frac{1}{2}(t-\tau)\,\mathrm{d}\tau$$

$$= \frac{t^2}{4} + \frac{t}{4} + \frac{1}{16}$$

(3) 如图 2.5.2(d)所示，$\frac{1}{2} \leqslant t \leqslant \frac{3}{2}$，则

$$f(t) * h(t) = \int_{-1/2}^{1/2} 1 \times \frac{1}{2}(t-\tau)\,\mathrm{d}\tau = \frac{t}{2}$$

(4) 如图 2.5.2(e)所示，$\frac{3}{2} \leqslant t \leqslant \frac{5}{2}$，则

$$f(t) * h(t) = \int_{t-2}^{1/2} 1 \times \frac{1}{2}(t-\tau)\,\mathrm{d}\tau = -\frac{t^2}{4} + \frac{t}{4} + \frac{15}{16}$$

(5) 如图 2.5.2(f)所示，$t > \frac{5}{2}$，则

$$f(t) * h(t) = 0$$

最后根据各时间段的卷积积分的结果，画出零状态响应的波形，如图 2.5.2(g)所示

在计算卷积积分时，对于一些基本信号，

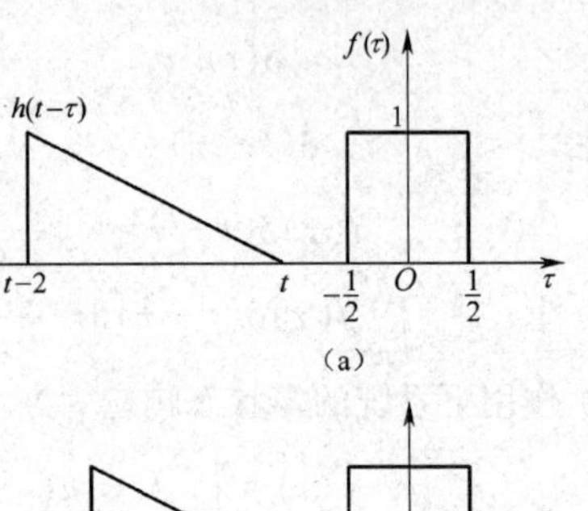

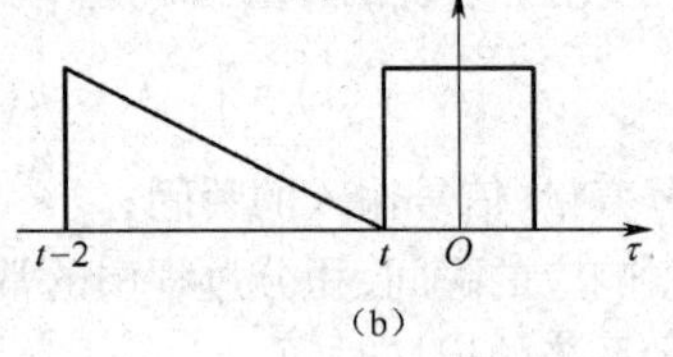

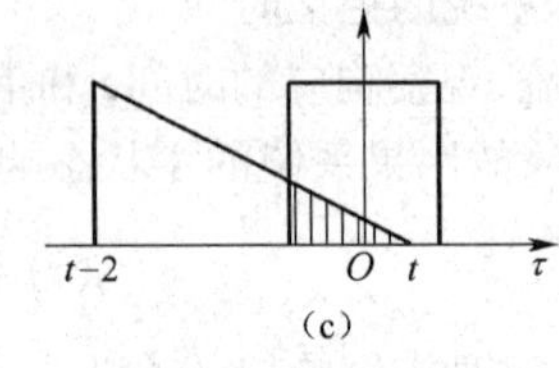

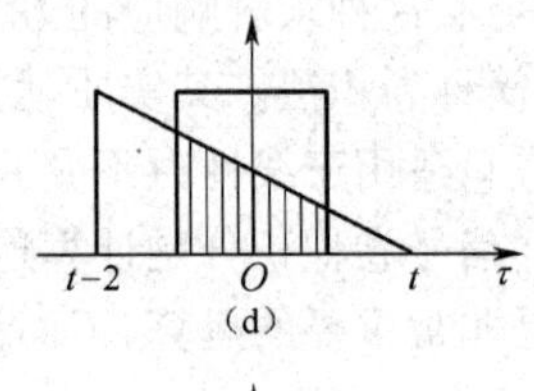

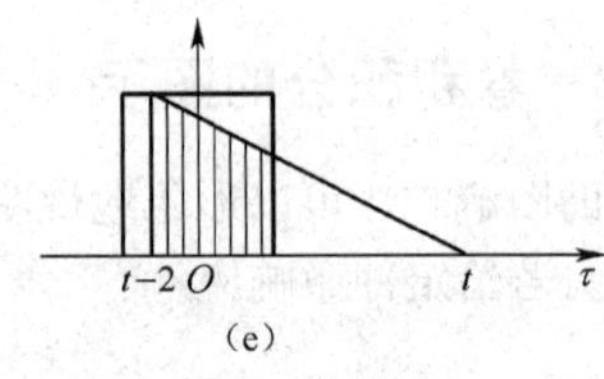

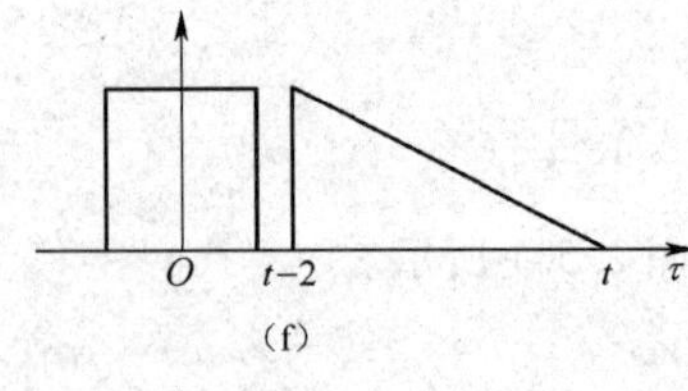

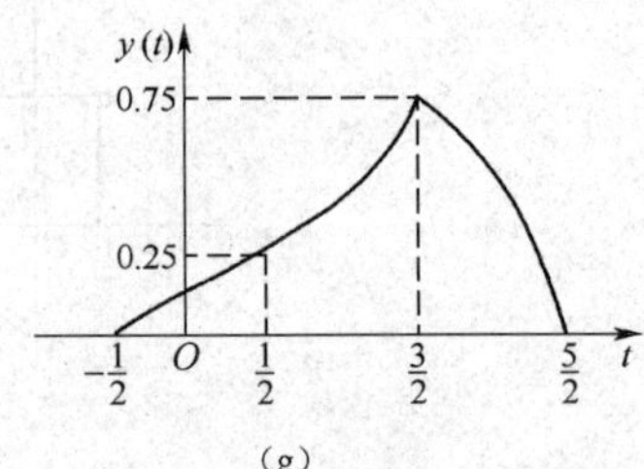

图 2.5.2　卷积的图解表示

可以通过查表得到，避免直接积分过程中的复杂计算。常用信号卷积积分如表 2.5.1 所示。也可利用卷积的一些特性来简化计算。

表 2.5.1　常用信号的卷积积分表

$f_1(t)$	$f_2(t)$	$f_1(t)*f_2(t)$
$u(t)$	$u(t)$	$R(t)$
$e^{-\alpha t}u(t)$	$u(t)$	$\frac{1}{\alpha}(1-e^{-\alpha t})u(t)$
$e^{-\alpha t}u(t)$	$e^{-\beta t}u(t)$	$-\frac{1}{\alpha-\beta}(e^{-\alpha t}-e^{-\beta t})u(t)$ ，$\alpha\neq\beta$
$e^{-\alpha t}u(t)$	$e^{-\alpha t}u(t)$	$te^{-\alpha t}u(t)$
$t^n u(t)$	$t^m u(t)$	$\frac{n!\ m!}{(n+m+1)!}t^{n+m+1}u(t)$

2.6　卷积积分的性质

卷积积分是一种数学运算，它有许多重要的性质，灵活地运用它们能简化系统分析。

2.6.1　卷积的代数运算

卷积积分的运算遵守代数运算中的某些规律。

1. 交换律

$$f_1(t)*f_2(t)=f_2(t)*f_1(t) \tag{2.6.1}$$

证明　把 $\int_{-\infty}^{+\infty}f_1(\tau)f_2(t-\tau)\mathrm{d}\tau$ 式中的 τ 用 $t-\lambda$ 代换，有

$$\begin{aligned}\int_{-\infty}^{+\infty}f_1(t-\lambda)f_2(t-t+\lambda)\mathrm{d}(t-\lambda) &= \int_{-\infty}^{+\infty}f_2(\lambda)f_1(t-\lambda)\mathrm{d}\lambda \\ &= \int_{-\infty}^{+\infty}f_2(\tau)f_1(t-\tau)\mathrm{d}\tau\end{aligned}$$

此式说明两函数在卷积积分中的次序是可以任意交换的，对于系统来说，交换律表明了图 2.6.1所示的等效情况，即激励信号与系统的单位冲激响应互换可得到相同的响应。

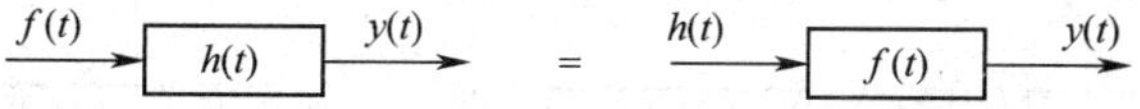

$f(t)\rightarrow\boxed{h(t)}\rightarrow y(t)\quad=\quad h(t)\rightarrow\boxed{f(t)}\rightarrow y(t)$

图 2.6.1　卷积的交换律

2. 分配律

$$f_1(t)*[f_2(t)+f_3(t)]=f_1(t)*f_2(t)+f_1(t)*f_3(t) \tag{2.6.2}$$

证明

$$\begin{aligned}f_1(t)*[f_2(t)+f_3(t)] &= \int_{-\infty}^{+\infty}f_1(\tau)[f_2(t-\tau)+f_3(t-\tau)]\mathrm{d}\tau \\ &= \int_{-\infty}^{+\infty}f_1(\tau)f_2(t-\tau)\mathrm{d}\tau+\int_{-\infty}^{+\infty}f_1(\tau)f_3(t-\tau)\mathrm{d}\tau \\ &= f_1(t)*f_2(t)+f_1(t)*f_3(t)\end{aligned}$$

如果把$f_1(t)$看成是系统的单位冲激响应,则上式说明几个信号同时作用于系统产生的零状态响应,等于每个信号单独作用于系统产生的零状态响应的叠加。

如果把$f_2(t)$和$f_3(t)$看作两个不同系统的单位冲激响应,则分配律说明,信号$f_1(t)$作用于单位冲激响应$f_2(t)+f_3(t)$的系统产生的零状态响应,等于信号$f_1(t)$分别作用于单位冲激响应为$f_2(t)$、$f_3(t)$系统产生的零状态响应之和。同时可见,并联系统的等效单位冲激响应是各系统单位冲激响应之和,如图 2.6.2 所示。

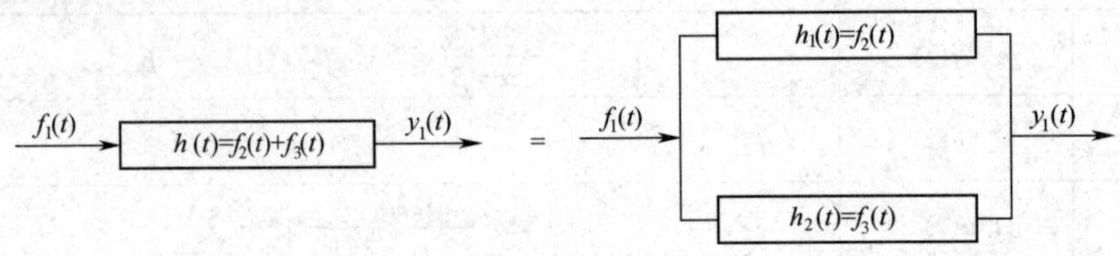

图 2.6.2　卷积的分配律

3. 结合律

$$[f_1(t)*f_2(t)]*f_3(t)=f_1(t)*[f_2(t)*f_3(t)] \tag{2.6.3}$$

证明

$$\begin{aligned}[f_1(t)*f_2(t)]*f_3(t) &= \left[\int_{-\infty}^{+\infty} f_1(\tau)f_2(t-\tau)\,\mathrm{d}\tau\right]*f_3(t)\\ &= \int_{-\infty}^{+\infty} f_3(\lambda)\left[\int_{-\infty}^{+\infty} f_1(\tau)f_2(t-\lambda-\tau)\,\mathrm{d}\tau\right]\mathrm{d}\lambda\\ &= \int_{-\infty}^{+\infty} f_1(\tau)\left[\int_{-\infty}^{+\infty} f_3(\lambda)f_2(t-\lambda-\tau)\,\mathrm{d}\lambda\right]\mathrm{d}\tau\\ &= f_1(t)*\left[\int_{-\infty}^{+\infty} f_3(\lambda)f_2(t-\lambda)\,\mathrm{d}\lambda\right]\\ &= f_1(t)*[f_2(t)*f_3(t)]\end{aligned}$$

若一系统的输出端与另一系统的输入端相连,这种连接方法称为级联。若结合律中$f_1(t)$和$f_3(t)$分别为两个系统的单位冲激响应,则结合律表示为图 2.6.3 所表示的等效关系,即信号$f_2(t)$作用下的响应与两系统的级联顺序无关。

若$f_1(t)$、$f_2(t)$分别为两个系统的单位冲激响应,则结合律又表明了图 2.6.4 的等效关系,即激励信号作用于两级联系统的响应等效于该信号作用于单位冲激响应$h(t)=f_1(t)*f_2(t)$的系统上的响应,同时可见,级联后系统的单位冲激响应等于各级联系统单位冲激响应的卷积。

图 2.6.3　卷积的结合律 1

图 2.6.4　卷积的结合律 2

2.6.2　函数与冲激函数的卷积

$$f(t)*\delta(t)=\delta(t)*f(t)=\int_{-\infty}^{+\infty}\delta(\tau)f(t-\tau)\,\mathrm{d}\tau=f(t)$$

即

$$f(t) * \delta(t) = f(t) \tag{2.6.4}$$

上式表明，函数与冲激函数的卷积就是它本身。这正是2.2节得出的结论式(2.2.18)。

式(2.6.4)是卷积运算的重要性质之一，将它进一步推广可得

$$f(t) * \delta(t - t_0) = \int_{-\infty}^{+\infty} f(\tau)\delta(t - \tau - t_0)\mathrm{d}\tau = f(t - t_0) \tag{2.6.5}$$

表明任一信号 $f(t)$ 与 $\delta(t - t_0)$ 卷积，其结果相当于把函数本身延迟 t_0，由此可推广得

$$f(t - t_1) * \delta(t - t_2) = f(t - t_1 - t_2) \tag{2.6.6}$$

$\delta(t) * \delta(t) = \delta(t)$ 可看成式(2.6.4)特例。

2.6.3 卷积积分的时移特性

若 $f_{1(t)} * f_{2(t)} = f(t)$，则

$$f_1(t - t_1) * f_2(t - t_2) = f(t - t_1 - t_2)$$

证明 $f_1(t - t_1) * f_2(t - t_2) = [f_1(t) * \delta(t - t_1)] * [f_2(t) * \delta(t - t_2)]$

$$= f_1(t) * f_2(t) * \delta(t - t_1) * \delta(t - t_2)$$

$$= f(t) * \delta(t - t_1 - t_2) = f(t - t_1 - t_2)$$

$f(t - t_1)$ 与 $\delta(t - t_2)$ 示意图如图2.6.5所示。

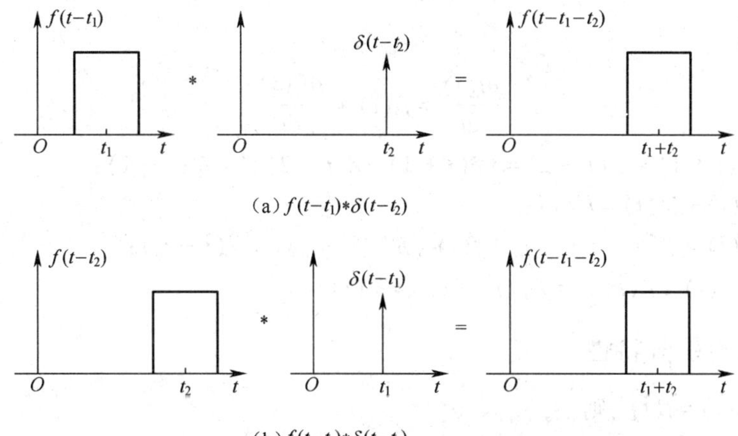

图2.6.5 $f(t-t_1)$与$\delta(t-t_2)$示意图

若已知 $u(t) * u(t) = R(t) = tu(t)$，则根据时移特性可直接得到 $u(t + 3) * u(t - 5) = (t - 2)u(t - 2)$。

2.6.4 尺度变换性质

若 $f_1(t) * f_2(t) = f(t)$，则

$$f_1\left(\frac{t}{a}\right) * f_2\left(\frac{t}{a}\right) = |a| f\left(\frac{t}{a}\right) \tag{2.6.7}$$

证明 $$f(t) = f_1(t) * f_2(t) = \int_{-\infty}^{+\infty} f_1(\tau) f_2(t - \tau)\mathrm{d}\tau$$

$$f\left(\frac{t}{a}\right)=\int_{-\infty}^{+\infty}f_1(\tau)f_2\left(\frac{t}{a}-\tau\right)\mathrm{d}\tau$$

令 $\tau=\tau'/a$，则

$$f\left(\frac{t}{a}\right)=\int_{-\infty}^{+\infty}f_1\left(\frac{\tau'}{a}\right)f_2\left(\frac{t}{a}-\frac{\tau'}{a}\right)\frac{\mathrm{d}\tau'}{|a|}=\frac{1}{|a|}\int_{-\infty}^{+\infty}f_1\left(\frac{\tau'}{a}\right)f_2\left(\frac{t}{a}-\frac{\tau'}{a}\right)\mathrm{d}\tau'$$

因此

$$|a|f\left(\frac{t}{a}\right)=f_1\left(\frac{t}{a}\right)*f_2\left(\frac{t}{a}\right)$$

2.6.5 卷积的微分特性

若 $f_1(t)*f_2(t)=f(t)$，则

$$\frac{\mathrm{d}}{\mathrm{d}t}[f_1(t)*f_2(t)]=\frac{\mathrm{d}}{\mathrm{d}t}f(t)=f_1(t)*\frac{\mathrm{d}f_2(t)}{\mathrm{d}t}=\frac{\mathrm{d}f_1(t)}{\mathrm{d}t}*f_2(t)\tag{2.6.8}$$

证明

$$\frac{\mathrm{d}f(t)}{\mathrm{d}t}=\frac{\mathrm{d}}{\mathrm{d}t}[f_1(t)*f_2(t)]=\frac{\mathrm{d}}{\mathrm{d}t}\left[\int_{-\infty}^{+\infty}f_1(\tau)f_2(t-\tau)\mathrm{d}\tau\right]$$

$$=\int_{-\infty}^{+\infty}f_1(\tau)\frac{\mathrm{d}f_2(t-2)}{\mathrm{d}t}\mathrm{d}\tau=f_1(t)*\frac{\mathrm{d}f_2(t)}{\mathrm{d}t}$$

同理可证明

$$\frac{\mathrm{d}f(t)}{\mathrm{d}t}=f_2(t)*\frac{\mathrm{d}f_1(t)}{\mathrm{d}t}$$

推论：(1) $\delta(t+1)*\delta'(t-2)=[\delta(t+1)*\delta(t-2)]'=\delta'(t-1)$；

(2) $f(t)*\delta'(t)=f'(t)$；

(3) $f(t)*\delta^{(n)}(t)=f^{(n)}(t)$；$f(t)*\delta^{(n)}(t-t_0)=f^{(n)}(t-t_0)$；

(4) $[f_1(t)*f_2(t)]'=f_1(t)*f_2(t)*\delta'(t)$。

2.6.6 卷积的积分特性

若 $f_1(t)*f_2(t)=f(t)$，则

$$\int_{-\infty}^{t}f_1(x)*f_2(x)\mathrm{d}x=\int_{-\infty}^{t}f(x)\mathrm{d}x=f_1(x)*\left[\int_{-\infty}^{t}f_2(x)\mathrm{d}x\right]$$

$$=\left[\int_{-\infty}^{t}f_1(x)\mathrm{d}x\right]*f_2(x)\tag{2.6.9}$$

证明

$$\int_{-\infty}^{t}f_1(x)*f_2(x)\mathrm{d}x=\int_{-\infty}^{t}f(x)\mathrm{d}x$$

$$=\int_{-\infty}^{t}\left[\int_{-\infty}^{t}f_1(\tau)f_1(x-\tau)\mathrm{d}\tau\right]\mathrm{d}x$$

$$=\int_{-\infty}^{t}f_1(\tau)\left[\int_{-\infty}^{t}f_1(x-\tau)\mathrm{d}x\right]\mathrm{d}\tau$$

$$=f_1(t)*\int_{-\infty}^{t}f_2(x)\mathrm{d}x$$

同理可证明

$$\int_{-\infty}^{t} f(x)\mathrm{d}x = \left[\int_{-\infty}^{+\infty} f_1(x)\mathrm{d}x\right] * f_2(t)$$

推论:(1) $f(t) * u(t) = f(t) * \int_{-\infty}^{t}\delta(\tau)\mathrm{d}\tau = \int_{-\infty}^{t} f(\tau)\mathrm{d}\tau$;

(2) $f(t) * \delta^{(-n)}(t) = f^{(-n)}(t)$;$f(t) * \delta^{(-n)}(t-t_0) = f^{(-n)}(t-t_0)$;

(3) $\int_{-\infty}^{t}[f_1(\tau) * f_2(\tau)]\mathrm{d}\tau = f_1(t) * f_2(t) * \delta^{-1}(t)$。

2.6.7 卷积的微积分特性

若$f_1(t) * f_2(t) = f(t)$,且$f(-\infty)=0$则

$$f_1'(t) * \int_{-\infty}^{t} f_2(t)\mathrm{d}\tau = f(t)$$

证明　因为$f_1'(t) * f_2(t) = f'(t)$,所以

$$f_1'(t) * \int_{-\infty}^{t} f_2(t)\mathrm{d}\tau = \int_{-\infty}^{t} f'(\tau)\mathrm{d}\tau$$

若$f_1(t)$与$f_2(t)$为有始函数,此时

$$\int_{-\infty}^{t} f'(\tau)\mathrm{d}\tau = \int_{-\infty}^{t} 1\mathrm{d}f(\tau) = f(t) - f(-\infty) = f(t)$$

因为$f(-\infty)=0$,在这种条件下,$f_2(t)$微分后再积分才能得到原信号$f(t)$,也只有在这种条件下才能使用上述性质。

【例 2.6.1】　信号$f_1(t)$、$f_2(t)$如图 2.6.6 所示,试用时移特性求$f_1(t) * f_2(t)$ 。

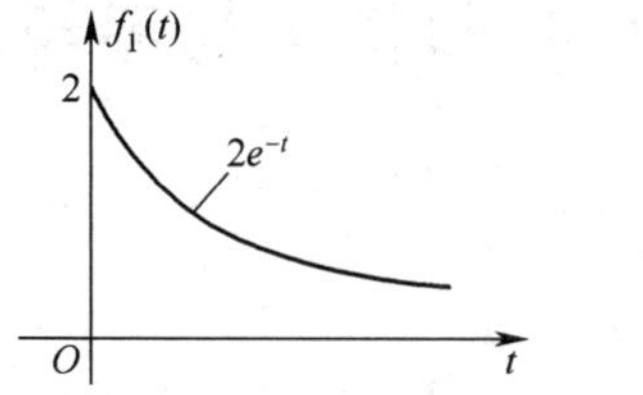

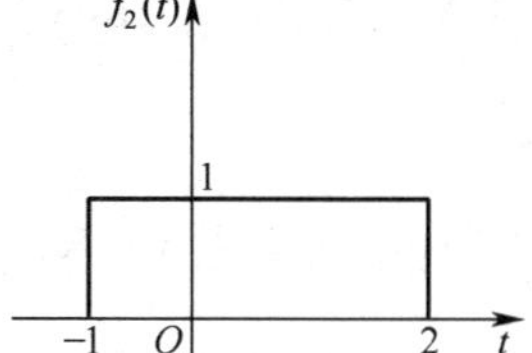

图 2.6.6　例 2.6.1 图

【解】　写出信号的表达式

$$f_1(t) = 2\mathrm{e}^{-t}u(t)$$

$$f_2(t) = u(t+1) - u(t-2)$$

$$f(t) = f_1(t) * f_2(t) = f_1(t) * u(t+1) - f_1(t) * u(t-2)$$

由卷积的时移性可知应求

$$f_1(t) * u(t) = \int_{-\infty}^{t} 2\mathrm{e}^{-t}u(t)\mathrm{d}t = \int_{0}^{t} 2\mathrm{e}^{-t}\mathrm{d}t = 2(1-\mathrm{e}^{-t})u(t)$$

则可得

$$f_1(t) * f_2(t) = 2[1-\mathrm{e}^{-(t+1)}]u(t+1) - 2[1-\mathrm{e}^{-(t+1)}]u(t-2)$$

【例 2.6.2】　信号$f_1(t)$ 、$f_2(t)$如图 2.6.7 所示,试用卷积的微分、积分特性求$f_1(t) * f_2(t)$ 。

【解】

$$f_1(t) = u(t+1) - 2u(t) + u(t-1)$$

$$f_1'(t) = \delta(t+1) - 2\delta(t) + \delta(t-1)$$

$$f_2(t) = \sin\frac{\pi}{2}tu(t)$$

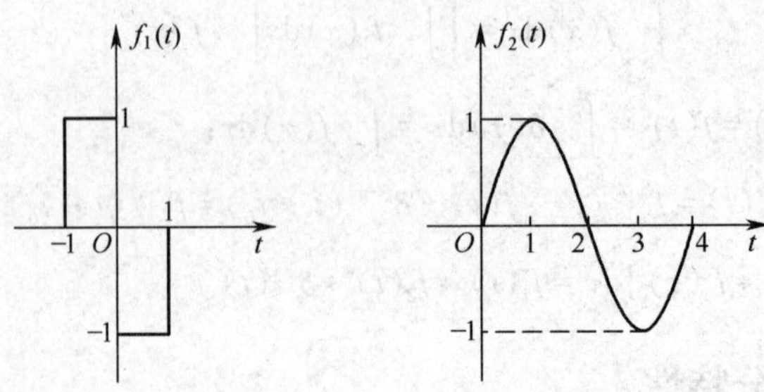

图 2.6.7 例 2.6.2 图

$$\int_{-\infty}^{t} f_2(t) = \int_{-\infty}^{t} \sin\frac{\pi}{2}tu(t)\,dt = \int_{0}^{t} \sin\frac{\pi}{2}t(t) = \frac{2}{\pi}\left(1 - \cos\frac{\pi}{2}t\right)u(t)$$

$$\begin{aligned} f_1(t) * f_2(t) &= f_1(t) * \int_{-\infty}^{t} f_2(t)\,dt \\ &= [\delta(t+1) - 2\delta(t) + \delta(t-1)] * \left[\frac{2}{\pi}(1 - \cos\frac{\pi}{2})u(t)\right] \\ &= \frac{2}{\pi}\left[1 - \cos\frac{\pi}{2}(t+1)\right]u(t+1) - \frac{4}{\pi}(1 - \cos\frac{\pi}{2})u(t) + \\ &\quad \frac{2}{\pi}[1 - \cos\frac{\pi}{2}(t-1)]u(t-1) \end{aligned}$$

2.7 利用 MATLAB 实现连续时间信号与系统的时域分析

2.7.1 连续时间信号的 MATLAB 表示

MATLAB 提供了大量的生成基本信号的函数。最常用的指数信号、正弦信号是 MATLAB 的内部函数，即不安装任何工具箱就可调用的函数。同时 MATLAB 的信号处理工具箱（Signal Processing Tooibox）里还提供了诸如矩形波、三角波等信号处理中常用的信号。

【例 2.7.1】 用 MATLAB 绘制指数信号 $f(t) = e^{-1.5t}u(t)$ 在时间 $0 \leqslant t \leqslant 3$ 区间的波形。

【解】 我们可用两个向量 f 和 t 来表示信号，用 plot 命令绘制其波形，具体命令如下：

```
% pragram2-1 decaying expontial
t=0:0.05:3;
f=exp(-1.5*t);
plot(t,f)
axis([0,3,0,1.2])
title ('单边指数信号')
text(3.1,0.05,'t')
```

程序执行后，产生如图 2.7.1 所示的波形。

【例 2.7.2】 用 MATLAB 绘制正弦信号 $f(t) = \sin(2\pi t + \pi/6)$ 在时间 $0 \leqslant t \leqslant 8$ 区间的波形。

【解】 绘制正弦信号的程序如下：

```
% pragram2-2 sinusoidal singnal
t=0:0.001:8;
```

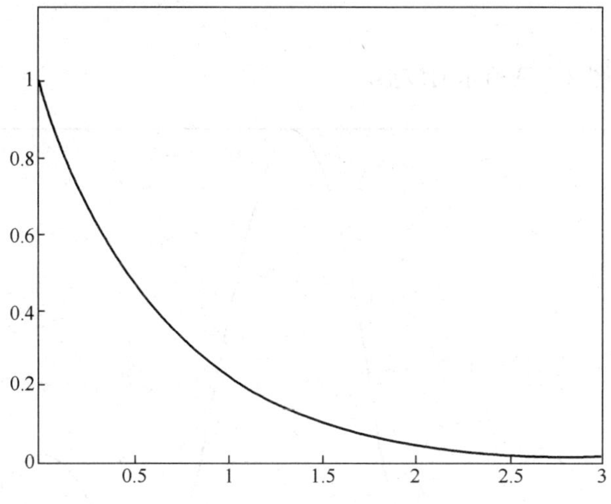

图 2.7.1　单边指数信号波形

```
f=sin(2*pi*t+pi/6);
plot(t,f)
axis([-10,10,-1.2,1.2])
title ('正弦信号')
text(10.2,0.05,'t' )
```

程序执行后,产生如图 2.7.2 所示的波形。

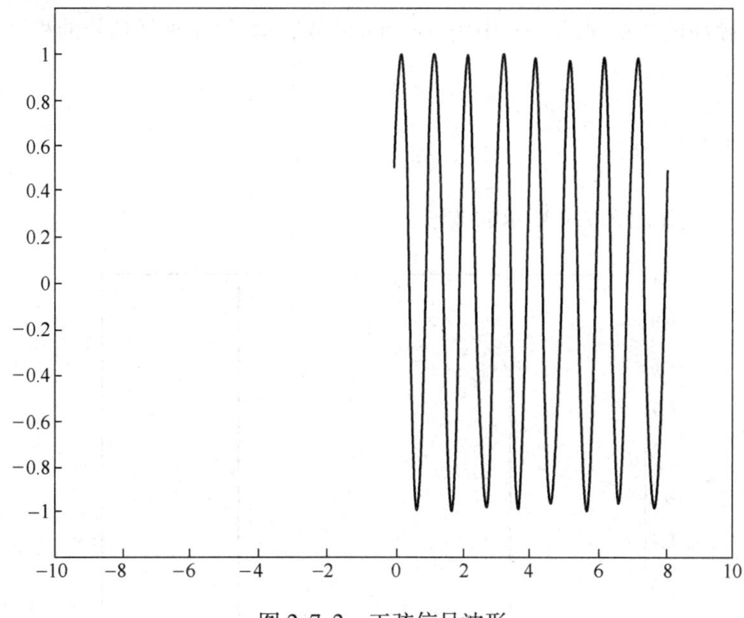

图 2.7.2　正弦信号波形

【例 2.7.3】 用 MATLAB 绘制抽样信号 $\mathrm{Sa}(t)=\sin(\pi t)/(\pi t)$ 的波形。

【解】 抽样信号 $\mathrm{Sa}(t)$ 在 MATLAB 中用 $\sin c(t)$ 函数表示,绘制抽样信号的程序如下:

```
%pragram2-3
t=-3*pi:pi/100:3*pi;
```

```
ft=sinc(t/pi);
plot(t,ft)
```

程序执行后,产生图 2.7.3 所示的波形。

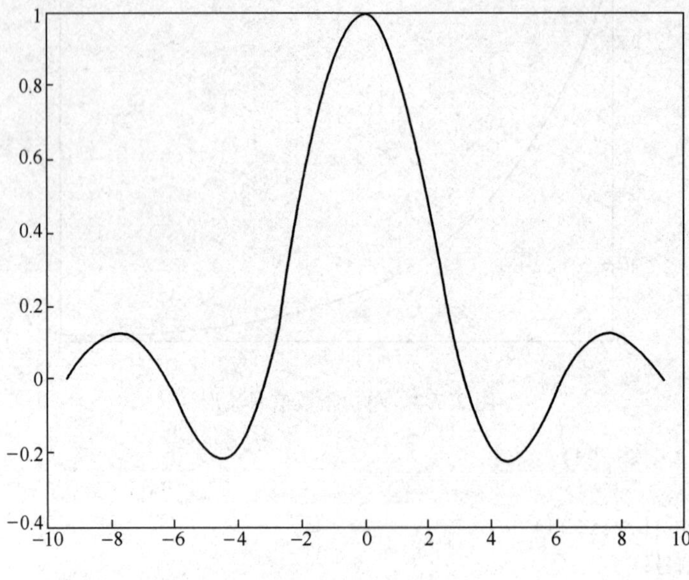

图 2.7.3　抽样信号波形

【例 2.7.4】　用 MATLAB 绘制矩形脉冲信号 $f(t)=u(t-1)-u(t-2)$ 的波形。

【解】　矩形脉冲信号在 MATLAB 中用 rectpuls 函数表示,绘制抽样信号的程序如下:

```
%pragram2-4
t=-0:0.001:4;
ft=rectpuls(t-2,2);
plot(t,ft)
```

程序执行后,产生如图 2.7.4 所示的波形。

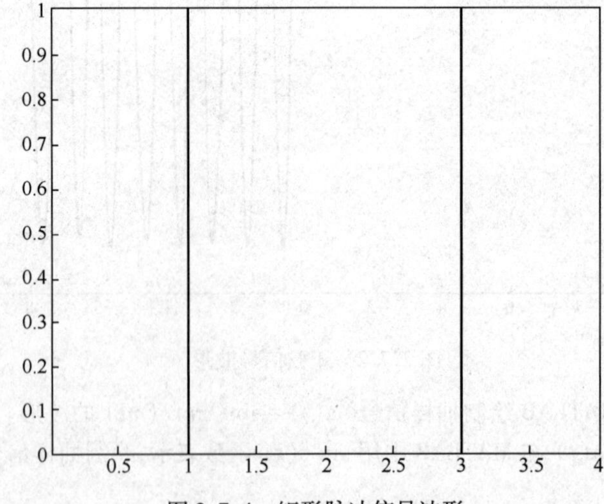

图 2.7.4　矩形脉冲信号波形

2.7.2 用 MATLAB 实现连续时间信号的卷积

在 MATLAB 中实现连续信号卷积的通用函数是 sconv( ),该程序在计算出卷积积分的数值近似的同时,还绘制出 $f(t)$ 的时域波形图。

【例 2.7.5】 已知两连续信号如图 2.7.5 所示,试用 MATLAB 求 $f(t)=f_1(t)*f_2(t)$,并绘出 $f(t)$ 的时域波形图。

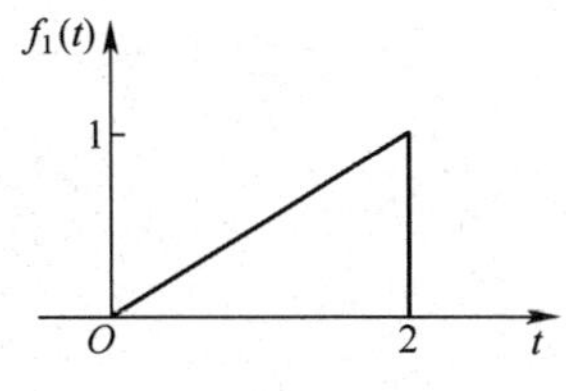

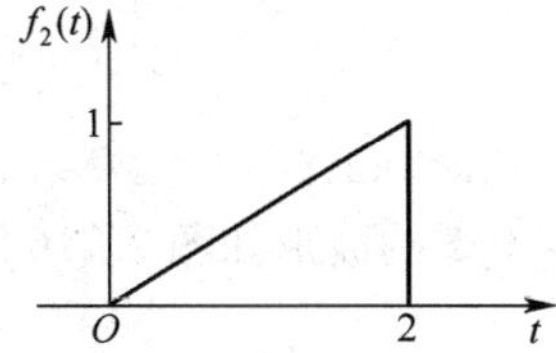

图 2.7.5 例 2.7.5 图

【解】

```
定义卷积通用函数 sconv( ):
% f:卷积积分 f(t)对应的非零样值向量
% k:f(t)的对应时间向量
% f1:f1(t)的非零样值向量
% f2:f2(t)的非零样值向量
% k1:f1(t)的对应时间向量
% k2:序列 f2(t)的对应时间向量
% p:取样时间间隔
function [f,k]=sconv(f1,f2,k1,k2,p)
f=conv(f1,f2);                        % 计算序列 f1 与 f2 的卷积和 f
f=f*p;
k0=k1(1)+k2(1);                       % 计算序列 f 非零样值的起点位置
k3=length(f1)+length(f2)-2;           % 计算卷积和 f 的非零样值的宽度
k=k0:p:k3*p;                          % 确定卷积和 f 非零样值的时间向量
subplot(2,2,1)
plot(k1,f1)                           % 在子图 1 绘 f1(t)时域波形图
title('f1(t)')
xlabel('t')
ylabel('f1(t)')
subplot(2,2,2)
plot(k2,f2)                           % 在子图 2 绘 f2(t)时域波形图
title('f2(t)')
xlabel('t')
ylabel('f2(t)')
subplot(2,2,3)
plot(k,f);                            % 画卷积 f(t)的时域波形
h=get(gca,'position');
h(3)=2.5*h(3);
set(gca,'position',h)                 % 将第三个子图的横坐标范围扩为原来的 2.5 倍
```

```
title('f(t)=f1(t)*f2(t)')
xlabel('t')
ylabel('f(t)')
```

实现卷积的 MATLAB 命令：

```
p=0.01;
k1=0:p:2;
f1=0.5*k1;
k2=k1;
f2=f1;
[f,k]=sconv(f1,f2,k1,k2,p)
```

取样时间间隔为 $p=0.5$ 的波形如图 2.7.6 所示。

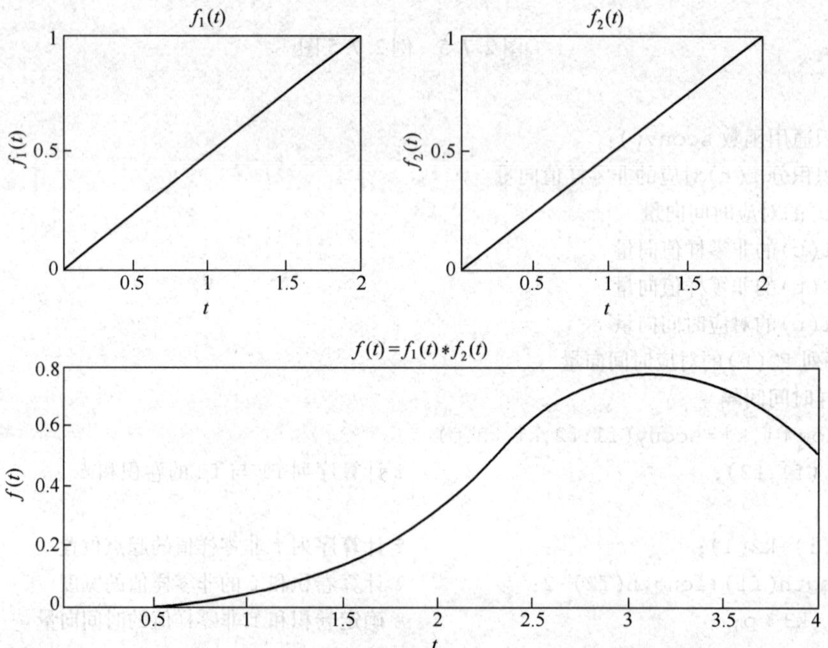

图 2.7.6 例 2.7.5 取样时间间隔 $p=0.5$ 的波形图

取样时间间隔 $p=0.01$ 的波形如图 2.7.7 所示。

【例 2.7.6】 已知两连续信号如图 2.7.8 所示，试用 MATLAB 求 $f(t)=f_1(t)*f_2(t)$，并绘出 $f(t)$ 的时域波形图。

【解】 此题和上题基本相同，我们可以用与上例相同的方法调用函数 sconv( ) 来解决此问题。

定义卷积通用函数 sconv()：

```
%f:卷积积分 f(t)对应的非零样值向量
%k:f(t)的对应时间向量
%f1:f1(t)的非零样值向量
%f2:f2(t)的非零样值向量
%k1:f1(t)的对应时间向量
%k2:序列 f2(t)的对应时间向量
```

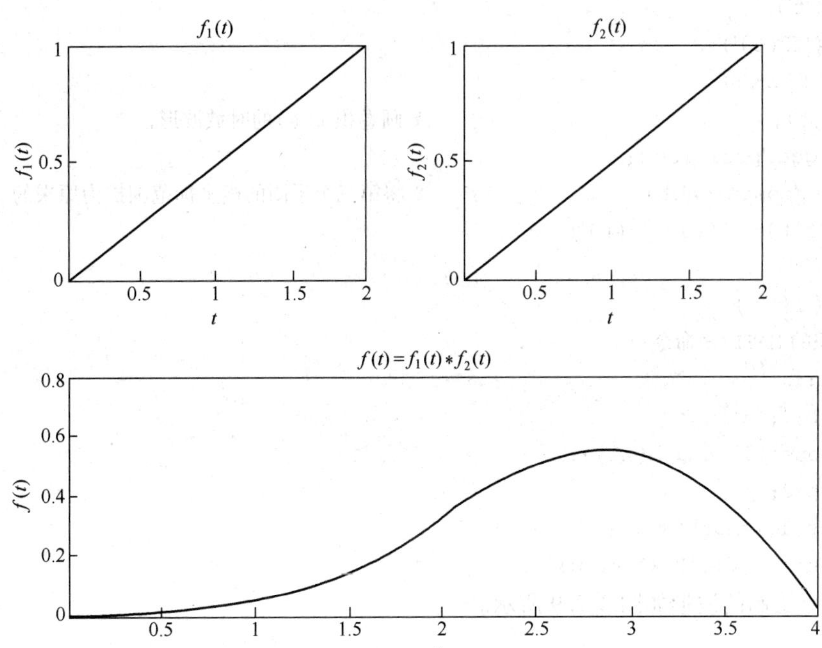

图 2.7.7　例 2.7.5 取样时间间隔 $p=0.01$ 的波形图

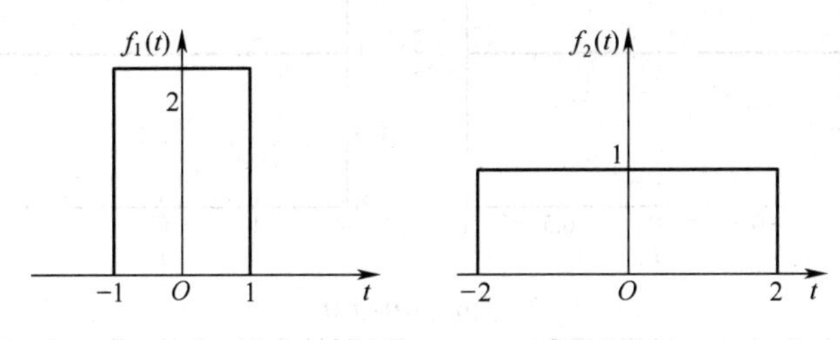

图 2.7.8　例 2.7.6 图

```
%p:取样时间间隔
function [f,k]=sconv(f1,f2,k1,k2,p)
f=conv(f1,f2);                          %计算序列 f1 与 f2 的卷积和 f
f=f*p;
k0=k1(1)+k2(1);                         %计算序列 f 非零样值的起点位置
k3=length(f1)+length(f2);               %计算卷积和 f 的非零样值的宽度
k=k0:p:k3*p;                            %确定卷积和 f 非零样值的时间向量
subplot(2,2,1)
plot(k1,f1)                             %在子图 1 绘 f1(t)时域波形图
title('f1(t)')
xlabel('t')
ylabel('f1(t)')
subplot(2,2,2)
plot(k2,f2)                             %在子图 2 绘 f2(t)时域波形图
title('f2(t)')
```

```
xlabel('t')
ylabel('f2(t)')
subplot(2,2,3)
plot(k,f);                                   % 画卷积 f(t)的时域波形
h=get(gca,'position');
set(gca,'position',h)                        % 将第三个子图的横坐标范围扩为原来的 2.5 倍
title('f(t)=f1(t)*f2(t)')
xlabel('t')
ylabel('f(t)')
```

实现卷积的 MATLAB 命令：

```
p=0.01;
k1=-1:p:1;
f1=2*ones(1,length(k1));
k2=-2:p:2;
f2=ones(1,length(k2));
[f,k]=sconv(f1,f2,k1,k2,p)
```

上述命令绘制的波形如图 2.7.9 所示。

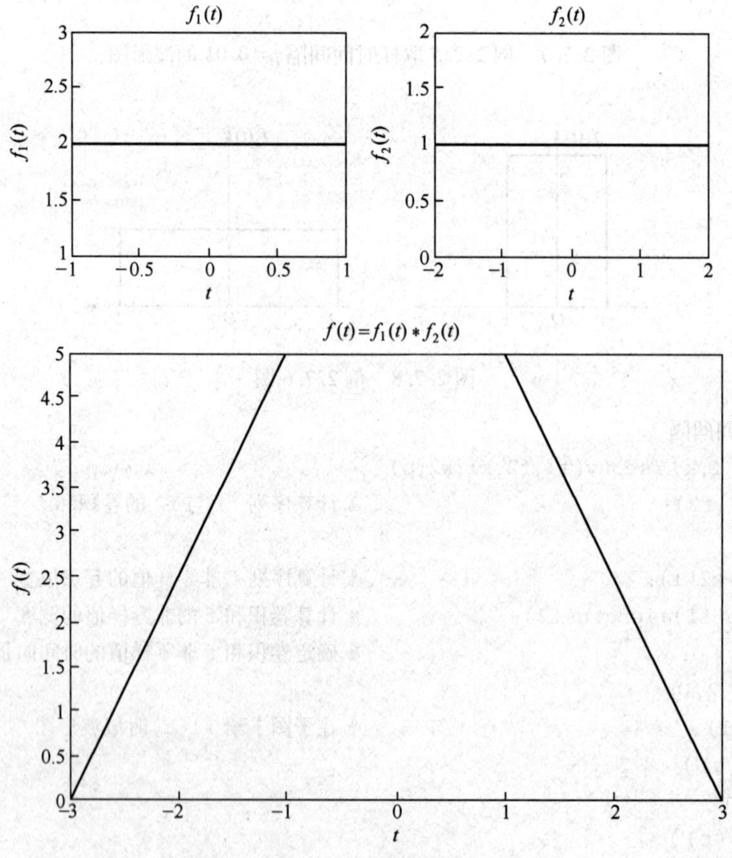

图 2.7.9　例 2.7.6 连续信号卷积波形图

2.7.3 LTI 连续时间系统冲激响应、阶跃响应的 MATLAB 实现

MATLAB 为用户提供了专门用于求连续系统冲激响应及阶跃响应,并绘制其时域波形的函数 impulse( )和 step( )。

【例 2.7.7】 已知描述某连续系统的微分方程为:

$$2y''(t)+y'(t)+8y(t)=f(t)$$

试用 MATLAB 绘出该系统的冲激响应和阶跃响应的波形。

【解】 直接调用函数 impulse( )和 step( )即可解决此问题,对应的 MATLAB 命令如下:

```
b=[1];
a=[2 1 8];
subplot(1,2,1)
impulse(b,a)
subplot(1,2,2)
step(b,a)
```

上述命令绘制的系统冲激响应和阶跃响应的波形如图 2.7.10 所示。

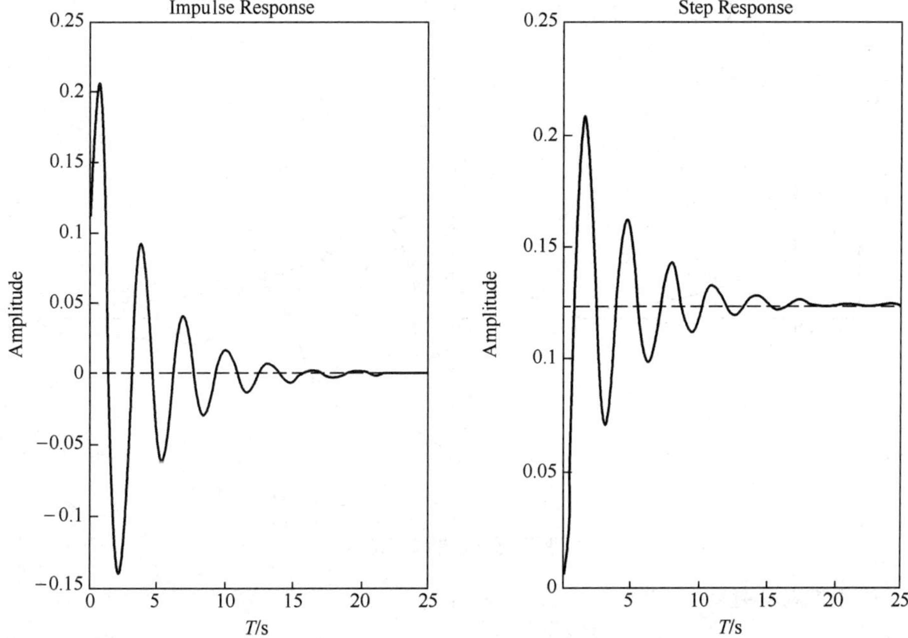

图 2.7.10 例 2.7.7 系统冲激响应和阶跃响应

习 题 2

2.1 绘出下列信号的波形图。

(1) $f_1(t)=-t[u(t+1)-u(t-1)]$;

(2) $f_2(t)=t[u(t+1)-u(t)]+[u(t)-u(t-1)]$;

(3) $f_2(t)=-(t-2)[u(t)-u(t-1)]$。

2.2 绘出下列信号的波形图。

(1) $f_1(t)=\cos 10\pi t[u(t-1)-u(t-2)]$;

(2) $f_2(t)=(1+\cos\pi t)[u(t)-u(t-2)]$;

(3) $f_3(t)=(2-e^{-t})u(t)$;

(4) $f_4(t)=te^{-t}u(t)$;

(5) $f_5(t)=e^{-t}\cos 10\pi t[u(t-1)-u(t-2)]$;

(6) $f_6(t)=u(\sin\pi t)$。

2.3 试写出题图 2.1 中各信号的函数表达式。

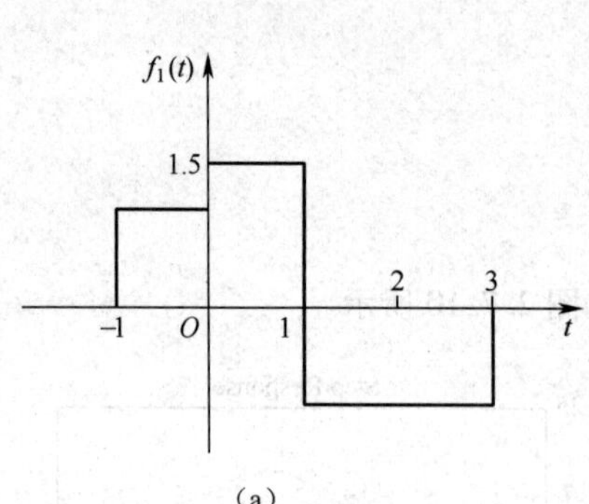

(a)

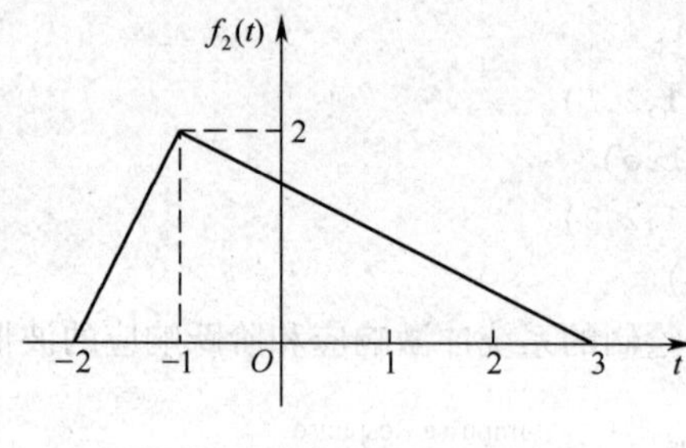

(b)

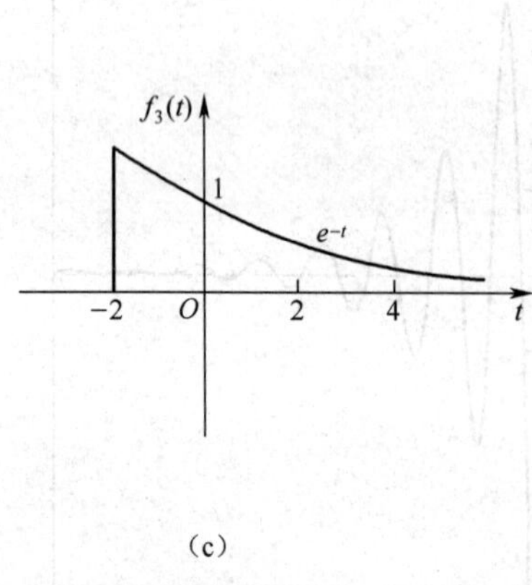

(c)

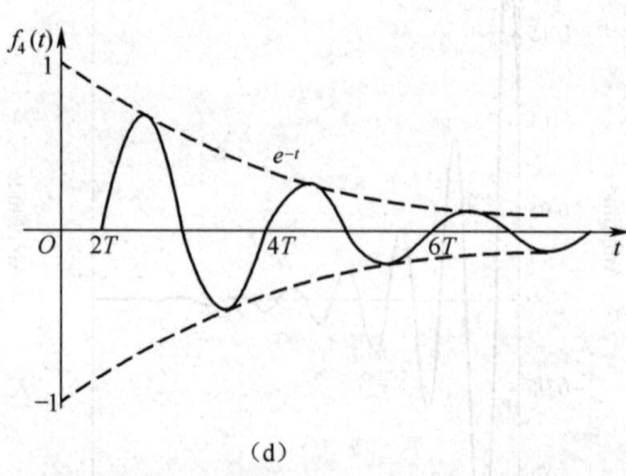

(d)

题图 2.1 题 2.3 图

2.4 计算下列各题:

(1) $\int_{-\infty}^{+\infty} f(t-t_1)\delta(t-t_0)\,dt$;

(2) $\int_{-\infty}^{+\infty} \delta(-t-3)(t+4)\,dt$;

(3) $\int_{-\infty}^{+\infty} \delta(t-1)u(t-2)\,dt$;

(4) $\int_{-5}^{5} (2t^2+t-5)\delta(3-t)\,dt$;

(5) $\int_{-1}^{5} (t^2+t-\sin\frac{\pi}{4}t)\delta(t+2)\,dt$;

(6) $\int_{-\infty}^{+\infty} \sin(\omega t+\theta)\delta(t)\,dt$;

(7) $\int_{-\infty}^{+\infty}(e^{-t}+t^2)\delta(t-1)dt$;

(8) $\int_{-4}^{2}e^{t}\delta(t+3)dt$。

2.5 求下列各函数值：

(1) $\int_{-\infty}^{+\infty}(1-\cos t)\delta(t-\frac{\pi}{2})dt$;

(2) $\int_{-2\pi}^{2\pi}(1+t)\delta(\cos t)dt$;

(3) $\int_{-\infty}^{+\infty}e^{-t}[\delta(t)-\delta'(t)]dt$;

(4) $\int_{-\infty}^{+\infty}\delta(t^2-1)dt$;

(5) $\int_{-\infty}^{+\infty}(t^2+t+1)\delta\left(\frac{t}{2}\right)dt$;

(6) $\int_{0}^{10}\delta(t^2-4)dt$。

2.6 绘出下列各信号的波形图。

(1) $f(t)=u(t^2-4)$;

(2) $f(t)=\delta(1-2t)$;

(3) $f(t)=\delta(t^2-1)$;

(4) $f(t)=\delta(\cos\pi t)$。

2.7 已知信号 $f(t)$ 的波形如题图 2.2 所示，试画出下列各信号的波形图。

(1) $f(-t)$;

(2) $f(-t+2)$;

(3) $f(-t-2)$;

(4) $f(2t)$;

(5) $f\left(\frac{1}{2}t\right)$;

(6) $f(t-2)$;

(7) $f\left(-\frac{1}{2}t+1\right)$;

(8) $f(-2t+1)$;

(9) $\frac{d}{dt}\left[f\left(\frac{1}{2}t+1\right)\right]$;

(10) $\int_{-\infty}^{t}f(2-\tau)d\tau$。

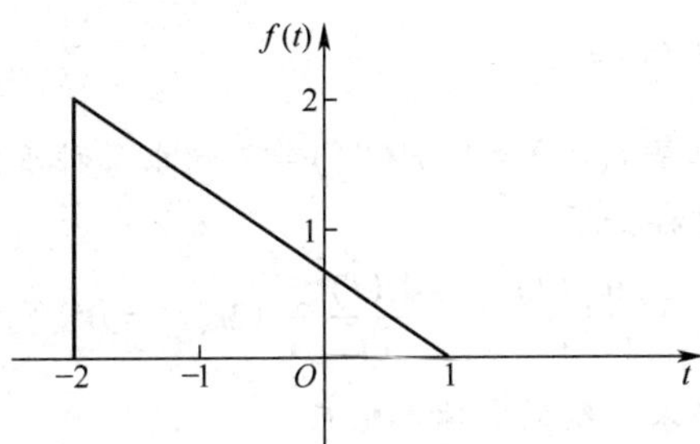

题图 2.2　题 2.7 图

2.8 已知 $f(t)=e^{-t}[u(t)-u(t-2)]+\delta(t-3)$，求 $f(t)=(3-2t)$ 的表达式。

2.9 已知 $f(t)=t[u(t)-u(t-2)]$，求 $\frac{d}{dt}[f(t)]$，$\frac{d^2}{dt^2}[f(t)]$。

2.10　如题图 2.3 所示电路，输入为 $i_s(t)$，分别写出以 $i(t)$、$u(t)$ 为输出时电路的输入输出方程。

2.11　如题图 2.4 所示电路，输入为 $u_s(t)$，分别写出以 $i(t)$、$u(t)$ 为输出时电路的输入输出方程。

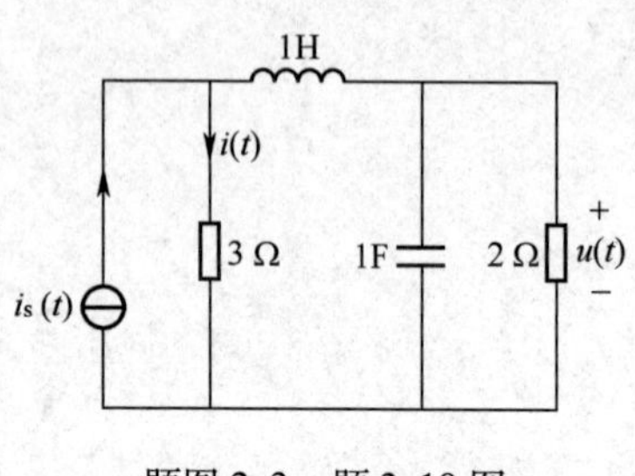

题图 2.3　题 2.10 图

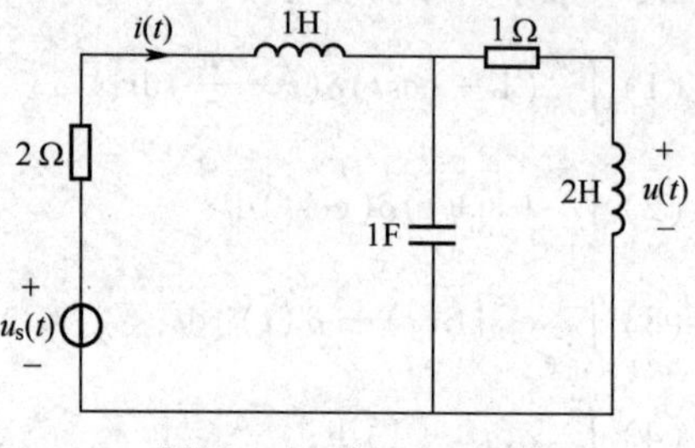

题图 2.4　题 2.11 图

2.12　如题图 2.5 所示系统已稳定，求开关 S 打开后的 $u_C(t)$。

2.13　试求题图 2.6 所示系统的零输入响应 $i(t)$，已知 $i(0) = 10$ A, $u_C(0) = 0$。

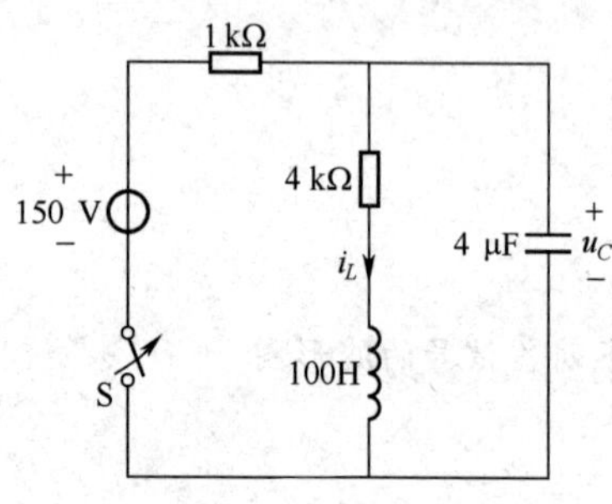

题图 2.5　题 2.12 图

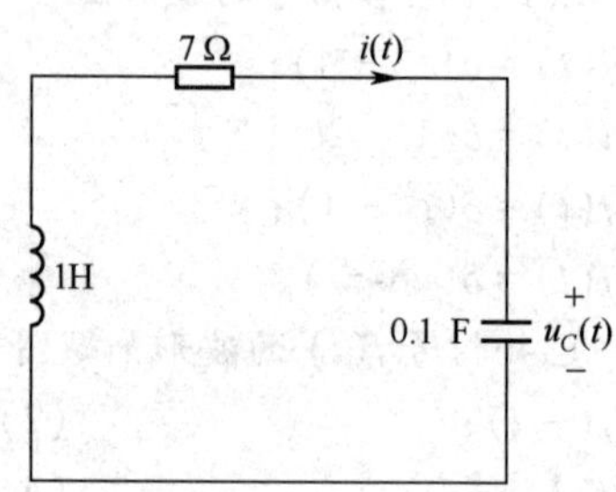

题图 2.6　题 2.13 图

2.14　给定系统齐次方程：

(1) $\frac{\mathrm{d}^2r(t)}{\mathrm{d}t^2} + 7\frac{\mathrm{d}r(t)}{\mathrm{d}t} + 10r(t) = 0$;

(2) $\frac{\mathrm{d}^2r(t)}{\mathrm{d}t^2} + 6\frac{\mathrm{d}r(t)}{\mathrm{d}t} + 9r(t) = 0$;

(3) $\frac{\mathrm{d}^2r(t)}{\mathrm{d}t^2} + 2\frac{\mathrm{d}r(t)}{\mathrm{d}t} + 3r(t) = 0$。

若上面三种情况的起始状态都是 $r(0_-) = 1$, $r'(0_-) = 3$，试求每种情况的零输入响应 $r(t)$。

2.15　给定系统的齐次方程如下：

$$\frac{\mathrm{d}^2r(t)}{\mathrm{d}t^2} + 7\frac{\mathrm{d}r(t)}{\mathrm{d}t} + 12r(t) = 0$$

分别对以下两种起始状态求系统的零输入响应。

(1) $r(0_-) = 1$, $r'(0_-) = 2$;　　　　(2) $r(0_-) = -1$, $r'(0_-) = 3$。

2.16　如题图 2.7 所示系统，已知 $L = \frac{1}{2}$ H, $C = 1$ F, $R = \frac{1}{3}$ Ω，系统的输出取自电容器两端电压 $u_C(t)$，试求其阶跃响应和冲激响应。

2.17　如题图 2.8 所示系统，已知 $L=2\text{ H}$，$C=\frac{1}{2}\text{ F}$，$R=1\ \Omega$，系统的输出取自电容器两端电压 $u_C(t)$，试求其阶跃响应和冲激响应。

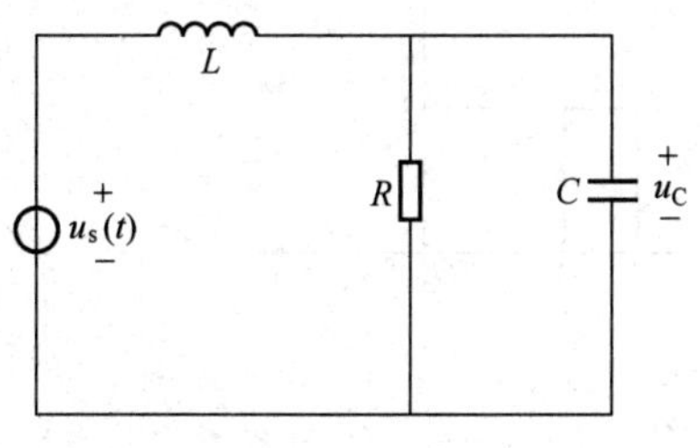

题图 2.7　题 2.16 图

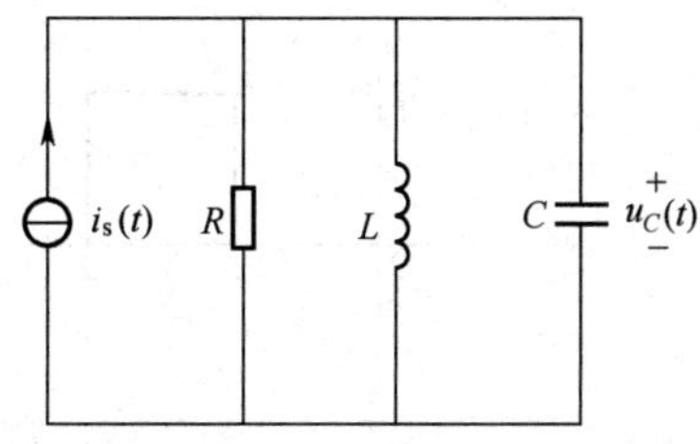

题图 2.8　题 2.17 图

2.18　已知描述系统的微分方程为

$$\frac{\mathrm{d}^3y}{\mathrm{d}t^3}+6\frac{\mathrm{d}^2y}{\mathrm{d}t^2}+11\frac{\mathrm{d}y}{\mathrm{d}t}+6y(t)=\frac{\mathrm{d}^2f}{\mathrm{d}t^2}+f(t)$$

试求系统的冲激响应 $h(t)$。

2.19　某系统如题图 2.9 所示，试求 $24\delta(t)$ 作用下所产生的零状态响应 $i_2(t)$。

2.20　试求题图 2.10 所示系统的冲激响应 $i(t)$。

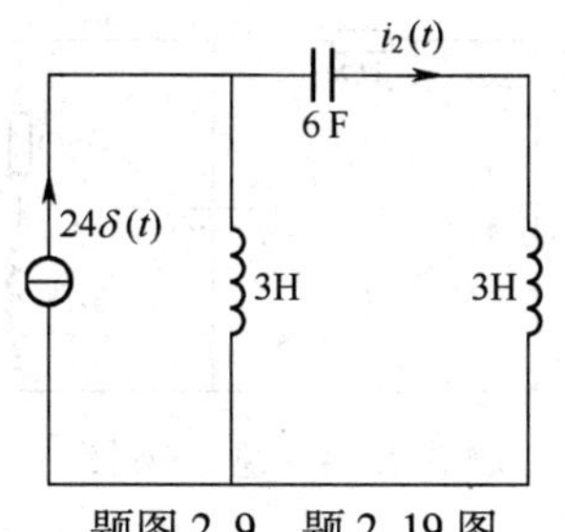

题图 2.9　题 2.19 图

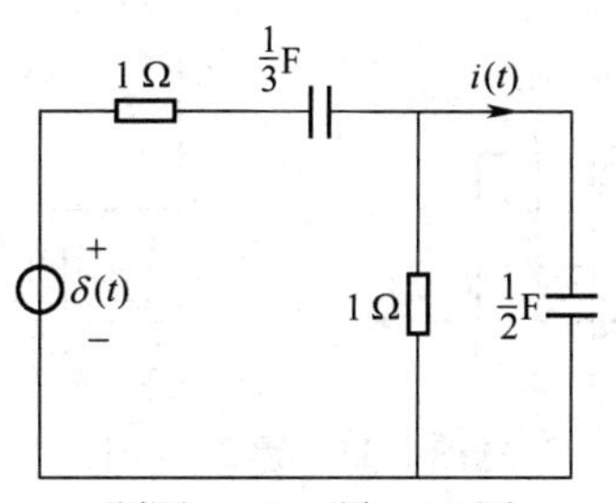

题图 1.10　题 2.20 图

2.21　用图形卷积法求题图 2.11 所示各对信号的卷积值，并画出图形。

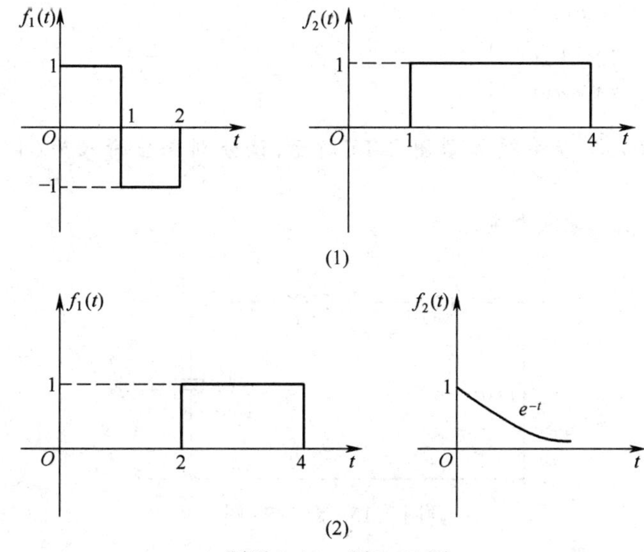

题图 2.11　题 2.21 图

第❷章　连续时间信号与系统的时域分析

2.22　试用图解法求题图 2.12 所示两波形的卷积积分。

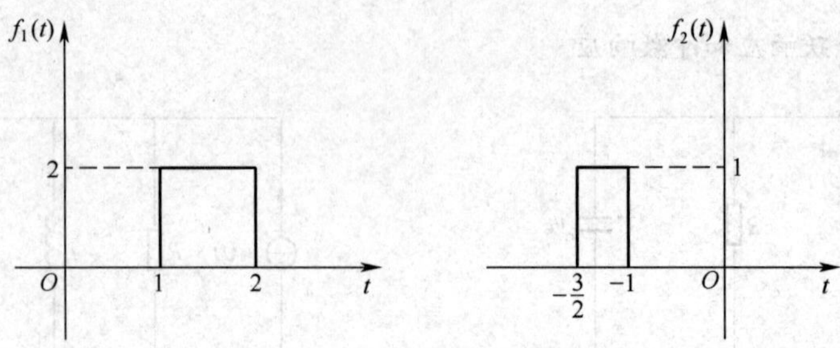

题图 2.12　题 2.22 图

2.23　设 $f_1(t)=u(t-2)$，$f_2(t)=e^t u(-t-1)$，试求其卷积积分 $y(t)=f_1(t)*f_2(t)$，并画出 $y(t)$ 的波形。

2.24　$f(t)$ 与 $h(t)$ 的波形如题图 2.13 所示，试求二者的卷积。

2.25　给定系统微分方程 $\frac{d^2r(t)}{dt^2}+4\frac{dr(t)}{dt}+3r(t)=\frac{d^2e(t)}{dt^2}+e(t)$，如果激励信号 $e(t)=\sin t[u(t)-u(t-\pi)]$，求系统的零状态响应。

2.26　求题图 2.14 所示系统中电流 $i(t)$ 的零状态响应。

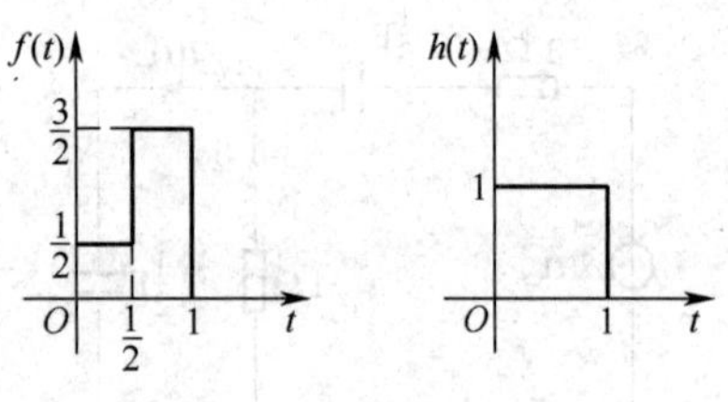

题图 2.13　题 2.24 图

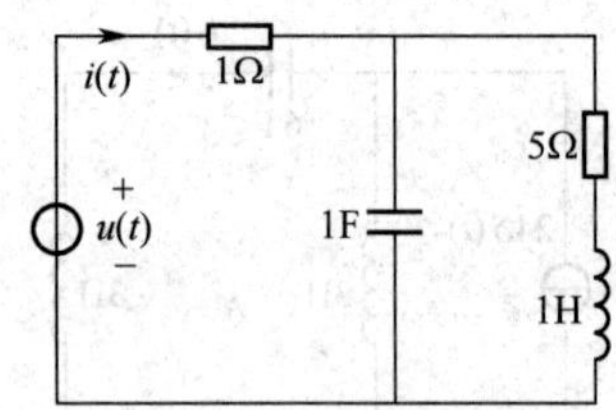

题图 2.14　题 2.26 图

2.27　利用卷积积分的性质求以下各卷积积分。

(1) $u(t+1)*u(t+2)$；

(2) $e^{-(t-1)}u(t-1)*u(t+1)$；

(3) $(t-1)u(t+1)*u(t-1)$；

(4) $(t+1)u(t-1)*u(t-1)$。

2.28　已知二阶无储能系统如题图 2.15 所示，试分别求当输入为 (1) $f(t)=\frac{1}{15}u(t)$ V，(2) $f(t)=\frac{5}{3}tu(t)$ V 时的零状态响应。

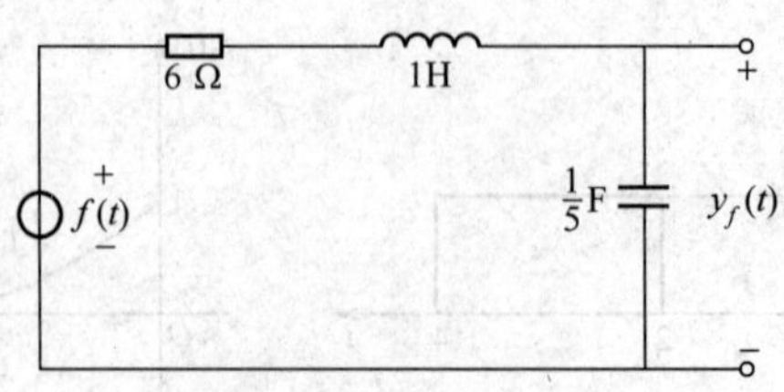

题图 2.15　题 2.28 图

2.29　给定系统微分方程 $\frac{\mathrm{d}^2r(t)}{\mathrm{d}t^2}+3\frac{\mathrm{d}r(t)}{\mathrm{d}t}+2r(t)=\frac{\mathrm{d}e(t)}{\mathrm{d}t}+3e(t)$，当激励信号 $e(t)=\mathrm{e}^{-t}u(t)$ 时，系统的完全响应为 $r(t)=(2t+3)\mathrm{e}^{-t}-2\mathrm{e}^{-2t}, t\geqslant 0$，试确定系统的零输入响应和零状态响应。

2.30　在题图 2.16 所示的系统中，求 $t\geqslant 0$ 时的 $u_C(t)$。已知 $u_1(t)=10\mathrm{e}^{-4t}u(t)$ V，$u_C(0_-)=10$ V，$i_L(0_-)=0$ A。

2.31　求题图 2.17 所示的系统 $u_C(t)$，已知 $i_s(t)=\mathrm{e}^{-t/2}u(t)$ A，$u_C(0_-)=20$ V，$i_L(0_-)=0$ A。

2.32　某系统的输入输出方程为 $\frac{\mathrm{d}^3y}{\mathrm{d}t^3}+6\frac{\mathrm{d}^2y}{\mathrm{d}t^2}+11\frac{\mathrm{d}y}{\mathrm{d}t}+6y(t)=\frac{\mathrm{d}^2f}{\mathrm{d}t^2}+f(t)$，若 $f(t)=u(t)$，$y(0)=y'(0)=1$，$y^{(n)}(0)=-1$。试求全响应 $y(t)$。

2.33　由几个子系统构成的复合系统如题图 2.18 所示，各子系统的冲激响应分别为 $h_1(t)=u(t)$，$h_2(t)=\delta(t-1)$，$h_3(t)=-\delta(t)$，试求该系统的冲激响应 $h(t)$。

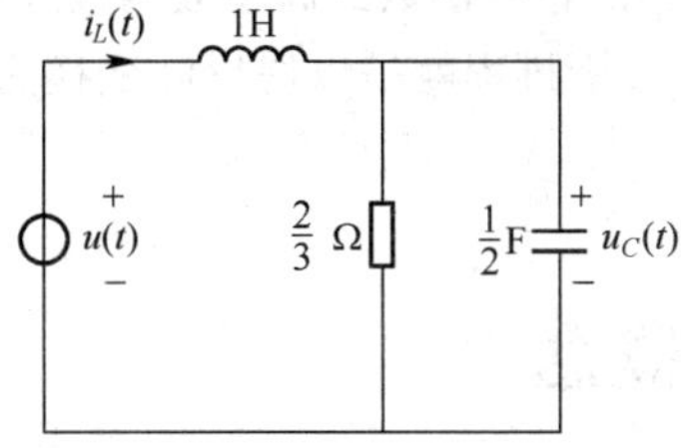

题图 2.16　题 2.30 图

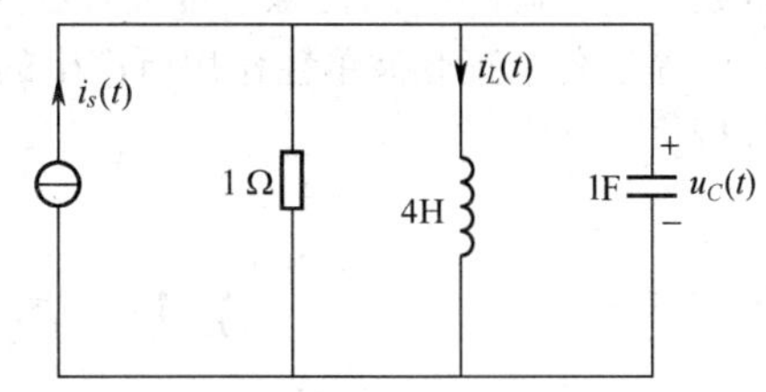

题图 2.17　题 2.31 图

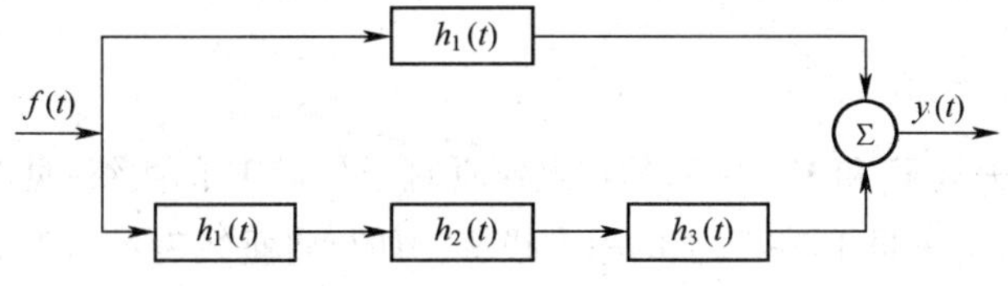

题图 2.18　题 2.33 图

2.34　由几个子系统构成的复合系统如题图 2.19 所示，各子系统的冲激响应分别为 $h_1(t)=\delta(t-1)$，$h_2(t)=u(t)-u(t-3)$，试求该系统的冲激响应 $h(t)$。

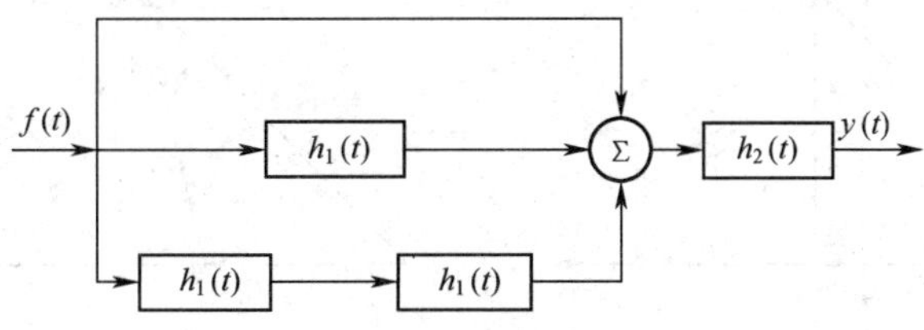

题图 2.19　题 2.34 图

第❸章　连续时间信号与系统的频域分析

在第 2 章中讨论了连续时间系统的时域分析，以冲激函数为基本信号，任意输入信号均可分解为一系列冲激函数，而函数的响应是输入信号与系统冲激响应的卷积。本章将以正弦函数或虚指数函数 $e^{j\omega t}$ 为基本信号，任意信号可表示为一系列不同频率的正弦函数或虚指数函数之和，系统的响应就等于各个正弦波单独作用所产生的响应之和，这一分析过程就是以傅里叶变换为基础的频域分析法。

3.1　正交函数的概念

一个矢量可以分解为若干分量，与此相仿，一个信号也可以进行分解。下面将利用矢量分解的概念来理解信号的分解，进而导出完备的正交函数集的概念。

3.1.1　正交矢量

在平面上有两个矢量 $\boldsymbol{V}_1$和 $\boldsymbol{V}_2$，自 $\boldsymbol{V}_1$的端点作垂直于矢量 $\boldsymbol{V}_2$的垂线，见图 3.1.1(a)，在 $\boldsymbol{V}_2$上被截取的部分 $\boldsymbol{C}_{12}\boldsymbol{V}_2$称为矢量 $\boldsymbol{V}_1$在 $\boldsymbol{V}_2$上的垂直投影。如果将垂线表示为 $\boldsymbol{V}_e$，则 $\boldsymbol{V}_1$、$\boldsymbol{C}_{12}\boldsymbol{V}_2$与 $\boldsymbol{V}_e$有下述关系：

$$\boldsymbol{V}_1 - \boldsymbol{C}_{12}\boldsymbol{V}_2 = \boldsymbol{V}_e$$

上式表明，若用矢量 $\boldsymbol{C}_{12}\boldsymbol{V}_2$来表示 $\boldsymbol{V}_1$，其误差为 $\boldsymbol{V}_e$。

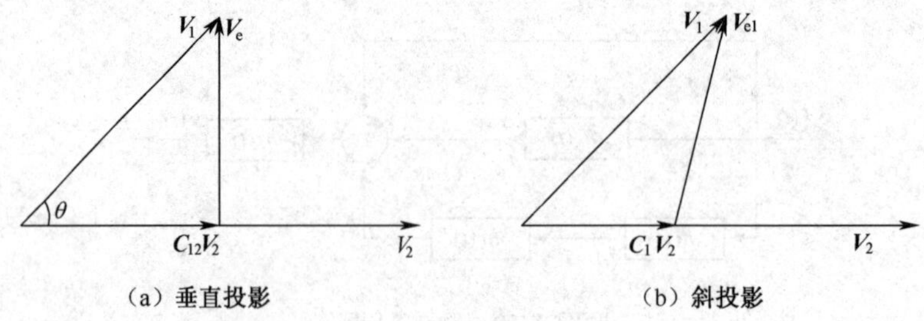

图 3.1.1　用 $\boldsymbol{C}_{12}\boldsymbol{V}_2$表示 $\boldsymbol{V}_1$

在图 3.1.1(b)中，$\boldsymbol{C}_1\boldsymbol{V}_2$表示 $\boldsymbol{V}_1$在 $\boldsymbol{V}_2$上的斜投影，其误差 $\boldsymbol{V}_{e1}$大于以垂直投影表示时的误差 $\boldsymbol{V}_e$，因此，如果要用 $\boldsymbol{V}_2$上的矢量表示 $\boldsymbol{V}_1$，则应该选择 $\boldsymbol{V}_1$在 $\boldsymbol{V}_2$上的垂直投影，由图 3.1.1(a)可知

$$C_{12}|\boldsymbol{V}_2| = |\boldsymbol{V}_1|\cos\theta = \frac{|\boldsymbol{V}_1||\boldsymbol{V}_2|\cos\theta}{|\boldsymbol{V}_2|} = \frac{\boldsymbol{V}_1 \cdot \boldsymbol{V}_2}{|\boldsymbol{V}_2|} \tag{3.1.1}$$

式中，θ 是两矢量的夹角，$|\boldsymbol{V}_1|$、$|\boldsymbol{V}_2|$ 表示 $\boldsymbol{V}_1$、$\boldsymbol{V}_2$的模，于是有

$$C_{12} = \frac{\boldsymbol{V}_1 \cdot \boldsymbol{V}_2}{|\boldsymbol{V}_2|^2} \tag{3.1.2}$$

C_{12}表示 $\boldsymbol{V}_1$与 $\boldsymbol{V}_2$的近似程度。当 $\boldsymbol{V}_1$与 $\boldsymbol{V}_2$重合时，$\theta = 0$，$C_{12} = 1$，随着 θ 增大，C_{12} 减小；当 $\theta = 90°$ 时，$\boldsymbol{V}_1$与 $\boldsymbol{V}_2$为相互垂直的矢量，称为正交矢量。

二维平面上的矢量 $\boldsymbol{V}$ 在直角坐标中可分解为 x 方向上的分量 $\boldsymbol{C}_1\boldsymbol{V}_x$和 y 方向上的分量 $\boldsymbol{C}_2\boldsymbol{V}_y$，其中 $\boldsymbol{V}_x$、$\boldsymbol{V}_y$表示 x 和 y 方向上的正交单位矢量，即

$$V = C_1V_x + C_2V_y$$

如图 3.1.2 所示，为了便于研究矢量分解，把相互正交的两个矢量组成一个二维正交矢量集 $\{V_x, V_y\}$，在此平面上的任意矢量均可用二维正交矢量集的分量组合来表示。

对于一个三维矢量 $\boldsymbol{V}$，可以用一个三维正交矢量集 $\{V_x, V_y, V_z\}$ 的分量组合来表示，即

$$V = C_1V_x + C_2V_y + C_3V_z$$

如图 3.1.3 所示。

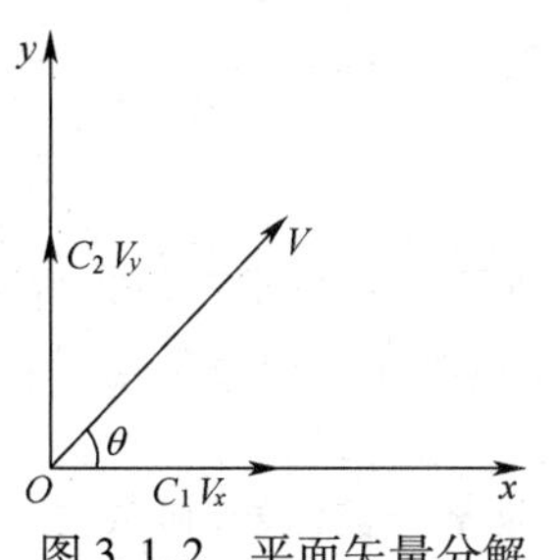

图 3.1.2　平面矢量分解

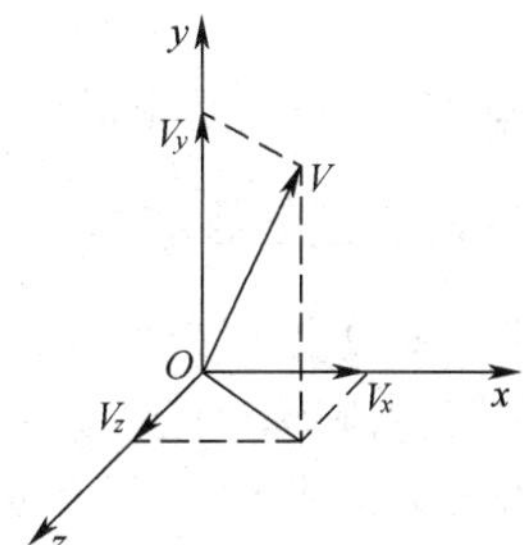

图 3.1.3　空间矢量分解

n 维空间的矢量表示不再赘述，由上述正交矢量分解，可推广到信号的正交分解。

3.1.2　正交函数

考虑在区间 (t_1, t_2) 内，若 $f_1(t)$ 用 $f_2(t)$ 上的分量 $C_2f_2(t)$ 来近似地表示 $f_1(t)$，则误差函数为

$$\varepsilon(t) = f_1(t) - C_2f_2(t) \tag{3.1.3}$$

此时应选择系数 C_2 使误差均方值 $\overline{\varepsilon^2(t)}$ 最小，误差均方值可表示为

$$\overline{\varepsilon^2(t)} = \frac{1}{t_2 - t_1}\int_{t_1}^{t_2}\varepsilon^2(t)\,\mathrm{d}t = \frac{1}{t_2 - t_1}\int_{t_1}^{t_2}[f_1(t) - C_2f_2(t)]^2\mathrm{d}t \tag{3.1.4}$$

为求得 $\overline{\varepsilon^2(t)}$ 最小时的 C_2，需使 $\dfrac{\mathrm{d}\,\overline{\varepsilon^2(t)}}{\mathrm{d}C_2} = 0$，即

$$\frac{d}{\mathrm{d}C_2}\left\{\frac{1}{t_2 - t_1}\int_{t_1}^{t_2}[f_1(t) - C_2f_2(t)]^2\mathrm{d}t\right\} = 0 \tag{3.1.5}$$

解出

$$C_2 = \frac{\int_{t_1}^{t_2}f_1(t)f_2(t)\,\mathrm{d}t}{\int_{t_1}^{t_2}f_2^2(t)\,\mathrm{d}t} \tag{3.1.6}$$

和正交矢量的定义类似,当 $C_2=0$ 时,则称 $f_1(t)$ 与 $f_2(t)$ 在区间 (t_1,t_2) 内正交。由式(3.1.6)可知,两个函数 $f_1(t)$,$f_2(t)$ 在 (t_1,t_2) 内正交的条件是

$$\int_{t_1}^{t_2} f_1(t)f_2(t)\,\mathrm{d}t=0 \tag{3.1.7a}$$

$$\int_{t_1}^{t_2} f_2^2(t)\,\mathrm{d}t\neq 0 \tag{3.1.7b}$$

设有 n 个函数 $f_1(t)$,$f_2(t)$,…,$f_n(t)$ 是定义在区间 (t_1,t_2) 上的一函数集,并在区间 (t_1,t_2) 内满足

$$\int_{t_1}^{t_2} f_i(t)f_r(t)\,\mathrm{d}t=\begin{cases}0 & i\neq r\\ k_i & i=r\end{cases} \tag{3.1.8}$$

则{ $f_1(t)$,$f_2(t)$,…,$f_n(t)$ }称为 (t_1,t_2) 内的正交函数集,其中 $i,r=1,2,\cdots,n$; k_i 为一正数。

如果

$$\int_{t_1}^{t_2} f_i(t)f_r(t)\,\mathrm{d}t=\begin{cases}0 & i\neq r\\ 1 & i=r\end{cases} \tag{3.1.9}$$

则称{ $f_1(t)$,$f_2(t)$,…,$f_n(t)$ }为归一化正交函数集。

对于在区间 (t_1,t_2) 内的复变函数集{ $f_1(t)$,$f_2(t)$,…,$f_n(t)$ },若满足

$$\int_{t_1}^{t_2} f_i(t)f_r^*(t)\,\mathrm{d}t=\begin{cases}0 & i\neq r\\ k_i & i=r\end{cases} \tag{3.1.10}$$

则称此复变函数集为正交复变函数集,其中 $f_r^*(t)$ 为 $f_r(t)$ 的共轭复变函数。

3.1.3 完备的正交函数集

如果在正交函数集{ $f_1(t)$,$f_2(t)$,…,$f_n(t)$ }之外,找不到另外一个非零函数与该函数集中每一个函数都正交,则称该函数集为完备正交函数集,否则为不完备正交函数集。

对于完备正交函数集,有两个重要定理。

定理 3.1 设{ $f_1(t)$,$f_2(t)$,…,$f_n(t)$ }在 (t_1,t_2) 区间内是某一类信号(函数)的完备正交函数集,则这一类信号中的任何一个信号 $f(t)$ 都可以精确地表示为{ $f_1(t)$,$f_2(t)$,…,$f_n(t)$ }的线性组合,即

$$f(t)=C_1f_1(t)+C_2f_2(t)+\cdots+C_nf_n(t) \tag{3.1.11}$$

式中 $C_i\ (i=1,2,\cdots,n)$ 为加权系数,且有

$$C_i=\frac{\int_{t_1}^{t_2} f(t)f_i(t)\,\mathrm{d}t}{\int_{t_1}^{t_2} |f_i(t)|^2\mathrm{d}t} \tag{3.1.12}$$

式(3.1.11)常称为正交展开式,有时也叫广义傅里叶级数, C_i 称为傅里叶级数系数。

定理 3.2 在式(3.1.11)条件下,有

$$\int_{t_1}^{t_2} |f(t)|^2\mathrm{d}t=\sum_{i=1}^{n}\int_{t_1}^{t_2} |C_if_i(t)|^2\,\mathrm{d}t \tag{3.1.13}$$

式(3.1.13)可以理解为: $f(t)$ 的能量等于各个分量的能量之和,即反映能量守恒。定理 3-2 也称为帕斯瓦尔定理。

正弦函数、虚指数函数、沃尔什函数、契比雪夫函数、贝塞尔函数等都是常见的正交函数。

正弦(三角)函数集 $\{\cos n\omega t,\sin m\omega t\}\ (n,m=0,1,2,\cdots)$ 在区间 (t_0,t_0+T) 内有

$$\int_{t_0}^{t_0+T}\cos n\omega t\cdot\cos m\omega t\mathrm{d}t=\begin{cases}0 & n\neq m\\ \dfrac{T}{2} & n=m\neq 0\\ T & n=m=0\end{cases} \tag{3.1.14}$$

$$\int_{t_0}^{t_0+T} \sin n\omega t \cdot \sin m\omega t \mathrm{d}t = \begin{cases} 0 & n \neq m, n = m = 0 \\ \dfrac{T}{2} & n = m \neq 0 \end{cases} \tag{3.1.15}$$

$$\int_{t_0}^{t_0+T} \sin n\omega t \cdot \cos m\omega t \mathrm{d}t = 0 \tag{3.1.16}$$

式中，$T = \dfrac{2\pi}{\omega}$。

可见在区间 $(t_0, t_0 + T)$ 内，正交函数集 $\{\cos n\omega t, \sin m\omega t\}$ 对于周期为 T 的信号组成正交函数集，而且是完备的正交函数集。而函数集，也是正交函数集 $\{\cos n\omega t\}$，$\{\sin m\omega t\}$ 但它们均不是完备的。

复指数函数集$\{\mathrm{e}^{jn\omega t}\}$（$n = 0, \pm 1, \pm 2, \cdots$）在区间 $(t_0, t_0 + T)$ 内对于周期为 T 的一类信号来说，也是一个完备的正交函数集，式中 $T = 2\pi/\omega$。它在区间 $(t_0, t_0 + T)$ 内满足

$$\int_{t_0}^{t_0+T} \mathrm{e}^{jm\omega t} (\mathrm{e}^{jn\omega t})^* \mathrm{d}t = \int_{t_0}^{t_0+T} \mathrm{e}^{\mathrm{j}(m-n)\omega t} \mathrm{d}t = \begin{cases} 0 & m \neq n \\ T & m = n \end{cases} \tag{3.1.17}$$

3.2 傅里叶级数

周期信号是定义在 $(-\infty, \infty)$ 区间，每隔一段时间 T，按相同规律重复变化的信号，如图 3.2.1所示。它可表示为

$$f(t) = f(t \pm nT) \quad n = 1, 2, 3, \cdots$$

式中，T 为信号的重复周期，周期的倒数称为该信号的频率，记为

$$f = \frac{1}{T}$$

该信号的角频率为

$$\omega_1 = \frac{2\pi}{T} = 2\pi f$$

由上节讨论可以，周期信号 $f(t)$ 均可用三角函数集或复指数函数集的线性组合来表示，即傅里叶级数的三角形式及指数形式。

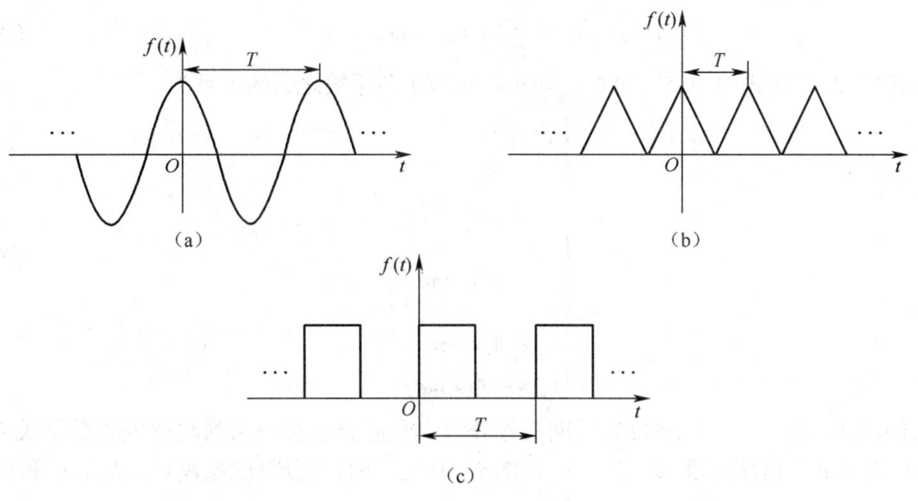

图 3.2.1 周期信号

3.2.1 三角形式的傅里叶级数

由定理 3-1 可知,对于周期信号 $f(t)$,可用三角函数集来表示。

$$
\begin{aligned}
f(t) &= \frac{a_0}{2} + a_1\cos\omega_1 t + a_2\cos 2\omega_1 t + \cdots + a_n\cos n\omega_1 t + \cdots + \\
&\quad b_1\sin\omega_1 t + b_2\sin 2\omega_1 t + \cdots + b_n\sin n\omega_1 t + \cdots \\
&= \frac{a_0}{2} + \sum_{n=1}^{+\infty}(a_n\cos n\omega_1 t + b_n\sin n\omega_1 t)
\end{aligned} \tag{3.2.1}
$$

其系数计算由式(3.1.12)得

$$a_n = \frac{2}{T}\int_{-T/2}^{T/2} f(t)\cos n\omega_1 t\mathrm{d}t \tag{3.2.2}$$

$$b_n = \frac{2}{T}\int_{-T/2}^{T/2} f(t)\sin n\omega_1 t\mathrm{d}t \tag{3.2.3}$$

$$a_0 = \frac{2}{T}\int_{-T/2}^{T/2} f(t)\mathrm{d}t \tag{3.2.4}$$

式(3.2.1)称为周期信号 $f(t)$ 的三角形式的傅里叶级数展开式。从数学上讲,当周期信号 $f(t)$ 满足狄里赫利条件时才可展开为傅里叶级数,即满足:(1)在一个周期内绝对可积,$\int_0^T |f(t)|\mathrm{d}t$ = 有限值;(2)函数 $f(t)$ 在任意区间内连续,或只有有限个第一类间断点,即在间断点处极限存在,但左极限不等于右极限;(3)在一个周期内,函数的极大值和极小值数目为有限个。在工程技术中遇到的周期信号,一般都满足这个条件,故以后一般不再特别注明此条件。

式(3.2.1)表明,任意周期信号都可以分解为许多频率成整数倍关系的正弦信号的线性组合。其中:$\frac{a_0}{2}$ 为直流分量;$a_1\cos\omega_1 t + b_1\sin\omega_1 t$ 称作基波分量,$\omega_1 = 2\pi/T$ 称为基波角频率;$a_n\cos n\omega_1 t + b_b\sin n\omega_1 t$ 称作 n 次谐波分量,$n\omega_1$ 称为 n 次谐波角频率,a_n 和 b_n 分别称作 n 次谐波中正弦项和余弦项的振幅。

现将式(3.2.1)中 n 次谐波的正弦项和余弦项合并成一个余弦项,即

$$a_n\cos n\omega_1 t + b_n\sin n\omega_1 t = A_n\cos(n\omega_1 t + \varphi_n)$$

于是可得傅里叶级数三角形式的另一种形式,即

$$f(t) = A_0 + \sum_{n=1}^{+\infty} A_n\cos(n\omega_1 t + \varphi_n) \tag{3.2.5}$$

比较式(3.2.1)和式(3.2.5),可看出傅里叶级数中各系数之间的关系为

$$
\begin{cases}
A_0 = \dfrac{a_0}{2} \\
A_n = \sqrt{a_n^2 + b_n^2} \\
\varphi_n = -\arctan\dfrac{b_n}{a_n} \\
a_n = A_n\cos\varphi_n \\
b_n = -A_n\sin\varphi_n
\end{cases} \tag{3.2.6}
$$

从式(3.2.6)可一目了然地看出,周期信号分解成直流分量及一系列频率成整数倍关系的谐波分量。A_n 表示 n 次谐波振幅,φ_n 表示 n 次谐波的相位,并且各分量的振幅 a_n,b_n,A_n 和相位 φ_n

都是 $n\omega_1$ 的函数,并有

a_n ,A_n 是 $n\omega_1$ 的偶函数,即

$$\begin{cases}a_n = a_{-n}\\A_n = A_{-n}\end{cases}$$

b_n ,φ_n 是 $n\omega_1$ 的奇函数,即

$$\begin{cases}-\varphi_n = \varphi_{-n}\\b_n = -b_{-n}\end{cases}$$

另外,式(3.2.1)和式(3.2.5)都是无穷级数,当谐波次数取无穷多项时,可用傅里叶级数准确地表示一个周期信号,而没有误差出现。但实际上,不可能取无限多项,因而必然会出现误差。我们往往是根据对误差的要求,适当地取有限多项来近似地表示原来的周期信号,因此项数取得越多,产生的误差越小。

【例 3.2.1】 周期锯齿波信号如图 3.2.2 所示,试将其展开成傅里叶级数。

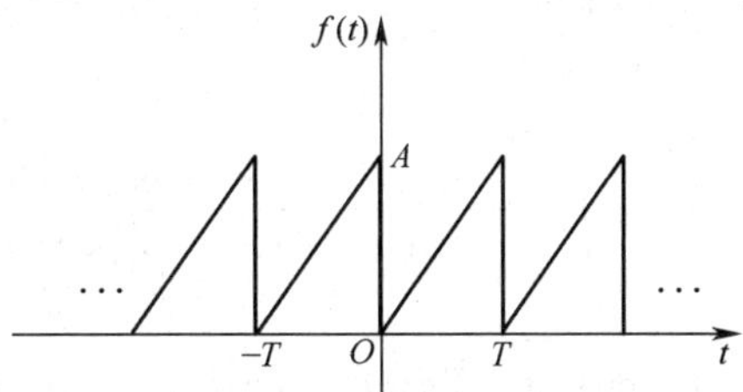

图 3.2.2 周期锯齿波信号

【解】 $f(t)$ 的表达式为

$$f(t) = \frac{A}{T}t \quad 0 \leqslant t \leqslant T$$

$$a_n = \frac{2}{T}\int_0^T \frac{A}{T}t\cos n\omega_1 t\mathrm{d}t$$

根据积分公式

$$\int x\cos ax\mathrm{d}x = \frac{1}{a^2}\cos ax + \frac{1}{a}x\sin ax$$

故

$$a_n = \frac{2}{T}\cdot\frac{A}{T}\left[\frac{1}{(n\omega_1)^2}\cos n\omega_1 t + \frac{t}{n\omega_1}\sin n\omega_1 t\right]_0^T = 0$$

$$\frac{a_0}{2} = \frac{1}{T}\int_0^T \frac{A}{T}t\mathrm{d}t = \frac{2}{T}\cdot\frac{A}{T}\left[\frac{t^2}{2}\right]_0^T = \frac{A}{2}$$

$$b_n = \frac{2}{T}\int_0^T \frac{A}{T}t\sin n\omega_1 t\mathrm{d}t$$

根据积分公式

$$\int x\sin ax\mathrm{d}x = \frac{1}{a^2}\sin ax - \frac{1}{a}x\cos ax$$

得

$$b_n = \frac{2}{T}\cdot\frac{A}{T}\left[\frac{1}{(n\omega_1)^2}\sin n\,\omega_1 t - \frac{t}{n\omega_1}\cos n\,\omega_1 t\right]_0^T$$

$$=\frac{2}{T}\cdot\frac{A}{T}\left[-\frac{T}{n\omega_1}\right]=-\frac{A}{n\pi}$$

于是锯齿波可展开成傅里叶级数

$$f(t)=\frac{a_0}{2}-\sum_{n=1}^{\infty}\frac{A}{n\pi}\sin n\omega_1 t=\frac{A}{2}-\frac{A}{\pi}\sin\omega_1 t-\frac{A}{2\pi}\sin 2\omega_1 t-\cdots$$

【例 3.2.2】 试求全波整流波形 $f(t)$ 的傅里叶级数展开式。

【解】 由图 3.2.3 可知，周期 $T=1$，$f(t)=A\sin\pi t$

故 $\omega_1=\frac{2\pi}{T}=2\pi$。

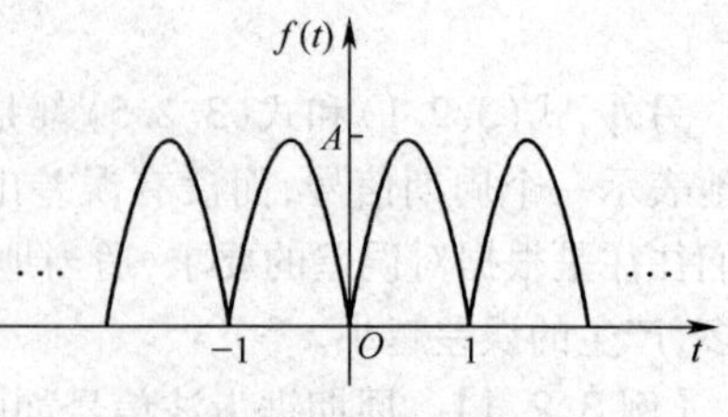

图 3.2.3 全波整流波形

函数的傅里叶级数展开式为

$$f(t)=\frac{a_0}{2}+\sum_{n=1}^{\infty}(a_n\cos 2n\pi t+b_n\sin 2n\pi t)$$

$$a_n=\frac{2}{T}\int_0^1 A\sin\pi t\cos 2n\pi t\mathrm{d}t$$

根据积分公式

$$\int\sin ax\cos bx\mathrm{d}x=-\frac{\cos(a+b)x}{2(a+b)}-\frac{\cos(a-b)x}{2(a-b)}$$

有

$$\begin{aligned}a_n&=2A\left[-\frac{\cos(\pi+2n\pi)t}{2(\pi+2n\pi)}-\frac{\cos(\pi-2n\pi)t}{2(\pi-2n\pi)}\right]_0^1\\&=2A\left[\frac{2}{\pi(1-4n^2)}\right]\\&=\frac{4A}{\pi(1-4n^2)}\quad n=1,2,3,\cdots\end{aligned}$$

可求得

$$\frac{a_0}{2}=\frac{2A}{\pi}$$

$$b_n=\frac{2}{T}\int_0^1 A\sin\pi t\sin 2n\pi t\mathrm{d}t=0$$

最后得

$$\begin{aligned}f(t)&=\frac{2A}{\pi}+\sum_{n=1}^{+\infty}\frac{4A}{\pi(1-4n^2)}\cos 2n\pi t\\&=\frac{2A}{\pi}-\frac{4A}{\pi}\left(\frac{1}{3}\cos 2\pi t+\frac{1}{15}\cos 4\pi t+\cdots\right)\end{aligned}$$

3.2.2 周期信号的对称性与傅里叶级数系数的关系

要把已知周期信号 $f(t)$ 展开为傅里叶级数，如果 $f(t)$ 为实函数，且它的波形满足某种对称性，则在其傅里叶级数中有些项将不出现，留下的各项系数的表达式也变得比较简单。周期信号的对称关系主要有两种：一种是整个周期相对于纵轴的对称关系，这取决于周期信号是偶函数还是奇函数，也就是展开式中是否含有正弦项或余弦项；另一种是整个周期前后的对称关系，这将决定傅里叶级数展开式中是否含有偶次项或奇次项。

1. 偶函数

若周期信号$f(t)$的波形相对于纵轴是对称的,即满足

$$f(t)=f(-t) \tag{3.2.7}$$

则$f(t)$是偶函数。

根据数学知识可知,被积函数为奇函数时,它在一个周期内的积分等于零,故可得偶函数的傅里叶级数展开式中只含有直流分量和余弦分量,即

$$\begin{cases}\dfrac{a_0}{2}=\dfrac{2}{T}\displaystyle\int_0^{T/2}f(t)\,\mathrm{d}t\\ a_n=\dfrac{4}{T}\displaystyle\int_0^{T/2}f(t)\cos n\omega_1 t\mathrm{d}t\\ b_n=0\end{cases}$$

2. 奇函数

若周期信号$f(t)$的波形相对于纵轴是反对称的,即满足

$$f(t)=-f(-t) \tag{3.2.8}$$

则$f(t)$为奇函数,其傅里叶级数展开式中只含有正弦项,即

$$\begin{cases}a_0=0\ ,\ a_n=0\\ b_n=\dfrac{4}{T}\displaystyle\int_0^{T/2}f(t)\sin n\omega_1 t\mathrm{d}t\end{cases}$$

3. 奇谐函数

若周期信号$f(t)$的波形沿时间轴平移半个周期后与原波形相对于时间轴镜像对称,即满足

$$f(t)=-f\left(t\pm\frac{T}{2}\right) \tag{3.2.9}$$

则称$f(t)$为奇谐函数或半波对称函数。这类函数的傅里叶级数展开式中只含有正弦和余弦项的奇次谐波分量,即

$$\begin{cases}a_0=0\ ,\ a_n=b_n=0 & n=2,4,6,\cdots\\ a_n=\dfrac{4}{T}\displaystyle\int_0^{T/2}f(t)\cos n\omega_1 t\ \mathrm{d}t & n=1,3,5,\cdots\\ b_n=\dfrac{4}{T}\displaystyle\int_0^{T/2}f(t)\sin n\omega_1 t\ \mathrm{d}t & n=1,3,5,\cdots\end{cases}$$

4. 偶谐函数

若周期信号$f(t)$的波形沿时间轴平移半个周期后与原波形完全重叠,即满足

$$f(t)=f\left(t\pm\frac{T}{2}\right) \tag{3.2.10}$$

则称$f(t)$为偶谐函数或半周期重叠函数,其傅里叶级数展开式中只含有正弦和余弦项的偶次谐波分量。

我们分别讨论了以上四种情况,实际上,我们遇到的一个函数可能是两种对称同时存在的。根据对称情况,对于一些波形所包含的谐波分量常可以做出迅速判断,并使傅里叶级数系数的计算得到一定简化。表3.2.1给出了周期信号波形的各种对称情况及傅里叶级数系数的特点。

表 3.2.1 周期信号波形的对称情况及傅里叶级数系数的特点

函数性质	波形	直流分量	正弦分量	余弦分量
偶函数 $f(t)=f(-t)$	$-\frac{T}{2}$　O　$\frac{T}{2}$	不为零	0	不为零
奇函数 $f(t)=-f(-t)$	$-\frac{T}{2}$　O　$\frac{T}{2}$	0	不为零	0
奇谐函数 $f(t)=-f(t\pm\frac{T}{2})$	$-\frac{T}{2}$　O　$\frac{T}{2}$	0	只有奇次项	只有奇次项
偶谐函数 $f(t)=f(t\pm\frac{T}{2})$	$-\frac{T}{4}$　O　$\frac{T}{4}$	不为零	只有偶次项	只有偶次项

【例 3.2.3】 求图 3.2.4 所示周期方波信号的傅里叶级数。

【解】 由直接观察可知，$f(t)$ 既是偶函数又是奇谐函数，故其傅里叶级数展开式中直流分量和正弦项均为 0，只存在奇次谐波的余弦项。

$$f(t)=\begin{cases}\dfrac{A}{2} & 0\leqslant t\leqslant\dfrac{T}{4}\\ -\dfrac{A}{2} & \dfrac{T}{4}\leqslant t\leqslant\dfrac{T}{2}\end{cases}$$

$$a_n=\frac{2A}{T}\left[\int_0^{T/4}\cos n\omega_1 t\ \mathrm{d}t-\int_{T/4}^{T/2}\cos n\omega_1 t\ \mathrm{d}t\right]$$

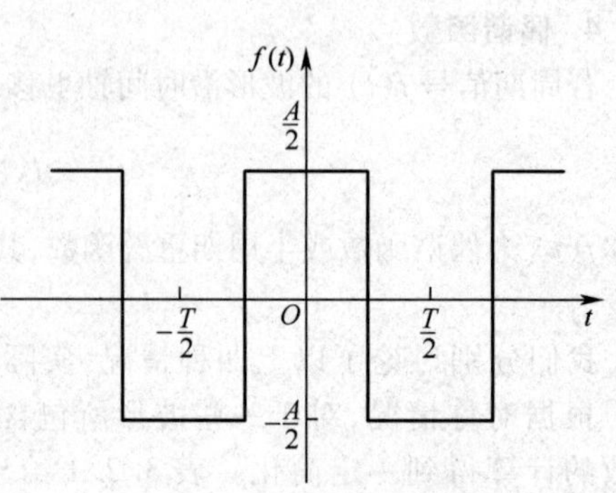

图 3.2.4 周期方波信号

$$= \frac{2A}{Tn\omega_1}\left[\sin n\omega_1 t\,\Big|_0^{T/4} - \sin n\omega_1 t\,\Big|_{T/4}^{T/2}\right]$$

$$= \begin{cases} \dfrac{2A}{n\pi} & n = 1,5,9,\cdots \\ -\dfrac{2A}{n\pi} & n = 3,7,11,\cdots \end{cases}$$

$$f(t) = \frac{2A}{n\pi}\left(\cos\omega_1 t - \frac{1}{3}\cos 3\omega_1 t + \frac{1}{5}\cos 5\omega_1 t + \cdots\right)$$

【例 3.2.4】 求图 3.2.5 所示周期性三角波的傅里叶级数展开式。

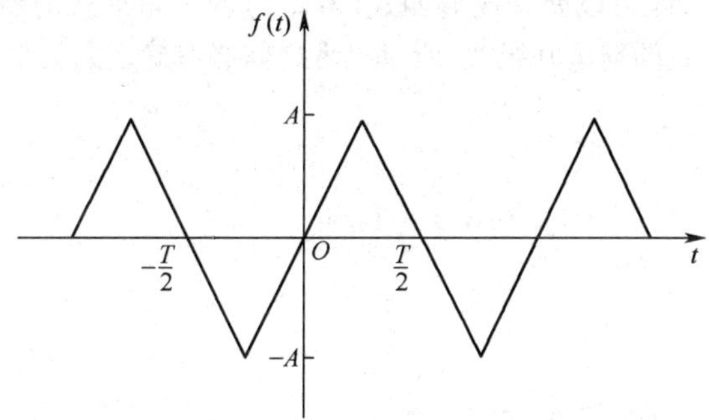

图 3.2.5 周期性三角波信号

【解】 由图 3.2.5 可以看出，$f(t)$ 既是奇函数又是奇谐函数，因此展开式中无直流分量和余弦项，只有奇次谐波正弦项。

$$f(t) = \begin{cases} \dfrac{4A}{T}t & 0 \leqslant t \leqslant \dfrac{T}{4} \\ 2A - \dfrac{4A}{T}t & \dfrac{T}{4} \leqslant t \leqslant \dfrac{T}{2} \end{cases}$$

$$b_n = \frac{8}{T}\int_0^{T/4} \frac{4A}{T}\sin n\omega_1 t\mathrm{d}t \quad , \ n = 1,3,5,\cdots$$

查积分表得

$$b_n = \frac{32A}{T^2}\left[\frac{1}{(n\omega_1)^2}\sin n\omega_1 t - \frac{t}{n\omega_1}\cos n\omega_1 t\right]_0^{T/4}$$

$$= \begin{cases} \dfrac{8A}{n^2\pi^2} & n = 1,5,9,\cdots \\ -\dfrac{8A}{n^2\pi^2} & n = 3,7,11,\cdots \end{cases}$$

故

$$f(t) = \frac{8A}{\pi^2}\left(\sin\omega_1 t - \frac{1}{3^2}\sin 3\omega_1 t + \frac{1}{5^2}\sin 5\omega_1 t - \cdots\right)$$

3.2.3 傅里叶级数的指数形式

因为复指数函数集$\{\mathrm{e}^{\mathrm{j}n\omega_1 t}\}$$(n = 0, \pm 1, \pm 2, \cdots)$在区间$(t_0, t_0 + T)$内也是一个完备的正交

函数集,其中 $T=2\pi/\omega_1$,因此,根据定理 3-1,对于任意周期为 T 的信号 $f(t)$,可在区间(t_0, t_0+T)内表示为$\{e^{jn\omega_1 t}\}$的线性组合,即

$$f(t)=\sum_{n=-\infty}^{+\infty} F_n e^{jn\omega_1 t} \tag{3.2.11}$$

式中 F_n 由式(3.1.12)可求得

$$F_n=\frac{1}{T}\int_{-T/2}^{T/2} f(t)e^{-jn\omega_1 t}dt \tag{3.2.12}$$

式(3.2.12)称为周期信号 $f(t)$ 的指数形式傅里叶级数展开式。由于 F_n 通常为复数,所以式(3.2.12)又称为复系数傅里叶级数展开式。

同一个周期信号 $f(t)$,既可以展开成形如式(3.2.3)的三角形式的傅里叶级数,也可以展开成形如式(3.2.12)指数形式的傅里叶级数,所以二者之间必有确定的关系。

由于

$$\cos x=\frac{1}{2}(e^{jx}+e^{-jx})$$

所以式(3.2.1)可以写为

$$f(t)=A_0+\sum_{n=1}^{+\infty}\frac{A_n}{2}[e^{j(n\omega_1 t+\varphi_n)}+e^{-j(n\omega_1 t+\varphi_n)}]$$

$$=A_0+\frac{1}{2}\sum_{n=1}^{+\infty}A_n e^{j\varphi_n}e^{jn\omega_1 t}+\frac{1}{2}\sum_{n=1}^{+\infty}A_n e^{-j\varphi_n}e^{-jn\omega_1 t}$$

将上式第三项中的 n 用 $-n$ 代换,并考虑到 A_n 是 n 的偶函数,φ_n 是 n 的奇函数,则上式可写为

$$f(t)=A_0+\frac{1}{2}\sum_{n=1}^{+\infty}A_n e^{j\varphi_n}e^{jn\omega_1 t}+\frac{1}{2}\sum_{n=-\infty}^{-1}A_{-n}e^{-j\varphi_{-n}}e^{jn\omega_1 t}$$

$$=A_0+\frac{1}{2}\sum_{n=1}^{+\infty}A_n e^{j\varphi_n}e^{jn\omega_1 t}+\frac{1}{2}\sum_{n=-\infty}^{-1}A_n e^{j\varphi_n}e^{jn\omega_1 t}$$

如将上式中的 A_0 写成 $A_0e^{j\varphi_0}e^{jn\omega_1 t}$(其中 $\varphi_0=0$),则上式可写为

$$f(t)=\frac{1}{2}\sum_{n=-\infty}^{+\infty}A_n e^{j\varphi_n}e^{jn\omega_1 t}=\sum_{n=-\infty}^{\infty}F_n e^{jn\omega_1 t}$$

其中

$$F_n=|F_n|e^{j\varphi_n}=\frac{1}{2}A_n e^{j\varphi_n}=\frac{1}{2}(a_n-jb_n) \tag{3.2.13}$$

称为指数形式的傅里叶级数的复系数。

式(3.2.11)表明,任意周期信号 $f(t)$ 可分解为许多不同频率的虚指数信号 $e^{jn\omega_1 t}$ 之和,其各分量的复数幅度(或相量)为 F_n。

值得注意的是,尽管式(3.2.11)中出现负频率,但并不表示实际中存在负频率,而只是将第 n 项谐波分量写成了两个指数项而出现的一种数学形式。事实上,$e^{jn\omega_1 t}$ 和 $e^{-jn\omega_1 t}$ 必然成对出现,且都振荡在 $n\omega_1$ 上,它们的和给出了一个振荡频率为 $n\omega_1$ 的时间实函数,即

$$\frac{A_n}{2}e^{j\varphi_n}e^{jn\omega_1 t}+\frac{A_n}{2}e^{-j\varphi_n}e^{-jn\omega_1 t}=A_n\cos(n\omega_1+\varphi_n)$$

3.3 周期信号的频谱及功率谱

3.3.1 周期信号的频谱

如前所述，周期信号可以分解成一系列正弦信号或虚指数信号之和，即

$$f(t)=A_0+\sum_{n=1}^{\infty}A_n\cos(n\omega_1+\varphi_n)$$

或

$$f(t)=\sum_{n=-\infty}^{+\infty}F_n e^{jn\omega_1 t}$$

其中 $F_n=|F_n|e^{j\varphi_n}=\dfrac{1}{2}A_n e^{j\varphi_n}$。

为了直观表示出信号所含各分量的振幅，以频率为横坐标，以各谐波的振幅 A_n 或虚指数函数的幅度 $|F_n|$ 为纵坐标，可画出如图 3.3.1(a)、(b)所示的图形，称为幅度(振幅)频谱，简称幅度谱。图中每条竖线代表该频率分量的幅度，称为谱线。连接各顶点的曲线(图中为虚线)称为包络线，它反映了各分量幅度随频率变化的情况。需要说明的是，图 3.3.1(a)中，信号分解为各余弦分量，图中的每一条谱线表示该次谐波的振幅(称为单边幅度谱)，而在图 3.3.1(b)中，信号分解为各虚指数函数，图中的每一条谱线表示各分量的幅度 $|F_n|$(称为双边幅度谱，其中 $|F_n|=|F_{-n}|=\dfrac{1}{2}A_n$)。

类似地，也可画出各谐波初相角 φ_n 与频率的线图，如图 3.3.1(c)、(d)所示，称为相位频谱，简称相位谱。F_n 为实数，则可用 F_n 的正负来表示 φ_n 为 0 或 π，这时常把幅度谱和相位谱画在一张图上。

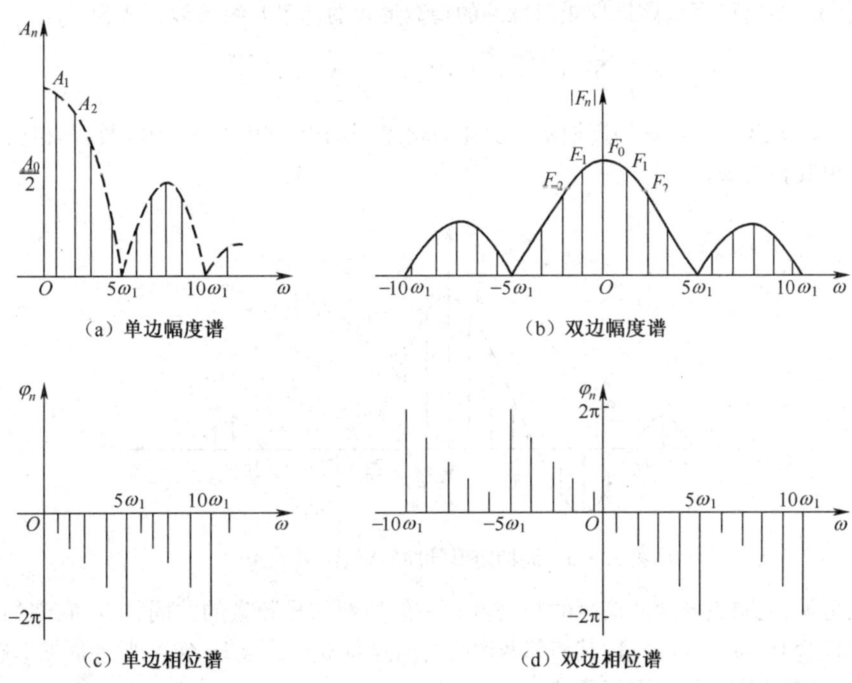

图 3.3.1　周期信号频谱

第3章　连续时间信号与系统的频域分析

由图 3.3.1 可见,周期信号的谱线只出现在频率为 0, ω_1, $2\omega_1$, …的离散频率上,即周期信号的频谱是离散谱。下面以周期矩形脉冲信号为例,说明周期信号频谱的特点。

设有一幅度为 1,脉冲宽度为 τ 的周期性矩形脉冲,其周期为 T,如图 3.3.2 所示。根据式(3.2.10),可求得其傅里叶级数系数

$$F_n=\frac{1}{T}\int_{-T/2}^{T/2}f(t)\mathrm{e}^{-\mathrm{j}n\omega_1 t}\mathrm{d}t=\frac{1}{T}\int_{-T/2}^{T/2}\mathrm{e}^{-\mathrm{j}n\omega_1 t}\mathrm{d}t$$

$$=\frac{2}{T}\frac{\sin\left(\frac{n\omega_1\tau}{2}\right)}{n\omega_1}=\frac{\tau}{T}\frac{\sin\left(\frac{n\omega_1\tau}{2}\right)}{\frac{n\omega_1\tau}{2}}$$

$$=\frac{\tau}{T}\mathrm{Sa}\left(\frac{n\omega_1\tau}{2}\right)\quad n=0,\ \pm1,\ \pm2,\cdots$$

考虑到 $\omega_1=2\pi/T$,上式也可写为

$$F_n=\frac{\tau}{T}\mathrm{Sa}\left(\frac{n\pi\tau}{T}\right)\tag{3.3.2}$$

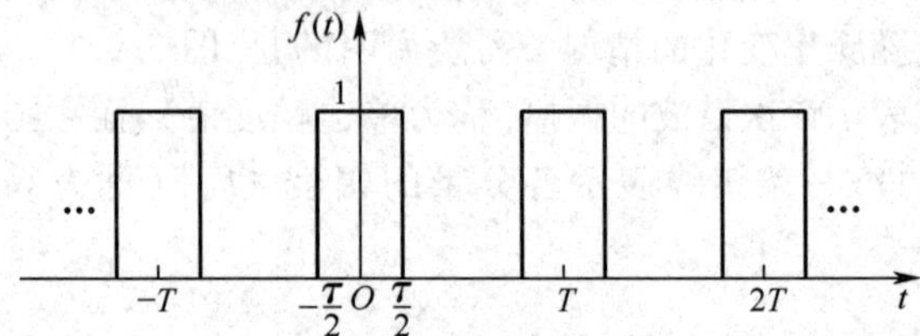

图 3.3.2　周期矩形脉冲

根据式(3.2.9),可写出该周期矩形脉冲的指数形式的傅里叶级数展开式为

$$f(t)=\frac{\tau}{T}\sum_{n=-\infty}^{+\infty}\mathrm{Sa}\left(\frac{n\omega_1\tau}{2}\right)\mathrm{e}^{\mathrm{j}n\omega_1 t}=\frac{\tau}{T}\sum_{n=-\infty}^{+\infty}\mathrm{Sa}\left(\frac{n\pi\tau}{T}\right)\mathrm{e}^{\mathrm{j}n\omega_1 t}\tag{3.3.3}$$

图 3.3.3 中画出了 $T=4\tau$ 的周期矩形脉冲的频谱,由于本例中的 F_n 为实数,其相位为 0 或 π,故未另外画出其相位谱。

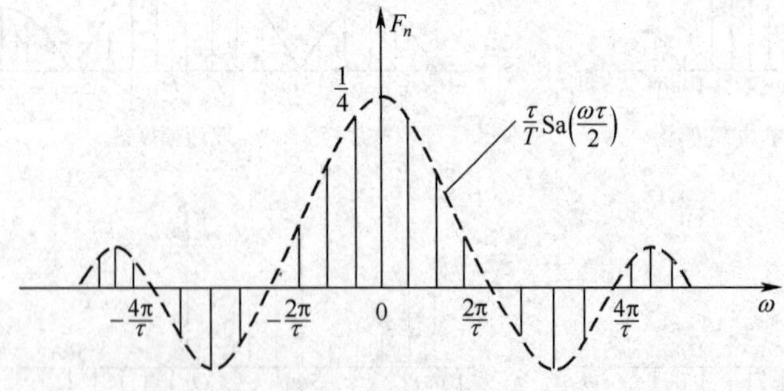

图 3.3.3　周期矩形脉冲的频谱($T=4\tau$)

由以上可见,周期矩形脉冲信号的频谱具有一般周期信号频谱的共同特点,它们的频谱都是离散的。它仅含有 $n\omega_1$ 的各分量,其相邻两谱线的间隔是 ω_1($\omega_1=2\pi/T$),脉冲周期 T 越长,谱线间隔越小,频谱越稠密;反之,则越稀疏。

对于周期矩形脉冲而言，其各谱线的幅度按包络线 $Sa(\omega_1\tau/2)$ 的规律变化，在 $\omega_1\tau/2=m\pi$ $(m=\pm1,\ \pm2,\cdots)$ 各处，即 $\omega=2m\pi/\tau$ 的各处，包络为零，其相应的谱线，亦即相应的频率分量也等于零。

周期矩形脉冲信号包含无限多条谱线，也就是说，它可分解为无限多个频率分量，实际上，由于各分量的幅度随频率增高而减小，其信号能量主要集中在第一个零点（$\omega_1=2\pi/\tau$ 或 $f=1/\tau$）以内。在允许一定失真的条件下，只需传送频率较低的那些分量就够了。通常把 $0\leqslant f\leqslant 1/\tau$（$0\leqslant\omega\leqslant 2\pi/\tau$）这段频率范围称为周期矩形脉冲信号的有效频带宽度或信号的有效带宽，用符号 ΔF 表示，即周期矩形脉冲信号的有效频带宽度（有效带宽）为

$$\Delta F=\frac{1}{\tau}\tag{3.3.4}$$

研究信号的有效频带宽度是具有实际意义的，当信号通过系统时，为了使信号能够不失真地通过系统，那么系统的通频带就应大于信号的有效带宽。由式(3.3.4)可知，脉冲宽度越窄，其有效带宽越宽。

周期矩形脉冲是电信技术中经常遇到的信号，现在我们来讨论脉冲持续时间 τ 和其周期 T 变化时，对频谱结构产生什么影响。由图 3.3.3 可知，谱线间距为基波频率 ω_1。当脉冲持续时间 τ 不变而脉冲的周期 T 增大时，$\omega_1=2\pi/T$ 减小，相邻谱线间的距离减小，因而谱线加密了。由式(3.3.1)可以看出，当周期 T 增大时，谐波的振幅随之减小。我们可以想象当周期 T 无限增大时，频谱线将无限密集，而频谱的振幅则趋于无限小，这时周期信号将变成非周期信号。关于非周期信号的频谱，将在下节中进行讨论。

现假定脉冲持续时间 τ 改变，而脉冲的周期 T 不变，当 τ 减小时，由式(3.3.1)可以看出，谐波的振幅将减小。另外由图 3.3.3 看出，当脉冲宽度 τ 减小时，包络线过零点的频率 $2\pi/\tau$，$4\pi/\tau$，$6\pi/\tau$ 等也相应提高了。这说明脉冲持续时间越小，其有效带宽越宽，即窄脉冲通过系统时，要求系统有较宽的频带。

表 3.3.1 中给出了若干个常用周期信号的傅里叶级数展开式，以供读者查阅。表中指明了各周期信号的对称特点，傅里叶级数系数及其所含谐波成分。

表 3.3.1 常用周期信号的傅里叶级数展开式

序号	常用周期信号的傅里叶级数展开式
1	一般周期信号 $f(t)$，若无对称关系，则 $a_0=\frac{2}{T}\int_0^T f(t)\,dt$；$a_n=\frac{2}{T}\int_0^T f(t)\cos n\omega_1 t\,dt$；$b_n=\frac{2}{T}\int_0^T f(t)\sin n\omega_1 t\,dt$；含有 $n\omega_1$ 谐波成分
2	周期矩形信号 $f(t)=E$，$\left(\lvert t\rvert<\frac{\tau}{2}\right)$；偶函数；$a_0=\frac{2E\tau}{T}$，$a_n=\frac{E\tau\omega_1}{\pi}Sa\left(\frac{n\omega_1\tau}{2}\right)$；$b_n=0$；含直流及 $n\omega_1$ 各次余弦项
3	周期对称方波信号 $f(t)=\frac{E}{2}\left(\lvert t\rvert<\frac{T}{4}\right)$，$f(t)=-\frac{E}{2}\left(\frac{T}{4}<\lvert t\rvert<\frac{T}{2}\right)$；偶函数，奇谐函数；$a_0=j$，$a_n=\frac{2E}{n\pi}\sin\left(\frac{n\pi}{2}\right)$；$b_n=0$；含直流分量和奇次谐波的余弦项
4	周期对称方波信号 $f(t)=\frac{E}{2}\left(0<t<\frac{T}{2}\right)$，$f(t)=-\frac{E}{2}\left(-\frac{T}{2}<t<0\right)$；奇函数，奇谐函数；$a_0=0$，$a_n=0$；$b_n=\frac{2E}{n\pi}\sin^2\left(\frac{n\pi}{2}\right)$；只含奇次谐波的正弦项
5	周期半波余弦信号 $f(t)=E\cos\omega t$ $\left(\lvert t\rvert<\frac{T}{4}\right)$；偶函数；$a_0=\frac{2E}{\pi}$，$a_n=\frac{2E}{(1-n^2)\pi}\cos\left(\frac{n\pi}{2}\right)$；$b_n=0$；含直流、基波和偶次余弦项

续表

序号	常用周期信号的傅里叶级数展开式
6	周期全波余弦信号 $f(t)=E\cos\omega t\left(\lvert t\rvert<\dfrac{T}{2}\right)$；偶函数；$a_0=\dfrac{2E}{\pi}$，$a_n=(-1)^{n+1}\dfrac{4E}{(4n^2-1)\pi}$；$b_n=0$；含直流和各次谐波的余弦项
7	周期锯齿波信号 $f(t)=\dfrac{E}{T}t\left(\lvert t\rvert<\dfrac{T}{2}\right)$；奇函数；$a_0=0$，$a_n=0$；$b_n=(-1)^{n+1}\dfrac{E}{n\pi}$；含各次正弦项
8	周期锯齿波信号 $f(t)=\dfrac{-E}{T}(t-T)$；去直流后为奇函数；$a_0=E$
9	周期三角波信号 $f(t)=\dfrac{-2E}{T}\left(t-\dfrac{T}{2}\right)\ \left(0<t<\dfrac{T}{2}\right)$，$f(t)=\dfrac{2E}{T}\left(t+\dfrac{T}{2}\right)\ \left(-\dfrac{T}{2}<t<0\right)$；偶函数，去直流后为奇函数；$a_0=E$，$a_n=\dfrac{4E}{(n\pi)^2}\sin^2\left(\dfrac{n\pi}{2}\right)$；$b_n=0$；含直流和奇次余弦项
10	周期三角波信号 $f(t)=\dfrac{E}{T}t\left(-\dfrac{T}{4}<t<\dfrac{T}{4}\right)$；奇函数，奇谐函数；$a_0=0$，$a_n=0$；$b_n=\dfrac{4E}{(n\pi)^2}\sin\left(\dfrac{n\pi}{2}\right)$；含奇次正弦项

3.3.2 周期信号的功率谱

周期信号属于功率信号，周期信号 $f(t)$ 在 1 Ω 电阻上消耗的平均功率定义为

$$P=\frac{1}{T}\int_{-T/2}^{T/2}\lvert f(t)\rvert^2\mathrm{d}t \tag{3.3.5}$$

其中 T 为周期信号的周期。若周期信号 $f(t)$ 的指数形式傅里叶级数为

$$f(t)=\sum_{n=-\infty}^{+\infty}F_n\mathrm{e}^{\mathrm{j}n\omega_1 t}$$

将上式代入式(3.3.5)，则有

$$P=\frac{1}{T}\int_{-T/2}^{T/2}f(t)f^*(t)\,\mathrm{d}t=\frac{1}{T}\int_{-T/2}^{T/2}f^*(t)\left(\sum_{n=-\infty}^{+\infty}F_n\mathrm{e}^{\mathrm{j}n\omega_1 t}\right)\mathrm{d}t$$

将上式中的求和与积分次序交换，得

$$\begin{aligned}P&=\sum_{n=-\infty}^{\infty}F_n\frac{1}{T}\int_{-T/2}^{T/2}f^*(t)\,\mathrm{e}^{\mathrm{j}n\omega_1 t}\mathrm{d}t\\&=\sum_{n=-\infty}^{\infty}F_n\left[\frac{1}{T}\int_{-T/2}^{T/2}f(t)\,\mathrm{e}^{-\mathrm{j}n\omega_1 t}\mathrm{d}t\right]^*\\&=\sum_{n=-\infty}^{\infty}F_n\cdot F_n^*=\sum_{n=-\infty}^{\infty}\lvert F_n\rvert^2\end{aligned} \tag{3.3.6}$$

式(3.3.6)称为帕斯瓦尔(Parseval)功率守恒定理。

$\lvert F_n\rvert^2$ 随 $n\omega_1$ 分布的特性称为周期信号的功率频谱，简称功率谱。式(3.3.6)表明周期信号的平均功率完全可以在频域中用傅里叶级数系数 F_n 确定。功率守恒有其重要的物理意义，由于对实信号有 $F_n=F_{-n}^*$，所以

$$P = \sum_{n=-\infty}^{+\infty} |F_n|^2 = F_0^2 + 2\sum_{n=1}^{+\infty} |F_n|^2 \tag{3.3.7}$$

可见任意周期信号的平均功率等于信号所包含的直流、基波及各次谐波的平均功率之和。

显然，周期信号的功率谱也为离散频谱，从周期信号的功率谱中不仅可以看到各平均功率分量的分布情况，而且可以确定在周期信号的有效带宽内谐波分量具有的平均功率占整个周期信号的平均功率之比。

【例】 试画出周期矩形脉冲信号的功率谱，并计算在其有效带宽（$0\sim 2\pi/\tau$）内谐波分量所具有的平均功率占整个信号平均功率的百分比。其中 $A=1, T=1/4, \tau=1/20$。

【解】 由式(3.3.1)可知，周期矩形脉冲的傅里叶级数系数为

$$F_n = \frac{A\tau}{T}\mathrm{Sa}\left(\frac{n\omega_1\tau}{2}\right)$$

将 $A=1, T=1/4, \tau=1/20$，$\omega_1 = 2\pi/T = 8\pi$ 代入上式，得

$$F_n = 0.2\mathrm{Sa}\left(\frac{n\omega_1}{40}\right) = 0.2\mathrm{Sa}\left(\frac{n\pi}{5}\right)$$

$$|F_n|^2 = 0.04\mathrm{Sa}^2\left(\frac{n\pi}{5}\right)$$

画出 $|F_n|^2$ 随 $n\omega_1$ 变化的图形即得周期矩形脉冲信号的功率谱，如图 3.3.4 所示。显然，在有效频带宽度（$0\sim 2\pi/\tau$）内，包含了一个直流分量和四个谐波分量，信号的平均功率为

$$P = \frac{1}{T}\int_{-T/2}^{T/2} |f(t)|^2 \mathrm{d}t = 0.2$$

而包含在有效带宽（$0\sim 2\pi/\tau$）内的各谐波平均功率为

$$P_1 = \sum_{n=-4}^{4} |F_n|^2 = |F_0|^2 + 2\sum_{n=1}^{4} |F_n|^2 = 0.1806$$

$$\frac{P_1}{P} = \frac{0.186}{0.200} \approx 90\%$$

上式表明，周期矩形脉冲信号包含在有效带宽内的各谐波平均功率之和约占整个信号平均功率的90%。因此，若用直流分量、基波和二、三、四次谐波来近似模拟周期矩形脉冲信号，可以达到很高的精度。同样，若该信号在通过系统时，只损失了有效带宽以外的所有谐波，则信号只有较少的失真。

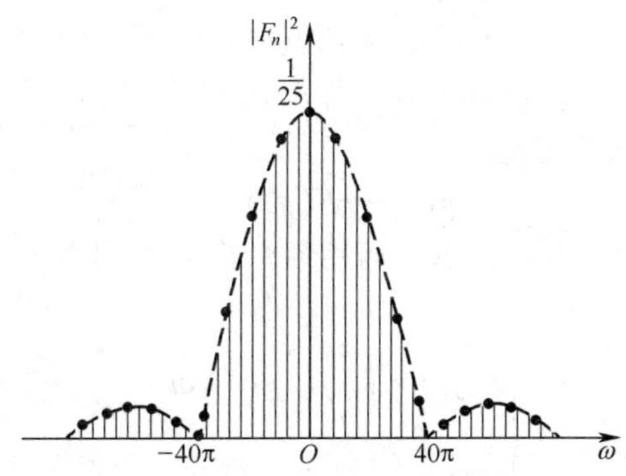

图 3.3.4 周期矩形脉冲信号的功率谱

3.4 非周期信号的频谱——傅里叶变换

3.4.1 傅里叶变换

我们知道,当周期 $T\to\infty$ 时,周期信号变成非周期信号。又由上节内容可知,当周期 $T\to\infty$ 时,$\omega_1\to 0$,即相邻谱线的间隔 ω_1 趋于无穷小,从而信号的频谱密集称为连续谱。同时各频率分量的幅度也都趋于无穷小,不过这些无穷小量之间仍保持一定的比例关系。为了描述非周期信号的频谱特性,引入频谱密度的概念。令

$$F(\mathrm{j}\omega)=\lim_{T\to+\infty}\frac{F_n}{\dfrac{1}{T}}=\lim_{T\to+\infty}F_n\cdot T \tag{3.4.1}$$

称 $F(\mathrm{j}\omega)$ 为频谱密度函数。

由式(3.2.11)和式(3.2.12)可得

$$F_n\cdot T=\int_{-T/2}^{T/2}f(t)\,\mathrm{e}^{-\mathrm{j}n\omega_1 t}\mathrm{d}t \tag{3.4.2}$$

$$f(t)=\sum_{n=-\infty}^{+\infty}F_nT\mathrm{e}^{\mathrm{j}n\omega_1 t}\cdot\frac{1}{T} \tag{3.4.3}$$

考虑到当周期 $T\to\infty$ 时,$\omega_1\to 0$,取其为 $\mathrm{d}\omega$,而 $\dfrac{1}{T}=\dfrac{\omega_1}{2\pi}$ 将趋近于 $\dfrac{\mathrm{d}\omega}{2\pi}$。$n\omega_1$ 是变量,当 $\omega_1\neq 0$ 时,它是离散值。当 $\omega_1\to 0$ 时,它就成为连续变量,取为 ω,同时求和符号应改写为积分。于是当 $T\to\infty$ 时,式(3.4.2)和式(3.4.3)成为

$$F(j\omega)=\lim_{T\to\infty}F_n\cdot T=\int_{-\infty}^{+\infty}f(t)\,\mathrm{e}^{-\mathrm{j}\omega t}\mathrm{d}t \tag{3.4.4}$$

$$f(t)=\frac{1}{2\pi}\int_{-\infty}^{+\infty}F(\mathrm{j}\omega)\,\mathrm{e}^{\mathrm{j}\omega t}\mathrm{d}\omega \tag{3.4.5}$$

式(3.4.4)称为函数 $f(t)$ 的傅里叶变换(积分),式(3.4.5)称为函数 $F(\mathrm{j}\omega)$ 的傅里叶逆变换(或反变换)。$F(\mathrm{j}\omega)$ 称为 $f(t)$ 的频谱密度函数或频谱函数,而 $f(t)$ 称为 $F(\mathrm{j}\omega)$ 的原函数。

式(3.4.4)和式(3.4.5)也可用符号简记为

$$\begin{cases}F(\mathrm{j}\omega)=F[f(t)]\\ f(t)=F^{-1}[F(\mathrm{j}\omega)]\end{cases} \tag{3.4.6}$$

$f(t)$ 与 $F(\mathrm{j}\omega)$ 的对应关系还可简记为

$$f(t)\longleftrightarrow F(\mathrm{j}\omega) \tag{3.4.7}$$

如果上述变换中的自变量不用角频率 ω 而用频率 f 表示,则由于 $\omega=2\pi f$,式(3.4.4)和式(3.4.5)可写为

$$\begin{cases}F(\mathrm{j}f)=\displaystyle\int_{-\infty}^{+\infty}f(t)\,\mathrm{e}^{-\mathrm{j}2\pi ft}\mathrm{d}t\\ f(t)=\displaystyle\int_{-\infty}^{+\infty}F(\mathrm{j}f)\,e^{\mathrm{j}2\pi ft}\mathrm{d}f\end{cases} \tag{3.4.8}$$

这时傅里叶变换与逆变换有相似的形式。

频谱密度函数 $F(j\omega)$ 是一复函数,它也可以写为

$$F(\mathrm{j}\omega) = |F(\mathrm{j}\omega)|\mathrm{e}^{\mathrm{j}\varphi(\omega)} = R(\omega) + \mathrm{j}X(\omega) \tag{3.4.9}$$

式中，$|F(\mathrm{j}\omega)|$ 和 $\varphi(\omega)$ 分别是频谱函数 $F(\mathrm{j}\omega)$ 的模和相位，$R(\omega)$ 和 $X(\omega)$ 分别是它的实部和虚部。

式(3.4.5)也可写成三角形式：

$$f(t) = \frac{1}{2\pi}\int_{-\infty}^{+\infty} F(\mathrm{j}\omega)\mathrm{e}^{\mathrm{j}\omega t}\mathrm{d}\omega = \frac{1}{2\pi}\int_{-\infty}^{+\infty} |F(\mathrm{j}\omega)|\mathrm{e}^{\mathrm{j}[\omega t+\varphi(\omega)]}\mathrm{d}\omega$$

$$= \frac{1}{2\pi}\int_{-\infty}^{\infty} |F(\mathrm{j}\omega)|\cos[\omega t + \varphi(\omega)]\mathrm{d}\omega + \mathrm{j}\frac{1}{2\pi}\int_{-\infty}^{+\infty} |F(\mathrm{j}\omega)|\sin[\omega t + \varphi(\omega)]\mathrm{d}\omega$$

由于上式第二个积分中的被积函数是 ω 的奇函数(注:后面将证明)，故积分值为零，而第一个积分中的被积函数是 ω 的偶函数，故有

$$f(t) = \frac{1}{\pi}\int_{0}^{+\infty} |F(\mathrm{j}\omega)|\cos[\omega t + \varphi(\omega)]\mathrm{d}\omega \tag{3.4.10}$$

上式表明，非周期信号可看做是由不同频率的余弦“分量”所组成的，它包含了频率从零到无限大的一切频率“分量”。由式可见，$\frac{|F(\mathrm{j}\omega)|\mathrm{d}\omega}{\pi} = 2|F(\mathrm{j}\omega)|\mathrm{d}f$ 相当于各分量的振幅，它是无穷小量。所以信号的频谱不能再用幅度表示，而改用密度函数表示。

需要说明的是，前面在推导傅里叶变换时并未遵循数学上的严格步骤。数学证明指出，函数 $f(t)$ 的傅里叶变换存在的充分条件是在无限区间内 $f(t)$ 绝对可积，即

$$\int_{-\infty}^{+\infty} |f(t)|\mathrm{d}t < \infty \tag{3.4.11}$$

但它并非必要条件。当引入广义函数的概念后，使许多不满足绝对可积条件的函数也能进行傅里叶变换，这给信号与系统分析带来很大方便。

3.4.2 典型信号的傅里叶变换

1. 单边指数信号

$$f_1(t) = \begin{cases} \mathrm{e}^{-\alpha t} & t > 0, \alpha > 0 \\ 0 & t < 0, \alpha > 0 \end{cases} \tag{3.4.12}$$

代入式(3.4.4)得

$$F_1(\mathrm{j}\omega) = \int_{0}^{+\infty} \mathrm{e}^{-\alpha t}\mathrm{e}^{-\mathrm{j}\omega t}\mathrm{d}t = \frac{1}{\alpha + \mathrm{j}\omega} \tag{3.4.13}$$

幅度频谱为 $|F_1(\mathrm{j}\omega)| = \frac{1}{\sqrt{\alpha^2 + \omega^2}}$，相位频谱为 $\varphi_1(\omega) = -\arctan\frac{\omega}{\alpha}$，如图 3.4.1 所示，可见幅度频谱和相位频谱分别是 ω 的偶函数和奇函数。

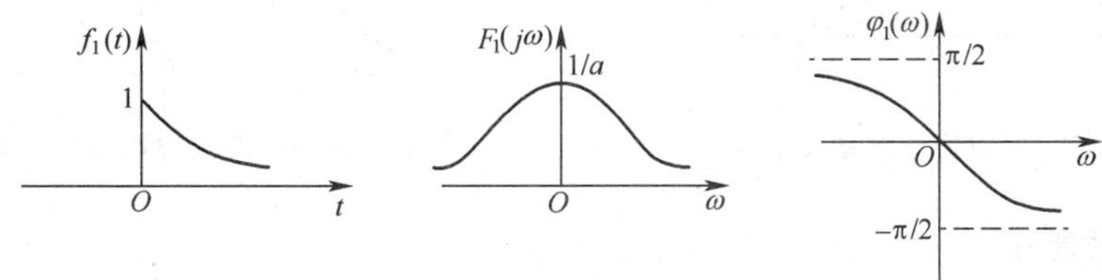

图 3.4.1　单边指数信号及频谱

2. 偶双边指数信号

$$f_2(t)=\mathrm{e}^{-\alpha|t|},\quad -\infty<t<\infty,\quad \alpha>0 \tag{3.4.14}$$

其频谱函数

$$F_2(\mathrm{j}\omega)=\int_{-\infty}^{0}\mathrm{e}^{\alpha t}\mathrm{e}^{-\mathrm{j}\omega t}\mathrm{d}t+\int_{0}^{+\infty}\mathrm{e}^{-\alpha t}\mathrm{e}^{-\mathrm{j}\omega t}\mathrm{d}t=\frac{2\alpha}{\alpha^2+\omega^2} \tag{3.4.15}$$

故其幅度频谱 $|F_2(\mathrm{j}\omega)|=\dfrac{2\alpha}{\alpha^2+\omega^2}$，相位频谱 $\varphi_2(\omega)=0$，如图 3.4.2 所示。

3. 奇双边指数信号

$$f_3(t)=\begin{cases}-\mathrm{e}^{\alpha t}, & t<0\\ \mathrm{e}^{-\alpha t}, & t>0\end{cases}\qquad \alpha>0 \tag{3.4.16}$$

其频谱函数

$$F_3(\mathrm{j}\omega)=-\int_{-\infty}^{0}\mathrm{e}^{\alpha t}\mathrm{e}^{-\mathrm{j}\omega t}\mathrm{d}t+\int_{0}^{\infty}\mathrm{e}^{-\alpha t}\mathrm{e}^{-\mathrm{j}\omega t}\mathrm{d}t=-\mathrm{j}\frac{2\omega}{\alpha^2+\omega^2} \tag{3.4.17}$$

故

$$|F_3(j\omega)|=\left|\frac{2\omega}{\alpha^2+\omega^2}\right|$$

$$\varphi_3(\omega)=\begin{cases}\dfrac{\pi}{2} & \omega<0\\ -\dfrac{\pi}{2} & \omega>0\end{cases}$$

其波形和频谱如图 3.4.3 所示。

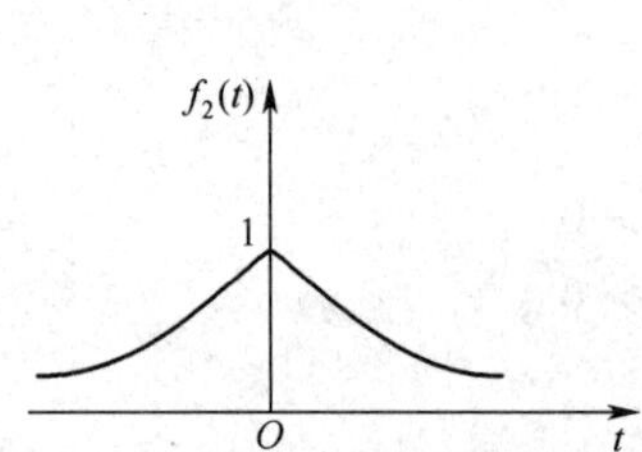

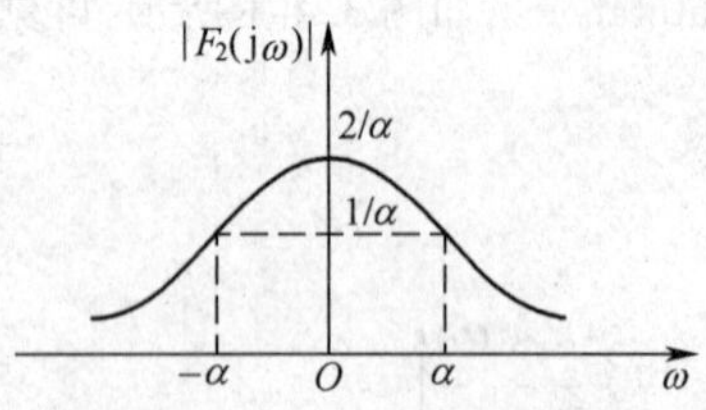

图 3.4.2　偶双边信号及频谱

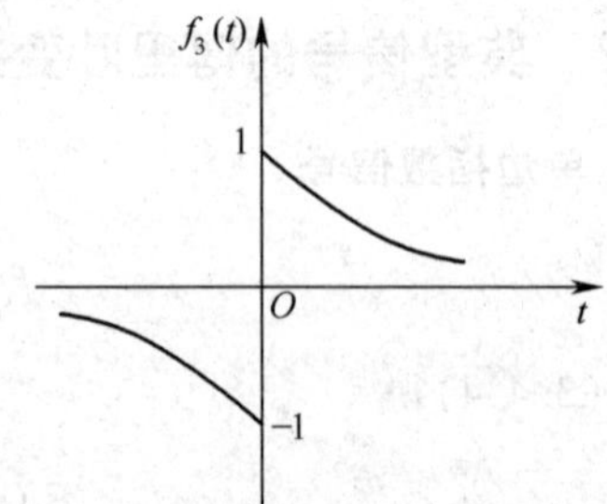

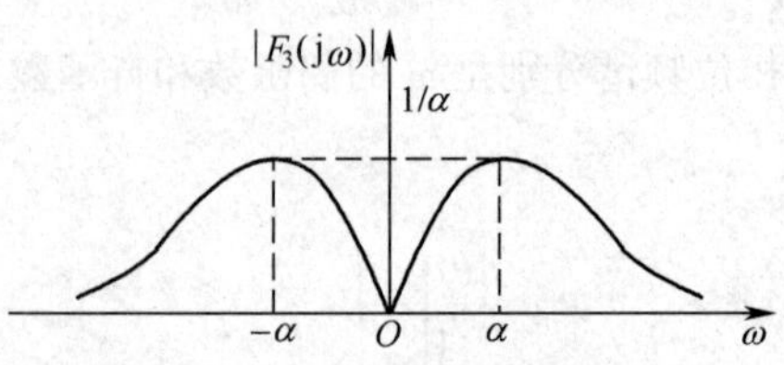

图 3.4.3　奇双边指数信号及频谱

4. 符号函数信号

符号函数或正负号函数以 sgn 表示，其表示式为

$$f_4(t)=\begin{cases}1 & t>0\\ -1 & t<0\end{cases} \tag{3.4.18}$$

显然,这样的信号不满足绝对可积条件,但它却存在傅里叶变换。对奇双边指数信号

$$f_1(t)=\begin{cases}-\mathrm{e}^{-\alpha t} t<0,\alpha>0\\ \mathrm{e}^{-\alpha t} \quad t>0,\alpha>0\end{cases}$$

当 $\alpha\to 0$ 时,有 $\lim\limits_{\alpha\to 0}f_3(t)=\mathrm{sgn}(t)$,故符号函数的频谱函数为

$$F_4(j\omega)=\lim_{\alpha\to 0}(-\mathrm{j}\frac{2\omega}{\alpha^2+\omega^2})=\frac{2}{\mathrm{j}\omega} \tag{3.4.19}$$

并

$$|F_4(\mathrm{j}\omega)|=\frac{2}{|\omega|},\ \varphi_3(\omega)=\begin{cases}\dfrac{\pi}{2}, & \omega<0\\ -\dfrac{\pi}{2}, & \omega>0\end{cases}$$

其波形和频谱如图 3.4.4 所示。

5. 单位直流信号

$$f_5(t)=1\ ,\quad -\infty<t<+\infty \tag{3.4.20}$$

可见该信号也不满足绝对可积条件,但可用上述 $f_2(t)$ 取极限,可求得其傅里叶变换,即

$$f_5(t)=\lim_{\alpha\to 0}f_2(t)=\lim_{\alpha\to 0}\mathrm{e}^{-\alpha|t|}=1$$

故

$$F_5(j\omega)=\lim_{\alpha\to 0}F_2(\mathrm{j}\omega)=\lim_{\alpha\to 0}\frac{2\alpha}{\alpha^2+\omega^2}=\begin{cases}0 & \omega\neq 0\\ \infty & \omega=0\end{cases}$$

且

$$\int_{-\infty}^{+\infty}\frac{2\alpha}{\alpha^2+\omega^2}\mathrm{d}\omega=2\pi$$

显然,这表明 $F_5(\mathrm{j}\omega)$ 为一个冲激强度为 2π ,出现在 $\omega=0$ 处的冲激函数,即

$$F_5(\mathrm{j}\omega)=2\pi\delta(\omega) \tag{3.4.21}$$

其波形和频谱如图 3.4.5 所示。

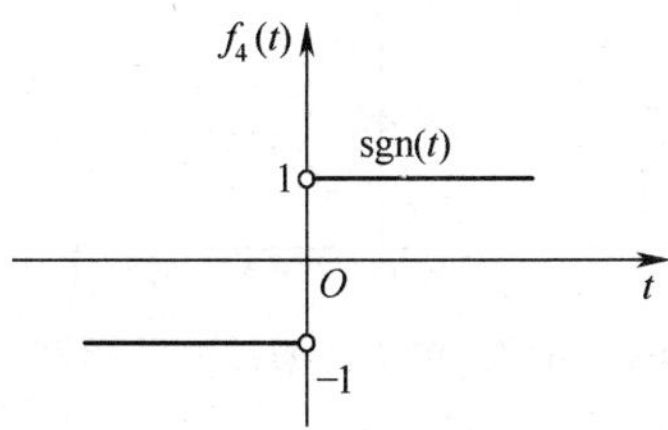

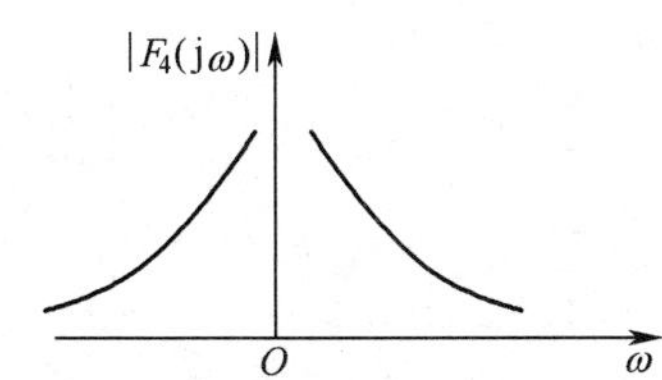

图 3.4.4　符号函数信号及频谱

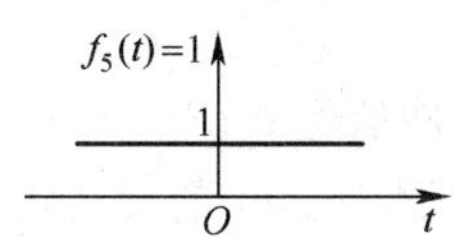

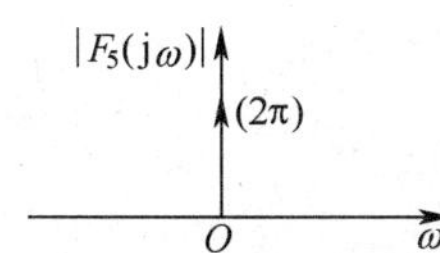

图 3.4.5　单位直流信号及频谱

6. 单位阶跃信号

对于单位阶跃信号,有

$$f_6(t) = u(t)$$

可利用$f_1(t)$求其傅里叶变换

$$f_6(t) = u(t) = \lim_{\alpha\to 0} f_1(t) = \lim_{\alpha\to 0} e^{-\alpha t}u(t)$$

故

$$F_6(j\omega) = \lim_{\alpha\to 0} F_1(j\omega) = \lim_{\alpha\to 0} \frac{1}{\alpha + j\omega} = \lim_{\alpha\to 0}\left[\frac{\alpha}{\alpha^2+\omega^2} + \frac{\omega}{j(\alpha^2+\omega^2)}\right]$$

利用 $\lim_{\alpha\to 0}\frac{\alpha}{\alpha^2+\omega^2} = \pi\delta(\omega)$,有

$$F_6(j\omega) = \pi\delta(\omega) + \frac{1}{j\omega} \tag{3.4.22}$$

其波形和频谱如图 3.4.6 所示。

7. 单位冲激信号 δ(t)

单位冲激信号 $\delta(t)$ 的傅里叶变换 $F(j\omega)$ 为

$$F(j\omega) = \int_{-\infty}^{+\infty} \delta(t)e^{-j\omega t}dt$$

由冲激信号的取样特性可得其频谱为

$$F(j\omega) = 1 \tag{3.4.23}$$

由此可见,单位冲激信号的频谱等于常数,即其频谱在整个频率范围内是均匀分布的。在时域中其波形变化剧烈的冲激信号包含幅度相等的所有频率分量,这种频谱常称作“均匀谱”或“白色谱”,如图 3.4.7 所示。

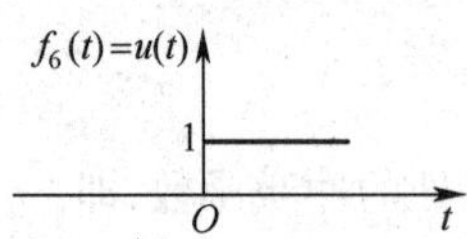

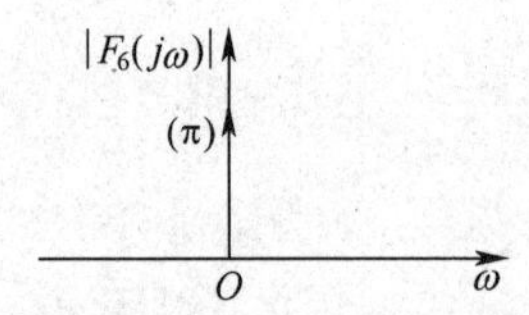

图 3.4.6 单位阶跃信号及频谱

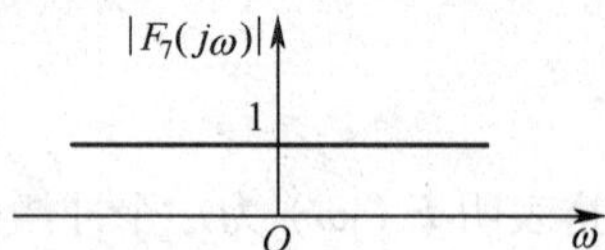

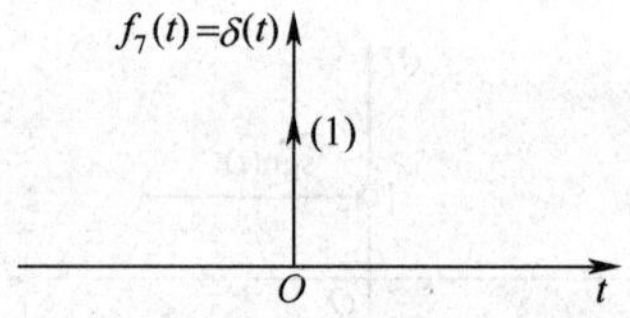

图 3.4.7 单位冲激信号及频谱

8. 矩形脉冲信号 $g_\tau(t)$

矩形脉冲信号 $g_\tau(t)$ 的表达式为

$$f_8(t) = Eg_\tau(t) = \begin{cases} E & |t| < \dfrac{\tau}{2} \\ 0 & |t| > \dfrac{\tau}{2} \end{cases} \tag{3.4.24}$$

其频谱函数

$$F_8(\mathrm{j}\omega)=\int_{-T/2}^{T/2} E\mathrm{e}^{-\mathrm{j}\omega t}\mathrm{d}t=E\tau\frac{\sin\left(\frac{\omega\tau}{2}\right)}{\frac{\omega\tau}{2}}=E\tau\mathrm{Sa}\left(\frac{\omega\tau}{2}\right) \tag{3.4.25}$$

并有

$$|F_8(\mathrm{j}\omega)|=E\tau\left|\mathrm{Sa}\left(\frac{\omega\tau}{2}\right)\right|$$

$$\varphi(\omega)=\begin{cases}0 & \mathrm{Sa}\left(\frac{\omega\tau}{2}\right)>0\\ \pi & \mathrm{Sa}\left(\frac{\omega\tau}{2}\right)<0\end{cases}$$

其波形和频谱如图 3.4.8 所示。可以看出,矩形脉冲信号在时域中为有限信号,而其频谱却以 $\mathrm{Sa}\left(\frac{\omega\tau}{2}\right)$ 规律变化,分布在无限宽的频率范围内,但其主要能量处于 $0\sim\frac{2\pi}{\tau}$ 范围内,故其有效带宽为 $B_\omega=\frac{2\pi}{\tau}$ 或 $B_f=\frac{1}{\tau}$。

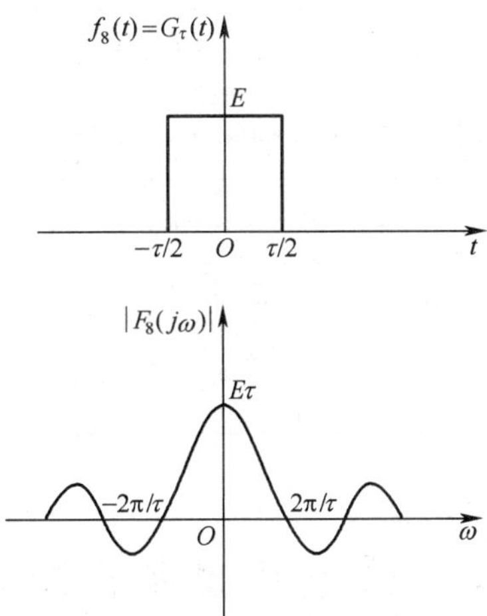

图 3.4.8　矩形脉冲信号及频谱

表 3.4.1 列出了常见信号的傅里叶变换。

表 3.4.1　常见信号的傅里叶变换

$f(t)$	$F(\mathrm{j}\omega)$	说　明
$\mathrm{e}^{-\alpha t}u(t)$	$\frac{1}{\alpha+\mathrm{j}\omega}$	$\alpha>0$
$\mathrm{e}^{-\alpha\|t\|}$	$\frac{2\alpha}{\alpha^2+\omega^2}$	$\alpha>0$
$t^n\mathrm{e}^{-\alpha t}u(t)$	$\frac{n!}{(\alpha+\mathrm{j}\omega)^{n+1}}$	$\alpha>0$

续表

$f(t)$	$F(\mathrm{j}\omega)$	说　明
$\delta(t)$	1	
1	$2\pi\delta(\omega)$	
$\mathrm{e}^{\mathrm{j}\omega_0 t}$	$2\pi\delta(\omega-\omega_0)$	
$u(t)$	$\pi\delta(\omega)+\dfrac{1}{\mathrm{j}\omega}$	
$\mathrm{sgn}(t)$	$\dfrac{2}{\mathrm{j}\omega}$	
$\mathrm{e}^{-\alpha t^2}u(t)$	$\sqrt{\pi/\alpha}\,\mathrm{e}^{-\frac{\omega^2}{4\alpha}}$	$\alpha>0$
$\mathrm{Sa}(\omega_0 t)$	$\dfrac{\pi}{\omega_0}g_{2\omega_0}(\omega)$	$\omega_0>0$
$g_\tau(t)$	$\tau Sa(\omega\tau/2)$	$\tau>0$
$\sum\limits_{n=-\infty}^{+\infty}\delta(t-nT_0)$	$\omega_0\sum\limits_{n=-\infty}^{+\infty}\delta(\omega-n\omega_0)$	$\omega_0=2\pi/T$
$\cos(\omega_0 t)$	$\pi[\delta(\omega-\omega_0)+\delta(\omega+\omega_0)]$	
$\sin(\omega_0 t)$	$\mathrm{j}\pi[-\delta(\omega-\omega_0)+\delta(\omega+\omega_0)]$	
$\cos(\omega_0 t)u(t)$	$\dfrac{\pi}{2}[\delta(\omega-\omega_0)+\delta(\omega+\omega_0)]+\dfrac{\mathrm{j}\omega}{\omega_0^2-\omega^2}$	
$\sin(\omega_0 t)u(t)$	$\dfrac{\pi}{2\mathrm{j}}[\delta(\omega-\omega_0)-\delta(\omega+\omega_0)]+\dfrac{\omega_0}{\omega_0^2-\omega^2}$	
$\mathrm{e}^{-\alpha t}\cos(\omega_0 t)u(t)$	$\dfrac{\alpha+\mathrm{j}\omega}{(\alpha+\mathrm{j}\omega)^2+\omega_0^2}$	$\alpha>0$
$\mathrm{e}^{-\alpha t}\sin(\omega_0 t)u(t)$	$\dfrac{\omega_0}{(\alpha+\mathrm{j}\omega)^2+\omega_0^2}$	$\alpha>0$

3.5　傅里叶变换的性质

由前所述，任一信号都可以有两种表示方法：时域表示与频域表示。傅里叶变换建立了时间函数$f(t)$和频谱函数$F(\mathrm{j}\omega)$之间的转换关系。在实际的信号分析中，经常需要对信号的时域和频域之间的对应关系以及转换规律有一个深入而清楚的理解，为此，我们有必要讨论傅里叶变换的基本性质及其应用。

3.5.1　线性

若$f_1(t)\leftrightarrow F_1(\mathrm{j}\omega)$，$f_2(t)\leftrightarrow F_2(\mathrm{j}\omega)$，则对于任意常数$a_1$和$a_2$，有

$$a_1 f_1(t)+a_2 f_2(t)\leftrightarrow a_1 F_1(\mathrm{j}\omega)+a_2 F_2(\mathrm{j}\omega) \tag{3.5.1}$$

以上关系式很容易由傅里叶变换的定义式证明，这里证明从略。显然傅里叶变换是一种线性运算，它有两个含义：(1)比例性，它表明，若信号$f(t)$乘以常数a，则其频谱函数也乘以相同的常数a；(2)可加性(叠加性)，即几个信号之和的频谱函数等于各个信号的频谱函数之和。

【例3.5.1】　利用傅里叶变换的线性性质求单位阶跃信号$u(t)$的频谱函数$F(\mathrm{j}\omega)$。

【解】 因

$$f(t)=u(t)=\frac{1}{2}+\frac{1}{2}\mathrm{sgn}(t)$$

则

$$F(\mathrm{j}\omega)=F[u(t)]=\frac{1}{2}F[1]+\frac{1}{2}F[\mathrm{sgn}(t)]=\frac{1}{2}\times 2\pi\delta(\omega)+\frac{1}{2}\times\frac{2}{\mathrm{j}\omega}=\pi\delta(\omega)+\frac{1}{\mathrm{j}\omega}$$

3.5.2 奇偶虚实性

若$f(t)\leftrightarrow F(\mathrm{j}\omega)$，则

$$f(-t)\leftrightarrow F(-\mathrm{j}\omega) \tag{3.5.2}$$

$$f^*(t)\leftrightarrow F^*(-\mathrm{j}\omega) \tag{3.5.3}$$

$$f^*(-t)\leftrightarrow F^*(\mathrm{j}\omega) \tag{3.5.4}$$

证明

$$F[f(-t)]=\int_{-\infty}^{+\infty}f(-t)\mathrm{e}^{-\mathrm{j}\omega t}\mathrm{d}t=\int_{-\infty}^{+\infty}f(t)\mathrm{e}^{-\mathrm{j}\omega(-t)}\mathrm{d}t=F(-\mathrm{j}\omega)$$

$$F[f^*(t)]=\int_{-\infty}^{+\infty}f^*(t)\mathrm{e}^{-\mathrm{j}\omega t}\mathrm{d}t=\left[\int_{-\infty}^{+\infty}f(t)\mathrm{e}^{\mathrm{j}\omega t}\mathrm{d}t\right]^*=F^*(-\mathrm{j}\omega)$$

$$F[f^*(-t)]=\int_{-\infty}^{+\infty}f^*(-t)\mathrm{e}^{-\mathrm{j}\omega t}\mathrm{d}t=\left[\int_{-\infty}^{+\infty}f(t)\mathrm{e}^{-\mathrm{j}\omega t}\mathrm{d}t\right]^*=F^*(\mathrm{j}\omega)$$

在一般情况下，信号的频谱$F(\mathrm{j}\omega)$为复数，即

$$F(\mathrm{j}\omega)=R(\omega)+\mathrm{j}X(\omega)=|F(\mathrm{j}\omega)|\mathrm{e}^{\mathrm{j}\varphi(\omega)}$$

$$|F(\mathrm{j}\omega)|=\sqrt{R^2(\omega)+X^2(\omega)}$$

$$\varphi(\omega)=\arctan\frac{X(\omega)}{R(\omega)}$$

下面我们讨论$f(t)$的几种特殊情况。

1) $f(t)$为实信号

$f(t)$为实信号时，可以写出$f(t)=f^*(t)$，由式(3.5.3)可得

$$F(\mathrm{j}\omega)=F^*(-\mathrm{j}\omega) \tag{3.5.5}$$

上式表明，当$f(t)$为实信号时，其频谱$F(\mathrm{j}\omega)$成共轭对称，即

$$R(\omega)+\mathrm{j}X(\omega)=[R(-\omega)+\mathrm{j}X(-\omega)]^*=R(-\omega)-\mathrm{j}X(-\omega)$$

因此

$$\begin{cases}R(\omega)=R(-\omega)\\X(\omega)=-X(-\omega)\end{cases} \tag{3.5.6}$$

上式表明，当$f(t)$为实信号时，其频谱的实部$R(\omega)$成偶对称，虚部$X(\omega)$成奇对称，同时也可得

$$\begin{cases}|F(\mathrm{j}\omega)|=|F(-\mathrm{j}\omega)|\\\varphi(\omega)=-\varphi(-\omega)\end{cases} \tag{3.5.7}$$

上式表明，当$f(t)$为实信号时，其幅度频谱偶对称，相位频谱奇对称，这些特点在实际应用中是很重要的。

若$f(t)$为实偶信号，即

$$f(t)=f^*(t)=f(-t)$$

则由式(3.5.2)和式(3.5.4)可得

$$F(\mathrm{j}\omega)=F^*(-\mathrm{j}\omega)=F(-\mathrm{j}\omega)$$

由 $F^*(-j\omega)=F(-j\omega)$ 可知其频谱 $F(j\omega)$ 为 ω 的实函数,由 $F(j\omega)=F(-j\omega)$ 可知其频谱 $F(j\omega)$ 为 ω 的偶函数,于是可知当 $f(t)$ 为实偶信号时,其频谱 $F(j\omega)$ 也为实偶函数。

若 $f(t)$ 为实奇信号,即

$$f(t)=f^*(t)=-f(-t)$$

则利用式(3.5.2)和式(3.5.4)可得

$$F(j\omega)=F^*(-j\omega)=-F(-j\omega)$$

由 $F^*(-j\omega)=-F(-j\omega)$ 可知其频谱为虚数,再由 $F(j\omega)=-F(-j\omega)$ 可知其频谱 $F(j\omega)$ 为 ω 的奇函数,于是可知当若 $f(t)$ 为实奇信号,其频谱 $F(j\omega)$ 为虚奇函数。

2) $f(t)$ 为虚信号

$f(t)$ 为虚信号时,可写出 $f(t)=-f^*(t)$,由式(3.5.4)可得

$$F(j\omega)=-F^*(-j\omega) \tag{3.5.8}$$

上式表明,当 $f(t)$ 为虚信号时,其频谱成共轭反对称,于是

$$R(\omega)+jX(\omega)=-[R(\omega)+jX(-\omega)]^*=-R(-\omega)+jX(-\omega)$$

因此

$$\begin{cases}R(\omega)=-R(-\omega)\\X(\omega)=X(-\omega)\end{cases} \tag{3.5.9}$$

上式表明,当 $f(t)$ 为虚信号时,其频谱的实部 $R(\omega)$ 成奇对称,虚部 $X(\omega)$ 成偶对称。同时由式(3.5.8)可得

$$\begin{cases}|F(j\omega)|=|F(-j\omega)|\\\varphi(\omega)=\pi-\varphi(-\omega)\end{cases} \tag{3.5.10}$$

上式表明,当 $f(t)$ 为虚信号时,其幅度频谱仍是 ω 的偶函数,其相位频谱的关系如式(3.5.10)所示。

当 $f(t)$ 为虚奇信号时,即 $f(t)=-f^*(t)=-f(-t)$,则利用式(3.5.4)及式(3.5.6)可得 $F(j\omega)=-F^*(-j\omega)=-F(-j\omega)$,由 $-F^*(-j\omega)=-F(-j\omega)$ 可知其频谱 $F(j\omega)$ 为实函数,由 $F(j\omega)=-F(-j\omega)$ 可知其频谱 $F(j\omega)$ 为 ω 的奇函数。于是得知,当 $f(t)$ 为虚奇信号时,其频谱 $F(j\omega)$ 为实奇函数。

当 $f(t)$ 为虚偶信号时,即 $f(t)=-f^*(t)=f(-t)$,则利用式(3.5.4)及式(3.5.6)可得 $F(j\omega)=-F^*(-j\omega)=F(-j\omega)$,由 $-F^*(-j\omega)=F(-j\omega)$ 可知其频谱 $F(j\omega)$ 为虚函数,由 $F(j\omega)=F(-j\omega)$ 可知其频谱 $F(j\omega)$ 为 ω 的偶函数。于是得知,当 $f(t)$ 为虚偶信号时,其频谱 $F(j\omega)$ 为虚偶函数。$F(j\omega)$ 的奇偶虚实关系综合成表 3.5.1.

表 3.5.1 $F(j\omega)$ 的奇偶虚实性

频谱	$f(t)$ 为实信号		$f(t)$ 为虚信号	
	偶对称	奇对称	偶对称	奇对称
$F(j\omega)$	实偶	虚奇	虚偶	实奇
$R(\omega)$	偶对称		奇对称	
$X(\omega)$	奇对称		偶对称	
$\|F(j\omega)\|$	偶对称		偶对称	
$\varphi(\omega)$	奇对称		$\pi-\varphi(-\omega)$	

这一性质对我们判断傅里叶变换对称的正确与否有一定的意义。例如 sgn(t)是实奇函数,其

对应的傅里叶变换 $2/(\mathrm{j}\omega)$ 为虚奇函数；$g_\tau(t)$ 是实偶函数，其对应的傅里叶变换 $\tau\mathrm{Sa}\left(\frac{\omega\tau}{2}\right)$ 也是实偶函数；$u(t)$ 是实非奇、非偶函数，其对应的傅里叶变换 $\pi\delta(\omega)+\frac{1}{\mathrm{j}\omega}$ 既不是奇或偶函数，也不是实或虚函数。

3.5.3 对称性

若 $f(t)\leftrightarrow F(\mathrm{j}\omega)$，则

$$F(\mathrm{j}t)\leftrightarrow 2\pi f(-\omega) \tag{3.5.11}$$

证明

由傅里叶逆变换式

$$f(t)=\frac{1}{2\pi}\int_{-\infty}^{+\infty}F(\mathrm{j}\omega)\mathrm{e}^{\mathrm{j}\omega t}\mathrm{d}\omega$$

将上式中的自变量 t 换为 $-t$，得

$$f(-t)=\frac{1}{2\pi}\int_{-\infty}^{+\infty}F(\mathrm{j}\omega)\mathrm{e}^{-\mathrm{j}\omega t}\mathrm{d}\omega$$

将上式中的 t 换为 ω，将原有的 ω 换为 t，得

$$f(-\omega)=\frac{1}{2\pi}\int_{-\infty}^{+\infty}F(\mathrm{j}t)\mathrm{e}^{-\mathrm{j}\omega t}\mathrm{d}t$$

即

$$2\pi f(-\omega)=\int_{-\infty}^{+\infty}F(\mathrm{j}t)\mathrm{e}^{-\mathrm{j}\omega t}\mathrm{d}t=[F(\mathrm{j}t)]$$

式(3.5.11)表明，如果函数 $f(t)$ 频谱函数为 $F(\mathrm{j}\omega)$，那么时间函数 $F(\mathrm{j}t)$ 的频谱函数是 $2\pi f(-\omega)$，即信号的时域波形与其频谱函数具有对称互易关系。事实上，从傅里叶正、反变换的公式也可以看出，它们的差别就是幅度相差 2π 且积分项内差一个负号。

例如，时域冲激函数 $\delta(t)$ 的傅里叶变换为频频域的常数 $1(-\infty<\omega<\infty)$；由对称性可得，时域的常数 $1(-\infty<t<\infty)$ 的傅里叶变换为 $2\pi\delta(-\omega)$，由于 $\delta(\omega)$ 是 ω 的偶函数，即 $\delta(\omega)=\delta(-\omega)$，故有 $1(-\infty<t<\infty)\leftrightarrow 2\pi\delta(\omega)$。

【例 3.5.2】 求信号 $f(t)=\frac{1}{\pi t}$ 的傅里叶变换。

【解】 由式(3.4.19)知

$$\mathrm{sgn}(t)\leftrightarrow\frac{2}{\mathrm{j}\omega}$$

由对称性可得

$$\frac{2}{\mathrm{j}t}\leftrightarrow 2\pi\mathrm{sgn}(-\omega)=-2\pi\mathrm{sgn}(\omega)$$

由线性性质可得

$$\frac{2}{\pi t}\leftrightarrow -\mathrm{j}\mathrm{sgn}(\omega)$$

【例 3.5.3】 求取样函数 $\mathrm{Sa}(t)=\frac{\sin t}{t}$ 的傅里叶变换。

【解】 由式(3.4.25)知，宽度为 τ，幅度为 E 的门函数 $g_\tau(t)$ 的频谱函数为 $E\tau\mathrm{Sa}\left(\frac{\omega\tau}{2}\right)$，即

$$Eg_\tau(t)\leftrightarrow E\tau\mathrm{Sa}\left(\frac{\omega\tau}{2}\right)$$

取 $\frac{\tau}{2}=1$,即 $\tau=2$,且 $E=\frac{1}{2}$,则由 FT 的线性性质可得

$$\frac{1}{2}g_\tau(t)\leftrightarrow\frac{1}{2}\times 2\mathrm{Sa}(\omega)=\mathrm{Sa}(\omega)$$

根据对称性可得

$$\mathrm{Sa}(t)\leftrightarrow 2\pi\cdot\frac{1}{2}g_\tau(-\omega)=\pi g_\tau(\omega)$$

即

$$F[\mathrm{Sa}(t)]=\pi g_\tau(\omega)=\begin{cases}\pi & |\omega|<1\\ 0 & |\omega|>1\end{cases}\tag{3.5.12}$$

其波形如图 3.5.1 所示。

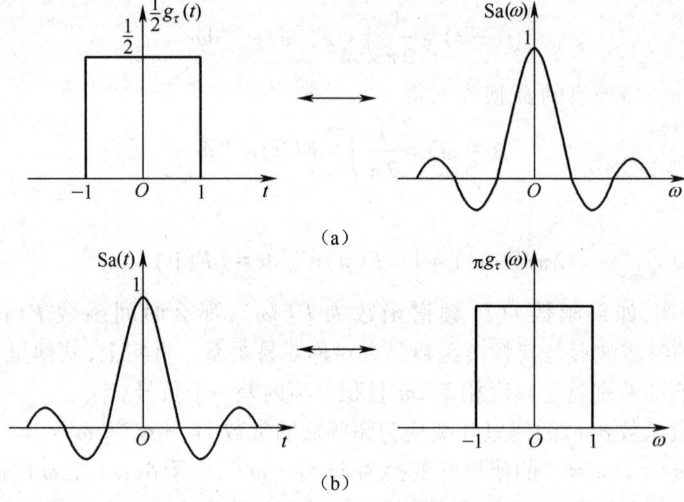

图 3.5.1 Sa (t) 函数及其频谱

3.5.4 尺度变换

若$f(t)\leftrightarrow F(\mathrm{j}\omega)$,则对于实常数 $a(a\neq 0)$,有

$$f(at)\leftrightarrow\frac{1}{|a|}F(\mathrm{j}\frac{\omega}{a})\tag{3.5.13}$$

上式表明,若信号$f(t)$在时间轴上压缩到原来的 $\frac{1}{a}$,则其频谱在频率轴上将展宽 a 倍,同时幅度减小到原来的 $\frac{1}{|a|}$。也就是说,在时域中信号占据时间的压缩对应于其频谱在频域中占有频带的扩展。或者反之,信号在时域中的扩展对应于其频谱在频域中的压缩。这一规律称为尺度变换特性或时频展缩特性。图 3.5.2 画出了$f(t)$为门函数,$a=3$ 时的时域波形及其频谱图。

证明 设$f(t)\leftrightarrow F(\mathrm{j}\omega)$,则

$$F[f(at)]=\int_{-\infty}^{+\infty}f(at)\mathrm{e}^{-\mathrm{j}\omega t}\mathrm{d}t$$

令 $x=at$,则 $t=\frac{x}{a}$, $\mathrm{d}t=\frac{1}{a}\mathrm{d}x$。

当 $a>0$ 时

$$F[f(at)]=\int_{-\infty}^{+\infty}f(x)\mathrm{e}^{-\mathrm{j}\omega\frac{x}{a}}\cdot\frac{1}{a}\mathrm{d}x=\frac{1}{a}\int_{-\infty}^{+\infty}f(x)\mathrm{e}^{-\mathrm{j}\omega\frac{x}{a}}\mathrm{d}x=\frac{1}{a}F(\mathrm{j}\frac{\omega}{a})$$

当 $a<0$ 时

$$F[f(at)]=\int_{+\infty}^{-\infty}f(x)\mathrm{e}^{-\mathrm{j}\omega\frac{x}{a}}\cdot\frac{1}{a}\mathrm{d}x=-\frac{1}{a}\int_{-\infty}^{+\infty}f(x)\mathrm{e}^{-\mathrm{j}\omega\frac{x}{a}}\mathrm{d}x=-\frac{1}{a}F(\mathrm{j}\frac{\omega}{a})$$

综合以上两种情况,即得式(3.5.13)。

由尺度变换特性可知,信号的持续时间与信号占有频带成反比。在电子技术中,有时需要将信号持续时间缩短,以求加快信息传递速度,这就不得不在频域内展宽频带。

顺便提一下,在式(3.5.13)中,若令 $a=-1$,得

$$f(-t)\leftrightarrow F(-\mathrm{j}\omega) \tag{3.5.14}$$

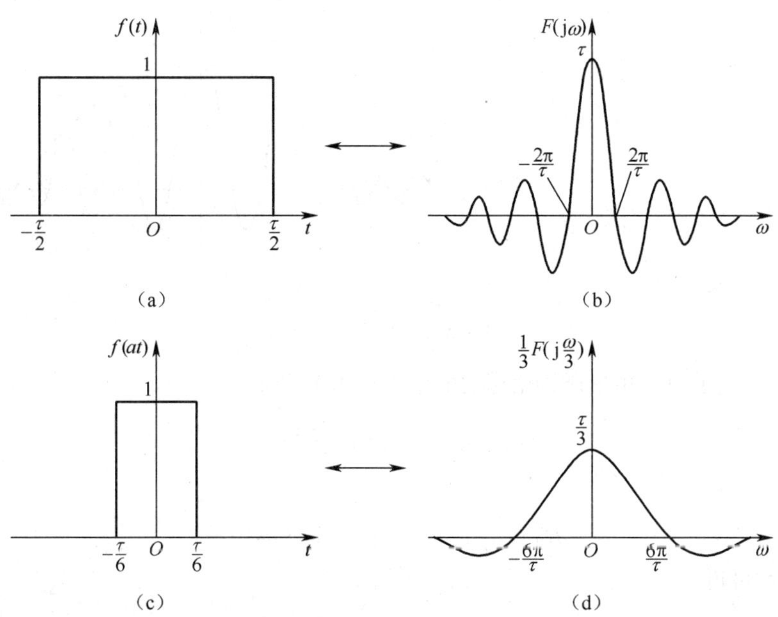

图 3.5.2 尺度变换

3.5.5 时移特性(延时特性)

若 $f(t)\leftrightarrow F(\mathrm{j}\omega)$,则 t_0为常数时有

$$f(t\pm t_0)\leftrightarrow \mathrm{e}^{\pm\mathrm{j}\omega t_0}F(\mathrm{j}\omega) \tag{3.5.15}$$

上式表明,在时域中信号沿时间轴移动 t_0,对应频谱只产生附加相移,而幅度频谱不变。

证明 若 $f(t)\leftrightarrow F(\mathrm{j}\omega)$,则

$$F[f(t\pm t_0)]=\int_{-\infty}^{+\infty}f(t\pm t_0)\mathrm{e}^{-\mathrm{j}\omega t}\mathrm{d}t$$

令 $x=t\pm t_0$,则

$$F[f(t\pm t_0)]=\int_{-\infty}^{+\infty}f(x)e^{-j\omega(x\mp t_0)}dx=e^{\pm j\omega t_0}\int_{-\infty}^{+\infty}f(x)e^{-j\omega x}dx=e^{\pm j\omega t_0}F(j\omega)$$

不难证明,如果信号既有时移又有尺度变换,那么若$f(t)\leftrightarrow F(j\omega)$,a 和 b 为实常数且 $a\neq 0$,则有

$$f(at\pm b)\leftrightarrow \frac{1}{|a|}e^{\pm j\frac{b}{a}\omega}F(j\frac{\omega}{a})$$

【例 3.5.4】求图 3.5.3(a)中三个矩形脉冲信号的频谱。

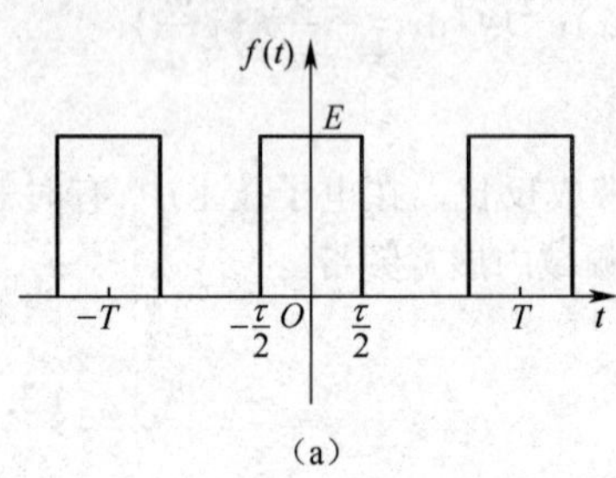

(a)

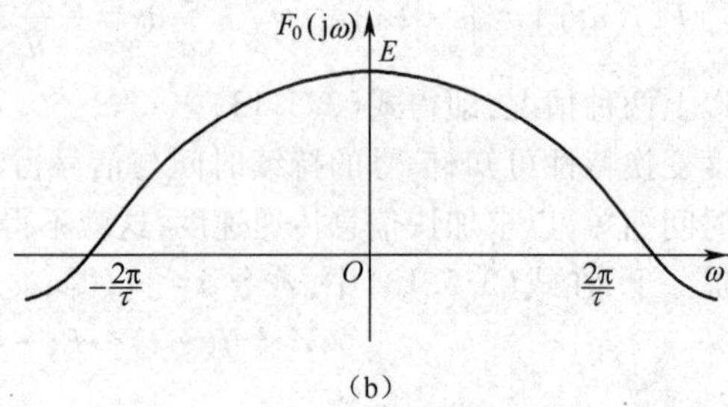

(b)

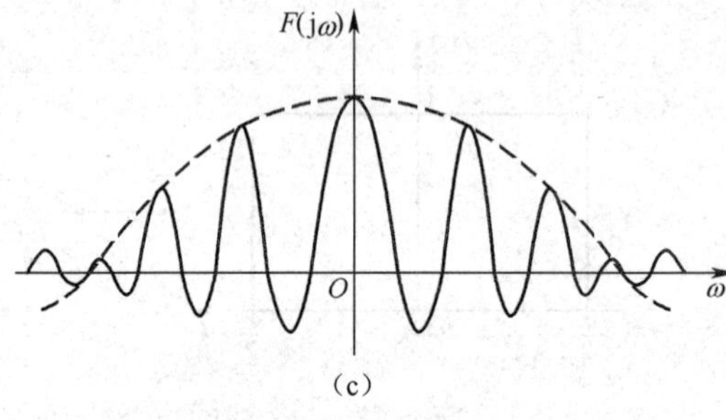

(c)

图 3.5.3 例 3.5.4 图

【解】设$f_0(t)$表示单个矩形脉冲信号,由式(3.4.25)可知

$$F_0(j\omega)=E\tau Sa\left(\frac{\omega\tau}{2}\right)$$

因为

$$f(t)=f_0(t)+f_0(t+T)+f_0(t-T)$$

由时移特性可得

$$F(j\omega)=F_0(j\omega)(1+e^{j\omega T}+e^{-j\omega T})=E\tau Sa\left(\frac{\omega\tau}{2}\right)(1+2\cos\omega T)$$

其频谱如图 3.5.3(c)所示。

3.5.6 频移特性

若$f(t)\leftrightarrow F(j\omega)$,且 ω_0 为常数,则有

$$f(t)e^{\pm j\omega_0 t}\leftrightarrow F[j(\omega\mp\omega_0)] \tag{3.5.16}$$

上式表明,将信号$f(t)$乘以因子 $e^{j\omega_0 t}$,对应于将频谱沿 ω 轴右移 ω_0;将信号 $f(t)$乘以因子 $e^{-j\omega_0 t}$,对应于将频谱左移 ω_0。式(3.5.16)很容易证明,这里证明从略。

【例 3.5.5】 如已知信号$f(t)$的傅里叶变换为 $F(j\omega)$,求信号 $e^{j4t}f(3-2t)$ 的傅里叶变换。

【解】 由$f(t)\leftrightarrow F(j\omega)$,可知

$$f(-2t+3) \leftrightarrow \frac{1}{2}F\left(-\mathrm{j}\frac{\omega}{2}\right)\mathrm{e}^{-\mathrm{j}\frac{3\omega}{2}}$$

由频移特性得

$$\mathrm{e}^{\mathrm{j}4t}f(-2t+3) \leftrightarrow \frac{1}{2}F\left(-\mathrm{j}\frac{\omega-4}{2}\right)\mathrm{e}^{-\mathrm{j}\frac{3(\omega-4)}{2}}$$

频移特性广泛应用在通信、电子、信息等领域的调制、解调即变频中,所以这一特性也称调制特性。调制是将调制信号$f(t)$乘 $\mathrm{e}^{\mathrm{j}\omega_0 t}$,使其频谱搬移到 $\omega=\omega_0$ 附近。反之,解调是如果$f(t)$是频谱在 $\omega=\omega_0$ 附近的高频信号,将其乘以 $\mathrm{e}^{-\mathrm{j}\omega_0 t}$,就使其频谱搬移到 $\omega=0$ 附近。变频是将频谱在 $\omega=\omega_C$ 附近的信号$f(t)$乘 $\mathrm{e}^{\mathrm{j}\omega_0 t}$,使其频谱搬移到 $\omega=\omega_C-\omega_0$ 附近。

实际调制解调的载波(本振)信号是正、余弦信号,由欧拉公式可知

$$\cos\omega_0 t=\frac{\mathrm{e}^{\mathrm{j}\omega_0 t}+\mathrm{e}^{-\mathrm{j}\omega_0 t}}{2},\quad \sin\omega_0 t=\frac{\mathrm{e}^{\mathrm{j}\omega_0 t}-\mathrm{e}^{-\mathrm{j}\omega_0 t}}{-\mathrm{j}2}$$

调制原理如图 3.5.4 所示,$f_1(t)$称为调制信号,$\cos\omega_0 t$ 为载波信号,$f(t)=f_1(t)\cos\omega_0 t$ 为已调信号。

$f_1(t)$ → × → $f(t)=f_1(t)\cos\omega_0 t$

$\cos\omega_0 t$

图 3.5.4　调制原理图

例如,若 $f_1(t)$ 是幅度为 1 的门函数 $g_\tau(t)$,则

$$f(t)=g_\tau(t)\cos\omega_0 t=\frac{1}{2}g_\tau(t)\mathrm{e}^{-\mathrm{j}\omega_0 t}+\frac{1}{2}g_\tau(t)\mathrm{e}^{\mathrm{j}\omega_0 t}$$

由于

$$g_\tau(t)\leftrightarrow\tau\mathrm{Sa}\left(\frac{\omega\tau}{2}\right)$$

则根据线性和频移特性,已调信号$f(t)$的频谱为

$$F(\mathrm{j}\omega)=\frac{\tau}{2}\mathrm{Sa}\left[\frac{(\omega+\omega_0)\tau}{2}\right]+\frac{\tau}{2}\mathrm{Sa}\left[\frac{(\omega-\omega_0)\tau}{2}\right]$$

如图 3.5.5 所示画出了高频脉冲信号及频谱。

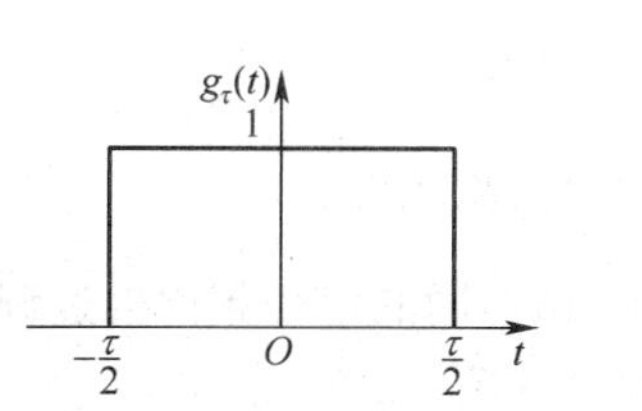

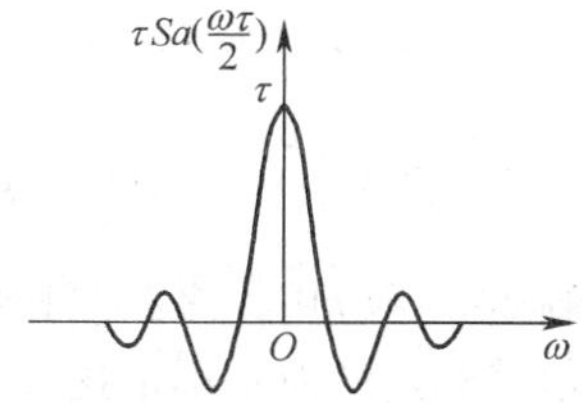

(a) 门函数及其频谱

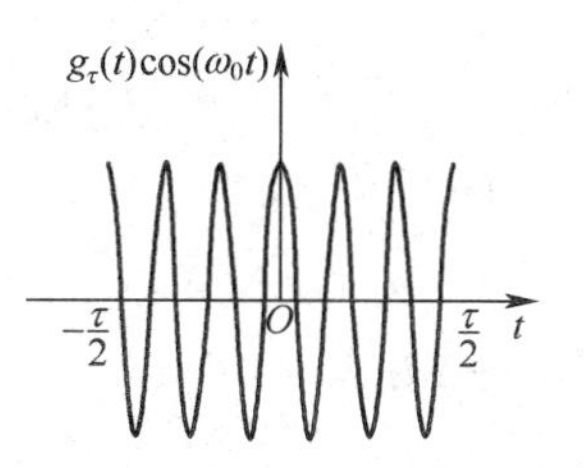

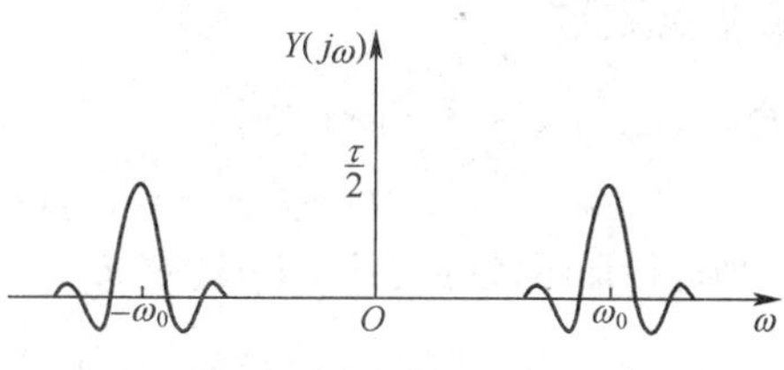

(b) 高频脉冲及其频谱

图 3.5.5　高频脉冲的频谱

由图 3.5.5 可见,调制信号的频谱集中在低频,而已调信号的频谱集中在载频 ω_0 附近。

接收端将已调信号 $f(t)$ 恢复为原信号 $f_1(t)$ 的过程称为解调。一种同步解调的原理框图如图 3.5.6(a)所示。图中的 $\cos\omega_0 t$ 为接收端的本地载波信号(也叫本振信号),与发送端的载波信号同频同相,其中

$$f_0(t)=[f_1(t)\cos\omega_0 t]\cos\omega_0 t=\frac{1}{2}[f_1(t)+f_1(t)\cos 2\omega_0 t]$$

利用线性与频移特性,对应的频谱为

$$F_0(\mathrm{j}\omega)=\frac{1}{2}F_1(\mathrm{j}\omega)+\frac{1}{4}F_1[\mathrm{j}(\omega-2\omega_0)]+\frac{1}{4}F_1[\mathrm{j}(\omega+2\omega_0)]$$

$f_0(t)$ 的频谱 $F_0(\mathrm{j}\omega)$ 如图 3.5.6(b)所示。利用低通滤波器滤除 $2\omega_0$ 附近的频率分量即可提取 $f_1(t)$,实现解调。

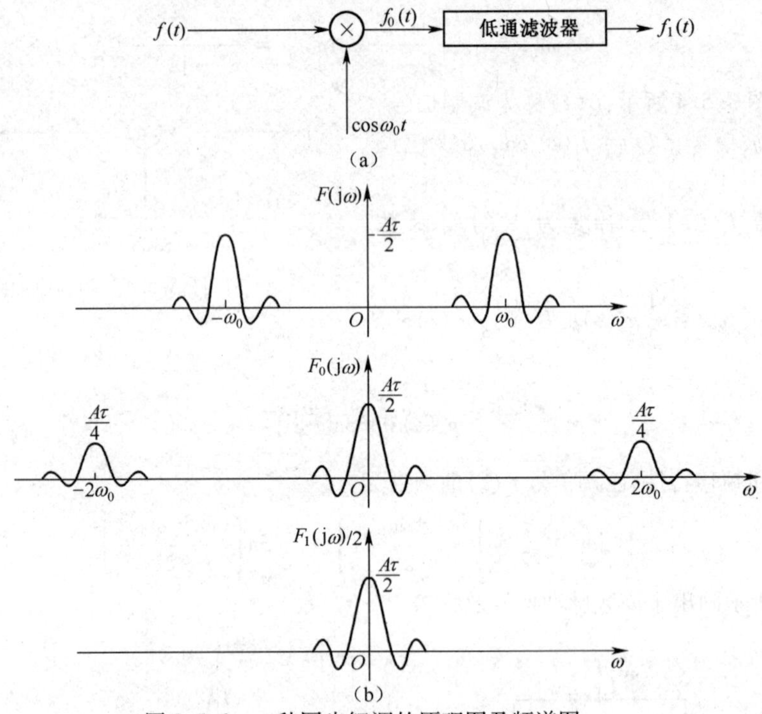

图 3.5.6　一种同步解调的原理图及频谱图

在通信系统中,调制还广泛应用在多路复用技术上,即不同的信号频谱通过调制可移至不同的载波频率上,在同一信道上发送而互不干扰,实现"频分多路"复用。

3.5.7　时域卷积定理

若 $f_1(t)\leftrightarrow F_1(\mathrm{j}\omega)$,$f_2(t)\leftrightarrow F_2(\mathrm{j}\omega)$,则

$$f_1(t)*f_2(t)\leftrightarrow F_1(\mathrm{j}\omega)\cdot F_2(\mathrm{j}\omega) \tag{3.5.17}$$

下面对此定理进行证明,依据卷积积分的定义

$$f_1(t)*f_2(t)=\int_{-\infty}^{+\infty}f_1(\tau)f_2(t-\tau)d\tau$$

将其代入傅里叶变换的定义式得

$$F[f_1(t)*f_2(t)]=\int_{-\infty}^{+\infty}[f_1(\tau)f_2(t-\tau)\mathrm{d}\tau]\mathrm{e}^{-\mathrm{j}\omega t}\mathrm{d}t=\int_{-\infty}^{+\infty}f_1(\tau)\left[\int_{-\infty}^{+\infty}f_2(t-\tau)\mathrm{e}^{-\mathrm{j}\omega t}\mathrm{d}t\right]\mathrm{d}\tau$$

由时移性质知

$$\int_{-\infty}^{+\infty} f_2(t-\tau)\mathrm{e}^{-\mathrm{j}\omega t}\mathrm{d}t = F_2(\mathrm{j}\omega)\mathrm{e}^{-\mathrm{j}\omega\tau}$$

从而有

$$F[f_1(t)*f_2(t)] = F_2(\mathrm{j}\omega)\int_{-\infty}^{+\infty} f_1(\tau)\mathrm{e}^{-\mathrm{j}\omega\tau}\mathrm{d}\tau = F_2(\mathrm{j}\omega)\cdot F_1(\mathrm{j}\omega)$$

在信号与系统分析中,卷积性质占有重要地位,它将系统分析中的时域方法与频域方法紧密地联系在一起。在时域分析中,求其线性系统的零状态响应时,若已知外加信号 $f(t)$ 及系统的单位脉冲响应 $h(t)$,则有

$$y_f(t) = f(t)*h(t)$$

在频域分析中,若知道 $f(t)\leftrightarrow F(\mathrm{j}\omega)$, $h(t)\leftrightarrow H(\mathrm{j}\omega)$,则根据卷积定理可知

$$F[y_f(t)] = H(\mathrm{j}\omega)\cdot F(\mathrm{j}\omega)$$

将此式进行傅里叶反变换可得系统的零状态响应 $y_f(t)$ 。由此可知卷积定理的重要作用。

3.5.8 频域卷积定理

若 $f_1(t)\leftrightarrow F_1(\mathrm{j}\omega)$, $f_2(t)\leftrightarrow F_2(\mathrm{j}\omega)$,则

$$f_1(t)\cdot f_2(t)\leftrightarrow \frac{1}{2\pi}[F_1(\mathrm{j}\omega)*F_2(\mathrm{j}\omega)] \tag{3.5.18}$$

应注意式(3.5.18)中的卷积时对变量 ω 进行的,即

$$F_1(\mathrm{j}\omega)*F_2(\mathrm{j}\omega) = \int F_1(\mathrm{j}\eta)\cdot F_2[\mathrm{j}(\omega-\eta)]\mathrm{d}\eta$$

此性质可证明如下,根据傅里叶反变换定义式(3.4.5),有

$$\begin{aligned}F^{-1}\left\{\frac{1}{2\pi}[F_1(\mathrm{j}\omega)*F_2(\mathrm{j}\omega)]\right\} &= \frac{1}{2\pi}\int_{-\infty}^{+\infty}\left\{\frac{1}{2\pi}\int_{-\infty}^{+\infty}F_1(\mathrm{j}\eta)F_2[\mathrm{j}(\omega-\eta)]\mathrm{d}\eta\right\}\mathrm{e}^{\mathrm{j}\omega t}\mathrm{d}\omega\\ &= \frac{1}{2\pi}\int_{-\infty}^{+\infty}F_1(\mathrm{j}\eta)\left\{\frac{1}{2\pi}\int_{-\infty}^{+\infty}F_2[\mathrm{j}(\omega-\eta)]\mathrm{e}^{\mathrm{j}\omega t}\mathrm{d}\omega\right\}\mathrm{d}\eta\end{aligned}$$

应用频移性质,可知

$$\frac{1}{2\pi}\int_{-\infty}^{+\infty}F_2[\mathrm{j}(\omega-\eta)]\mathrm{e}^{\mathrm{j}\omega t}\mathrm{d}\omega = f_2(t)\mathrm{e}^{\mathrm{j}\eta}$$

所以有

$$\begin{aligned}F^{-1}\left\{\frac{1}{2\pi}[F_1(\mathrm{j}\omega)*F_2(\mathrm{j}\omega)]\right\} &= \frac{1}{2\pi}\int_{-\infty}^{+\infty}\frac{1}{2\pi}\int_{-\infty}^{+\infty}F_1(\mathrm{j}\eta)f_2(t)\mathrm{e}^{\mathrm{j}\eta}\mathrm{d}\eta\\ &= f_2(t)\cdot\frac{1}{2\pi}\int_{-\infty}^{+\infty}F_1(\mathrm{j}\eta)\mathrm{e}^{\mathrm{j}\eta}\mathrm{d}\eta = f_2(t)\cdot f_1(t)\end{aligned}$$

故此频域卷积定理得证。频域卷积性质有时也称为时域相乘性质。

说明:两个时间函数的乘积对应于这两个函数的频谱的卷积,可以看出时域卷积和频域卷积在形式上有对称关系,这是傅里叶变换对称的必然结果。

【例 3.5.6】 求三角形脉冲

$$f_\Delta(t) = \begin{cases}1-\dfrac{2}{\tau}|t| & |t|<\dfrac{\tau}{2}\\ 0 & |t|>\dfrac{\tau}{2}\end{cases}$$

的频谱函数。

【解】 两个完全相同的门函数卷积可得三角形脉冲。这里三角形脉冲的宽度为 τ，幅度为 1，为此选宽度为 $\frac{\tau}{2}$，幅度为 $\sqrt{\frac{2}{\tau}}$ 的门函数，即令

$$f(t)=\sqrt{\frac{2}{\tau}}g_{\tau/2}(t)$$

两个波形相同的信号 $f(t)$ 相卷积就得到三角形脉冲 $f_{\Delta}(t)$，如图 3.5.7(a)所示，即

$$f(t)*f(t)=f_{\Delta}(t)$$

由于门函数 $g_{\tau}(t)$ 与其频谱的对应关系是

$$g_{\tau}(t)\leftrightarrow\tau\mathrm{Sa}\left(\frac{\omega\tau}{2}\right)$$

利用尺度特性，令 $a=2$，将 $g_{\tau}(t)$ 压缩，得

$$g_{\tau/2}(t)\leftrightarrow\frac{\tau}{2}\mathrm{Sa}\left(\frac{\omega\tau}{4}\right)$$

于是信号 $f(t)$ 的频谱为

$$F(\mathrm{j}\omega)=F\left[\sqrt{\frac{2}{\tau}}g_{\tau/2}(t)\right]=\sqrt{\frac{\tau}{2}}\mathrm{Sa}\left(\frac{\omega\tau}{4}\right)$$

最后由时域卷积定理可得三角形脉冲的频谱函数为

$$F_{\Delta}(\mathrm{j}\omega)=F[f_{\Delta}(t)]=F[f(t)*f(t)]=F(\mathrm{j}\omega)\cdot F(\mathrm{j}\omega)=\frac{\tau}{2}\mathrm{Sa}^2\left(\frac{\omega\tau}{4}\right)$$

其频谱如图 3.5.7(b)所示。

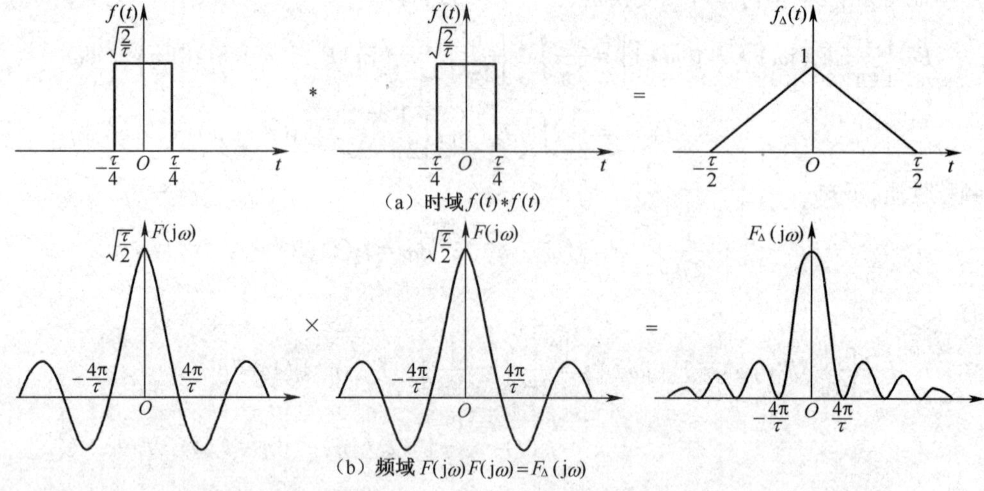

图 3.5.7　时域卷积定理

3.5.9　时域微分和积分特性

这里研究信号 $f(t)$ 对时间 t 的导数和积分的傅里叶变换。$f(t)$ 的导数和积分可用下述符号表示：

$$f^{(n)}(t)=\frac{\mathrm{d}^n f(t)}{\mathrm{d}t^n}$$

$$f^{(-1)}(t)=\int_{-\infty}^{t}f(x)\,\mathrm{d}x$$

根据时域微分定理：

若 $f(t)\leftrightarrow F(\mathrm{j}\omega)$，则有

$$f^{(n)}(t)\leftrightarrow(\mathrm{j}\omega)^{n}F(\mathrm{j}\omega)\tag{3.5.19}$$

根据时域积分定理：

若 $f(t)\leftrightarrow F(\mathrm{j}\omega)$，则有

$$f^{(-1)}(t)\leftrightarrow\pi F(0)\delta(\omega)+\frac{F(\mathrm{j}\omega)}{\mathrm{j}\omega}\tag{3.5.20}$$

其中 $F(0)=F(\mathrm{j}\omega)\mid_{\omega=0}$，它也可由傅里叶变换定义式中令得到，即

$$F(0)=F(\mathrm{j}\omega)\big|_{\omega=0}=\int_{-\infty}^{+\infty}f(t)\,\mathrm{d}t\tag{3.5.21}$$

如果 $F(0)=0$，则式(3.5.20)为

$$f^{(-1)}(t)\leftrightarrow\frac{F(\mathrm{j}\omega)}{\mathrm{j}\omega}\tag{3.5.22}$$

式(3.5.19)和式(3.5.20)可证明如下：由第2章卷积的微分特性可知，$f(t)$的一阶导数可写为

$$f'(t)=f'(t)*\delta(t)=f(t)*\delta'(t)$$

根据时域卷积定理，考虑到 $\delta'(t)\leftrightarrow\mathrm{j}\omega$，有

$$F[f'(t)]=F[f(t)]\cdot F[\delta'(t)]=\mathrm{j}\omega F(\mathrm{j}\omega)$$

重复运用以上结果，得

$$F[f^{(n)}(t)]=(\mathrm{j}\omega)^{n}F(\mathrm{j}\omega)$$

函数 $f(t)$ 的积分可写为

$$f^{(-1)}(t)=f^{(-1)}(t)*\delta(t)=f(t)*u(t)$$

根据时域卷积定理，得

$$F[f^{(-1)}(t)]=F[f(t)]\cdot F[u(t)]=F(\mathrm{j}\omega)\left[\pi\delta(\omega)+\frac{1}{\mathrm{j}\omega}\right]=\pi F(0)\delta(\omega)+\frac{F(\mathrm{j}\omega)}{\mathrm{j}\omega}$$

【例 3.5.7】 求例 3.5.6 中三角形脉冲 $f_{\triangle}(t)$ 的频谱 $F_{\triangle}(\mathrm{j}\omega)$。

【解】 三角形脉冲 $f_{\triangle}(t)$ 及其一阶、二阶导数分别如图 3.5.8(a)、图 3.5.8(b)、图 3.5.8(c) 所示。若令 $f(t)=f''_{\triangle}(t)$，则三角形脉冲 $f_{\triangle}(t)$ 是函数 $f(t)$ 的二重积分，即

$$f_{\triangle}(t)=\int_{-\infty}^{t}\int_{-\infty}^{x}f(y)\,\mathrm{d}y\mathrm{d}x$$

式中，x,y 都是时间变量，引用它们是为了避免把积分限与被积函数变量项混淆。

图 3.5.8(c)所示的函数由三个冲激函数组成，它可以写为

$$f(t)=\frac{2}{\tau}\delta\left(t+\frac{\tau}{2}\right)-\frac{4}{\tau}\delta(t)+\frac{2}{\tau}\delta\left(t-\frac{\tau}{2}\right)$$

由 $\delta(t)\leftrightarrow1$，根据时移特性，$f(t)$ 的频谱可写为

$$F(\mathrm{j}\omega)=\frac{2}{\tau}\mathrm{e}^{\mathrm{j}\frac{\omega\tau}{2}}-\frac{4}{\tau}+\frac{2}{\tau}\mathrm{e}^{-\mathrm{j}\frac{\omega\tau}{2}}=\frac{4}{\tau}\left[\cos\left(\frac{\omega\tau}{2}\right)-1\right]=-\frac{8\sin^{2}\left(\frac{\omega\tau}{4}\right)}{\tau}$$

由图 3.5.8(b)和图 3.5.8(c)可见，显然有 $\int_{-\infty}^{+\infty}f(t)\,\mathrm{d}t=0$ 和 $\int_{-\infty}^{+\infty}f'_{\triangle}(t)\,\mathrm{d}t=0$，利用式(3.5.22)，得 $f_{\triangle}(t)$ 的频谱

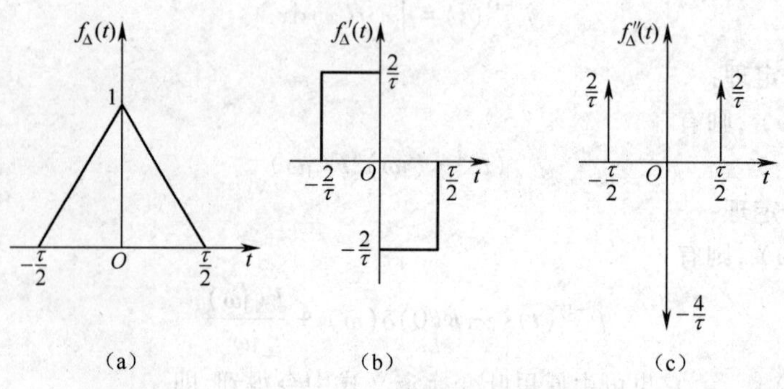

图 3.5.8　$f_\Delta(t)$ 及其导数

$$F_\Delta(j\omega)=\frac{1}{(j\omega)^2}F(j\omega)=\frac{\tau}{2}\mathrm{Sa}^2(\frac{\omega\tau}{4})$$

可见结果与例 3.5.6 相同。

【例 3.5.8】　求门函数 $g_\tau(t)$ 的积分

$$f(t)=\int_{-\infty}^{t}g_\tau(x)\,\mathrm{d}x$$

的频谱 $F(j\omega)$。

【解】　门函数 $g_\tau(t)$ 及其积分 $f(t)$ 的波形如图 3.5.9 所示。门函数的频谱为 $\frac{\tau}{2}\mathrm{Sa}\left(\frac{\omega\tau}{2}\right)$，由于 $\mathrm{Sa}(0)=1$，得 $f(t)$ 的频谱为

$$F(j\omega)=\pi\tau\mathrm{Sa}(0)\delta(\omega)+\frac{\tau}{j\omega}\mathrm{Sa}\left(\frac{\omega\tau}{2}\right)=\pi\tau\delta(\omega)+\frac{\tau}{j\omega}\mathrm{Sa}\left(\frac{\omega\tau}{2}\right)$$

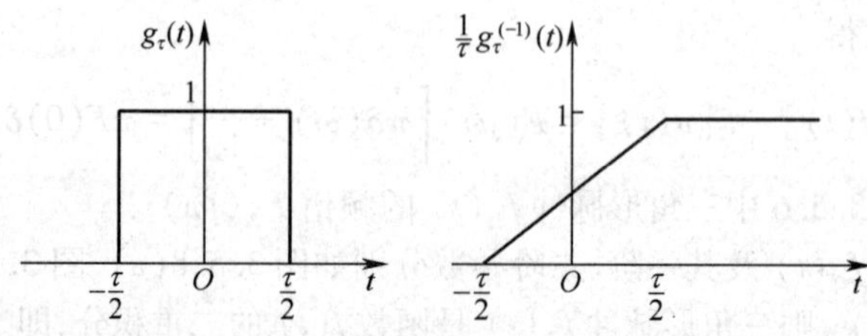

图 3.5.9　门函数及其积分

需要指出，在欲求某函数 $g(t)$ 的傅里叶变换时，常可根据其导数的变换，利用积分特性求得 $F[g(t)]$，同例 3.5.7、例 3.5.8。需要注意的是，对某些函数，虽然有 $f(t)=g'(t)$，但有可能

$$g(t)\neq f^{(-1)}(t)=\int_{-\infty}^{t}f(x)\,dx$$

这是因为若设 $f(t)=\frac{\mathrm{d}g(t)}{\mathrm{d}t}$，则有

$$\mathrm{d}g(t)=f(t)\,\mathrm{d}t$$

对上式从∞到 t 积分，有

$$g(t)-g(-\infty)=\int_{-\infty}^{t}f(x)\,\mathrm{d}x$$

即

$$g(t)=\int_{-\infty}^{t} f(x)\,\mathrm{d}x+g(-\infty) \tag{3.5.23}$$

上式表明，$f^{(-1)}(t)=\int_{-\infty}^{t} f(x)\,\mathrm{d}x$ 中隐含着 $f^{(-1)}(-\infty)=0$，当常数 $g(-\infty)\neq 0$ 时，对式(3.5.17)进行傅里叶变换，得

$$G(\mathrm{j}\omega)=\pi F(0)\delta(\omega)+\frac{F(\mathrm{j}\omega)}{\mathrm{j}\omega}+2\pi g(-\infty)\delta(\omega) \tag{3.5.24}$$

【例 3.5.9】 求图 3.5.10(a)、(b)所示信号的傅里叶变换。

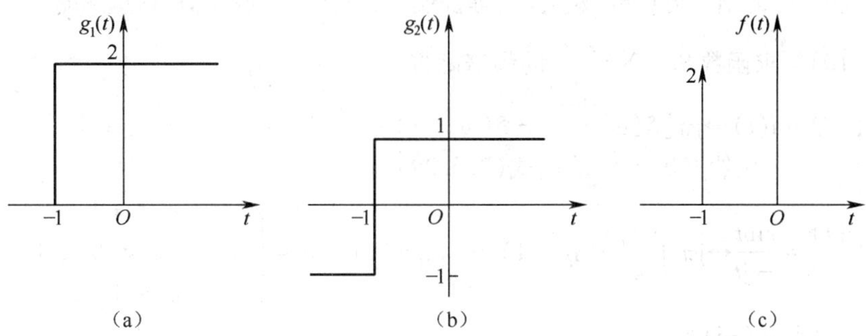

图 3.5.10　例 3.5.9 图

【解】 (1)图 3.5.10(a)的函数可写为

$$g_1(t)=2u(t+1)$$

其导数 $g'_1(t)=f(t)=2\delta(t+1)$，如图 3-30(c)所示。容易求得 $f(t)\leftrightarrow F(\mathrm{j}\omega)=2\mathrm{e}^{\mathrm{j}\omega}$，$F(0)=2$，故 由式(3.5.14)得

$$G_1(\mathrm{j}\omega)=2\pi\delta(\omega)+\frac{2}{\mathrm{j}\omega}\mathrm{e}^{\mathrm{j}\omega}$$

(2)图 3.5.10(b)的函数可写为

$$g_2(t)=\mathrm{sgn}(t+1)=2u(t+1)-1$$

其导数也是 $f(t)=2\delta(t+1)$。由图可见，$g_2(-\infty)=-1$，故由式(3.5.18)得

$$G_2(\mathrm{j}\omega)=2\pi\delta(\omega)+\frac{2}{\mathrm{j}\omega}\mathrm{e}^{\mathrm{j}\omega}-2\pi\delta(\omega)=\frac{2}{\mathrm{j}\omega}\mathrm{e}^{\mathrm{j}\omega}$$

3.5.10　频域微分和积分特性

设

$$F^{(n)}(\mathrm{j}\omega)=\frac{\mathrm{d}^n F(\mathrm{j}\omega)}{\mathrm{d}\omega^n} \tag{3.5.25}$$

$$F^{(-1)}(\mathrm{j}\omega)=\int_{-\infty}^{\omega} F(\mathrm{j}\eta)\,\mathrm{d}\eta \tag{3.5.26}$$

与前类似，式(3.5.20)也隐含 $F^{(-1)}(-\infty)=0$。

频域微分性质

若 $f(t)\leftrightarrow F(\mathrm{j}\omega)$，则

$$(-\mathrm{j}t)^n f(t)\leftrightarrow F^{(n)}(\mathrm{j}\omega) \tag{3.5.27}$$

频域积分性质

若 $f(t)\leftrightarrow F(\mathrm{j}\omega)$，则

$$\pi f(0)\delta(t) + \frac{1}{-\mathrm{j}t}f(t) \leftrightarrow F^{(-1)}(\mathrm{j}\omega) \tag{3.5.28}$$

式中

$$f(0) = \frac{1}{2\pi}\int_{-\infty}^{+\infty} F(\mathrm{j}\omega)\,\mathrm{d}\omega$$

如果$f(0)=0$,则有

$$\frac{1}{-\mathrm{j}t}f(t) \leftrightarrow F^{(-1)}(\mathrm{j}\omega) \tag{3.5.29}$$

频域微分和积分的结果可用频域卷积定理证明,其方法与时域类似,这里从略。

【例 3.5.10】 求函数 $\mathrm{Sa}(t)=\dfrac{\sin t}{t}$ 的频谱函数。

【解】 已知 $\sin(t) \leftrightarrow \mathrm{j}\pi[\delta(\omega+1)-\delta(\omega-1)]$

由于$f(t)=\sin t$,显然$f(0)=0$,故由式(3.5.29)有

$$\frac{f(t)}{-\mathrm{j}t} = \frac{\sin t}{-\mathrm{j}t} \leftrightarrow \mathrm{j}\pi\int_{-\infty}^{\omega}[\delta(\eta+1)-\delta(\eta-1)]\,\mathrm{d}\eta = \begin{cases} 0 & \omega < -1 \\ \mathrm{j}\pi & -1<\omega<1 \\ 0 & \omega>1 \end{cases}$$

时域、频域分别乘(-j)得

$$\mathrm{Sa}(t) = \frac{\sin t}{t} \leftrightarrow \begin{cases} 0 & \omega < -1 \\ \pi & -1<\omega<1 \\ 0 & \omega>1 \end{cases}$$

改写为

$$\mathrm{Sa}(t) = \frac{\sin t}{t} \leftrightarrow \pi g_{\tau}(\omega)$$

所得结果与例 3.5.3 相同。

3.5.11 帕斯瓦尔定理

若$f(t) \leftrightarrow F(\mathrm{j}\omega)$,则

$$\int_{-\infty}^{+\infty} |f(t)|^2\mathrm{d}t = \frac{1}{2\pi}\int_{-\infty}^{+\infty} |F(\mathrm{j}\omega)|^2\mathrm{d}\omega \tag{3.5.30}$$

该式被称为帕斯瓦尔(Parseval)定理。此关系式可利用下式推得:

$$\int_{-\infty}^{+\infty}|f(t)|^2\mathrm{d}t = \int_{-\infty}^{+\infty}f(t)f^*(t)\,\mathrm{d}t = \int_{-\infty}^{+\infty}f(t)\left[\frac{1}{2\pi}\int_{-\infty}^{+\infty}F^*(\mathrm{j}\omega)\mathrm{e}^{-\mathrm{j}\omega t}\mathrm{d}\omega\right]\mathrm{d}t$$

$$= \frac{1}{2\pi}\int_{-\infty}^{+\infty}F^*(\mathrm{j}\omega)\left[\int_{-\infty}^{+\infty}f(t)\mathrm{e}^{-\mathrm{j}\omega t}\mathrm{d}t\right]\mathrm{d}\omega = \frac{1}{2\pi}\int_{-\infty}^{+\infty}F^*(\mathrm{j}\omega)F(\mathrm{j}\omega)\,\mathrm{d}\omega = \frac{1}{2\pi}\int_{-\infty}^{+\infty}|F(\mathrm{j}\omega)|^2\mathrm{d}\omega$$

式(3.5.30)左边是信号$f(t)$的总能量。帕斯瓦尔定理表明,这个能量既可以按每单位时间的能量$|f(t)|^2$在整个时间内积分计算出来,也可按单位频率内的能量$|F(\mathrm{j}\omega)|^2/2\pi$在整个频率范围内积分。因此,$|F(\mathrm{j}\omega)|^2$称为信号$f(t)$的能量谱密度。

注意:式(3.5.30)对于周期信号不适用,因为周期信号是能量无限的。对于周期信号,用功率谱密度表示。

傅里叶变换的性质可归纳为表 3.5.2,供读者查阅。

表 3.5.2 傅里叶变换性质表

性　质	时　域	频　域
1. 线性	$\sum_{i=1}^{N} a_i f_i(t)$	$\sum_{i=1}^{N} a_i F_i(j\omega)$
2. 对称性	$F(t)$	$2\pi f(-\omega)$
3. 尺度变换	$f(at)$	$\frac{1}{\|a\|}F(j\frac{\omega}{a})$
4. 反褶	$f(-t)$	$F(-j\omega)$
5. 共轭	$f^*(t)$	$F^*(-j\omega)$
6. 时移	$f(t-t_0)$	$F(j\omega)e^{-j\omega t_0}$
7. 时移与相移	$f(at-t_0)$	$\frac{1}{\|a\|}F(j\frac{\omega}{a})e^{-j\frac{\omega}{a}t_0}$
8. 频移	$f(t)e^{j\omega_0 t}$	$F[j(\omega-\omega_0)]$
9. 时域微分	$f^{(n)}(t)$	$(j\omega)^n F(j\omega)$
10. 频域微分	$(-jt)^n f(t)$	$F^{(n)}(j\omega)$
11. 时域积分	$\int_{-\infty}^{t} f(\tau)d\tau$	$\frac{1}{j\omega}F(j\omega)+\pi F(0)\delta(\omega)$
12. 频域积分	$\pi f(0)\delta(t)+\frac{1}{-jt}f(t)$	$\int_{-\infty}^{\omega} F(\eta)d\eta$
13. 时域卷积	$f_1(t)*f_2(t)$	$F(j\omega)\cdot F(j\omega)$
14. 频域卷积	$f_1(t)\cdot f_2(t)$	$\frac{1}{2\pi}F(j\omega)*F(j\omega)$
15. 帕斯瓦尔定理	$\int_{-\infty}^{+\infty} \|f(t)\|^2 dt$	$\frac{1}{2\pi}\int_{-\infty}^{+\infty} \|F(j\omega)\|^2 d\omega$

3.6 周期信号的傅里叶变换

由周期信号的傅里叶级数及非周期信号的傅里叶变换的讨论，得出了周期信号的频谱为离散的振幅谱，而非周期信号的频谱是连续的密度谱的结论。在频域分析中，如果对周期信号用傅里叶级数，对非周期信号用傅里叶变换，显然会给频域分析带来很多不便。那么，能否统一起来呢？这就需要讨论周期信号是否存在傅里叶变换。一般说来，周期信号不满足傅里叶变换存在的充分条件——绝对可积，因而直接用傅里叶变换的定义式是无法求解的，然而引入奇异函数之后，有些不满足绝对可积条件的信号也可求其傅里叶变换。例如，前面讨论的直流信号、阶跃信号等等。因此，引入奇异函数之后，周期信号有可能存在傅里叶变换，而且，由于周期信号的傅里叶级数为离散幅度谱，而傅里叶变换为密度谱，可以断言，周期信号的傅里叶变换应由一系列的冲激函数所组成。

下面先讨论几种常见的周期信号的傅里叶变换，然后再讨论一般周期信号的傅里叶变换,以及傅里叶级数与傅里叶变换间的关系。

3.6.1 正弦和余弦信号的傅里叶变换

因为正弦信号和余弦信号均可分解为指数函数。所以我们先讨论指数函数的傅里叶变换。

设有 $e^{\pm j\omega_0 t}$, $-\infty < t < +\infty$。

因为 $1 \to 2\pi\delta(\omega)$,根据频移特性得

$$1 \cdot e^{j\omega_0 t} = e^{j\omega_0 t} \leftrightarrow 2\pi\delta(\omega - \omega_0)$$

$$1 \cdot e^{-j\omega_0 t} = e^{-j\omega_0 t} \leftrightarrow 2\pi\delta(\omega + \omega_0)$$

根据欧拉公式

$$\cos\omega_0 t = \frac{1}{2}(e^{j\omega_0 t} + e^{-j\omega_0 t})$$

所以

$$\cos\omega_0 t \leftrightarrow \pi[\delta(\omega + \omega_0) + \delta(\omega - \omega_0)] \tag{3.6.1}$$

余弦函数的波形及其频谱如图 3.6.1 所示。可见余弦函数的频谱是强度为 π,位于 $-\omega_0$ 和 $+\omega_0$ 处的两个冲激函数。

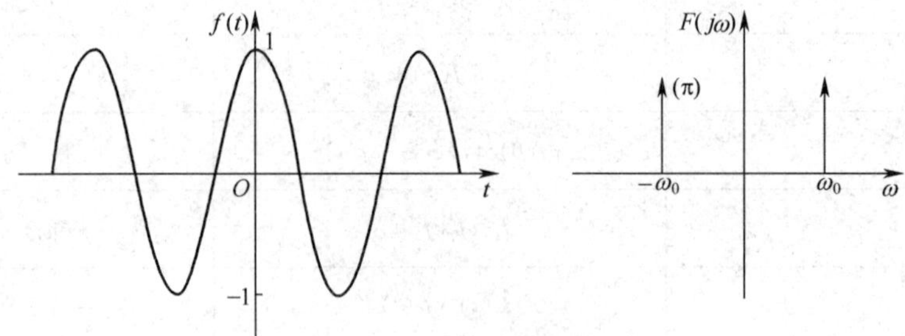

图 3.6.1 余弦函数及其频谱

正弦函数

$$\sin\omega_0 t = \frac{1}{2j}(e^{j\omega_0 t} - e^{-j\omega_0 t})$$

$$\sin\omega_0 t \leftrightarrow j\pi[\delta(\omega + \omega_0) - \delta(\omega - \omega_0)] \tag{3.6.2}$$

正弦函数的波形及其频谱请读者画出。

3.6.2 单位冲激序列的傅里叶变换

设有一周期为 T 的周期冲激序列,冲激强度均为 1,我们称之为单位冲激序列,用 $\delta_T(t)$ 表示:

$$\delta_T(t) = \sum_{n=-\infty}^{+\infty} \delta(t - nT)$$

将周期冲激序列表示为傅里叶级数

$$\delta_T(t) = \sum_{n=-\infty}^{+\infty} F_n e^{jn\omega_1 t}, \ \omega_1 = \frac{2\pi}{T}$$

其中

$$F_n = \frac{1}{T}\int_{-T/2}^{T/2}\delta_T(t)\mathrm{e}^{-\mathrm{j}n\omega_1 t}\mathrm{d}t = \frac{1}{T}\int_{-T/2}^{T/2}\delta(t)\mathrm{e}^{-\mathrm{j}n\omega_1 t}\mathrm{d}t = \frac{1}{T}$$

所以

$$\delta_T(t) = \frac{1}{T}\sum_{n=-\infty}^{+\infty}\mathrm{e}^{\mathrm{j}n\omega_1 t}$$

将其进行傅里叶变换，可得

$$F[\delta_T(t)] = \frac{2\pi}{T}\sum_{n=-\infty}^{+\infty}\delta(\omega - n\omega_1) = \omega_1\sum_{n=-\infty}^{+\infty}\delta(\omega - n\omega_1) \tag{3.6.3}$$

上式表明单位冲激序列的傅里叶变换仍是一个冲激序列，其强度为 ω_1，冲激之间的间隔也为 ω_1。图 3.6.2 中画出了单位冲激序列及其傅里叶变换的图形。

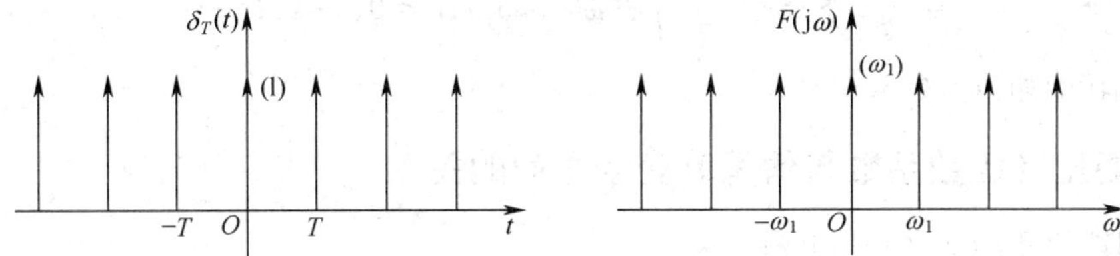

图 3.6.2　$\delta_T(t)$ 其频谱

3.6.3　一般周期信号的傅里叶变换

设有一周期信号 $f(t)$，周期为 T，用傅里叶级数的指数形式来表示这一周期信号，即

$$f(t) = \sum_{n=-\infty}^{+\infty}F_n\mathrm{e}^{\mathrm{j}n\omega_1 t}\ ,\ \omega_1 = \frac{2\pi}{T}$$

对上式进行傅里叶变换，得

$$F(\mathrm{j}\omega) = [\sum_{n=-\infty}^{+\infty}F_n\mathrm{e}^{\mathrm{j}n\omega_1 t}] = \sum_{n=-\infty}^{\infty}F_n[\mathrm{e}^{\mathrm{j}n\omega_1 t}] = 2\pi\sum_{n=-\infty}^{+\infty}F_n\delta(\omega - n\omega_1) \tag{3.6.4}$$

其中

$$F_n = \frac{1}{T}\int_{-T/2}^{T/2}f(t)\mathrm{e}^{-\mathrm{j}n\omega_1 t}\mathrm{d}t$$

由式(3.6.4)可知，周期信号的傅里叶变换是由一系列冲激函数组成的，各冲激函数位于 $0,\ \pm\omega_1,\ \pm2\omega_1,\cdots$谐波频率处，每个冲激函数的强度分别对应于各次谐波的复振幅 F_n乘 2π。周期信号的频谱为离散频谱，各次谐波的幅度为有限值，而我们现在要用连续频谱（频谱密度）来表示周期信号的离散频谱，所以这里出现了冲激函数。

从上面的分析还可以看出，引入冲激函数之后，对周期信号也能进行傅里叶变换，从而对周期信号和非周期信号可以统一处理，这给信号与系统的频域分析带来很大方便。

【例】 求图 3.6.3(a)所示周期矩形脉冲分 $f(t)$的频谱函数 $F(\mathrm{j}\omega)$。

【解】 周期矩形脉冲 $f(t)$的复振幅 F_n为

$$F_n = \frac{1}{T}\int_{-T/2}^{T/2}f(t)\mathrm{e}^{-\mathrm{j}n\omega_1 t}\mathrm{d}t = \frac{1}{T}\int_{-T/2}^{T/2}1\cdot\mathrm{e}^{-\mathrm{j}n\omega_1 t}\mathrm{d}t = \frac{\tau}{T}\mathrm{Sa}\left(\frac{n\omega_1\tau}{2}\right),n = 0,\pm1,2,\cdots$$

$f(t)$的傅里叶级数的频谱画于图 3.6.3(b)中。

由周期信号傅里叶变换式(3.6.4)可得

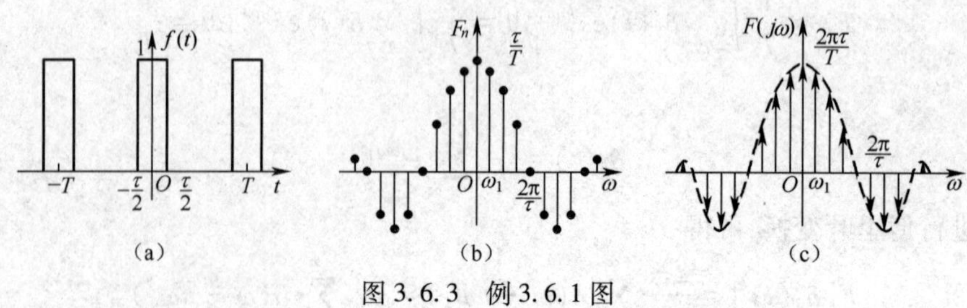

图 3.6.3　例 3.6.1 图

$$F(\mathrm{j}\omega) = 2\pi\sum_{n=-\infty}^{+\infty}F_n\delta(\omega - n\omega_1) = 2\pi\sum_{n=-\infty}^{+\infty}\frac{\tau}{T}\mathrm{Sa}\left(\frac{n\omega_1\tau}{2}\right)\delta(\omega - n\omega_1)$$

$$= \frac{2\pi\tau}{T}\sum_{n=-\infty}^{+\infty}\mathrm{Sa}\left(\frac{n\omega_1\tau}{2}\right)\delta(\omega - n\omega_1), n = 0, \pm 1, 2, \cdots$$

$f(t)$的频谱函数如图 3.6.3(c)所示。

3.6.4　傅里叶级数系数与傅里叶变换之间的关系

已知周期信号$f(t)$的傅里叶级数为

$$f(t) = \sum_{n=-\infty}^{+\infty}F_n\mathrm{e}^{\mathrm{j}n\omega_1 t}$$

其中

$$F_n = \frac{1}{T}\int_{-T/2}^{T/2}f(t)\mathrm{e}^{-\mathrm{j}n\omega_1 t}\mathrm{d}t$$

从周期脉冲序列$f(t)$中取出一个周期,得到单个脉冲信号,单个脉冲信号的傅里叶变换为

$$F_0(\mathrm{j}\omega) = \int_{-T/2}^{T/2}f(t)\mathrm{e}^{-\mathrm{j}\omega t}\mathrm{d}t$$

将前面两个公式进行比较,可得

$$F_n = \frac{1}{T}F_0(\mathrm{j}\omega)\bigg|_{\omega = n\omega_1} \tag{3.6.5}$$

上式说明,周期脉冲序列傅里叶级数的系数 F_n 等于单个脉冲的傅里叶变换 $F_0(\mathrm{j}\omega)$ 在 $n\omega_1$ 处的值乘 $\frac{1}{T}$ 。这也提供了一种求周期信号傅里叶系数的方法。

3.7　连续 LTI 系统的频域分析

前面讨论了信号的傅里叶分析,本节将研究系统的激励与响应在频域中的关系。

3.7.1　频域分析法

现在我们来研究线性非时变系统的响应。在图 3.7.1 中,$f(t)$为输入信号,$y(t)$为输出信号,它们的频谱函数分别为$F(\mathrm{j}\omega)$和$Y(\mathrm{j}\omega)$。若已知$f(t)$和系统的冲激响应$h(t)$,则系统的输出

图 3.7.1　线性非时变系统

$y(t)$为

$$y(t)=f(t)*h(t)$$

根据卷积定理有

$$Y(\mathrm{j}\omega)=F(\mathrm{j}\omega)\cdot H(\mathrm{j}\omega)$$

式中，$H(\mathrm{j}\omega)=F[h(t)]$ 叫作系统的传输函数(系统函数)。

通常，系统的传输函数 $H(\mathrm{j}\omega)$ 定义为系统响应(零状态响应)的傅里叶变换 $Y(\mathrm{j}\omega)$ 与激励的傅里叶变换 $F(\mathrm{j}\omega)$ 之比，即

$$H(\mathrm{j}\omega)=\frac{Y(\mathrm{j}\omega)}{F(\mathrm{j}\omega)} \tag{3.7.1}$$

它是频率的复函数，可写为

$$H(\mathrm{j}\omega)=|H(\mathrm{j}\omega)|\mathrm{e}^{\mathrm{j}\varphi(\omega)} \tag{3.7.2}$$

其中，

$$|H(\mathrm{j}\omega)|=\frac{|Y(\mathrm{j}\omega)|}{|F(\mathrm{j}\omega)|} \tag{3.7.3}$$

$$\varphi(\omega)=\varphi_y(\omega)-\varphi_f(\omega) \tag{3.7.4}$$

式(3.7.3)称为系统的幅频特性；式(3.7.4)称为系统的相频特性。$H(\mathrm{j}\omega)$ 是系统的冲激响应 $h(t)$ 的傅里叶变换，由此看出，$h(t)$ 是在时域反映系统的性质，$H(\mathrm{j}\omega)$ 是在频域反映系统的性质，且 $|H(\mathrm{j}\omega)|$ 是 ω 的偶函数，$\varphi(\omega)$ 是 ω 的奇函数。

在实际中，我们可以用简单的方法计算 $H(\mathrm{j}\omega)$，如果系统结构与参数是已知的，那么我们可以利用稳态正弦电路的计算方法，即相量法来求出系统的传输函数 $H(\mathrm{j}\omega)$，即

$$H(\mathrm{j}\omega)=\frac{\dot{Y}}{\dot{F}} \tag{3.7.5}$$

式中 $\dot{F}$ 为输入正弦信号的相量，$\dot{Y}$ 为输出信号的相量。

在已知输入信号及系统的传输函数 $H(\mathrm{j}\omega)$ 的情况下，输出信号的频谱函数为 $Y(\mathrm{j}\omega)=F(\mathrm{j}\omega)H(\mathrm{j}\omega)$，根据傅里叶逆变换即可求出输出信号 $y(t)$，即

$$y(t)=F^{-1}[Y(\mathrm{j}\omega)]=\frac{1}{2\pi}\int_{-\infty}^{\infty}Y(\mathrm{j}\omega)\mathrm{e}^{\mathrm{j}\omega t}\mathrm{d}\omega=\frac{1}{2\pi}\int_{-\infty}^{\infty}F(\mathrm{j}\omega)H(\mathrm{j}\omega)\mathrm{e}^{\mathrm{j}\omega t}\mathrm{d}\omega$$

上述利用频域函数分析系统问题的方法称为频域分析法或傅里叶变换法。这种方法主要包括两个计算步骤：第一步计算出输出信号的频谱 $Y(\mathrm{j}\omega)$，第二步算出输出信号的时间函数 $y(t)$。

在实际中，第一步比较容易，但也是极其重要的，因为根据输出信号的频谱，可以对系统的特性——例如，是否存在失真，系统的通带等进行全面了解，或者根据要求的输出频谱设计合适的系统。第二步较困难，因为进行傅里叶反变换是困难的，且这种方法只能求出系统的零状态响应。往往我们只是用频谱分析法进行到第一步，而第二步求输出时间函数的任务由拉普拉斯去解决。

时域分析和频域分析是以不同的观点对 LTI 系统进行分析的两种方法。时域分析是在时间域内进行的。它可以比较直观地得出系统响应的波形，而且便于进行数值计算；频域分析是在频率域内进行的，它是信号分析和处理的有效工具。

【例】 图 3.7.2 所示为 RC 电路，若输入电压 $u_S(t)=u(t)$，试求电压 $u_C(t)$ 的零状态响应。

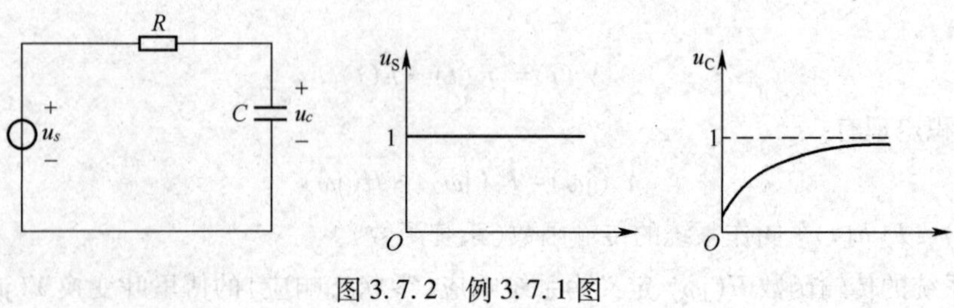

图 3.7.2 例 3.7.1 图

【解】 系统的传输函数：

$$H(\mathrm{j}\omega)=\frac{\dot{U}_C}{\dot{U}_S}=\frac{\frac{1}{\mathrm{j}\omega C}}{R+\frac{1}{\mathrm{j}\omega C}}=\frac{\frac{1}{RC}}{\mathrm{j}\omega+\frac{1}{RC}}=\frac{a}{a+\mathrm{j}\omega}$$

式中，$a=\frac{1}{RC}$。

已知

$$u(t)\leftrightarrow\pi\delta(\omega)+\frac{1}{\mathrm{j}\omega}$$

则输出的频谱函数为

$$Y(\mathrm{j}\omega)=H(\mathrm{j}\omega)F(\mathrm{j}\omega)=\frac{a}{a+\mathrm{j}\omega}\left[\pi\delta(\omega)+\frac{1}{\mathrm{j}\omega}\right]=\frac{a\pi}{a+\mathrm{j}\omega}\delta(\omega)+\frac{a}{\mathrm{j}\omega(a+\mathrm{j}\omega)}$$

$$=\pi\delta(\omega)+\frac{1}{\mathrm{j}\omega}-\frac{1}{a+\mathrm{j}\omega}$$

因为

$$\frac{1}{2}\leftrightarrow\pi\delta(\omega)\,,\ \frac{1}{2}\mathrm{sgn}(t)\leftrightarrow\frac{1}{\mathrm{j}\omega}\,,\ \mathrm{e}^{-at}u(t)\leftrightarrow\frac{1}{a+\mathrm{j}\omega}$$

所以输出信号的时间函数为

$y(t)=F^{-1}[y(\mathrm{j}\omega)]=F^{-1}\left[\pi\delta(\omega)+\frac{1}{\mathrm{j}\omega}-\frac{1}{a+\mathrm{j}\omega}\right]=\frac{1}{2}+\frac{1}{2}\mathrm{sgn}(t)-\mathrm{e}^{-at}u(t)=(1-\mathrm{e}^{-at})u(t)$ 输出信号与输入信号的波形如图 3.7.2 所示。

3.7.2 无失真传输

由于线性系统中存在着储能元件，系统响应的波形与激励波形可能不一致，因此信号通过系统后会产生失真(畸变)。有时我们利用某个系统产生波形失真，这时就要求系统存在失真。然而多数场合下，我们希望信号通过系统后不产生失真或失真较小，例如我们对通信系统、广播系统就是这样要求的。

所谓信号无失真传输是指系统的输出信号与输入信号相比，只有幅度的大小和出现时间的先后不同，而没有波形上的变化。设输入信号为 $f(t)$，那么经过无失真传输后，输出信号应为

$$y(t)=Kf(t-t_{\mathrm{d}}) \tag{3.7.6}$$

即输出信号 $y(t)$ 的幅度是输入信号的 K 倍，而且比输入信号延迟了 t_{d}。

对式(3.7.6)进行傅里叶变换，得

$$Y(\mathrm{j}\omega)=K\mathrm{e}^{-\mathrm{j}\omega t_{\mathrm{d}}}F(\mathrm{j}\omega)$$

由上式可见，为使信号传输无失真，系统的频响函数 $H(\mathrm{j}\omega)$ 应为

$$H(\mathrm{j}\omega)=K\mathrm{e}^{-\mathrm{j}\omega t_d} \tag{3.7.7}$$

其幅频和相频特性分别为

$$\begin{cases}|H(\mathrm{j}\omega)|=K\\ \varphi(\omega)=-\omega t_d\end{cases} \tag{3.7.8}$$

式(3.7.7)和式(3.7.8)就是系统无失真传输的条件,即在全部频带内,系统的幅频特性$|H(\mathrm{j}\omega)|$为一常数,而相频特性$\varphi(\omega)$应为通过原点的直线,斜率为信号通过系统的延迟时间的负值,即$-t_d$,如图3.7.3所示。

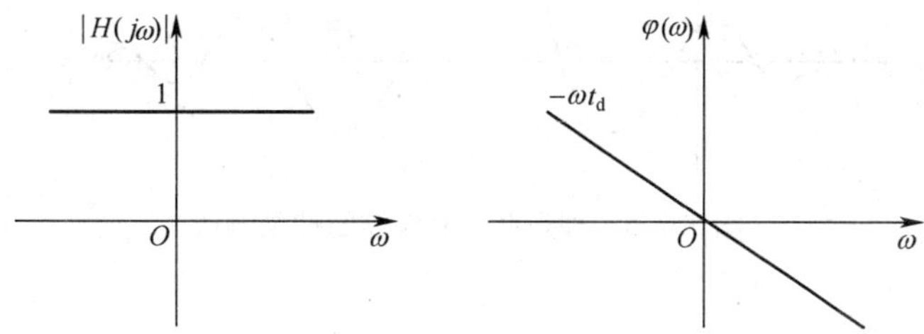

图3.7.3　无失真传输条件

式(3.7.7)和式(3.7.8)是无失真传输的理想条件,一个实际系统是不可能实现图3.7.3的要求的,但这个理想条件可以给我们分析和设计实际系统提供一个理论依据。

3.7.3　理想低通滤波器

理想低通滤波器的幅度频率特性与相位频率特性如图3.7.4所示。ω_C称作截止角频率,即频率高于ω_C的信号不能通过滤波器,而低于ω_C的信号可以无失真地通过滤波器。理想低通滤波器的截止频率为ω_C,设滤波器的延迟时间为t_d,则理想低通滤波器的传输函数为

$$H(\mathrm{j}\omega)=\begin{cases}\mathrm{e}^{-\mathrm{j}\omega t_d} & |\omega|<\omega_C\\ 0 & |\omega|\geqslant\omega_C\end{cases} \tag{3.7.9}$$

理想低通滤波器的冲激响应$h(t)$为

$$\begin{aligned}h(t)&=F^{-1}[H(\mathrm{j}\omega)]=\frac{1}{2\pi}\int_{-\infty}^{+\infty}H(\mathrm{j}\omega)\mathrm{e}^{\mathrm{j}\omega t}\mathrm{d}\omega=\frac{1}{2\pi}\int_{-\omega_C}^{\omega_C}\mathrm{e}^{-\mathrm{j}\omega t_d}\mathrm{e}^{\mathrm{j}\omega t}\mathrm{d}\omega\\&=\frac{\omega_C}{\pi}\frac{\sin\omega_C(t-t_\mathrm{d})}{\omega_C(t-t_\mathrm{d})}=\frac{\omega_C}{\pi}\mathrm{Sa}[\omega_C(t-t_\mathrm{d})]\end{aligned} \tag{3.7.10}$$

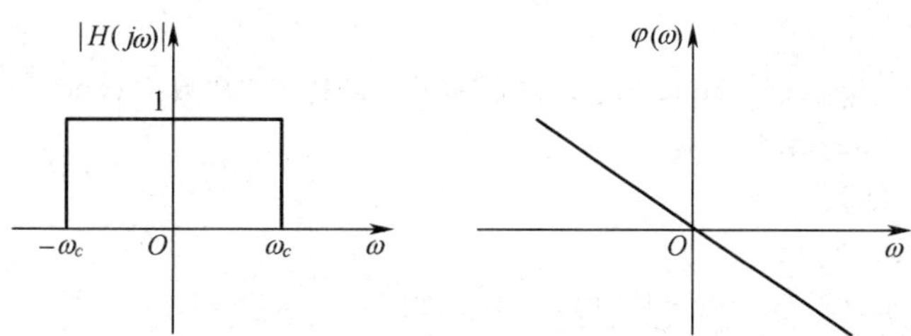

图3.7.4　理想低通滤波器的频率特性

这是一个峰值出现在t_d处的抽样函数。理想低通滤波器的冲激响应特性如图3.7.5所示。

由图可见，$\delta(t)$ 出现在 $t=0$ 的瞬间，而它的响应在 $t<0$ 时就已出现，这种响应超前于激励的系统，叫作非因果系统。实际上不可能构成具有这样理想特性得低通滤波器，但是掌握理想低通滤波器的条件之后，可以尽力去实现接近理想特性得实际网络或系统。

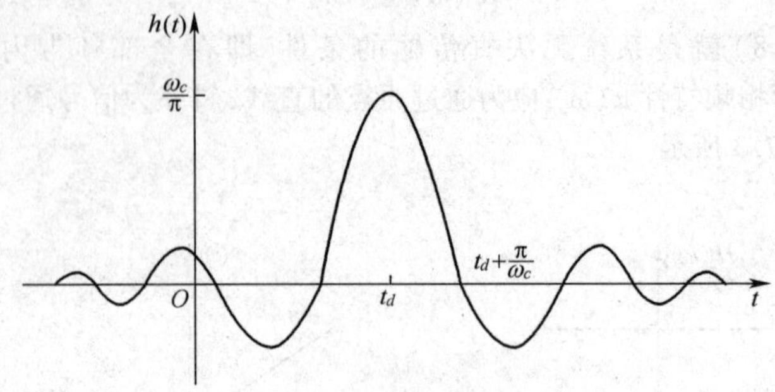

图 3.7.5 理想低通滤波器的冲激响应

3.8 连续信号与系统频域分析的 MATLAB 实现

3.8.1 周期信号频谱的 MATLAB 实现

【例 3.8.1】 已知周期方波脉冲信号如图 3.8.1 所示，其幅度为 1，占空比duty = 1/2，周期 $T=5$。试用 MATLAB 绘制该信号的频谱。

【解】 编写函数文件 CTFSshbfb.m 如下：

```
[CTFSdbfb.m]   % 这是计算周期方波脉冲单边频谱的程序
function[A_sym,B_sym]=CTFSdbfb
%   采用符号计算求[0,T]内时间函数的三角级数展开系数
%   T       输入信号的周期
%           函数的输入输出都是数值量
%   Nf      谐波的阶数
%   Nn      输出数据的准确位数
%   A_sym   第 1 元素是直流分量，其后元素依次是 1,2,3,…次谐波余弦项展开系数
%   B_sym   第 2,3,4,… 元素依次是 1,2,3,… 次谐波正弦项展开系数
syms t n k y
T=5;
if nargin<4;Nf=input('pleas input 所需展开的最高谐波次数:');end
if nargin<5;Nn=32;end
y=time_fun_s(t);
A0=2*int(y,t,0,T)/T;
As=int(2*y*cos(2*pi*n*t/T)/T,t,0,T);
Bs=int(2*y*sin(2*pi*n*t/T)/T,t,0,T);
A_sym(1)=double(vpa(A0,Nn));
for k=1:Nf
    A_sym(k+1)=double(vpa(subs(As,n,k),Nn));
```

```
    B _ sym(k+1)=double(vpa(subs(Bs,n,k),Nn));end
    if nargin==0
        S1=fliplr(A _ sym)                    % 对 A _ sym 阵左右对称交换
        S1(1,k+1)=A _ sym(1)                  % A _ sym 的 1 * k 阵扩展为 1 * (k+1)阵
        S2=fliplr(1/2 * S1)                   % 对扩展后的 S1 阵左右对称交换回原位置
        S3=fliplr(1/2 * B _ sym)              % 对 B _ sym 阵左右对称交换
        S3(1,k+1)=0                           % B _ sym 的 1 * k 阵扩展为 1 * (k+1)阵
        S4=fliplr(S3)                         % 对扩展后的 S3 阵左右对称交换回原位置
        S5=S2-i * S4;
         N=Nf * 2 * pi/T;
        k2=0:2 * pi/T:N;
  subplot(3,3,3)
      x=squ _ timefun                         % 调用连续时间函数-周期方波脉冲
      T=5;t=-2 * T:0.01:2 * T;
      plot(t,x)
      title('周期方波脉冲')
      axis([-10,10,-1,1.2])
      line([-10,10],[0,0])
      subplot(3,1,3)
      stem(k2,abs(S5));                       % 画出周期方波脉冲的频谱(脉冲 a=T/2)
      title('周期方波脉冲的单边频谱')
      axis([0,60,0,0.6])
      end
   % ---
  function y=time _ fun _ s(t)
  % 该函数是 CTFSdbfb.m 的子函数。它由符号变量和表达式写成
  syms a a1
  T=5;a=T/2;
  y1=sym('Heaviside(t)') * 2-sym('Heaviside(t-a1)');
  y=y1-sym('Heaviside(t+a1)');
  y=subs(y,a1,a);
  y=simple(y);
  % ---
  function x=squ _ timefun
  % 该函数是 CTFSdbfb.m 的子函数,它由方波脉冲函数写成
  %    t     时间数组
  %    T     周期
  %    duty:'占空比',即信号为正的区域在一个周期内所占的百分比
  T=5;t=-2 * T:0.01:2 * T;duty=50;
  x=square(t,duty);
```

最高谐波次数 Nf=60 的波形如图 3.8.1 所示。

将上述周期方波脉冲单边频谱的程序稍做改动,可绘出双边频谱,如图 3.8.2 所示。

【例 3.8.2】 已知周期三角波脉冲信号如图 3.8.3 所示,其幅度为±1,周期 T=5。试用 MATLAB 绘制该信号的振幅频谱。

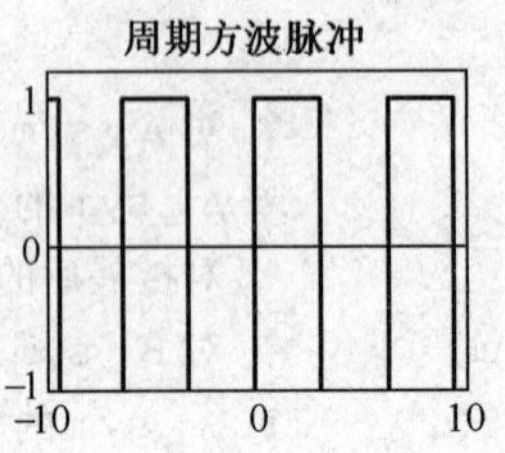

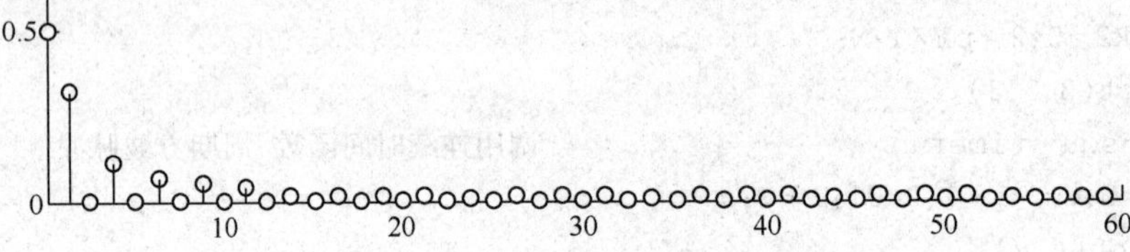

图 3. 8. 1　周期方波脉冲及单边频谱

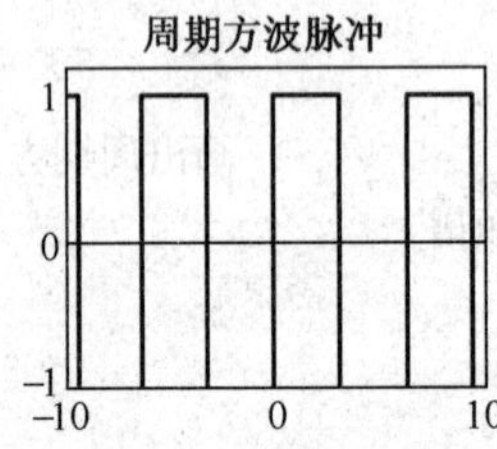

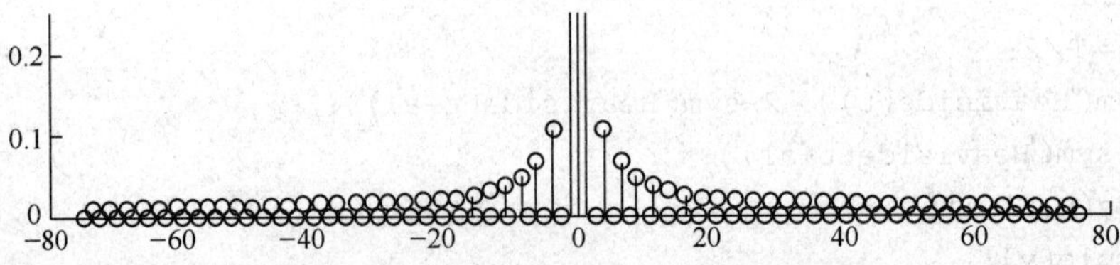

图 3. 8. 2　周期方波脉冲及双边频谱

【解】　编写函数文件 CTFSsjbdbd. m 如下：

```
[CTFSsjbdbd.m]    % 这是计算周期三角波脉冲单边频谱的程序
function[A_sym,B_sym] = CTFSsjbdbd
%   采用符号计算求[0,T]内时间函数的三角级数展开系数
%   T        输入信号的周期
%            函数的输入输出都是数值量
%   Nf       谐波的阶数
%   Nn       输出数据的准确位数
%   A_sym    第 1 元素是直流分量,其后元素依次是 1,2,3,… 次谐波余弦项展开系数
%   B_sym    第 2,3,4,… 元素依次是 1,2,3,… 次谐波正弦项展开系数
```

```
syms t n k y
T=5;
if nargin<4;Nf=input('pleas input 所需展开的最高谐波次数:');end
if nargin<5;Nn=32;end
y=time_fun_s(t);
A0=2*int(y,t,0,T)/T;
As=int(2*y*cos(2*pi*n*t/T)/T,t,0,T);
Bs=int(2*y*sin(2*pi*n*t/T)/T,t,0,T);
A_sym(1)=double(vpa(A0,Nn));
for k=1:Nf
    A_sym(k+1)=double(vpa(subs(As,n,k),Nn));
    B_sym(k+1)=double(vpa(subs(Bs,n,k),Nn));end
    if nargin==0
        S1=fliplr(A_sym)            % 对 A_sym 阵左右对称交换
        S1(1,k+1)=A_sym(1)          % A_sym 的 1*k 阵扩展为 1*(k+1)阵
        S2=fliplr(1/2*S1)           % 对扩展后的 S1 阵左右对称交换回原位置
        S3=fliplr(1/2*B_sym)        % 对 B_sym 阵左右对称交换
        S3(1,k+1)=0                 % B_sym 的 1*k 阵扩展为 1*(k+1)阵
        S4=fliplr(S3)               % 对扩展后的 S3 阵左右对称交换回原位置
        S5=S2-i*S4;                 % 用三角函数展开系数 A、B 值合成傅里叶指数系数
        N=Nf*2*pi/T;
        k2=0:2*pi/T:N;              % 形成-N:N 的变量
        subplot(3,3,3)
        x=sjb_timefun               % 调用连续时间函数-周期三角波脉冲
        T=5;t=-2*T:0.01:2*T;
        plot(t,x)
        title('周期三角波脉冲')
        axis([-10,10,-1,1.2])
        line([-10,10],[0,0])
        subplot(3,1,3)
        stem(k2,abs(S5));           % 画出周期三角波脉冲的频谱(脉冲 a=T/2)
        title('周期三角波脉冲的双边频谱')
        axis([0,60,0,0.6])
        end
   % ---
 function y=time_fun_s(t)
 % 该函数是 CTFSsjbshbd.m 的子函数。它由符号变量和表达式写成
 syms a a1
 T=5;a=T/2;
 y1=sym('Heaviside(t+a1)')*(2*t/a1+1)+sym('Heaviside(t-a1)')*(2*t/a1-1);
 y=y1-sym('Heaviside(t)')*(4*t/a1);
 y=subs(y,a1,a);
 y=simple(y);
 % ---
```

```
function x=sjb_timefun
% 该函数是CTFSsjbshbd.m的子函数,它由三角波波脉冲函数写成
T=5;t=-2*T:0.01:2*T;
x=sawtooth(t-2*T/3,0.5);
```

最高谐波次数 Nf=60 的波形如图 3.8.3 所示。

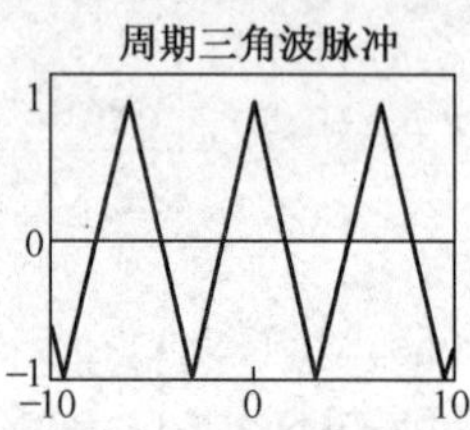

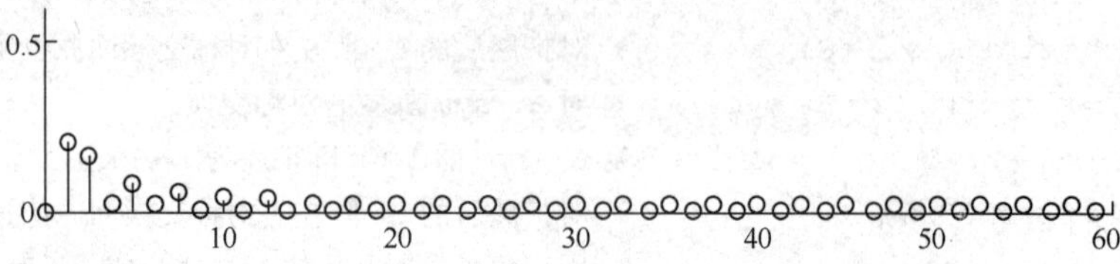

图 3.8.3　周期三角波脉冲及单边频谱

将上述周期方波脉冲单边频谱的程序稍做改动,可绘出双边频谱,如图 3.8.4 所示。

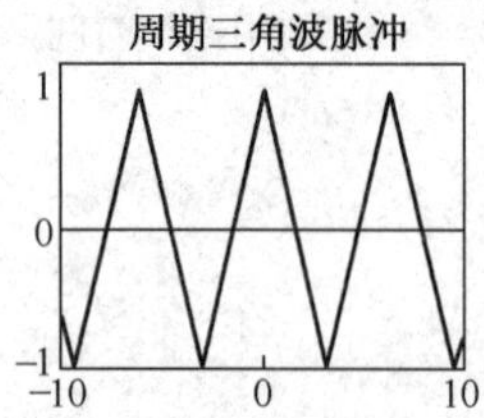

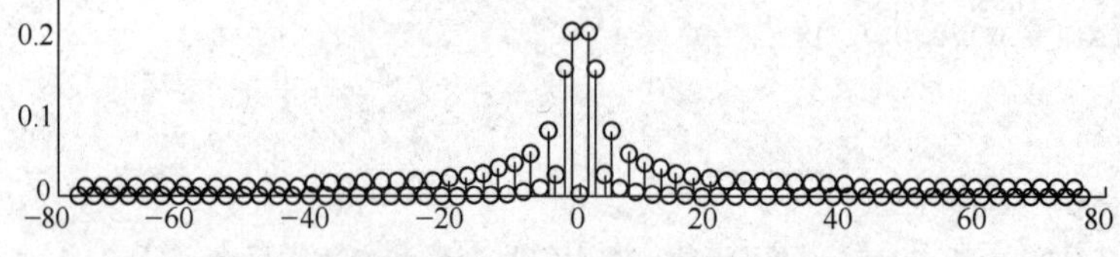

图 3.8.4　周期三角波脉冲及双边频谱

3.8.2　非周期信号频谱的 MATLAB 实现

【例 3.8.3】　已知门信号 $f(t)=g_2(t)=u(t+1)-u(t-1)$,求其傅里叶变换 $F(\mathrm{j}\omega)$。

【解】　由傅里叶变换可知,该信号的频谱为 $F(\mathrm{j}\omega)=2\mathrm{Sa}(\omega)$,其第一个过零点频率为 π,一般将此频率认为是信号的带宽。考虑到 $F(\mathrm{j}\omega)$ 的形状,将精度提高到该值的50倍,即 $\omega_0=50\omega_1=$

50π，据此确定采样间隔：

$$\tau < \frac{1}{2F_0} = \frac{1}{2 \times \frac{\omega_0}{2\pi}} = 0.02$$

实现该过程的 MATLAB 命令程序如下：

```
R=0.02;t=-2:R:2;
f=Heaviside(t+1)-Heaviside(t-1);
W1=2*pi*5;                    % 频率宽度
N=500;k=0:N;W=k*W1/N;         % 采样数为 N,W 为频率正半轴的采样点
F=f*exp(-j*t'*W)*R;           % 求 F(jw)
F=real(F);
W=[-fliplr(W),W(2:501)];      % 形成负半轴的 2N+1 个频率点 W
F=[fliplr(F),F(2:501)];       % 形成对应于 W 的 F(jw)的值
subplot(2,1,1);plot(t,f);
xlabel('t'); ylabel('f(t)');
title('f(t)=u(t+1)-u(t-1)');
subplot(2,1,2); plot(W,F);
xlabel('w'); ylabel('F(w)');
title('f(t)的傅里叶变换 F(w)');
```

运行结果如图 3.8.5 所示。显然，该曲线与我们所熟知的理论结果完全吻合。

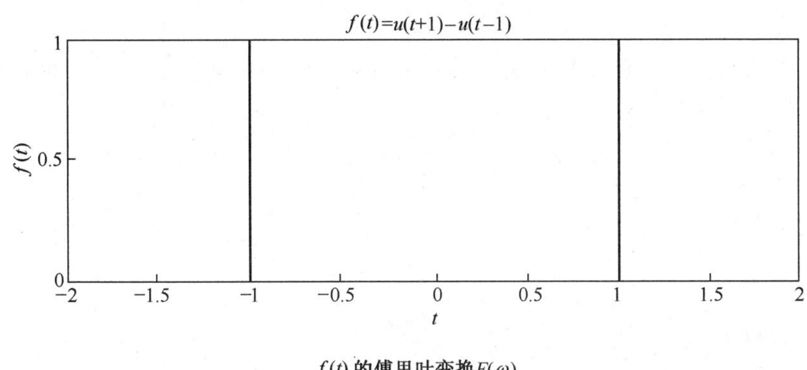

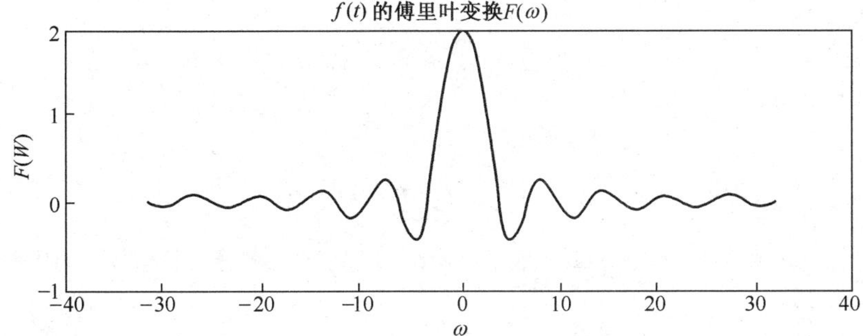

图 3.8.5　门信号时域波形及频谱曲线

3.8.3 信号的幅度调制及 MATLAB 实现

【例 3.8.4】 设信号 $f(t)=\sin 100\pi t$，载波为频率 400 Hz 的余弦信号。试用 MATLAB 实现调幅信号 $y(t)$，并观察 $f(t)$ 的频谱和 $y(t)$ 的频谱，以及两者在频域上的关系。

【解】 用 MATLAB 完成本例的程序如下：

```
function tiaozhi
Fs=1000;                    % 被调信号 x 的采样频率
Fc=400;                     % 载波信号的载波频率
N=1000;                     % FFT 的长度
n=0:N-2;
t=n/Fs;
x=sin(2*pi*50*t);           % 被调信号
subplot(221)
plot(t,x);
xlabel('t(s)');
ylabel('x');
title('被调信号')
axis([0 0.1 -1 1])
Nfft=1024;
window=hamming(512);
noverlap=256;
dflag='none';
[Pxx,f]=psd(x,Nfft,Fs,window,noverlap,dflag);  % 求被调信号 x 的功率谱
subplot(222)
plot(f,Pxx)
xlabel('f(Hz)');
ylabel('功率谱(X)');
title('被调信号的功率谱')
grid
y=modulate(x,Fc,Fs,'am');
subplot(223)
plot(t,y)
xlabel('t(s)');
ylabel('y');
axis([0 0.1 -1 1])
title('已调信号')
[Pxx,f]=psd(y,1024,Fs,window,noverlap,dflag);   % 求已调信号 y 的功率谱
subplot(224)
plot(f,Pxx)
xlabel('f(Hz)');
ylabel('功率谱(Y)');
grid
```

运行结果如图 3.8.6 所示，其中左边上下两图为 $f(t)$ 和 $y(t)$ 时域波形，右边上下两图分别为

对应 $f(t)$ 和 $y(t)$ 的功率谱。

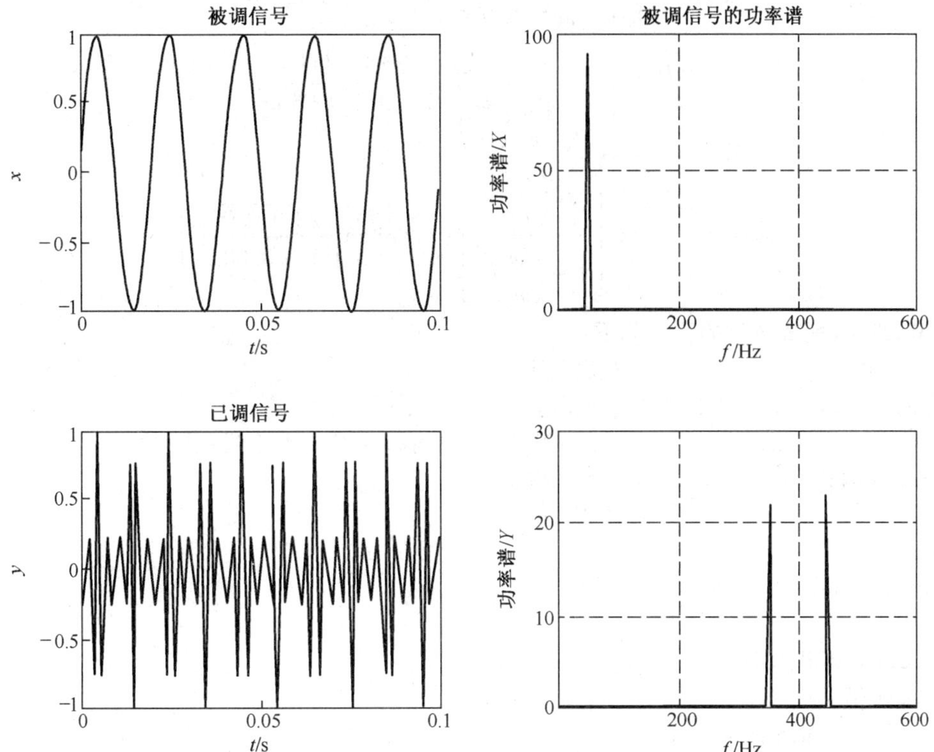

图 3.8.6　被调信号、已调信号及其频谱

3.8.4　利用 MATLAB 分析系统的频率特性

MATLAB 提供了专门对连续系统频率响应 $H(\mathrm{j}\omega)$ 进行分析的函数 freqs( )。该函数可以求出系统频率响应的数值解,并可绘出系统的幅频及相频响应曲线。

【例 3.8.5】　如图 3.8.7 所示的二阶低通滤波器,其频率响应 $H(\mathrm{j}\omega)$ 为

$$H(\mathrm{j}\omega)=\frac{U_R(\mathrm{j}\omega)}{U_\mathrm{S}(\mathrm{j}\omega)}=\frac{1}{1-\omega^2LC+\mathrm{j}\omega\dfrac{L}{R}}$$

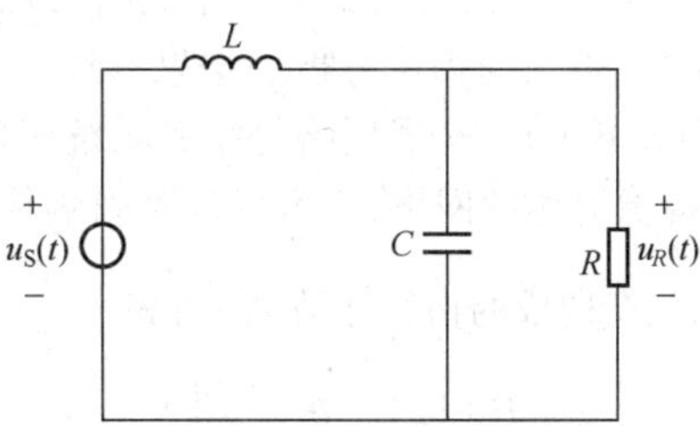

图 3.8.7　RLC 二阶低通滤波器

设 $R=\sqrt{\dfrac{L}{2R}}$, $L=0.8\mathrm{H}$, $C=0.1\mathrm{F}$, $R=2\ \Omega$,试用 MATLAB 的 freqs 函数绘出该频率响应。

【解】　令截止频率 $\omega_C=\dfrac{1}{\sqrt{LC}}$,当 $\omega=\omega_C=\dfrac{1}{\sqrt{0.08}}=3.54$ 时

$$|H(\mathrm{j}\omega)|_{\omega=\omega_c}=\frac{1}{\sqrt{2}}|H(\mathrm{j}\omega)|_{\omega=0}=\frac{1}{\sqrt{2}}|H(0)|=\frac{1}{\sqrt{2}}$$

将 L、C、R 的值代入 $H(\mathrm{j}\omega)$ 的表达式,得

$$H(\mathrm{j}\omega)=\frac{1}{0.08\,(\mathrm{j}\omega)^{2}+0.4\mathrm{j}\omega+1}=|H(\mathrm{j}\omega)|\mathrm{e}^{\mathrm{j}\varphi(\omega)}$$

其中:
$$|H(\mathrm{j}\omega)|=\frac{1}{\sqrt{1+\left(\frac{\omega}{\omega_C}\right)^{4}}}=\frac{1}{\sqrt{1+0.08^{2}\omega^{4}}}$$

$$\varphi(\omega)=-\arctan\left[\frac{\sqrt{2}\left(\frac{\omega}{\omega_C}\right)}{1-\left(\frac{\omega}{\omega_C}\right)^{2}}\right]=-\arctan\left[\frac{\sqrt{2\times 0.08}\,\omega}{1-0.08\omega^{2}}\right]$$

用 MATLAB 完成本例的程序如下:

```
b=[0 0 1];                    % 生成向量 b
a=[0.08 0.4 1];               % 生成向量 a
[h,w]=freqs(b,a,100)          % 求系统响应函数 H(jw),设定 100 个频率点
h1=abs(h);                    % 求幅频响应
h2=angle(h);                  % 求相频响应
subplot(211);
plot(w,h1);
grid
xlabel('角频率(W)');
ylabel('幅度');
title('H(jw)的幅频特性');
subplot(212);
plot(w,h2*180/pi);
grid
xlabel('角频率(w)');
ylabel('相位(度)');
title('H(jw)的相频特性');
```

运行结果如图 3.8.8 所示。

由图 3.8.8 可见,当 ω 从 0 增大时,该低通滤波器的幅度从 1 降到 0, ω_C 约为 3.5;而 $\varphi(\omega)$ 从 0° 降到 -180°,与理论分析的结果一致。

【例 3.8.6】 全通网络是指其系统函数 $H(\mathrm{j}\omega)$ 的极点位于左半平面,且零点与极点对于 $\mathrm{j}\omega$ 轴互为镜像对称的网络,它可保证不影响传输信号的幅频特性,只改变信号的相频特性。图 3.8.9 是用 R、L、C 构成的格行滤波器,当满足 $\frac{L}{C}=R^{2}$ 时即构成全通网络。

其 $H(\mathrm{j}\omega)=\frac{U_2(\mathrm{j}\omega)}{U_1(\mathrm{j}\omega)}=\frac{R-\mathrm{j}\omega L}{R+\mathrm{j}\omega L}$,设 $R=10\ \Omega$, $L=2$ H,试用 MATLAB 求 $|H(\mathrm{j}\omega)|$ 和 $\varphi(\omega)$ 。

【解】 将 R、L 的值代入 $H(\mathrm{j}\omega)$ 中,得

$$H(\mathrm{j}\omega)=\frac{-2\mathrm{j}\omega+10}{2\mathrm{j}\omega+10}$$

$$|H(\mathrm{j}\omega)|=1$$

$$\varphi(\omega)=-2\arctan\left(\frac{\omega L}{R}\right)=-2\arctan\left(\frac{\omega}{5}\right)$$

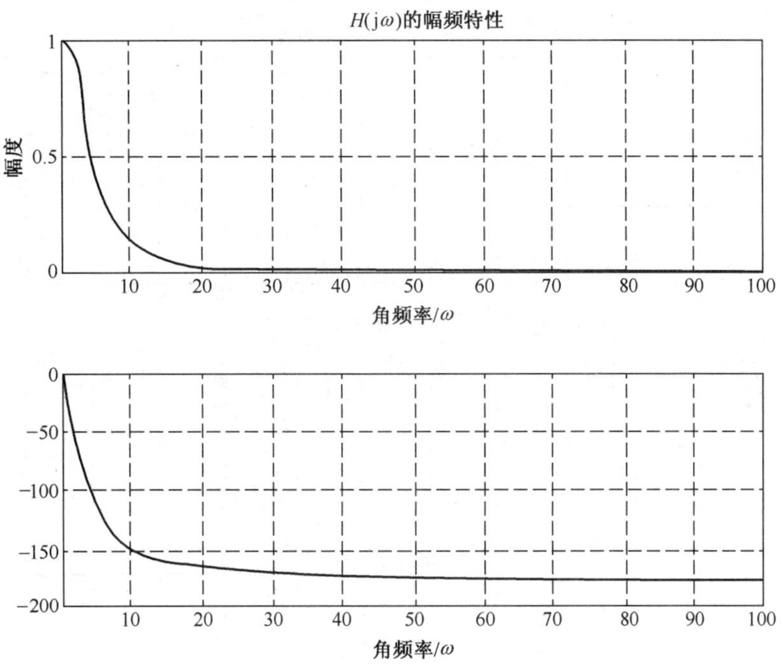

图 3.8.8　RLC 二阶低通滤波器的幅频特性及相频特性

用 MATLAB 完成本例的程序如下：

```
b=[-2 10];                 % 生成向量 b
a=[2 10];                  % 生成向量 a
[h,w]=freqs(b,a,100)       % 求系统响应函数 H
                           (jw),设定 100 个频
                           率点
h1=abs(h);                 % 求幅频响应
h2=angle(h);               % 求相频响应
subplot(211);
plot(w,h1);
grid
xlabel('角频率(W)');
ylabel('幅度');
title('H(jw)的幅频特性');
subplot(212);
plot(w,h2*180/pi);
grid
xlabel('角频率(w)');
ylabel('相位(度)');
title('H(jw)的相频特性');
```

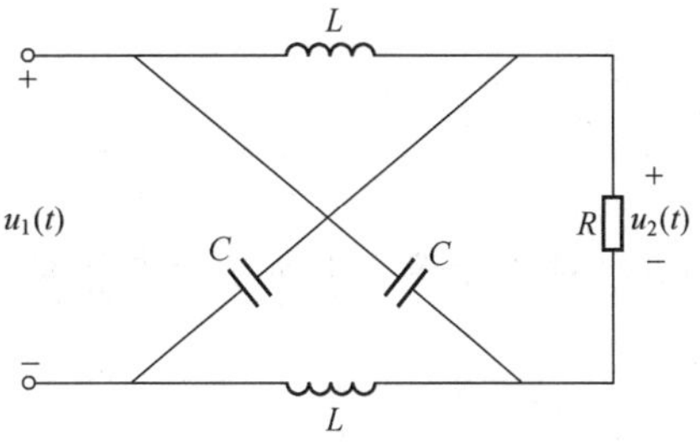

图 3.8.9　格行滤波器

运行结果如图 3.8.10 所示。

由图 3.8.10 可见，当 ω 从 0 增大时，$H(\mathrm{j}\omega)$ 的幅频特性是一条数值为 1 的水平线，即对输入信号的各个频率分量都进行等值传输；而 $\varphi(\omega)$ 从 0° 开始下降，最终趋于 $-180°$。这种网络称为全通网络，在传输系统中常用来进行相位校正，作为相位均衡器或移相器。

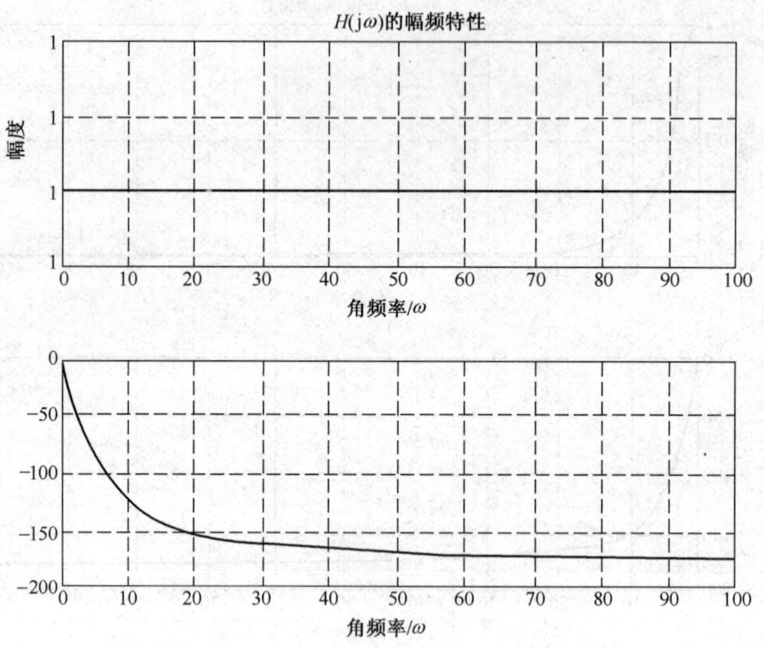

图 3.8.10　全通网络的幅频特性及相频特性

习　题　3

3.1　对于题图 3.1 所示的两个周期性方波 $f_1(t)$ 和 $f_2(t)$，试求其傅里叶级数的三角形式。

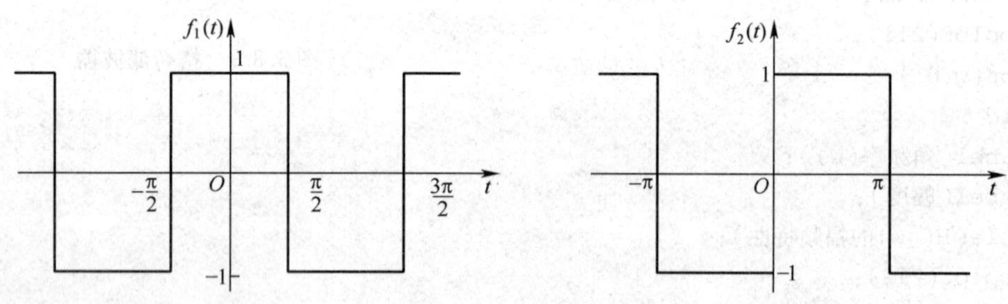

题图 3.1　题 3.1 图

3.2　周期矩形信号如题图 3.2 所示，若重复频率 $f=5$ kHz，脉宽 $\tau=10$ μs，幅度 $E=10$ V，求直流分量的大小以及基波、二次谐波和三次谐波的有效值。

3.3　求题图 3.3 所示周期三角信号的傅里叶级数，并画出幅度频谱。

3.4　如题图 3.4 所示，有四个周期信号。

(1) 直接求出题图 3.4(a) 所示信号的傅里叶级数(三角形式)。

(2) 将题图 3.4(a) 的函数 $f_1(t)$ 左(或右)移 $\dfrac{T}{2}$，就得到题图 3.4(b) 的函数 $f_2(t)$，利用

(1) 的结果求$f_2(t)$的傅里叶级数。

(3) 利用以上结果求题图 3.4(c) 的函数$f_3(t)$的傅里叶级数。

(4) 利用以上结果求题图 3.4(d) 的函数$f_4(t)$的傅里叶级数。

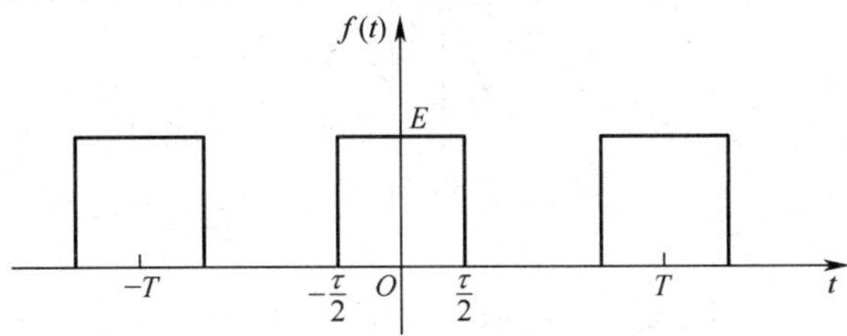

题图 3.2　题 3.2 图

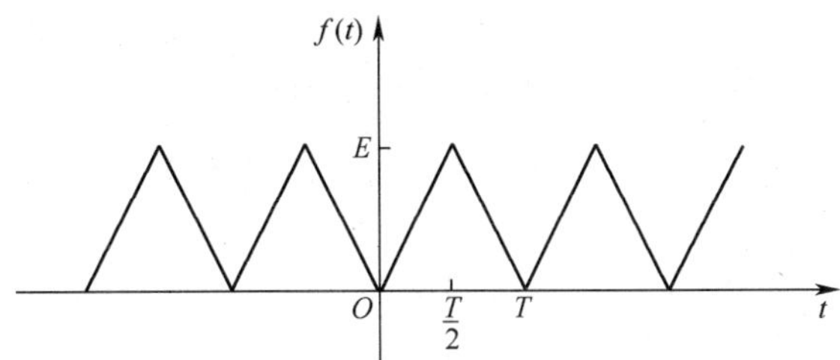

题图 3.3　题 3.3 图

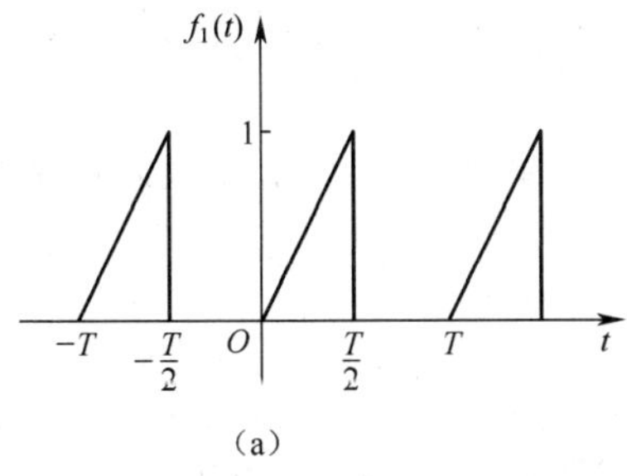

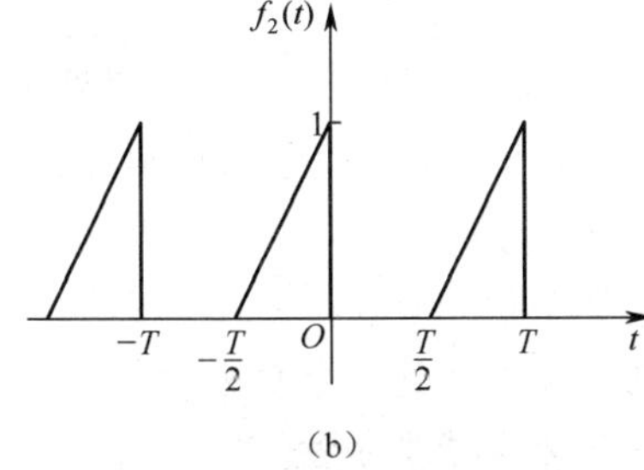

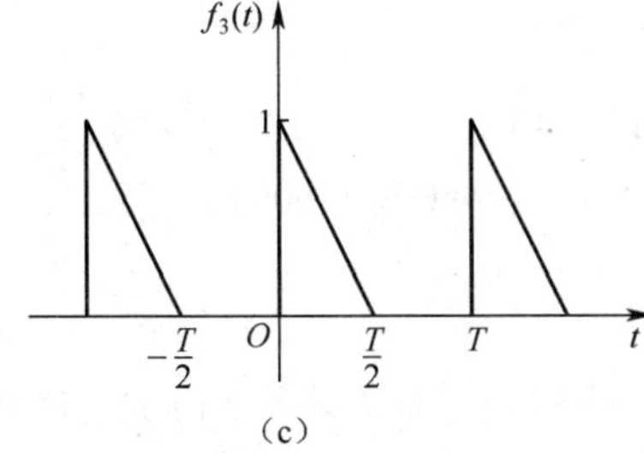

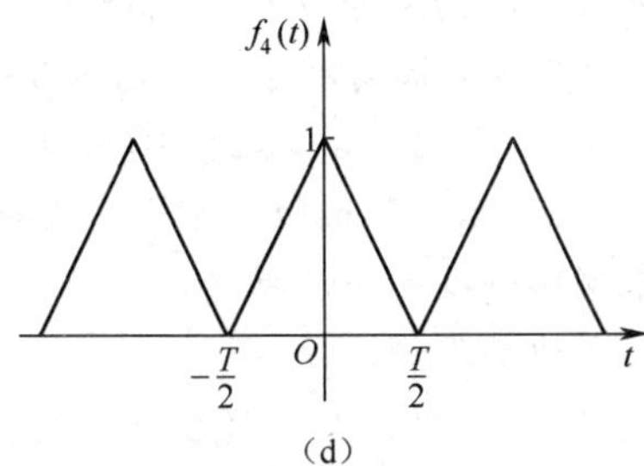

题图 3.4　题 3.4 图

3.5　利用对称性判断题图 3.5 所示各周期信号的傅里叶级数中所含有的频率分量。

3.6　将题图 3.6 所示周期信号展开为指数形式的傅里叶级数。

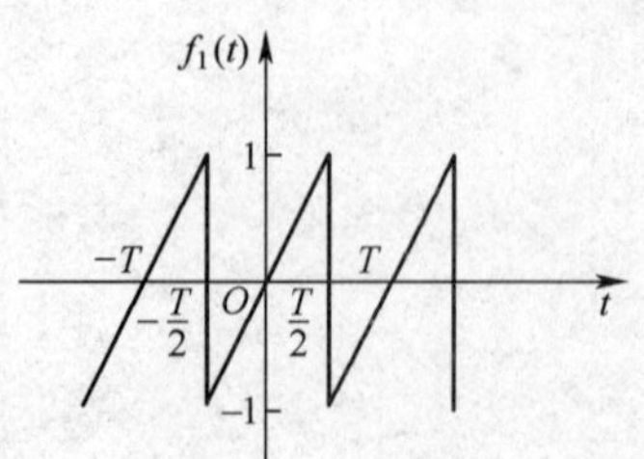

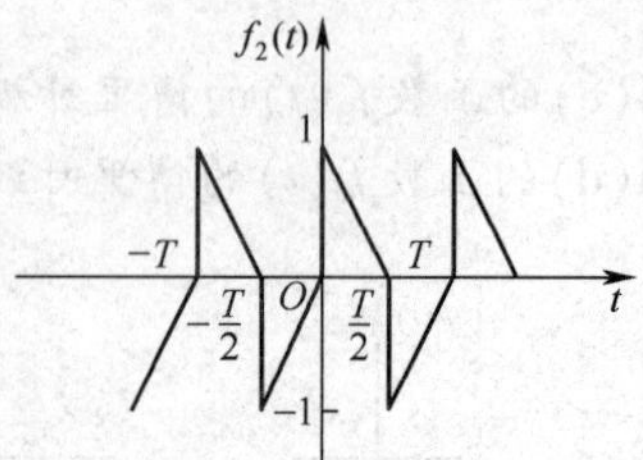

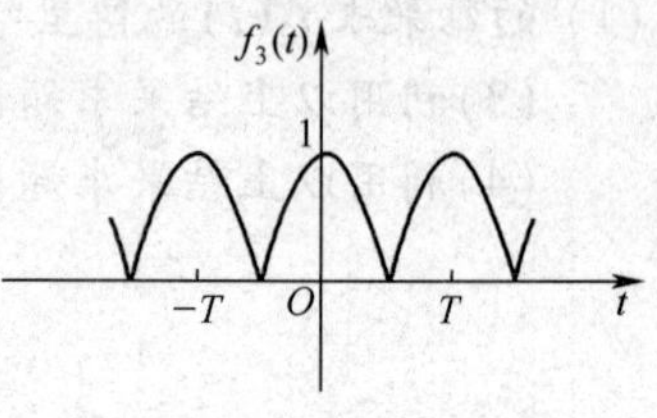

题图 3.5　题 3.5 图

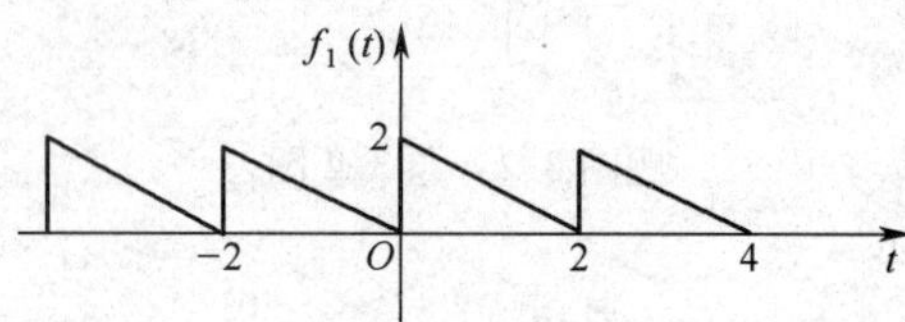

题图 3.6　题 3.6 图

3.7　将题图 3.7 所示周期冲激信号展开为指数形式的傅里叶级数。

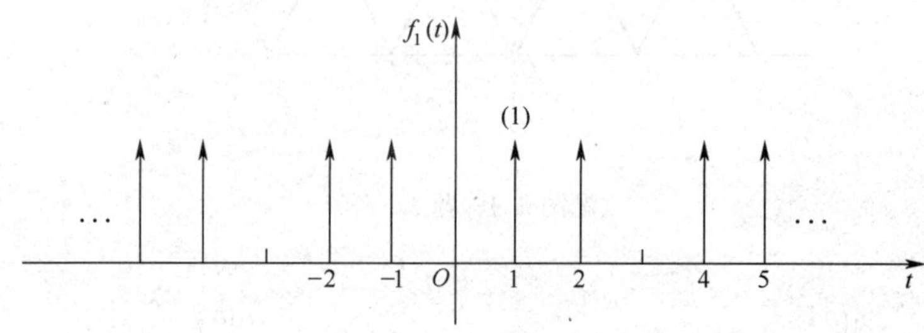

题图 3.7　题 3.7 图

3.8　如题图 3.8 所示，$f_0(t)$是周期信号的第 1 个半周内的波形，试根据以下要求，画出周期信号的完整波形。

(1) 只包含正弦分量。

(2) 只包含直流分量和余弦分量。

(3) 只包含奇次谐波分量。

(4) 只包含偶次谐波分量和直流分量。

3.9　无源二端网络输入电流和电压分别为

$$i = 10\cos t + 5\cos(2t - 45°)$$

$$u = 2\cos(t + 45°) + \cos(2t + 45°) + \cos(3t + 60°)$$

(1) 试求网络吸收的平均功率。

(2) 画出单边功率谱。

3.10　信号$f(t)$的波形如题图 3.9 所，设$f(t) \leftrightarrow F(j\omega)$，若不计算$F(j\omega)$，试求：

(1) $F(j0)$。

(2) $\int_{-\infty}^{+\infty} F(j\omega)\,d\omega$。

(3) $\int_{-\infty}^{+\infty} |F(j\omega)|^2\,d\omega$。

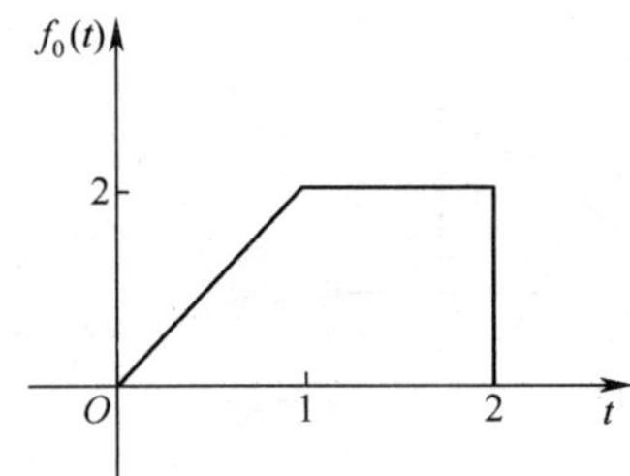

题图 3.8　题 3.8 图

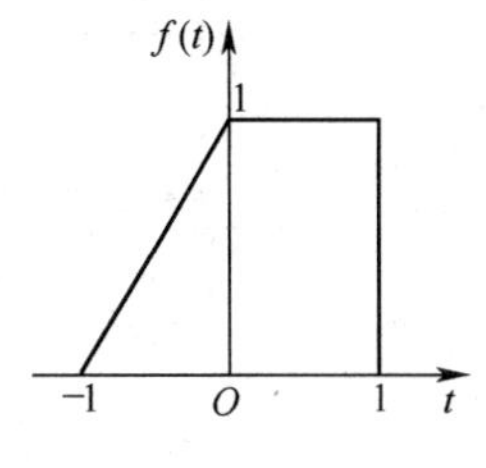

题图 3.9　题 3.10 图

3.11　利用能量等式 $\int_{-\infty}^{+\infty} f^2(t)\mathrm{d}t = \frac{1}{2\pi}\int_{-\infty}^{+\infty} |F(\mathrm{j}\omega)|^2\mathrm{d}\omega$，计算下列积分值

(1) $\int_{-\infty}^{+\infty}\left[\frac{\sin t}{t}\right]^2\mathrm{d}t$；

(2) $\int_{-\infty}^{+\infty}\frac{\mathrm{d}x}{(1+x^2)^2}$。

3.12　试求下列函数的傅里叶变换。

(1) $y_1(t) = 5\delta(t-3)$；　　(2) $y_2(t) = \frac{\mathrm{d}^2u(t)}{\mathrm{d}t^2}$；

(3) $y_3(t) = \mathrm{e}^{\mathrm{j}\omega_0 t}u(t)$；　　(4) $y_4(t) = \mathrm{e}^{\mathrm{j}\omega_0 t}\cos(\omega_0 t)$。

3.13　试求下列函数的傅里叶变换。

(1) $y_1(t) = tu(t-t_0)$；　(2) $y_2(t) = \cos t\cdot u(t)$；

(3) $y_3(t) = 2\mathrm{Sa}(t)$；　(4) $y_4(t) = t\mathrm{e}^{-t}u(t)$。

3.14　设 $f(t)\leftrightarrow F(\mathrm{j}\omega)$，求下列函数的傅里叶变换。

(1) $f[A(t-\tau)]$；　(2) $f(At-\tau)$；

(3) $f(At-\frac{\tau}{A})$；　(4) $\mathrm{e}^{-\mathrm{j}At}f(2t)$。

3.15　试求题图 3.10 所示信号的傅里叶变换。

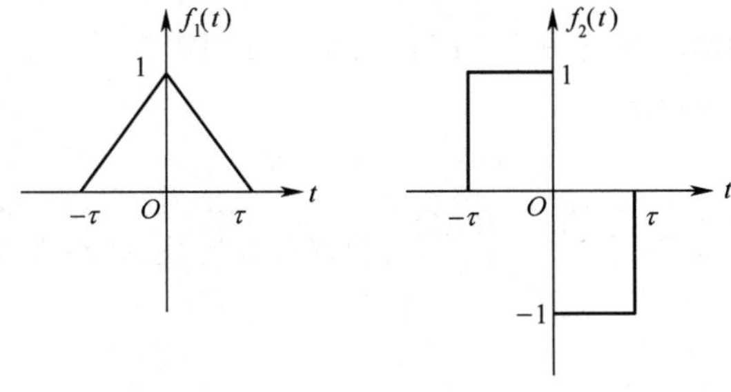

题图 3.10　题 3.15 图

3.16　试求题图 3.11 所示信号的傅里叶变换。

3.17　试求题图 3.12 所示信号的傅里叶变换。

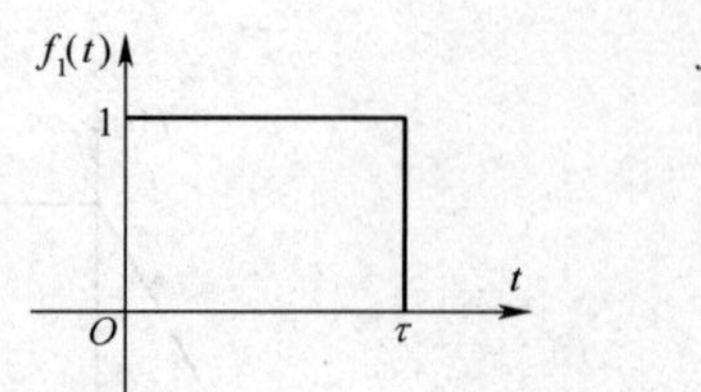

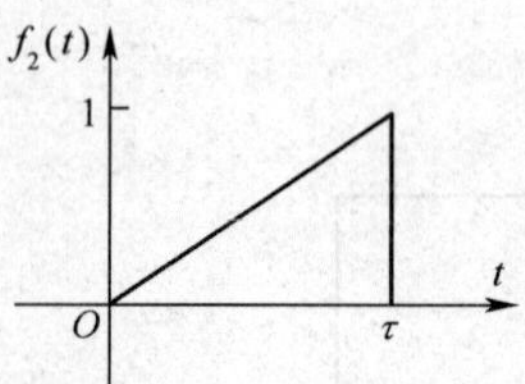

题图 3.11 题 3.16 图

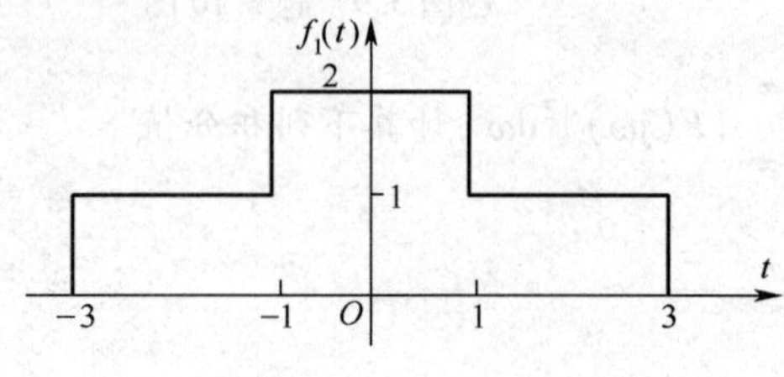

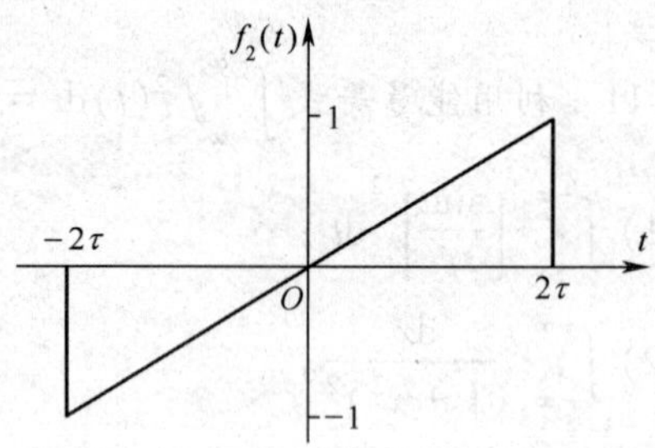

题图 3.12 题 3.17 图

3.18 试求题图 3.13 所示信号的傅里叶变换。

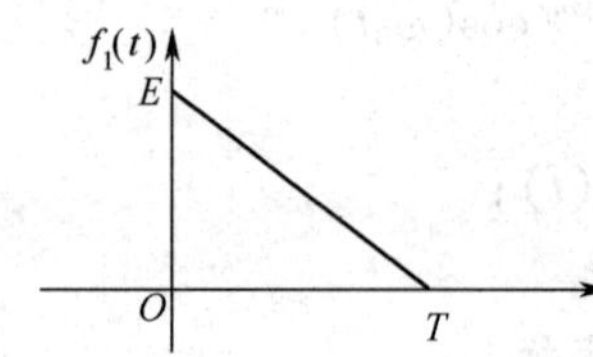

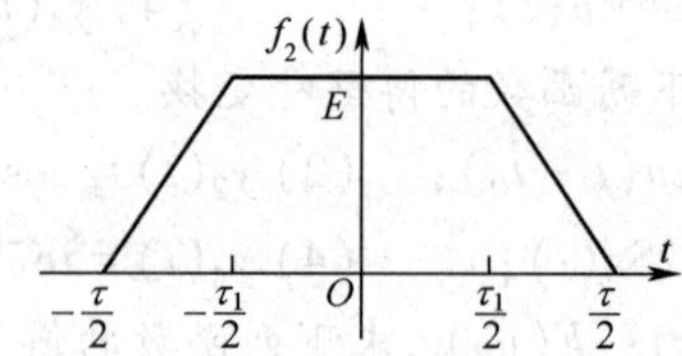

题图 3.13 题 3.18 图

3.19 已知 $f(t) \leftrightarrow F(j\omega)$，试求下列函数的频谱。

(1) $tf(2t)$； (2) $(t-2)f(t)$； (3) $t\dfrac{df(t)}{dt}$；

(4) $f(1-t)$； (5) $(1-t)f(1-t)$； (6) $f(2t-5)$。

3.20 $f(t)$ 为矩形脉冲，如题图 3.14 所示，要求分别用下列方法求傅里叶变换。

(1) 用傅里叶变换定义式；

(2) 用微分性质；

(3) 已知 $f_1(t) \leftrightarrow F_1(j\omega) = T\dfrac{\sin(\omega T/2)}{\omega T/2}$，利用标度变换、时移和线性性质求 $F(j\omega)$。

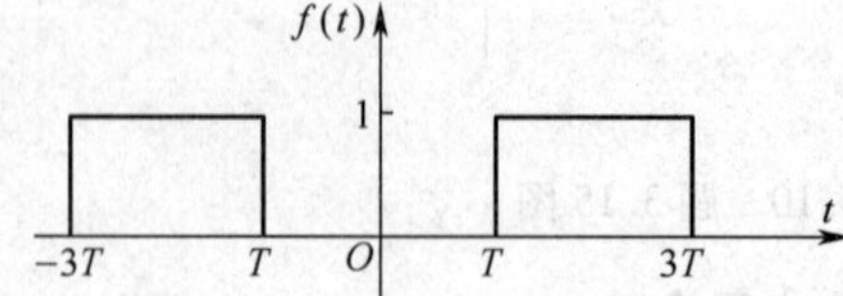

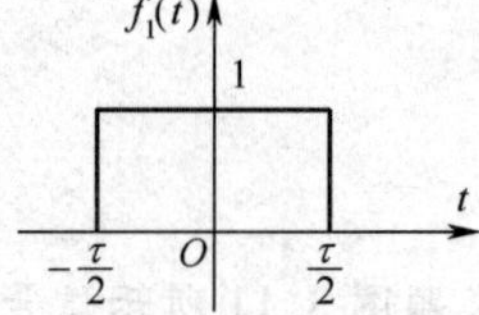

题图 3.14 题 3.20 图

3.21　对题图 3.15 所示波形，若已知 $f_1(t) \leftrightarrow F(j\omega)$，利用傅里叶变换性质求 $f_1(t)$ 以 $\frac{t_0}{2}$ 为轴翻转后得 $f_2(t)$ 的傅里叶变换。

3.22　如题图 3.16 所示的调幅系统，当输入 $f(t)$ 和 $s(t)$ 加到乘法器后，其输出 $y(t) = f(t)\cdot s(t)$，如 $s(t) = \cos 200t$，$f(t) = 5 + 2\cos 10t + 3\cos 20t$，试画出输出 $y(t)$ 的频谱图。

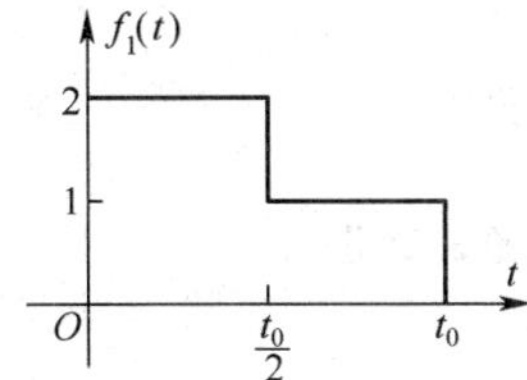

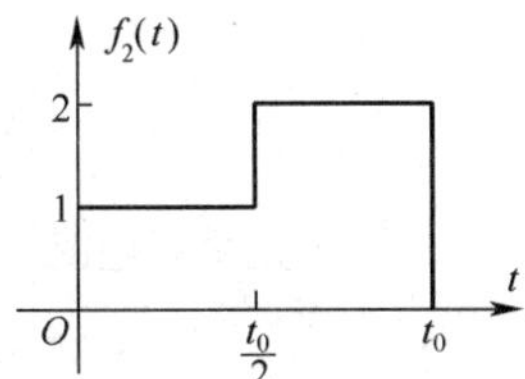

题图 3.15　题 3.21 图

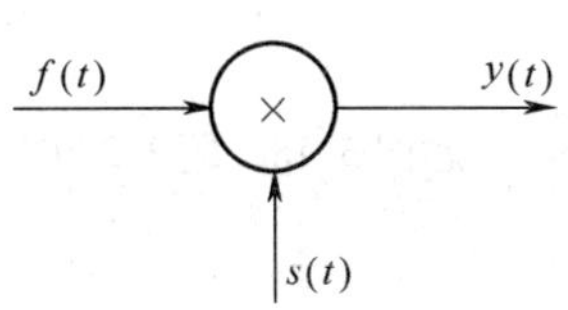

题图 3.16　题 3.22 图

3.23　试求下列信号的频谱函数

(1) $f_1(t) = u(-t)$；　(2) $f_2(t) = e^t u(-t)$；　(3) $f_3(t) = \frac{1}{2}\mathrm{sgn}(-t)$；

(4) $f_4(t) = e^{2t}u(t)$；　(5) $f_5(t) = u(t-3)$。

3.24　已知系统的频域系统函数为

$$H(j\omega) = \frac{1 - j\omega}{1 + j\omega}$$

试求：(1) 单位阶跃响应；

(2) 激励 $f(t) = e^{-2t}u(t)$ 的零状态响应。

3.25　一理想低通滤波器的频率响应如题图 3.17 所示，其相频特性 $\varphi(\omega) = 0$，试画出输入为下列函数时，输出信号的频谱图。

(1) $f(t) = \frac{\sin(\pi t)}{\pi t}$；

(2) $f(t) = \begin{cases} 1 & |t| < 1 \\ 0 & |t| > 1 \end{cases}$。

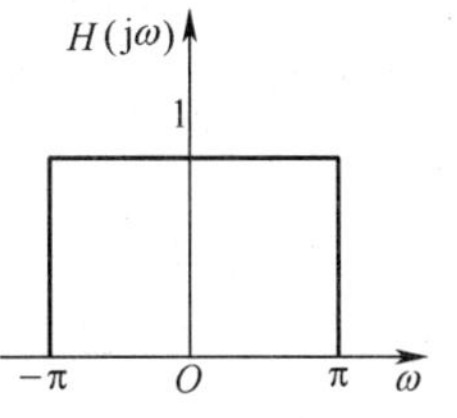

题图 3.17　题 3.25 图

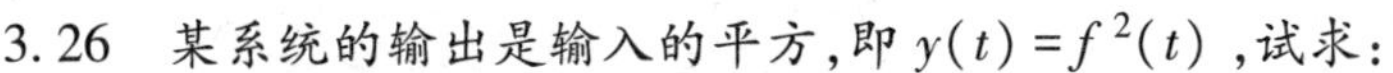

3.26　某系统的输出是输入的平方，即 $y(t) = f^2(t)$，试求：

(1) 如 $f(t) = \frac{\sin t}{t}$，求 $y(t)$ 的频谱函数。

(2) 如 $f(t) = \frac{1}{2} + \cos t + \cos 2t$，求 $y(t)$ 的频谱函数。

3.27　某系统幅频特性 $|H(j\omega)|$ 和相频特性 $\varphi(\omega)$ 如题图 3.18 所示，试求其冲激响应 $h(t)$。

3.28　如题图 3.19 所示函数，已知

$$f(t) = \sin 300t + 2\cos 1\,000t + \cos 2\,000t$$

$$x(t) = \cos 5\,000t$$

试求响应 $y(t)$ 的频谱函数，并画出频谱图。

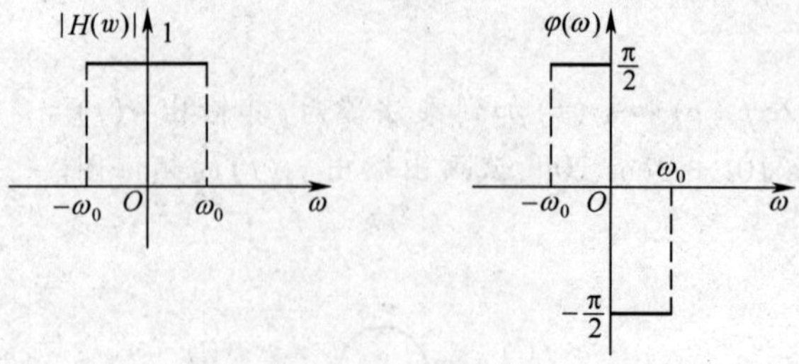

题图 3.18　题 3.27 图

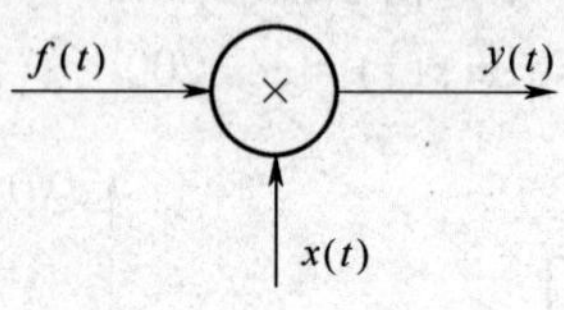

题图 3.19　题 3.28 图

第4章 连续时间信号与系统的复频域分析

第3章所讨论的连续时间信号与系统的频域分析,是以虚指数函数 $e^{j\omega t}$ 为基本信号,将任意输入信号分解为不同频率的指数分量的叠加;系统的响应(零状态响应)是各频率的输入分量响应的叠加;所涉及的是傅里叶级数和傅里叶变换问题。这种以傅里叶变换为基础的频域分析法通常要求信号 $f(t)$ 满足绝对可积条件。然而有些重要的信号,如周期信号、阶跃信号、单边指数信号 $e^{at}u(t)(a>0)$ 等,不满足绝对可积条件,不能直接进行傅里叶变换。

本章将要讨论的复频域分析法,是以复指数函数 e^{st} ($s=\sigma+j\omega$,为复变量,称为复频率)为基本信号,对任意输入信号进行分解,系统的响应也是同复频率的复指数信号,其输入和输出之间由系统函数 $H(s)$ 相联系,所涉及的是拉普拉斯变换和其逆变换问题。拉普拉斯变换可以看作是傅里叶变换的进一步推广,对那些不能进行傅里叶变换的信号,可进行拉普拉斯变换。拉普拉斯变换法又称为复频域分析法(s 域分析法),是分析连续线性非时变系统的强有力的工具,其突出优点是:可自动引入初始状态,求出系统的全响应;可将微积分运算转换为乘除的代数运算;可将时域的卷积运算转化为复频域的乘积运算,为求时域卷积提供了一种新的方法。

4.1 拉普拉斯变换

4.1.1 从傅里叶变换到拉普拉斯变换

由第3章可知,当信号 $f(t)$ 满足绝对可积条件时,可以进行以下傅里叶变换和逆变换:

$$F(j\omega)=\int_{-\infty}^{+\infty}f(t)\,e^{-j\omega t}dt \tag{4.1.1}$$

$$f(t)=\frac{1}{2\pi}\int_{-\infty}^{+\infty}F(j\omega)\,e^{-j\omega t}d\omega \tag{4.1.2}$$

但有些信号不满足绝对可积条件,不能用上式进行傅里叶变换。这些信号不满足绝对可积条件的原因是由于衰减太慢或者不衰减,例如,单位阶跃信号 $f(t)=u(t)$,$t\to+\infty$,$f(t)=1$ 不衰减。为了克服以上困难,可用一个收敛因子 $e^{-\sigma t}$ 与 $f(t)$ 相乘,只要 σ 值选择合适,就能保证 $f(t)\,e^{-\sigma t}$ 满足绝对可积条件,从而求出 $f(t)\,e^{-\sigma t}$ 的傅里叶变换,即

$$\begin{aligned}\boldsymbol{F}[f(t)\,e^{-\sigma t}]&=\int_{-\infty}^{+\infty}f(t)\,e^{-\sigma t}\cdot e^{-j\omega t}dt\\&=\int_{-\infty}^{+\infty}f(t)\,e^{-(\sigma+j\omega)t}dt\end{aligned} \tag{4.1.3}$$

将上式与傅里叶变换定义式比较,可写作

$$F[f(t)\,\mathrm{e}^{-\sigma t}]=F(\sigma+\mathrm{j}\omega)$$

取傅里叶反变换

$$F^{-1}[F(\sigma+\mathrm{j}\omega)]=f(t)\,\mathrm{e}^{-\sigma t}=\frac{1}{2\pi}\int_{-\infty}^{+\infty}F(\sigma+\mathrm{j}\omega)\,\mathrm{e}^{\mathrm{j}\omega t}\mathrm{d}\omega$$

上式两边同时除以 $\mathrm{e}^{-\sigma t}$，有

$$f(t)=\frac{1}{2\pi}\int_{-\infty}^{+\infty}F(\sigma+\mathrm{j}\omega)\,\mathrm{e}^{(\sigma+\mathrm{j}\omega)t}\mathrm{d}\omega \tag{4.1.4}$$

令 $s=\sigma+\mathrm{j}\omega$，其中 σ 是常数，则 $\mathrm{d}\omega=\frac{1}{j}\mathrm{d}s$，于是式(4.1.3)和式(4.1.4)可以写为

$$F(s)=\int_{-\infty}^{+\infty}f(t)\,\mathrm{e}^{-st}\mathrm{d}t \tag{4.1.5}$$

$$f(t)=\frac{1}{2\pi\mathrm{j}}\int_{\sigma-\mathrm{j}\infty}^{\sigma+\mathrm{j}\infty}F(s)\,\mathrm{e}^{st}\mathrm{d}s \tag{4.1.6}$$

式(4.1.5)称为 $f(t)$ 的双边拉普拉斯变换，它是一个含复变量 s 的积分，把关于时间 t 为变量的函数变换为关于 s 为变量的复变函数 $F(s)$，称 $F(s)$ 为 $f(t)$ 的像函数。式(4.1.6)称为 $F(s)$ 的拉普拉斯逆变换，称 $f(t)$ 为 $F(s)$ 的原函数。以上两式构成一变换对，可简记为

$$\begin{cases}F(s)=L[f(t)]\\ f(t)=L^{-1}[f(s)]\end{cases} \tag{4.1.7}$$

$$f(t)\leftrightarrow F(s)$$

在实际运用中，时间信号大多为有始信号，即 $f(t)=f(t)u(t)$，则式(4.1.5)写为

$$F(s)=\int_{0-}^{\infty}f(t)\,\mathrm{e}^{-st}\mathrm{d}t \tag{4.1.8}$$

式(4.1.8)称为单边拉普拉斯变换。式中积分下限取 0_-，是考虑到 $f(t)$ 中可能包含冲激函数及其各阶导数，一般情况下，认为 0 和 0_- 是等同的。本章主要讨论单边拉普拉斯变换，如不特别指出，本书的拉普拉斯均指单边的。

$F(s)$ 的拉普拉斯可写为

$$f(t)=\begin{cases}0 & t<0\\ \dfrac{1}{2\pi\mathrm{j}}\displaystyle\int_{\sigma-\mathrm{j}\infty}^{\sigma+\mathrm{j}\infty}F(s)\,\mathrm{e}^{st}\mathrm{d}s & t\geqslant 0\end{cases} \tag{4.1.9}$$

为简便起见，常只写 $f(t)$ 的 $t\geqslant 0$ 部分。

4.1.2 拉普拉斯变换的收敛域

由上面的讨论可知，$F(s)$ 存在的条件是被积函数为收敛函数，即

$$\int_{0-}^{\infty}\left|f(t)\,\mathrm{e}^{-st}\right|\mathrm{d}t<+\infty \tag{4.1.10}$$

上式的存在取决于 s 值的选择，也就是 σ 值的选择。要求满足以下条件：

$$\lim_{t\to\infty}f(t)\,\mathrm{e}^{-\sigma t}=0 \tag{4.1.11}$$

式(4.1.11)是拉普拉斯变换存在的充分条件。满足式(4.1.11)的 s 值的范围(即 σ 的取值集合)称为拉普拉斯变换的收敛域。

在 s 平面(以 σ 为横轴，$\mathrm{j}\omega$ 为纵轴的复平面)上，收敛域是一个区域，它是由收敛坐标 σ_C 决定的，σ_C 的取值与信号 $f(t)$ 有关。过 σ_C 平行于虚轴的一条直线称为收敛轴或收敛边界。对有始信号 $f(t)$，若满足以下条件

$$\lim_{t\to\infty} f(t)\,\mathrm{e}^{-\sigma t}=0,\sigma>\sigma_C \tag{4.1.12}$$

则收敛条件为 $\sigma>\sigma_C$，在 s 平面的收敛域如图 4.1.1所示。

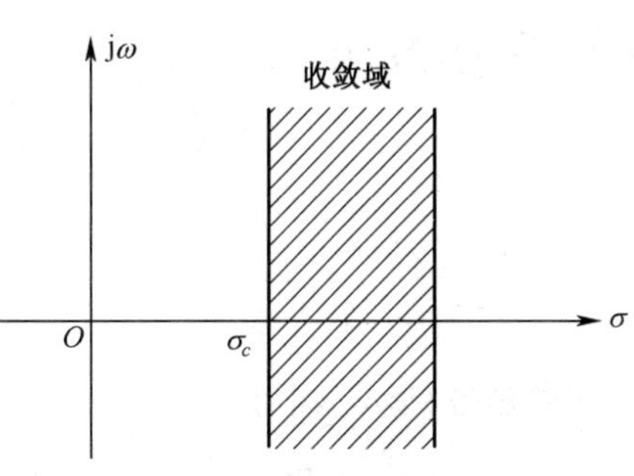

图 4.1.1　拉普拉斯的收敛域

凡是满足式(4.1.12)的信号都称为指数阶信号，意思是指借助于衰减因子 $\mathrm{e}^{-\sigma t}$ 的衰减作用，使 $f(t)\,\mathrm{e}^{-\sigma t}$ 成为收敛函数，因此，它的收敛域都位于收敛轴的右侧。

下面讨论几种典型信号的拉普拉斯变换的收敛域。

(1) $f_1(t)=\mathrm{e}^{-at}u(t)\,(a>0)$。

$$\lim_{t\to\infty}\mathrm{e}^{-at}\,\mathrm{e}^{-\sigma t}=\lim_{t\to\infty}\mathrm{e}^{-(a+\sigma)t}=0,a+\sigma>0$$

其收敛域为 $\sigma>-a,\sigma_C=-a$。

(2) $f_2(t)=u(t)$。

$$\lim_{t\to\infty}u(t)\cdot\mathrm{e}^{-\sigma t}=0,\sigma>0$$

此时 $\sigma_C=0$，收敛域为 $\sigma>0$，即 s 平面的右半平面为收敛域。

(3) $f_3(t)=Au(t)-Au(t-\tau)$。

这是一个时域有限信号(时限信号)

$$\lim_{t\to\infty}0\cdot\mathrm{e}^{-\sigma t}=0,\sigma>-\infty$$

或

$$\int_{0_-}^{+\infty}A[u(t)-u(t-\tau)]\,\mathrm{e}^{-\sigma t}\mathrm{d}t=\int_0^{\tau}A\,\mathrm{e}^{-\sigma t}\mathrm{d}t$$

积分是有界的，对 σ 没有要求，即全平面收敛。一般而言，对于任何有界的非周期信号，其能量有限，都为无条件收敛。

(4) $f_4(t)=\mathrm{e}^{at}u(t)\,(a>0)$。

这是一个增长的单边指数信号

$$\lim_{t\to\infty}\mathrm{e}^{at}\cdot\mathrm{e}^{-\sigma t}=\lim_{t\to\infty}\mathrm{e}^{-(\sigma-a)t}=0,\sigma-a>0$$

其收敛域为 $\sigma>a,\sigma_C=a$。

由上例可以看出，对一些增长很快的信号，如 e^{t^2}、t^t 等，无法找到合适的 σ 值使其收敛，所以不存在拉普拉斯变换。但实际中遇到的一般都是指数阶信号，式(4.1.12)总能满足，也就是说，其单边拉普拉斯总是存在的，所以用拉普拉斯变换分析信号与系统时，一般不再注明收敛域。

4.1.3 常用信号的拉普拉斯变换

下面根据拉普拉斯变换的定义式，求一些常用信号的拉普拉斯变换。

1. 单位阶跃信号 $u(t)$

$$F(s)=L[u(t)]=\int_{0_-}^{+\infty}\mathrm{e}^{-st}\mathrm{d}t=\frac{1}{s}$$

即

$$u(t)\leftrightarrow\frac{1}{s}$$

2. 单位冲激信号 $\delta(t)$

$$F(s)=L[\delta(t)]=\int_{0_-}^{+\infty}\delta(t)\,\mathrm{e}^{-st}\mathrm{d}t=1$$

即

$$\delta(t) \leftrightarrow 1$$

3. 指数信号$e^{at}u(t)$

$$F(s) = L[e^{at}u(t)] = \int_{0_-}^{+\infty} e^{at}e^{-st}dt = \frac{1}{s-a}$$

即

$$e^{at}u(t) \leftrightarrow \frac{1}{s-a}$$

4. 正弦信号 $\sin \omega_0 tu(t)$

$$F(s) = L[\sin \omega_0 tu(t)] = \int_{0_-}^{+\infty} \sin \omega_0 tu(t) \cdot e^{-st}dt$$

$$= \int_{0_-}^{+\infty} \frac{e^{j\omega_0 t} - e^{-j\omega_0 t}}{2j} e^{-st} dt$$

$$= \frac{\omega_0}{s^2 + \omega_0^2}$$

即

$$\sin \omega_0 tu(t) \leftrightarrow \frac{\omega_0}{s^2 + \omega_0^2}$$

同理可得

$$\cos \omega_0 tu(t) \leftrightarrow \frac{s}{s^2 + \omega_0^2}$$

5. t的正幂信号$t^n u(t)$

$$F(s) = L[t^n u(t)] = \int_{0_-}^{+\infty} t^n e^{-st}dt$$

使用分部积分法有

$$\int_0^{\infty +} t^n e^{-st}dt = -\frac{1}{s} t^n e^{-st} \Big|_0^{+\infty} + \frac{n}{s}\int_0^{+\infty} t^{n-1} e^{-st}dt$$

$$= \frac{n}{s}\int_0^{+\infty} t^{n-1} e^{-st}dt = \frac{n}{s} \cdot \frac{n-1}{s} \cdot \frac{n-2}{s} \cdots \frac{1}{s}\int_0^{+\infty} t^0 e^{-st}dt$$

$$= \frac{n!}{s^{n+1}}$$

即

$$t^n u(t) \leftrightarrow \frac{n!}{s^{n+1}}$$

当 $n=1$ 时，$tu(t) = \frac{1}{s^2}$；

当 $n=2$ 时，$t^2u(t) = \frac{2}{s^3}$。

为计算时查找方便，现将一些常用函数的拉普拉斯变换列于表 4.1.1 中。

表 4.1.1 常用信号的拉普拉斯变换表

序号	$f(t)t \geqslant 0$	$F(s) = L[f(t)]$	序号	$f(t)t \geqslant 0$	$F(s) = L[f(t)]$
1	$\delta(t)$	1	10	$\sin \omega t$	$\frac{\omega}{s^2+\omega^2}$
2	$\delta^{(n)}(t)$	s^n	11	$\cos \omega t$	$\frac{s}{s^2+\omega^2}$
3	$u(t)$	$\frac{1}{s}$	12	$e^{-at}\sin \omega t$	$\frac{\omega}{(s+a)^2+\omega^2}$
4	t^n	$\frac{n!}{s^{n+1}}$	13	$e^{-at}\cos \omega t$	$\frac{s+a}{(s+a)^2+\omega^2}$
5	$e^{\mp at}, a>0$	$\frac{1}{s \pm a}$	14	$t\cos \omega t$	$\frac{s^2-\omega^2}{(s^2+\omega^2)^2}$
6	te^{-at}	$\frac{1}{(s+a)^2}$	15	$t\sin \omega t$	$\frac{2\omega s}{(s^2+\omega^2)^2}$
7	$(1-at)e^{-at}$	$\frac{s}{(s+a)^2}$	16	$\mathrm{sh}\, \omega t$	$\frac{\omega}{s^2-\omega^2}$
8	$t^n e^{-at}$	$\frac{n!}{(s+a)^{n+1}}$	17	$\mathrm{ch}\, \omega t$	$\frac{s}{s^2-\omega^2}$
9	$e^{j\omega t}$	$\frac{1}{s-j\omega}$			

4.2 拉普拉斯变换的性质

拉普拉斯变换的性质反映了信号的时域特性与 s 域特性的关系,熟悉它们对于掌握复频域分析方法十分重要。同时,拉普拉斯变换是由傅里叶变换推出来的,所以拉普拉斯变换的性质在很多情况下同傅里叶变换是相似的,即用复频率 s 代替频率 $j\omega$,不同的是拉普拉斯变换是单边的而傅里叶变换是双边的。

4.2.1 线性性质

若 $f_1(t) \leftrightarrow F_1(s)$, $f_2(t) \leftrightarrow F_2(s)$,则有

$$af_1(t) + bf_2(t) \leftrightarrow aF_1(s) + bF_2(s) \tag{4.2.1}$$

式中, a,b 为任意常数。证明略。

4.2.2 时移(延时)特性

若 $f(t) \leftrightarrow F(s)$,则有

$$f(t-t_0)u(t-t_0) \leftrightarrow F(s)\,e^{-st_0} \tag{4.2.2}$$

式中, $t_0 > 0$。

证明 $L[f(t-t_0)u(t-t_0)] = \int_{t_0}^{+\infty} f(t-t_0)e^{-st}dt$

令 $x = t - t_0$, $dx = dt$,于是有

$$\begin{aligned} L[f(t-t_0)u(t-t_0)] &= \int_{0_-}^{+\infty} f(x)e^{-sx}\,e^{-st_0}dx \\ &= e^{-st_0}\int_{0_-}^{+\infty} f(x)e^{-sx}dx \\ &= e^{-st_0}F(s) \end{aligned}$$

在应用此性质时要注意：

(1) $t_0 > 0$ 十分重要，因为如果 $t_0 < 0$，信号的波形左移可能越过原点而无拉普拉斯变换。

(2)因果信号 $f(t)u(t)$ 延时后得到信号 $f(t-t_0)u(t-t_0)$ 可应用该性质，但 $f(t-t_0)u(t)$ 和 $f(t)u(t-t_0)$ 不能直接应用该性质。

【例 4.2.1】 求图 4.2.1 所示的波形的拉普拉斯变换。

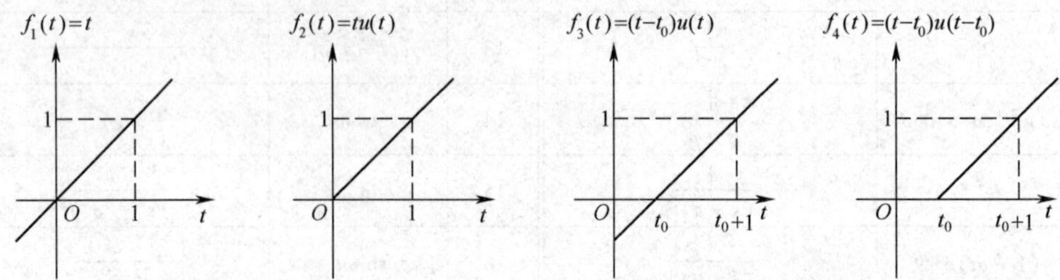

图 4.2.1 例 4.2.1 图

【解】 (1) $f_1(t)=t \leftrightarrow F_1(s)=\dfrac{1}{s^2}$；

(2) $f_2(t)=tu(t) \leftrightarrow F_2(s)=\dfrac{1}{s^2}$；

(3) $f_3(t)=(t-t_0)u(t)=tu(t)-t_0u(t) \leftrightarrow F_3(s)=\dfrac{1}{s^2}-\dfrac{t_0}{s}$；

(4) $f_4(t)=(t-t_0)u(t-t_0) \leftrightarrow F_4(s)=\dfrac{1}{s^2}\mathrm{e}^{-st_0}$。

可见，只有 $F_4(s)$ 是根据 $F_2(s)$ 应用延时性质直接求出的。

【例 4.2.2】 求图 4.2.2 所示矩形脉冲序列的拉普拉斯。

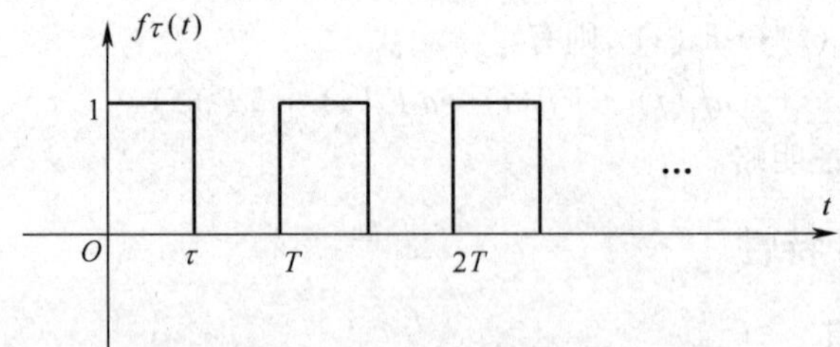

图 4.2.2 矩形脉冲序列

【解】 该周期信号可写作

$$f(t)=\sum_{n=0}^{+\infty} f_0(t-nT)\cdot u(t-nT)$$

其中，$f_0=u(t)-u(t-\tau)$ 为单个矩形脉冲。

由 $u(t)\leftrightarrow\dfrac{1}{s}$ 及拉普拉斯的时延性质可知

$$F_0(s)=\frac{1}{s}-\frac{1}{s}\mathrm{e}^{-s\tau}=\frac{1-\mathrm{e}^{-s\tau}}{s}$$

再利用时延性质可得

$$\begin{aligned}F(s)=L[f(t)]&=L\Big[\sum_{n=0}^{+\infty}f_0(t-nT)u(t-nT)\Big]\\&=F_0(s)[1+\mathrm{e}^{-sT}+\mathrm{e}^{-2sT}+\cdots]\\&=F_0(s)\frac{1}{1-\mathrm{e}^{-sT}}\\&=\frac{1-\mathrm{e}^{-s\tau}}{s(1-\mathrm{e}^{-sT})}\end{aligned}$$

由此例题,可以得出周期信号的单边拉普拉斯变换的一般公式:

$$f_T(t)=\sum_{n=0}^{+\infty}f_0(t-nT)\cdot F_T(s)=\frac{F_0(s)}{1-\mathrm{e}^{-sT}} \tag{4.2.3}$$

其中,$F_0(s)$ 是第一个周期信号的拉普拉斯变换。

4.2.3 尺度变换特性

若$f(t)\leftrightarrow F(s)$,且有实常数 $a>0$,则

$$f(at)\leftrightarrow\frac{1}{a}F\left(\frac{s}{a}\right) \tag{4.2.4}$$

证明 $L[f(at)]=\int_{0_-}^{+\infty}f(at)\mathrm{e}^{-st}\mathrm{d}t$

令 $x=at$, $dx=a\mathrm{d}t$,则

$$\begin{aligned}L[f(at)]&=\int_{0_-}^{+\infty}f(x)\mathrm{e}^{-\frac{s}{a}x}\frac{1}{a}\mathrm{d}x\\&=\frac{1}{a}\int_{0_-}^{+\infty}f(x)\mathrm{e}^{-\frac{s}{a}x}\mathrm{d}x\\&=\frac{1}{a}F\left(\frac{s}{a}\right)\end{aligned}$$

使用尺度变换特性时,注意必须满足 $a>0$。如果 $a<0$,$f(at)$ 有翻转关系,因而$f(at)$ 翻转到 $t<0$ 的部分的单边拉普拉斯将为零,使信息丢失。

如果信号既有延时又有变换时间的尺度,则有:

若$f(t)\leftrightarrow F(s)$,且有实常数 $a>0$, $b\geqslant 0$,则

$$f(at-b)u(at-b)\leftrightarrow\frac{1}{a}\mathrm{e}^{-\frac{b}{a}s}F\left(\frac{s}{a}\right) \tag{4.2.5}$$

式(4.2.5)可以通过先延时后尺度变换或先尺度变换后延时导出。

4.2.4 复频移特性

若$f(t)\leftrightarrow F(s)$,则有

$$f(t)\mathrm{e}^{\pm s_0t}\leftrightarrow F(s\mp s_0) \tag{4.2.6}$$

式中,$s_0=\sigma_0+\mathrm{j}\omega_0$ 为复常数。

证明

$$
\begin{aligned}
L[f(t)\mathrm{e}^{\pm s_0 t}] &= \int_{0-}^{+\infty} f(t)\mathrm{e}^{\pm s_0 t}\mathrm{e}^{-st}\mathrm{d}t \\
&= \int_{0-}^{\infty} f(t)\mathrm{e}^{-(s \mp s_0)t}\mathrm{d}t \\
&= F(s \mp s_0)
\end{aligned}
$$

该性质表明,时域 $f(t)$ 乘 $\mathrm{e}^{\pm s_0 t}$,相当于复频域里 $F(s)$ 发生了 $\mp s_0$ 的复频率移动。

【例 4.2.3】 求衰减的正弦信号 $\mathrm{e}^{-at}\sin\omega_0 t \cdot u(t)$ 的拉普拉斯。

【解】因为

$$
\sin\omega_0 t u(t) \leftrightarrow \frac{\omega_0}{s^2+\omega_0^{\ 2}}
$$

所以

$$
\mathrm{e}^{-at}\sin\omega_0 t u(t) \leftrightarrow \frac{\omega_0}{(s+a)^2+\omega_0^{\ 2}}
$$

如果信号既有时移又有复频移,则其结果也具有一般性,即

若 $f(t)\leftrightarrow F(s)$,且有 $t_0>0$,则有

$$
\mathrm{e}^{-s_0(t-t_0)}f(t-t_0)u(t-t_0) \leftrightarrow \mathrm{e}^{-st_0}F(s+s_0) \tag{4.2.7}
$$

证明从略。

4.2.5 时域微分性质(定理)

若 $f(t)\leftrightarrow F(s)$,且 $\frac{\mathrm{d}f(t)}{\mathrm{d}t}$ 存在,则有

$$
\begin{cases}
\frac{\mathrm{d}f(t)}{\mathrm{d}t} \leftrightarrow sF(s) - f(0_-) \\
\frac{\mathrm{d}^2 f(t)}{\mathrm{d}t^2} \leftrightarrow s^2F(s) - sf(0_-) - f'(0_-) \\
\vdots \\
\frac{\mathrm{d}^n f(t)}{\mathrm{d}t^n} \leftrightarrow s^nF(s) - \sum_{m=0}^{n-1} s^{n-1-m} - f^{(m)}(0_-)
\end{cases} \tag{4.2.8}
$$

证明

$$
L\left[\frac{\mathrm{d}f(t)}{\mathrm{d}t}\right] = \int_{0_-}^{+\infty} \frac{\mathrm{d}f(t)}{\mathrm{d}t}\mathrm{e}^{-st}\mathrm{d}t = f(t)\mathrm{e}^{-st}\Big|_{0_-}^{+\infty} + s\int_{0-}^{+\infty} f(t)\mathrm{e}^{-st}\mathrm{d}t
$$

因为 $f(t)$ 是指数阶信号,在收敛域内有 $\lim_{t\to\infty} f(t)\mathrm{e}^{-st}=0$,所以

$$
L\left[\frac{\mathrm{d}f(t)}{\mathrm{d}t}\right] = sF(s) - f(0^-)
$$

同理可以推证

$$
\frac{\mathrm{d}^n f(t)}{\mathrm{d}t^n} \leftrightarrow s^nF(s) - s^{n-1}f(0^-) - s^{n-2}f'(0^-) - \cdots - f^{(n-1)}(0-) = s^nF(s) - \sum_{m=0}^{n-1} s^{n-1-m} - f^{(m)}(0^-)
$$

【例 4.2.4】 已知 $f(t)=\mathrm{e}^{-at}u(t)$,求 $\frac{\mathrm{d}f(t)}{\mathrm{d}t}$ 的拉普拉斯。

【解】 可用两种方法求解。

解法一:由基本定义式求解。

因为

$$\frac{\mathrm{d}f(t)}{\mathrm{d}t}=\frac{\mathrm{d}}{\mathrm{d}t}[\mathrm{e}^{-at}u(t)]=\delta(t)-a\mathrm{e}^{-at}u(t)$$

所以

$$L\left[\frac{\mathrm{d}f(t)}{\mathrm{d}t}\right]=L[\delta(t)]-L[a\mathrm{e}^{-at}u(t)]$$

$$=1-\frac{a}{s+a}=\frac{s}{s+a}$$

解法二:由微分性质求解。

已知 $$f(t)\leftrightarrow F(s)=\frac{1}{s+a},f(0_-)=0$$

则

$$L\left[\frac{\mathrm{d}f(t)}{\mathrm{d}t}\right]=sF(s)-f(0_-)=\frac{s}{s+a}$$

4.2.6 时域积分性质(定理)

若$f(t)\leftrightarrow F(s)$,则

$$\int_{-\infty}^{t}f(x)\mathrm{d}x\leftrightarrow\frac{F(s)}{s}+\frac{\int_{-\infty}^{0_-}f(t)\mathrm{d}t}{s} \tag{4.2.9}$$

证明

因为

$$\int_{-\infty}^{t}f(x)\mathrm{d}x=\int_{-\infty}^{0_-}f(t)\mathrm{d}t+\int_{0-}^{t}f(x)\mathrm{d}x$$

所以

$$L\left[\int_{-\infty}^{t}f(x)\mathrm{d}x\right]=L\left[\int_{-\infty}^{0_-}f(t)\mathrm{d}t\right]+L\left[\int_{0_-}^{t}f(x)\mathrm{d}x\right]$$

其中,右端第一项积分为常数,即

$$L\left[\int_{-\infty}^{0_-}f(t)\mathrm{d}t\right]=\frac{\int_{-\infty}^{0_-}f(t)\mathrm{d}t}{s}$$

第二项积分由分部积分可得

$$L\left[\int_{0_-}^{t}f(x)\mathrm{d}x\right]=\int_{0_-}^{+\infty}\left[\int_{0_-}^{t}f(x)\mathrm{d}x\right]\mathrm{e}^{-st}\mathrm{d}t$$

$$=\left[-\frac{\mathrm{e}^{-st}}{s}\int_{0_-}^{t}f(x)\mathrm{d}x\right]_{0_-}^{\infty}+\frac{1}{s}\int_{0_-}^{\infty}f(t)\mathrm{e}^{-st}\mathrm{d}t$$

$$=\frac{F(s)}{s}$$

所以 $$L\left[\int_{-\infty}^{t}f(x)\mathrm{d}x\right]=\frac{F(s)}{s}+\frac{\int_{-\infty}^{0_-}f(t)\mathrm{d}t}{s}$$

如果函数积分区间从零开始,则有

$$L\left[\int_{0}^{t}f(x)\mathrm{d}x\right]=\frac{F(s)}{s} \tag{4.2.10}$$

同理可推得

$$\underbrace{\int_0^t\int_0^{t_1}\cdots\int_0^{t_{n-1}}}_{n个} f(x)\,\mathrm{d}x\mathrm{d}\,t_{n-1}\cdots\mathrm{d}\,t_1 \leftrightarrow \frac{1}{s^n}F(s) \tag{4.2.11}$$

【例 4.2.5】 求 $f(t)=t^2u(t)$ 的拉普拉斯。

【解】 因为

$$tu(t)=\int_0^t u(x)\,\mathrm{d}x\ ,\ u(t)\leftrightarrow\frac{1}{s}$$

$$\frac{1}{2}t^2u(t)=\int_0^t\left[\int_0^{t_1}u(x)\,\mathrm{d}x\right]\mathrm{d}\,t_1$$

应用积分定理可得

$$L[t^2u(t)]=\frac{2}{s^2}$$

4.2.7 s 域微分性质

若 $f(t)\leftrightarrow F(s)$，则有

$$-tf(t)\leftrightarrow\frac{\mathrm{d}F(s)}{\mathrm{d}s} \tag{4.2.12}$$

$$(-t)^n f(t)\leftrightarrow\frac{\mathrm{d}^nF(s)}{\mathrm{d}\,s^n} \tag{4.2.13}$$

证明 根据定义 $F(s)=\int_{0_-}^{\infty}f(t)\,\mathrm{e}^{-st}\mathrm{d}t$，所以

$$\frac{\mathrm{d}F(s)}{\mathrm{d}s}=\frac{\mathrm{d}}{\mathrm{d}s}\left[\int_{0-}^{\infty}f(t)\,\mathrm{e}^{-st}\mathrm{d}t\right]=\int_{0_-}^{+\infty}f(t)\,\frac{\mathrm{d}}{\mathrm{d}s}[\mathrm{e}^{-st}]\,\mathrm{d}t$$

$$=\int_{0_-}^{\infty}[-tf(t)]\,\mathrm{e}^{-st}\mathrm{d}t=L[-tf(t)]$$

同理可推出

$$\frac{\mathrm{d}^nF(s)}{\mathrm{d}\,s^n}=\int_{0-}^{\infty}(-t)^nf(t)\,\mathrm{e}^{-st}\mathrm{d}t=L[(-t)^nf(t)]$$

【例 4.2.6】 求 $f(t)=t\,\mathrm{e}^{-at}u(t)$ 的拉普拉斯。

【解】 因为

$$\mathrm{e}^{-at}u(t)\leftrightarrow\frac{1}{s+a}$$

根据式(4.2.12)可以直接写出

$$t\,\mathrm{e}^{-at}u(t)\leftrightarrow\frac{1}{(s+a)^2}$$

即

$$L[t\,\mathrm{e}^{-at}u(t)]\leftrightarrow\frac{1}{(s+a)^2}$$

4.2.8 s 域积分性质

若 $f(t)\leftrightarrow F(s)$，则

$$\frac{f(t)}{t} \leftrightarrow \int_{s}^{+\infty} F(s_1)\,\mathrm{d}\,s_1 \tag{4.2.14}$$

证明

$$\begin{aligned}\int_{s}^{+\infty} F(s_1)\,\mathrm{d}\,s_1 &= \int_{0_-}^{+\infty}\left[\int_{0_-}^{+\infty} f(t)\,\mathrm{e}^{-s_1 t}\mathrm{d}t\right]\mathrm{d}\,s_1\\ &= \int_{s}^{+\infty} f(t)\left[\int_{s}^{+\infty}\mathrm{e}^{-s_1 t}\mathrm{d}\,s_1\right]\mathrm{d}t\\ &= \int_{0^-}^{\infty} f(t)\,\frac{1}{t}\,\mathrm{e}^{-st}\mathrm{d}t = L\left[\frac{f(t)}{t}\right]\end{aligned}$$

【例 4.2.7】 求$f(t)=\dfrac{\sin t}{t}u(t)$的拉普拉斯。

【解】 因为

$$\sin t u(t) \leftrightarrow \frac{1}{s^2+1}$$

所以

$$\begin{aligned}L\left[\frac{\sin t}{t}u(t)\right] &= \int_{s}^{\infty}\frac{1}{s_1^{\ 2}+1}d\,s_1 = \arctan s_1\Big|_{s}^{+\infty}\\ &= \frac{\pi}{2} - \arctan s\\ &= \arctan\frac{1}{s}\end{aligned}$$

4.2.9 卷积定理

1. 时域卷积定理

若$f_1(t)\leftrightarrow F_1(s)$，$f_2(t)\leftrightarrow F_2(s)$，则有

$$f_1(t) * f_2(t) \leftrightarrow F_1(s)\cdot F_2(s) \tag{4.2.15}$$

证明

$$\begin{aligned}L[f_1(t) * f_2(t)] &= \int_{0_-}^{+\infty}[f_1(t) * f_2(t)]\,\mathrm{e}^{-st}\mathrm{d}t\\ &= \int_{0_-}^{+\infty}\left[\int_{0_-}^{+\infty} f_1(\tau)f_2(t-\tau)\mathrm{d}\tau\right]\mathrm{e}^{-st}\mathrm{d}t\\ &= \int_{0_-}^{+\infty} f_1(\tau)\left[\int_{0_-}^{+\infty} f_2(t-\tau)\,\mathrm{e}^{-st}\mathrm{d}t\right]\mathrm{d}\tau\\ &\overset{\text{令}\, x=t-\tau}{\underset{\mathrm{d}x=\mathrm{d}t}{=\!=\!=}} \int_{0_-}^{+\infty} f_1(\tau)\mathrm{d}\tau\left[\int_{0_-}^{\infty} f_2(x)\,\mathrm{e}^{-s(x+\tau)}\mathrm{d}x\right]\\ &= \int_{0_-}^{+\infty} f_1(\tau)\,\mathrm{e}^{-s\tau}\mathrm{d}\tau\left[\int_{0_-}^{+\infty} f_2(x)\,\mathrm{e}^{-sx}\mathrm{d}x\right]\\ &= F_1(s)\cdot F_2(s)\end{aligned}$$

【例 4.2.8】 已知$f_1(t)=\mathrm{e}^{-\lambda t}u(t)$，$f_2(t)=u(t)$，求$f_1(t) * f_2(t)$。

【解】

$$f_1(t)=\mathrm{e}^{-\lambda t}u(t)\leftrightarrow\frac{1}{s+\lambda}=F_1(s)$$

$$f_2(t)=u(t)\leftrightarrow\frac{1}{s}=F_2(s)$$

而

$$F_1(s)\cdot F_2(s)=\frac{1}{s+\lambda}\cdot\frac{1}{s}=\frac{1}{\lambda}\left(\frac{1}{s}-\frac{1}{s+\lambda}\right)$$

所以

$$\begin{aligned}f_1(t)*f_2(t)&=L^{-1}[F_1(s)\cdot F_2(s)]\\&=\frac{1}{\lambda}(1-e^{-\lambda t})u(t)\end{aligned}$$

2. s域卷积定理

若$f_1(t)\leftrightarrow F_1(s)$，$f_2(t)\leftrightarrow F_2(s)$，则有

$$f_1(t)f_2(t)\leftrightarrow\frac{1}{2\pi j}F_1(s)*F_2(s) \tag{4.2.16}$$

也可写为

$$f_1(t)f_2(t)\leftrightarrow\frac{1}{2\pi j}\int_{\sigma-j\infty}^{\sigma+j\infty}F_1(\eta)F_2(s-\eta)d\eta$$

式中积分路线$\sigma=C$是$F_1(\eta)$和$F_2(s-\eta)$收敛域重叠部分内与虚轴平行的直线。这里对积分路径的限制较严,积分复杂,因此该定理应用较少。

4.2.10 初值定理

设$f(t)$不包含$\delta(t)$及其各阶导数,且$f(t)\leftrightarrow F(s)$，则有

$$f(0+)=\lim_{t\to 0+}f(t)=\lim_{s\to\infty}sF(s) \tag{4.2.17}$$

证明 由时域微分定理可知

$$\begin{aligned}sF(s)-f(0_-)&=\int_{0-}^{+\infty}\frac{df(t)}{dt}e^{-st}dt\\&=\int_{0-}^{0+}\frac{df(t)}{dt}e^{-st}dt+\int_{0_+}^{+\infty}\frac{df(t)}{dt}e^{-st}dt\end{aligned}$$

因为在区间(0-,0+)，$t=0$,则

$$e^{-st}|_{t=0}=1$$

所以

$$\begin{aligned}sF(s)-f(0_-)&=f(t)\Big|_{0_-}^{0_+}+\int_{0_+}^{+\infty}\frac{df(t)}{dt}e^{-st}dt\\&=f(0_+)-f(0_-)+\int_{0_+}^{+\infty}\frac{df(t)}{dt}e^{-st}dt\end{aligned}$$

对上式令$s\to\infty$，取极限有

$$f(0+)=\lim_{s\to\infty}sF(s)\ \text{证毕}$$

值得注意的是,应用初值定理的条件是$F(s)$为真分式,这意味着$f(t)$在时域不含冲激及其导数。事实上,若$F(s)$不是真分式,也就是$f(t)$在$t=0$时刻含有冲激及其导数,应将$F(s)$先化为真分式,即将时域的冲激及其导数去掉后再求初始值,因为初始值位于$t=0_+$时刻,而不是冲激及其导数出现的$t=0$时刻,冲激及其导数对$f(0_+)$的求取没有贡献。

【例4.2.9】 已知$F(s)=-\frac{s}{s+1}$，求初始值$f(0_+)$。

【解】 因为

$$F(s)=\frac{1}{s+1}-1 \leftrightarrow f(t)=\mathrm{e}^{-t}u(t)-\delta(t)$$

若直接应用初值定理，便有

$$\lim_{s\to\infty} sF(s)=\lim_{s\to\infty}\left(\frac{1}{s+1}-s\right)=-\infty$$

显然结果不正确。但若去掉 $F(s)$ 中的-1，即取 $F(s)$ 的真分式部分，就意味着去掉时域信号 $f(t)$ 中的冲激 $-\delta(t)$，故有

$$f(0+)=\lim_{s\to\infty} s\cdot\frac{1}{s+1}=1$$

4.2.11 终值定理

若 $f(t)\leftrightarrow F(s)$，且 $f(+\infty)=\lim\limits_{t\to\infty} f(t)$ 存在，则有

$$f(\infty)=\lim_{t\to\infty} f(t)=\lim_{s\to\infty} sF(s) \tag{4.2.18}$$

证明 由时域微分定理

$$sF(s)-f(0^-)=\int_{0_-}^{+\infty}\frac{\mathrm{d}f(t)}{\mathrm{d}t}\mathrm{e}^{-st}\mathrm{d}t$$

令 $s\to 0$，对上式取极限

$$\begin{aligned}\lim_{s\to\infty} sF(s)-f(0_-)&=\lim_{s\to 0}\int_{0_-}^{+\infty}\frac{\mathrm{d}f(t)}{\mathrm{d}t}\mathrm{e}^{-st}\mathrm{d}t\\&=f(+\infty)-f(0_-)\end{aligned}$$

所以

$$f(+\infty)=\lim_{s\to 0} sF(s)\ (\text{证毕})$$

终值定理的应用是有条件的，要先根据信号 $f(t)$ 对应的拉普拉斯变换 $F(s)$ 的极点分布，从复频域判定信号 $f(\infty)$ 是否存在。只有当 $F(s)$ 的极点位于 s 平面的左半平面和原点上且只有单极点时，才能应用终值定理。

表 4.2.1 列出了单边拉普拉斯变换的性质，以供查阅。

表 4.2.1 拉普拉斯变换的基本性质

性质	表 达 式
线性特性	$L[a_1f_1(t)+a_2f_2(t)]=a_1F_1(s)+a_2F_2(s)$
时域微分特性	$L\left[\frac{\mathrm{d}f}{\mathrm{d}t}\right]=sF(s)-f(0_-)$
	$L\left[\frac{\mathrm{d}^nf(t)}{\mathrm{d}t^n}\right]=s^nF(s)-s^{n-1}f(0_-)\cdots s^{n-2}f^{(1)}(0_-)\cdots-f^{(n-1)}(0_-)$
时域积分特性	$L\left[\int_{0^-}^{t}f(\tau)\mathrm{d}\tau\right]=\frac{F(s)}{s}$
	$L\left[\int_{-\infty}^{t}f(\tau)\mathrm{d}\tau\right]=\frac{F(s)}{s}+\frac{\int_{-\infty}^{0^-}f(t)\mathrm{d}t}{s}$

续表

性质	表达式
尺度变换特性	$L[f(at)] = \frac{1}{a}F\left(\frac{s}{a}\right)$, $a > 0$
延迟特性	$L[f(t-t_0)u(t-t_0)] = F(s)\,e^{-st_0}$
复频域搬移特性	$L[f(t)\,e^{\mp at})] = F(s \pm a)$
复频域的微分特性	$L[-tf(t)] = \frac{dF(s)}{ds}$
	$L[(-1)^n t^n f(t)] = \frac{d^n}{ds^n}F(s)$
复频域的积分特性	$L\left[\frac{f(t)}{t}\right] = \int_{0_-}^{+\infty} F(s)\,ds$
时域卷积定理	$L[f_1(t) * f_2(t)] = F_1(s) \cdot F_2(s)$
复域卷积定理	$L[f_1(t)f_2(t)] = \frac{1}{2\pi j}[F_1(s) * F_2(s)]$
初值定理	$f(0_+) = \lim\limits_{s\to\infty} sF(s)$
终值定理	$f(+\infty) = \lim\limits_{s\to 0} sF(s)$

4.3 拉普拉斯逆变换

在系统复频域分析中,经常会遇到求拉普拉斯逆变换的问题。对于单边拉普拉斯变换,像函数 $F(s)$ 的拉普拉斯逆变换为

$$f(t) = \frac{1}{2\pi j}\int_{\sigma-j\infty}^{\sigma+j\infty} F(s)\,e^{st}ds, t \geqslant 0 \tag{4.3.1}$$

这是一个复变函数积分,直接积分比较困难。下面介绍几种对实用中常遇到的 $F(s)$ 求拉普拉斯逆变换的一般性方法。

4.3.1 逆变换查表法

如果 $F(s)$ 是比较简单的函数,可利用常见信号的拉普拉斯变换表,查出对应的原函数,或者借助拉普拉斯变换的若干性质,配合查表,求出原时间信号。

【例 4.3.1】 已知 $F(s) = 2 + \frac{s+2}{(s+2)^2+2^2}$,求其拉普拉斯逆变换 $f(t)$ 。

【解】 由拉普拉斯变换表可知

$$2 \leftrightarrow \delta(t)$$

$$\frac{s+2}{(s+2)^2+2^2} \leftrightarrow e^{-2t}\cos 2t u(t)$$

所以

$$f(t) = L^{-1}[F(s)] = 2\delta(t) + e^{-2t}\cos 2t u(t)$$

【例 4.3.2】 求 $F(s)=\frac{1}{s^3}(1-e^{-st_0})$ 的拉普拉斯逆变换 $f(t)$ 。

【解】 $F(s)=\frac{1}{s^2}\cdot\frac{1}{s}(1-e^{-st_0})$

其中

$$\frac{1}{s^2}\leftrightarrow tu(t)$$

$$\frac{1}{s}(1-e^{-st_0})\leftrightarrow u(t)-u(t-t_0)$$

由卷积定理可知

$$\begin{aligned}f(t)=L^{-1}[F(s)]&=[tu(t)]*[u(t)-u(t-t_0)]\\&=\left[\int_0^t x\mathrm{d}x\right]*[\delta(t)-\delta(t-t_0)]\\&=\frac{1}{2}t^2u(t)-\frac{1}{2}(t-t_0)^2u(t-t_0)\end{aligned}$$

4.3.2 部分分式展开法

分析线性非时变系统时,常常遇到的像函数 $F(s)$ 是 s 的有理分式,可表示为 s 的两个多项式之比,即

$$F(s)=\frac{A(s)}{B(s)}=\frac{a_m s^m+a_{m-1}s^{m-1}+\cdots+a_1 s+a_0}{s^n+b_{n-1}s^{n-1}+\cdots+b_1 s+b_0} \tag{4.3.2}$$

式中,各系数 $a_i(i=0,1,2\cdots,m)$, $b_j(j=0,1,\cdots,n-1)$ 都是实数; m 和 n 都是正整数。

根据 m 和 n 的大小不同, $F(s)$ 可能是有理真分式,也可能是有理假分式。当 $n<m$ 时, $F(s)$ 为有理假分式,可用长除法化成 s 的多项式加有理真分式的形式。对于 s 的多项式,其时域原函数为冲激函数及冲激偶函数,很容易求得。故求拉普拉斯逆变换时,主要针对的是 $F(s)=\frac{A(s)}{B(s)}$ 为有理真分式时,其原函数如何求解。

由数学中的赫维赛德(Heaviside)展开定理可知,有理真分式 $F(s)$ 可展开为一系列部分分式之和。部分分式的形式由 $B(s)=0$ 的根的形式决定,下面我们分三种情况进行讨论。

1. $B(s)=0$ 的根为单实根或 $F(s)$ 具有单极点

设 S_i ($i=1,2,\cdots,n$)为 $B(s)=0$ 的 n 个不相同的单实根,则 $F(s)$ 可作如下部分分式展开:

$$\begin{aligned}F(s)=\frac{A(s)}{B(s)}&=\frac{A(s)}{(s-s_1)(s-s_2)\cdots(s-s_n)}\\&=\frac{k_1}{s-s_1}+\frac{k_2}{s-s_2}+\cdots+\frac{k_i}{s-s_i}+\cdots+\frac{k_n}{s-s_n}=\sum_{i=1}^{n}\frac{k_i}{s-s_i}\end{aligned} \tag{4.3.3}$$

式中, k_i 为待定系数。

对式(4.3.3)两端乘 $(s-s_i)$,且取 $s=s_i$,得

$$k_i=(s-s_i)F(s)\big|_{s=s_i} \tag{4.3.4}$$

部分分式系数确定后,由典型信号的拉普拉斯变换可得

$$f(t)=L^{-1}[F(s)]=L^{-1}\left[\sum_{i=1}^{n}\frac{k_i}{s-s_i}\right]=\sum_{i=1}^{n}k_i e^{-s_i t}u(t) \tag{4.3.5}$$

【例 4.3.3】 求 $F(s)=\dfrac{2s^2+3s+3}{s^3+6s^2+11s+6}$ 的拉普拉斯逆变换 $f(t)$。

【解】 由 $B(s)=s^3+6s^2+11s+6=(s+3)(s+2)(s+1)$ 得 $B(s)=0$ 的根为

$$s_1=-3,s_2=-2,s_3=-1$$

所以

$$F(s)=\frac{k_1}{s+3}+\frac{k_2}{s+2}+\frac{k_3}{s+1}$$

$$k_1=(s+3)F(s)\big|_{s=-3}=6$$

$$k_2=(s+2)F(s)\big|_{s=-2}=-5$$

$$k_3=(s+1)F(s)\big|_{s=-1}=1$$

因此

$$f(t)=(6\,\mathrm{e}^{-3t}-5\,\mathrm{e}^{-2t}+\mathrm{e}^{-t})u(t)$$

【例 4.3.4】 求 $F(s)=\dfrac{3s^3+8s^2+7s+1}{s^2+3s+2}$ 的拉普拉斯逆变换 $f(t)$。

【解】 因为 $m>n$，$F(s)$ 不是真分式，应先用长除法将其化为真分式，即

$$\begin{aligned}F(s)&=3s-1+\frac{4s+3}{s^2+3s+2}\\&=3s-1+\frac{4s+3}{(s+2)(s+1)}\\&=3s-1+F_1(s)\\&=3s-1+\frac{k_1}{s+2}+\frac{k_2}{s+1}\end{aligned}$$

$$k_1=(s+2)\,F_1(s)\big|_{s=-2}=5$$

$$k_2=(s+1)\,F_1(s)\big|_{s=-1}=-1$$

所以

$$f(t)=3\delta'(t)-\delta(t)+5\,\mathrm{e}^{-2t}u(t)-\mathrm{e}^{-t}u(t)$$

2. $B(s)=0$ 有重根或 $F(s)$ 具有重极点

设 $B(s)=0$ 有一个 p 阶重根 s_1，$(n-p)$ 个单根 $s_i(i=2,3,\cdots,n-p+1)$，则 $F(s)$ 可写为

$$\begin{aligned}F(s)&=\frac{A(s)}{B(s)}=\frac{A(s)}{(s-s_1)^pB_1(s)}\\&=\frac{k_{11}}{(s-s_1)^p}+\frac{k_{12}}{(s-s_1)^{p-1}}+\cdots+\frac{k_{1p}}{(s-s_1)}+\frac{A_1(s)}{B_1(s)}\end{aligned}\tag{4.3.6}$$

式中，$\dfrac{A_1(s)}{B_1(s)}$ 是与重极点 s_1 无关的其余部分，可用前述方法求其原函数。重极点系数 $k_{1i}(i=1,2,\cdots,p)$ 的求法如下：

$$k_{1i}=\frac{1}{(i-1)!}\frac{\mathrm{d}^{i-1}}{\mathrm{d}s^{i-1}}[(s-s_1)^pF(s)]\big|_{s=s_1}\tag{4.3.7}$$

式中，$i=1,2,\cdots,p$。

因为 $L[t^nu(t)]=\dfrac{n!}{s^{n+1}}$，利用复频移特性可得原函数为

$$f(t)=L^{-1}\left[\sum_{i=1}^{p}\frac{k_{1i}}{(s-s_1)^{p+1-i}}\right]+L^{-1}\left[\frac{A_1(s)}{B_1(s)}\right]$$
$$=e^{S_1t}\sum_{i=1}^{p}\frac{k_{1i}}{(p-i)!}t^{p-i}u(t)+L^{-1}\left[\frac{A_1(s)}{B_1(s)}\right] \tag{4.3.8}$$

【例 4.3.5】 求 $F(s)=\dfrac{2s^2+3s+3}{(s+1)(s+3)^3}$ 的拉普拉斯逆变换 $f(t)$ 。

【解】 $F(s)=\dfrac{k_{11}}{(s+3)^3}+\dfrac{k_{12}}{(s+3)^2}+\dfrac{k_{13}}{s+3}+\dfrac{k_2}{s+1}$

$$k_{11}=(s+3)^3F(s)\big|_{s=-3}=-6$$
$$k_{12}=\frac{d}{ds}[(s+3)^3F(s)]\big|_{s=-3}=\frac{3}{2}$$
$$k_{13}=\frac{1}{2}\frac{d^2}{ds^2}[(s+3)^3F(s)]\big|_{s=-3}=-\frac{1}{4}$$
$$k_2=[(s+1)F(s)]\big|_{s=-1}=\frac{1}{4}$$

所以

$$f(t)=\left[\left(-3t^2+\frac{3}{2}t-\frac{1}{4}\right)e^{-3t}+\frac{1}{4}e^{-t}\right]u(t)$$

3. $B(s)=0$ 含有共轭复根或 $F(s)$ 有共轭复极点

$F(s)$ 为有理式,当出现复根时,必共轭成对,这时原函数将出现正弦或余弦项。把 $B(s)$ 作为一个整体来考虑,可使求解过程简化。

【例 4.3.6】 求 $F(s)=\dfrac{3s+5}{s^2+2s+2}$ 的拉普拉斯逆变换 $f(t)$ 。

【解】 因为 $B(s)=s^2+2s+2$ 有一对共轭复根 $s_{1,2}=-1\pm j$,把分母多项式统一处理,即

$$F(s)=\frac{3s+5}{s^2+2s+2}=\frac{3(s+1)}{(s+1)^2+1^2}+\frac{2}{(s+1)^2+1^2}$$

所以

$$f(t)=(3\cos t+2\sin t)e^{-t}u(t)$$

4.3.3 留数法(围线积分法)

由单边拉普拉斯反变换式

$$f(t)=\frac{1}{2\pi j}\int_{\sigma-j\infty}^{\sigma+j\infty}F(s)e^{st}ds, t\geqslant 0$$

可知,该积分实际上是一个复变函数的线积分,其积分路径是 s 平面内平行于 $j\omega$ 轴 $\sigma=C_1>\sigma_C$ 的直线 AB(即直线 AB 必须在收敛轴以右),如图 4.3.1 所示。根据复变函数理论中的留数定理知,若函数 $f(z)$ 在区域 D 内除有限个奇点外处处解析,C 为 D 内包围诸奇点的一条正向简单闭合曲线,则有

$$\oint_C f(z)e^{zt}dz=2\pi j\sum \mathrm{Res}[f(z),z_i] \tag{4.3.9}$$

为了能用留数定理计算式(4.3.9)的积分,可从 $\sigma-j\infty$ 到 $\sigma+j\infty$ 补足一条路径,构成一闭合围线积分,如图 4.3.1 中虚线所示。补充的这条路径 C 是半径为 $+\infty$ 的圆弧,可以证明,沿该圆弧

的积分为零，即 $\int_C F(s)\,\mathrm{e}^{st}\mathrm{d}s=0$，这样拉普拉斯逆变换的积分就可用留数定理求出，它等于围线中被积函数 $F(s)\mathrm{e}^{st}$ 所有极点的留数和，即

$$f(t)=L^{-1}[F(s)]=\sum \operatorname{Res}[F(s)\,\mathrm{e}^{st},s_k] \tag{4.3.10}$$

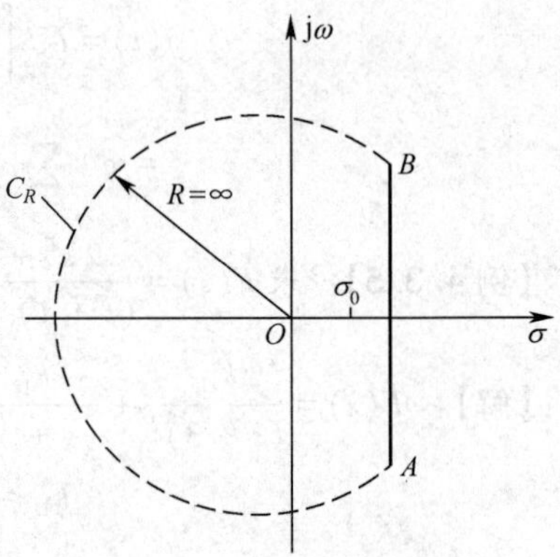

图 4.3.1　留数法示意图

下面给出用留数法求拉普拉斯逆变换的公式：

(1) $F(s)=\dfrac{A(s)}{B(s)}$ 为有理真分式，且只有 n 个单值极点。

$$f(t)=\sum_{k=1}^{n}\operatorname{Res}[F(s)\,\mathrm{e}^{st},s_k]=\sum_{k=1}^{n}[(s-s_k)F(s)\,\mathrm{e}^{st}]_{s=s_k} \tag{4.3.11}$$

(2) $F(s)=\dfrac{A(s)}{B(s)}$ 为 n 阶有理真分式，且有 p 阶重极点 s' 及 $(n-p)$ 阶单值极点。

$$f(t)=\frac{1}{(p-1)!}\lim_{s\to s'}\frac{\mathrm{d}^{p-1}}{\mathrm{d}s^{p-1}}\left[(s-s')^p\frac{A(s)}{B(s)}\mathrm{e}^{st}\right]+\sum_{k=n-p}^{n}[(s-s_k)F(s)\,\mathrm{e}^{st}]_{s=s_k} \tag{4.3.12}$$

【例 4.3.7】 求 $F(s)=\dfrac{s+2}{s(s+3)(s+1)^2}$ 的拉普拉斯变换 $f(t)$。

【解】 $F(s)$ 有两个单值极点 $s_1=0,s_2=-3$ 和一个二重极点 $s_3=-1$，它们的留数分别为

$$\operatorname{Res}[s_1]=[(s-s_1)F(s)\,\mathrm{e}^{st}]_{s=s_1}=\frac{(s+2)\,\mathrm{e}^{st}}{(s+3)(s+1)^2}\Big|_{s=0}=\frac{2}{3}$$

$$\operatorname{Res}[s_2]=[(s-s_2)F(s)\,\mathrm{e}^{st}]_{s=s_2}=\frac{(s+2)\,\mathrm{e}^{st}}{s(s+1)^2}\Big|_{s=-3}=\frac{1}{12}\mathrm{e}^{-3t}$$

$$\operatorname{Res}[s_3]=\frac{1}{1}\frac{\mathrm{d}}{\mathrm{d}s}\left[(s+1)^2\frac{s+2}{s(s+3)(s+1)^2}\mathrm{e}^{st}\right]_{s=-1}=\left(-\frac{t}{2}-\frac{3}{4}\right)\mathrm{e}^{-t}$$

所以

$$f(t)=\left[\frac{2}{3}+\frac{1}{12}\mathrm{e}^{-3t}-\left(\frac{t}{2}+\frac{3}{4}\right)\mathrm{e}^{-t}\right]u(t)$$

4.4　系统的复频域分析

拉普拉斯变换是分析线性连续系统的有力工具，它将描述系统的时域微分方程变换为 s 域的代数方程，便于运算和求解；同时它将系统的初始状态自然地包含于像函数的代数方程中，即可分别求得零输入响应、零状态响应，也可一举求得系统的全响应。

4.4.1　微分方程的变换解

设 LTI 系统的激励为 $f(t)$，响应为 $y(t)$，描述 n 阶系统的微分方程的一般形式可写为

$$\sum_{i=0}^{n}a_i\,y^{(i)}(t)=\sum_{j=0}^{m}b_j f^{(j)}(t) \tag{4.4.1}$$

式中,系数 $a_i(i=0,1,\cdots,n)$ 和 $b_j(j=0,1,\cdots,m)$ 均为实数,设系统的初始状态为 $y(0_-)$, $y^{(1)}(0_-),\cdots,y^{(n-1)}(0_-)$。

令 $L[y(t)]=Y(s)$, $L[f(t)]=F(s)$。根据时域微分定理,$y(t)$ 及其各阶导数的拉普拉斯变换为

$$L[y^{(i)}(t)]=s^iY(s)-\sum_{p=0}^{i-1}s^{i-1-p}y^{(p)}(0_-),(i=0,1,\cdots,n) \tag{4.4.2}$$

如果 $f(t)$ 是 $t=0$ 时接入的,则在 $t=0_-$ 时 $f(t)$ 及其各阶导数均为零,即 $f^{(j)}(0_-)=0,(j=0,1,\cdots,m)$,因而 $f(t)$ 及其各阶导数的拉普拉斯变换为

$$L[f^{(j)}(t)]=s^jF(s)(j=0,1,\cdots,m) \tag{4.4.3}$$

取式(4.4.1)的拉普拉斯,并将式(4.4.2)、式(4.4.3)代入,得

$$\sum_{i=0}^{n}a_i\left[s^iY(s)-\sum_{p=0}^{i-1}s^{i-1-p}y^{(p)}(0_-)\right]=\sum_{j=0}^{m}b_js^jF(s)$$

即

$$\left[\sum_{i=0}^{n}a_is^i\right]Y(s)-\sum_{i=0}^{n}a_i\left[\sum_{p=0}^{i-1}s^{i-1-p}y^{(p)}(0_-)\right]=\left[\sum_{j=0}^{m}b_js^j\right]F(s) \tag{4.4.4}$$

由上式可解得

$$Y(s)=\frac{M(s)}{A(s)}+\frac{B(s)}{A(s)}F(s) \tag{4.4.5}$$

式中,$A(s)=\sum_{i=0}^{n}a_is^i$ 是方程(4.4.4)的特征多项式;$B(s)=\sum_{j=0}^{m}b_js^j$;多项式 $A(s)$ 和 $B(s)$ 的系数仅与微分方程的系数 a_i、b_j 有关;$M(s)=\sum_{i=0}^{n}a_i\left[\sum_{p=0}^{i-1}s^{i-1-p}y^{(p)}(0_-)\right]$,它也是 s 的多项式,其系数与 a_i 和响应的各初始状态 $y^{(p)}(0_-)$ 有关而与激励无关。

由式(4.4.5)可以看出,其第一项仅与初始状态有关而与输入无关,因而是零输入响应 $y_x(t)$ 的像函数 $Y_x(s)$;其第二项仅与激励有关而与初始状态无关,因而是零状态响应 $y_f(t)$ 的像函数,记为 $Y_f(s)$。于是式(4.4.5)可写为

$$Y(s)=Y_x(s)+Y_f(s)=\frac{M(s)}{A(s)}+\frac{B(s)}{A(s)}F(s) \tag{4.4.6}$$

式中,$Y_x(s)=\frac{M(s)}{A(s)}$, $Y_f(s)=\frac{B(s)}{A(s)}F(s)$。

取上式逆变换,得系统的全响应

$$y(t)=y_x(t)+y_f(t) \tag{4.4.7}$$

【例 4.4.1】 一连续时间系统满足微分方程

$$y''(t)+3y'(t)+2y(t)=4f'(t)+3f(t)$$

已知 $y(0-)=-2$, $y'(0-)=3$, $f(t)=u(t)$,求系统的零输入响应 $y_x(t)$、零状态响应 $y_f(t)$ 和完全响应 $f(t)$。

【解】对微分方程取拉普拉斯变换,有

$$s^2Y(s)-sy(0_-)-y'(0_-)+3sY(s)-3y(0_-)+2Y(s)=4sF(s)+3F(s)$$

即

$$(s^2+3s+2)Y(s)-[sy(0_-)+y'(0_-)+3y(0_-)]=(4s+3)F(s)$$

可解得

$$Y(s)=Y_x(s)+Y_f(s)=\frac{sy(0_-)+y'(0_-)+3y(0_-)}{s^2+3s+2}+\frac{4s+3}{s^2+3s+2}F(s) \tag{4.4.8}$$

将 $F(s)=L[u(t)]=\frac{1}{s}$ 和各初始值代入上式,得

$$Y_x(s)=\frac{-2s-3}{s^2+3s+2}=\frac{-1}{s+1}+\frac{-1}{s+2}$$

$$Y_f(s)=\frac{4s+3}{s^2+3s+2}F(s)=\frac{1.5}{s}+\frac{1}{s+1}-\frac{2.5}{s+2}$$

对以上两式取逆变换,得零输入响应和零状态响应分别为

$$y_x(t)=L^{-1}[Y_x(s)]=(-\mathrm{e}^{-t}-\mathrm{e}^{-2t})u(t)$$

$$y_f(t)=L^{-1}[Y_f(s)]=(1.5+\mathrm{e}^{-t}-2.5\,\mathrm{e}^{-2t})u(t)$$

系统的全响应

$$y(t)=y_x(t)+y_f(t)=(1.5-3.5\,\mathrm{e}^{-2t})u(t)$$

本题如果只求全响应,可直接将有关初始条件和 $F(s)$ 代入式(4.4.8),整理后可得

$$Y(s)=\frac{-2s^2+s+3}{s(s+1)(s+2)}=\frac{1.5}{s}-\frac{3.5}{s+2}$$

取逆变换即可得到全响应 $y(t)$,结果同上。

当给定一个电路时,首先根据电路的结构和激励,按照电路定律建立响应与激励之间的微分方程,然后按上述过程求全响应。

【例 4.4.2】 图 4.4.1 所示的 RLC 电路,输入激励电压为 $u(t)$,求响应电流 $i(t)$ 。设初始状态为 $i_L(0_-)$, $u_C(0_-)$ 。

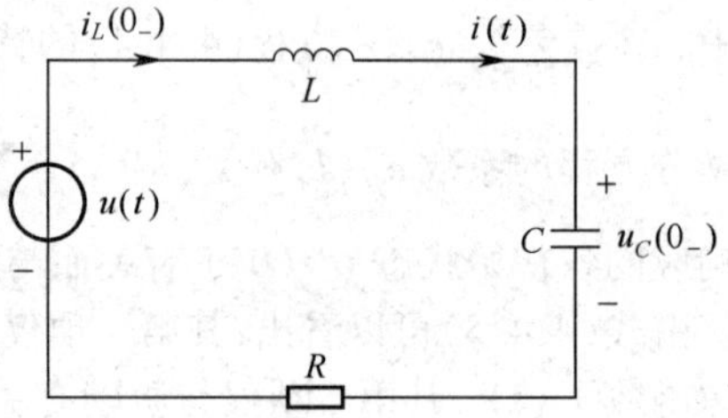

图 4.4.1　例 4.4.2 图

【解】 根据基尔霍夫定律,有

$$L\frac{\mathrm{d}i(t)}{\mathrm{d}t}+Ri(t)+\frac{1}{C}\int_{-\infty}^{t}i(\tau)\mathrm{d}\tau=u(t)$$

对上式取拉普拉斯,得

$$LsI(s)-L\,i_L(0_-)+RI(s)+\frac{1}{Cs}I(s)+\frac{u_C(0_-)}{s}=U(s)$$

所以

$$I(s)=\frac{L\,i_L(0_-)-\frac{1}{s}u_C(0_-)}{Ls+R+\frac{1}{Cs}}+\frac{U(s)}{Ls+R+\frac{1}{Cs}}$$

式中,第一项与初始状态有关,是零输入响应,第二项只与激励 $U(s)=\frac{1}{s}$ 有关,是零状态响应的像函数。对 $I(s)$ 进行拉普拉斯逆变换,即可求得系统的全响应。

$$i(t)=L^{-1}[I(s)]$$

由上两例可见,用拉普拉斯求解微分方程有以下三步:

(1)对微分方程逐项取拉普拉斯变换,利用微分性质代入初始状态;

(2)对拉普拉斯方程进行代数运算,求出相应的像函数;

(3)对响应的像函数进行拉普拉斯逆变换,得到全响应的时域表示。

4.4.2　电路的 s 域模型

对电路系统进行分析,除了用拉普拉斯变换解微分方程求响应外,还可以利用电路的 s 域模

型(运算电路),直接列出像函数的代数方程求解。

研究电路问题的基本依据是基尔霍夫电压、电流定律,以及电路元件的伏安关系。要得到电路 s 域模型,就要讨论其在复频域的形式。

1. 基尔霍夫定律的 s 域形式(运算形式)

基尔霍夫电流定律(KCL)指出:对任意节点,在任一时刻流入(或流出)该节点电流的代数和恒等于零,即

$$\sum i(t) = 0$$

对上式进行拉普拉斯变换,可得

$$\sum I(s) = 0 \tag{4.4.9}$$

上式表明,对任意节点,流入(或流出)该节点像电流的代数和恒等于零,仍称其为 KCL。

同理可得基尔霍夫电压定律(KVL)在 s 域的形式为

$$\sum U(s) = 0 \tag{4.4.10}$$

上式表明,对任意回路,各支路像电压的代数和恒等于零,仍称其为 KVL。

2. R、L、C 的 s 域模型(运算阻抗)

1)电阻 R

电阻 R 的时域伏安关系为 $u(t) = Ri(t)$,取拉普拉斯有

$$U(s) = RI(s) \quad 或 \quad I(s) = GU(s) \tag{4.4.11}$$

式(4.4.11)称为电阻 R 的 s 域模型。s 域模型如表 4.4.1 所示。

2)电感 L

时域电感元件 L 的伏安关系为

$$u_L(t) = L\frac{\mathrm{d}\, i_L(t)}{\mathrm{d}t} \quad 或 \quad i_L(t) = i_L(0_-) + \frac{1}{L}\int_{0_-}^{t} u_L(x)\,\mathrm{d}x$$

取拉普拉斯变换有

$$U_L(s) = LS\, I_L(s) - L\, i_L(0_-) \tag{4.4.12}$$

或

$$I_L(s) = \frac{1}{LS} U_L(s) + \frac{1}{s} i_L(0_-) \tag{4.4.13}$$

式中 $i_L(0_-)$ 为电感的初始电流,其 s 域模型如表 4.4.1 所示。其中 LS 被称为感抗(电感的运算阻抗),$L\, i_L(0_-)$ 称为内部像电压源,$\frac{i_L(0_-)}{s}$ 称为内部像电流源。

3)电容 C

时域电容元件 C 的伏安关系为

$$u_C(t) = u_C(0-) + \frac{1}{C}\int_{0-}^{t} i_C(\tau)\,\mathrm{d}\tau \quad 或 \quad i_C(t) = C\frac{\mathrm{d}\, u_C}{\mathrm{d}t}$$

取拉普拉斯变换有

$$U_C(s) = \frac{1}{Cs}I(s) + \frac{1}{s} u_C(0_-) \tag{4.4.14}$$

或

$$I_C(s) = CsU(s) - C\, u_C(0_-) \tag{4.4.15}$$

式中 $u_C(0_-)$ 为电容的初始电压,其 s 域模型如表 4.4.1 所示。其中,$\frac{1}{Cs}$ 称为容抗(电容的运算阻

抗)，$\frac{1}{s}u_C(0_-)$ 称为内部像电压源，$Cu_C(0_-)$ 称为内部像电流。

三种元件(R、L、C)的时域和 s 域关系都列在表 4.4.1 中。

表 4.4.1　电路元件的 s 域模型

		电　阻	电　感	电　容
基本关系		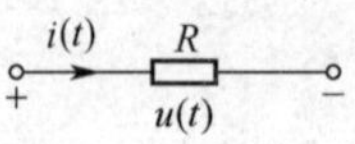 $i(t)$　R　$u(t)$　+　−	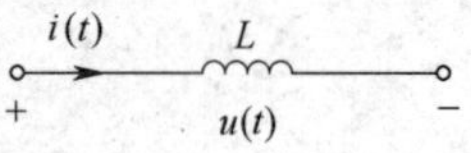 $i(t)$　L　$u(t)$　+　−	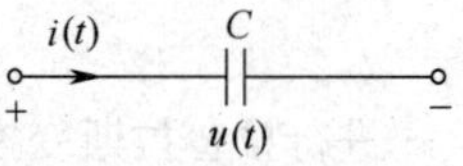 $i(t)$　C　$u(t)$　+　−
		$u(t)=Ri(t)$ $i(t)=\frac{1}{R}u(t)$	$u(t)=L\frac{\mathrm{d}i(t)}{\mathrm{d}t}$ $i(t)=\frac{1}{L}\int_{0_-}^{t}u(x)\mathrm{d}x+i_L(0_-)$	$u(t)=\frac{1}{C}\int_{0_-}^{t}i(x)\mathrm{d}x+u_C(0_-)$ $i(t)=C\frac{\mathrm{d}u(t)}{\mathrm{d}t}$
S域模型	串联形式	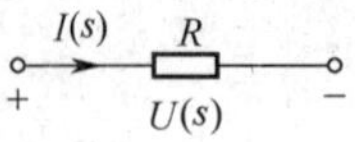 $I(s)$　R　$U(s)$　+　−	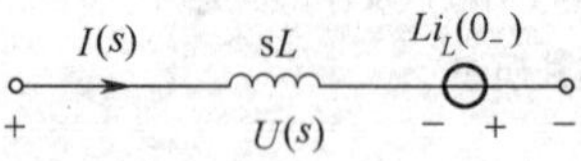 $I(s)$　sL　$Li_L(0_-)$　$U(s)$　+　−　−　+	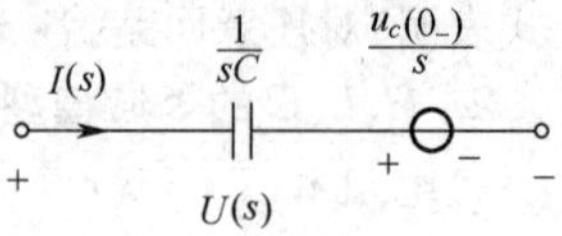 $I(s)$　$\frac{1}{sC}$　$\frac{u_C(0_-)}{s}$　$U(s)$　+　+　−　−
		$U(s)=RI(s)$	$U(s)=sLI(s)-Li_L(0_-)$	$U(s)=\frac{1}{sC}I(s)+\frac{u_C(0_-)}{s}$
	并联形式	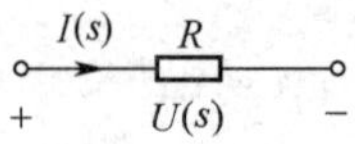 $I(s)$　R　$U(s)$　+　−	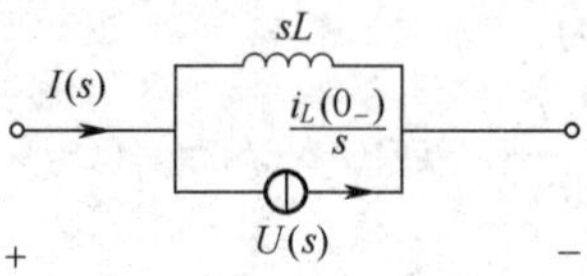 $I(s)$　sL　$\frac{i_L(0_-)}{s}$　$U(s)$　+　−	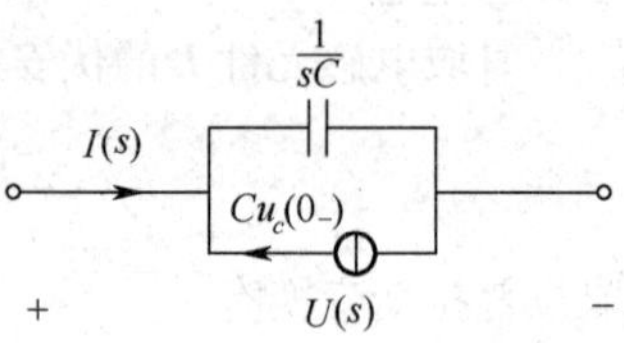 $I(s)$　$\frac{1}{sC}$　$Cu_C(0_-)$　$U(s)$　+　−
		$I(s)=\frac{1}{R}U(s)$	$I(s)=\frac{1}{sL}U(s)+\frac{i_L(0_-)}{s}$	$I(s)=sCU(s)-Cu_C(0_-)$

由以上讨论可见，利用 s 域模型求响应是分析电路系统常用的方法。用这种方法分析电路时，将原电路中的电压源、电流源变换为相应的像函数，电路中的电压、电流也用像函数表示，各元件都用 s 域模型替代，则可画出原电路的 s 域电路模型。对该 s 域电路而言，用以分析和计算正弦稳态电路的各种方法都适用。这样，可按 s 域的电路模型解出所需未知响应的像函数，取其逆变换就得到所需的时域响应。因为这种方法的拉普拉斯变换已体现在 s 域模型中，避免了在时域列写微积分方程的过程。

【例 4.4.3】　如图 4.4.2(a)所示，$C=1\ \mathrm{F}$，$R_1=\frac{1}{5}\ \Omega$，$R_2=1\ \Omega$，$L=\frac{1}{2}\ \mathrm{H}$，$u_C(0_-)=5\ \mathrm{V}$，$i_L(0_-)=4\ \mathrm{A}$。当 $f(t)=10u(t)\mathrm{V}$ 时，求电流 $i_1(t)$。

【解】　将电路元件用其 s 域模型替代，激励用其像函数替代，做出该电路的 s 域电路模型，如图 4.4.2(b)所示。

由基尔霍夫定律的 s 域模型可得

$$\begin{cases}\left(\dfrac{1}{5}+\dfrac{1}{s}\right)I_1(s)-\dfrac{1}{5}I_2(s)=\dfrac{10}{s}+\dfrac{5}{s}\\-\dfrac{1}{5}I_1(s)+\left(\dfrac{1}{5}+1+\dfrac{1}{2}s\right)I_2(s)=2\end{cases}$$

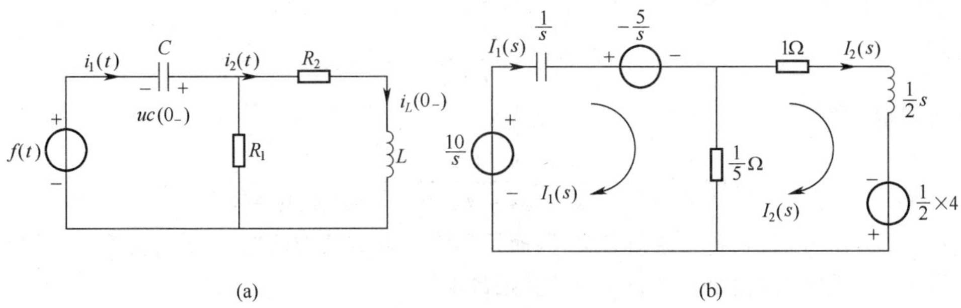

图 4.4.2　例 4.4.3 图

消去 $I_2(s)$，整理得

$$I_1(s)=\frac{-57}{s+3}+\frac{136}{s+4}$$

所以

$$i_1(t)=(-57\,\mathrm{e}^{-3t}+136\,\mathrm{e}^{-4t})u(t)$$

【例 4.4.4】　如图 4.4.3(a)所示的电路图，已知 $u_s(t)=12\text{ V}, L=1H, C=1\text{ F}, R_1=3\ \Omega, R_2=2\ \Omega, R_3=1\ \Omega$。原电路已处于稳定状态，当 $t=0$ 时，开关 S 闭合，求 S 闭合后 R_3 两端电压的零输入响应 $y_x(t)$ 和零状态响应 $y_f(t)$。

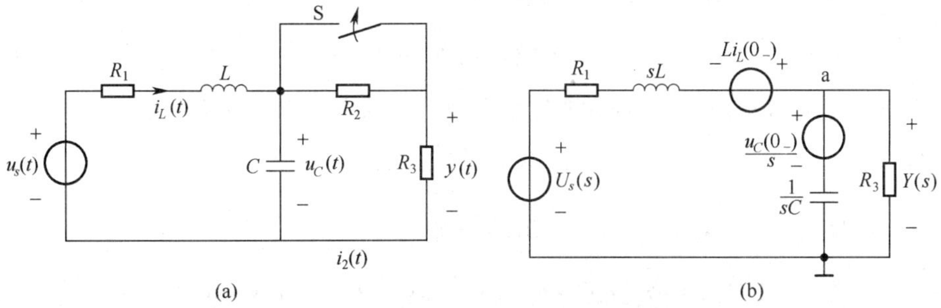

图 4.4.3　例 4.4.4 图

【解】　首先求出电容电压和电感电流的初始值 $u_C(0_-)$ 和 $i_L(0_-)$。在 $t=0_-$ 时，开关尚未闭合，由图 4.4.3(a)可求得

$$u_C(0_-)=\frac{R_2+R_3}{R_1+R_2+R_3}u_s=6\text{ V}$$

$$i_L(0_-)=\frac{1}{R_1+R_2+R_3}u_s=2\text{ A}$$

其次，画出图 4.4.3(a)电路的 s 域电路模型，如图 4.4.3(b)所示。由图可见，选定参考点后，a 点的电位就是 $Y(s)$。列 a 点的节点方程，有

$$\left(\frac{1}{sL+R_1}+sC+\frac{1}{R_3}\right)Y(s)=\frac{L\,i_L(0_-)}{sL+R_1}+\frac{\frac{u_C(0_-)}{s}}{\frac{1}{sC}}+\frac{U_S(s)}{sL+R_1}$$

将 L、C、R_1、R_3 的数值代入上式，得

$$\left(\frac{1}{s+3}+s+1\right)Y(s)=\frac{i_L(0_-)}{s+3}+u_C(0_-)+\frac{U_S(s)}{s+3}$$

由上式可解得

$$Y(s)=\frac{i_L(0_-)+(s+3)\,u_C(0_-)}{s^2+4s+4}+\frac{U_S(s)}{s^2+4s+4}$$

由上式可见，其第一项仅与各初始值有关，因而是零输入响应的像函数 $Y_x(s)$；其第二项仅与输入的像函数 $U_S(s)$ 有关，因而是零状态响应的像函数 $Y_f(s)$，即

$$Y_x(s)=\frac{i_L(0-)+(s+3)\,u_C(0_-)}{s^2+4s+4}=\frac{6s+20}{(s+2)^2}=\frac{8}{(s+2)^2}+\frac{6}{s+2}$$

$$Y_f(s)=\frac{U_S(s)}{s^2+4s+4}=\frac{12}{s\,(s+2)^2}=\frac{3}{s}+\frac{-6}{(s+2)^2}+\frac{-3}{s+2}$$

取逆变换，得 R_3 两端电压的零输入响应和零状态响应为

$$y_x(t)=(8t+6)\,\mathrm{e}^{-2t}u(t)V$$

$$y_f(t)=[3-(6t+3)\,\mathrm{e}^{-2t}]u(t)V$$

4.4.3 系统函数

如前所述，描述 n 阶 LTI 系统的微分方程一般可写为

$$\sum_{i=0}^{n}a_i\,y^{(i)}(t)=\sum_{i=0}^{m}b_i\,f^{(i)}(t) \tag{4.4.16}$$

对上式两边取拉普拉斯变换，并设初始状态为零，则其零状态响应的像函数为

$$Y_f(s)=\frac{B(s)}{A(s)}F(s) \tag{4.4.17}$$

式中，$F(s)$ 为激励 $f(t)$ 的像函数，$A(s)$，$B(s)$ 分别为

$$A(s)=\sum_{i=0}^{n}a_i\,s^i=a_n\,s^n+a_{n-1}\,s^{n-1}+\cdots+a_1s+a_0 \tag{4.4.18}$$

$$B(s)=\sum_{j=0}^{m}b_j\,s^j=b_m\,s^m+b_{m-1}\,s^{m-1}+\cdots+b_1s+b_0 \tag{4.4.19}$$

其中，$A(s)$ 称为微分方程式(4.4.16)的特征多项式，$A(s)=0$ 称为特征方程，它的根称为特征根。

定义系统零状态响应的像函数 $Y_f(s)$ 与激励的像函数 $F(s)$ 之比为系统函数，用 $H(s)$ 表示，即

$$H(s)\triangleq\frac{Y_f(s)}{F(s)} \tag{4.4.20}$$

由式(4.4.17)可知，$H(s)$ 的一般形式是两个关于 s 的多项式之比，即

$$H(s)=\frac{B(s)}{A(s)} \tag{4.4.21}$$

由式(4.4.21)可见，系统函数 $H(s)$ 只与描述系统微分方程的系数 a_i，b_j 有关，即只与系统的

结构、元件参数等有关，而与外界因素（激励、初始状态等）无关，即只取决于输入和输出所构成的系统本身，因此它决定了系统特性。同时由式（4.4.21）可知，由描述系统的微分方程容易写出该系统的系统函数 $H(s)$，反之亦然。

引入系统函数的概念后，零状态响应的像函数可写为

$$Y_f(s)=H(s)\cdot F(s) \tag{4.4.22}$$

我们知道，当激励为单位冲激函数 $\delta(t)$ 时，其零状态响应称为单位冲激响应 $h(t)$。单位冲激响应 $h(t)$ 也是系统特性的一种表现形式。由式（4.4.22）可求得单位冲激响应，即

$$f(t)=\delta(t),\quad F(s)=1$$

于是有

$$h(t)=L^{-1}[H(s)\cdot F(s)]=L^{-1}[H(s)]$$

或写成

$$H(s)=L[h(t)]$$

上式说明，系统函数 $H(s)$ 就是单位冲激响应 $h(t)$ 的拉普拉斯变换。

对式（4.4.22）取拉普拉斯逆变换，并利用时域卷积定理，得

$$\begin{aligned}Y_f(t)&=L^{-1}[H(s)F(s)]\\&=L^{-1}[H(s)]*L^{-1}[F(s)]\\&=h(t)*f(t)\end{aligned}$$

这正是时域分析中所得结论。可见，时域卷积定理将连续系统的时域分析与复频域分析紧密地联系起来，使系统分析方法更加丰富，手段更加灵活。

【例 4.4.5】 已知 $y''(t)+5y'(t)+6y(t)=2f'(t)+8f(t)$，求系统函数 $H(s)$ 及单位冲激响应 $h(t)$。

【解】 对微分方程在零状态下取拉普拉斯变换，得

$$s^2Y_f(s)+5sY_f(s)+6Y_f(s)=2sF(s)+8F(s)$$

整理得

$$\begin{aligned}H(s)=\frac{Y_f(s)}{F(s)}&=\frac{2s+8}{s^2+5s+6}\\&=\frac{4}{s+2}+\frac{-2}{s+3}\end{aligned}$$

$$h(t)=L^{-1}[H(s)]=(4\mathrm{e}^{-2t}-2\mathrm{e}^{-3t})u(t)$$

【例 4.4.6】 电路如图 4.4.4(a)所示，$u_1(t)$ 为激励，$u_2(t)$ 为响应，$R=5\ \Omega$，$L=1\ \mathrm{H}$，$C=\dfrac{1}{6}F$，试求：(1)该电路系统的系统函数 $H(s)$ 和单位冲激响应 $h(t)$；(2)若 $u_1(t)=u(t)$，求 $u_2(t)$。

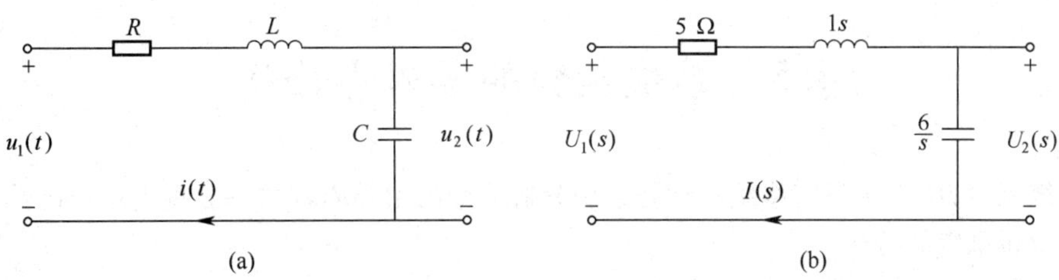

图 4.4.4　例 4.4.6 图

【解】 绘出 s 域电路模型如图 4.4.4(b)所示。根据该电路模型可得

$$H(s)=\frac{U_2(s)}{U_1(s)}=\frac{\frac{6}{s}}{5+s+\frac{6}{s}}=\frac{6}{s^2+5s+6}$$

$$=\frac{6}{s+2}-\frac{6}{s+3}$$

$$h(t)=L^{-1}[H(s)]=6(e^{-2t}-e^{-3t})u(t)$$

因为 $u_1(t)=u(t)$,则 $U_1(s)=\frac{1}{s}$ 。

所以

$$U_2(s)=H(s)\cdot U_1(s)=\frac{6}{s(s^2+5s+6)}$$

$$=\frac{1}{s}-\frac{3}{s+2}+\frac{2}{s+3}$$

$$u_2(t)=L^{-1}[U_2(s)]=(1-3e^{-2t}+2e^{-3t})u(t)$$

系统函数在电路理论和网络理论中又称为网络函数和传输函数,网络系统常用双口网络表示电路,如图 4.4.5 所示。根据激励和响应是否为电压、电流以及激励和响应是否在同一端口, $H(s)$ 还有不同类型(如表 4.4.2 所示)。在信号与系统中,这些不同类型统称为系统函数。

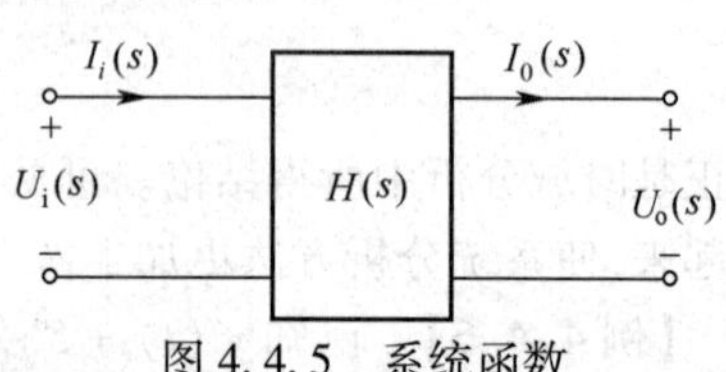

图 4.4.5 系统函数

表 4.4.2 系统函数的类型

激励与响应的位置	激励	响应	系统函数名称
在同一端口(策动点函数)	$I_i(s)$	$U_i(s)$	策动点阻抗 $H(s)=Z_i(s)=\frac{U_i(s)}{I_i(s)}$
	$U_i(s)$	$I_i(s)$	策动点导纳 $H(s)=Y_i(s)=\frac{I_i(s)}{U_i(s)}$
分别在不同端口(转移函数)	$I_i(s)$	$U_o(s)$	转移阻抗 $H(s)=Z_T(s)=\frac{U_o(s)}{I_i(s)}$
	$U_i(s)$	$I_o(s)$	转移导纳 $H(s)=Y_T(s)=\frac{I_o(s)}{U_i(s)}$
	$U_i(s)$	$U_o(s)$	转移电压比 $H(s)=K_u=\frac{U_o(s)}{U_i(s)}$
	$I_i(s)$	$I_o(s)$	转移电流比 $H(s)=K_i=\frac{I_o(s)}{I_i(s)}$

4.5 系统函数的零极点分析

由系统函数 $H(s)$ 来研究系统特性是系统分析理论的主要内容之一。现由系统函数 $H(s)$ 的零极点来分析系统的特性。

已知 $H(s)$ 为 s 的有理多项式,即

$$H(s)=\frac{B(s)}{A(s)}=\frac{b_m s^m+b_{m-1}s^{m-1}+\cdots+b_1 s+b_0}{a_n s^n+a_{n-1}s^{n-1}+\cdots+a_1 s+a_0} \tag{4.5.1}$$

将上式分子、分母多项式因式分解，则有

$$H(s)=H_0\frac{(s-r_1)(s-r_2)\cdots(s-r_m)}{(s-\lambda_1)(s-\lambda_2)\cdots(s-\lambda_n)} \tag{4.5.2}$$

式中，$H_0=\frac{b_m}{a_n}$，称为标量因素，为一常系数。

在式(4.5.2)中，$B(s)=0$ 的根 $r_1,r_2,\cdots,r_m$ 称为系统函数 $H(s)$ 的零点；$A(s)=0$ 的根 $\lambda_1,\lambda_2,\cdots,\lambda_n$ 称为系统函数 $H(s)$ 的极点。

零点和极点可以是实数、虚数和复数。由于 $A(s)$ 和 $B(s)$ 的系数都是实数，因而零极点中若有虚数或复数，则必然共轭成对。r_i、λ_j 也可以是重根，这时它们称为重零点或重极点。由式(4.5.1)可看出，$H(s)$ 一般有 n 个有限的极点和 m 个有限的零点。如果 $n>m$，则当 $s\to\infty$ 时，$\lim\limits_{s\to\infty}H(s)=\infty$，这说明在无穷远处有一个 $(n-m)$ 阶的重零点；如果 $n<m$，则当 $s\to\infty$ 时，函数 $\lim\limits_{s\to\infty}H(s)=0$，这说明无穷远处有一个 $(m-n)$ 阶的重极点。所以若将无穷远处的零极点算在内，则系统函数 $H(s)$ 的零极点数目是相等的，但一般情况下都不考虑无穷远处的零极点。

当系统函数 $H(s)$ 的零点、极点以及 H_0 确定后，$H(s)$ 也就完全确定了。H_0 只是一个常数，它对系统随变量 s 变化的特性无实质性的影响，所以 $H(s)$ 随变量 s 变化的特性就完全由它的极点和零点来决定。为明显起见，常将系统的极点、零点画在 s 平面中，称为零极点分布图。如系统函数 $H(s)$ 为

$$H(s)=\frac{s^3(s-2)(s+1+\mathrm{j}2)(s+1-\mathrm{j}2)}{(s+3)(s+\mathrm{j})(s-\mathrm{j})(s+2+\mathrm{j})(s+2-\mathrm{j})}$$

则其零极点分布图如图 4.5.1 所示。图中 × 表示极点，$\times^3$ 表示三重极点，∘表示零点，$\circ^3$ 表示三重零点。在零点之处 $H(s)$ 为零，在极点处 $H(s)$ 为 ∞，所以在零极点处 $H(s)$ 的变化较大，在其他位置 $H(s)$ 都有一定的数值。

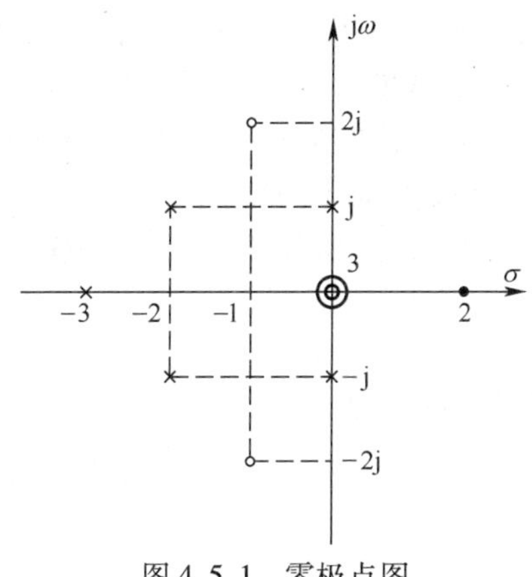

图 4.5.1　零极点图

下面根据 $H(s)$ 的零极点分析系统的特性。

4.5.1　根据系统零极点的分布判断系统的稳定性

1. 系统稳定性的概念

系统稳定性是一个很重要的概念，实际的应用系统都必须是稳定的。系统稳定性定义为任何有界输入将引起有界的输出，简称 BIBO(Bounded Input/Bounded Output)稳定。这种定义不便直接用于判断系统是否稳定，因为系统稳定性是系统自身的特性，与输入信号无关。直观地看，一个实际的稳定系统当受到某种干扰信号作用时，所引起的响应在干扰信号消失后最终会自动消失，即系统仍能回到干扰作用前的工作状态。

为了工程上的需要，这里只讨论因果系统的稳定性，并且激励信号也是因果信号。但是，系统的因果性和稳定性是两个完全不同的概念。连续系统为因果系统的充要条件是系统的冲激响应应满足

$$h(t)=0,t<0 \tag{4.5.3}$$

系统的因果性，也可根据系统函数 $H(s)$ 做出判定，凡是 $H(s)$ 的收敛域满足 $\mathrm{Re}(s)>\sigma_C$ 的系

统，即在 s 平面上，收敛域位于收敛轴 $\sigma=\sigma_C$ 右半平面的系统均为因果系统。

LTI 因果连续系统稳定的充要条件是冲激响应 $h(t)$ 绝对可积，即

$$\int_0^{\infty}|h(t)|\,\mathrm{d}t<\infty \tag{4.5.4}$$

满足式(4.5.4)必有

$$\lim_{t\to\infty}h(t)=0 \tag{4.5.5}$$

从时域角度看，有

$$\lim_{t\to\infty}h(t)\begin{cases}0,\text{稳定}\\ \text{有限值,临界稳定}\\ \infty,\text{不稳定}\end{cases} \tag{4.5.6}$$

2. 由系统零极点的分布判断系统的稳定性

由稳定性的概念可知，当系统的冲激响应 $h(t)$ 的波形随时间衰减时，系统稳定；否则系统不稳定。也就是说，根据 $h(t)$ 的波形可判断系统是否稳定，而 $h(t)$ 是 $H(s)$ 的拉普拉斯逆变换，因此，根据 $H(s)$ 零极点在 s 平面的位置就可以确定 $h(t)$ 的特性，进而由 $H(s)$ 即可判断系统的稳定性。

由拉普拉斯逆变换的求解过程可知，像函数极点的形式决定了原函数的函数形式，原函数的幅度和相位由像函数的零点、极点共同决定。由于 $h(t)$ 的波形形态是由 $H(s)$ 的极点确定的，因此下面着重说明 $H(s)$ 的极点与 $h(t)$ 波形的关系。

1) s 左半平面上的极点与 $h(t)$ 的波形

(1)负实轴上的极点。

一阶极点：如果 $H(s)$ 在负实轴上有一阶极点，如图 4.5.2 所示，这时有

$$H(s)=\frac{k}{s+a}\leftrightarrow h(t)=k\,\mathrm{e}^{-at},a>0,t>0$$

二阶及以上极点：

$$H(s)=\frac{k}{(s+a)^n}\leftrightarrow h(t)=k\frac{t^{n-1}}{(n-1)!}\mathrm{e}^{-at},a>0,t>0$$

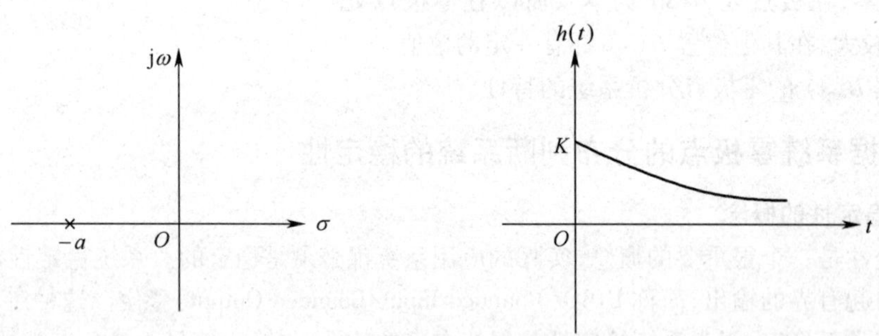

图 4.5.2　负实轴一阶极点

由洛必达法则可知，$t\to\infty$ 时，$h(t)=0$，画出 $H(s)$ 在负实轴上有二阶重极点时对应的 $h(t)$ 的波形，如图 4.5.3 所示。

(2)左半平面上的共轭极点。

一阶共轭极点：

$$H(s)=\frac{k}{(s+a-\mathrm{j}\omega)(s+a+\mathrm{j}\omega)}=\frac{k}{\omega}\cdot\frac{\omega}{(s+a)^2+\omega^2}$$

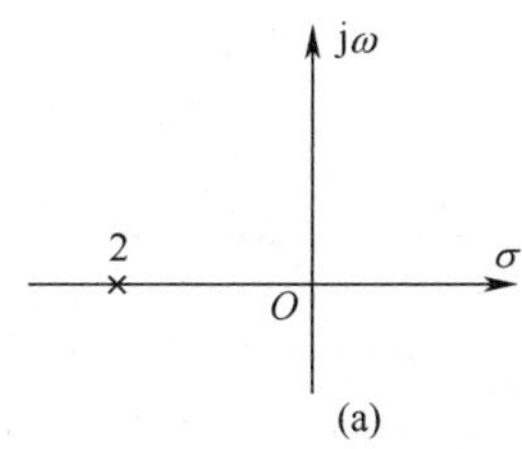

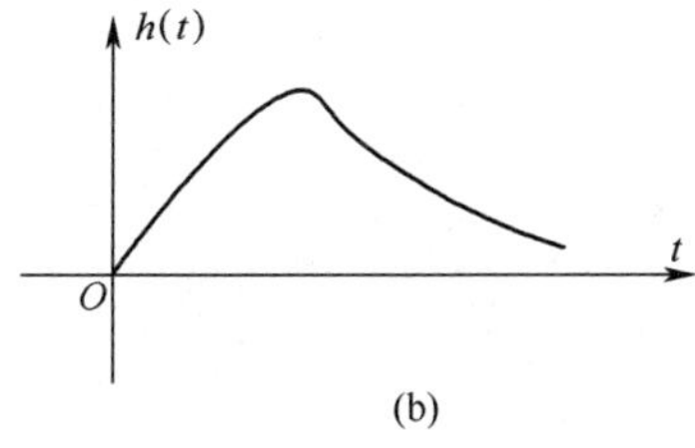

图 4.5.3　负实轴二阶极点

$$h(t)=\frac{k}{\omega}\mathrm{e}^{-at}\sin\omega t,t>0,a>0$$

此时的零极点图与 $h(t)$ 的波形如图 4.5.4 所示。

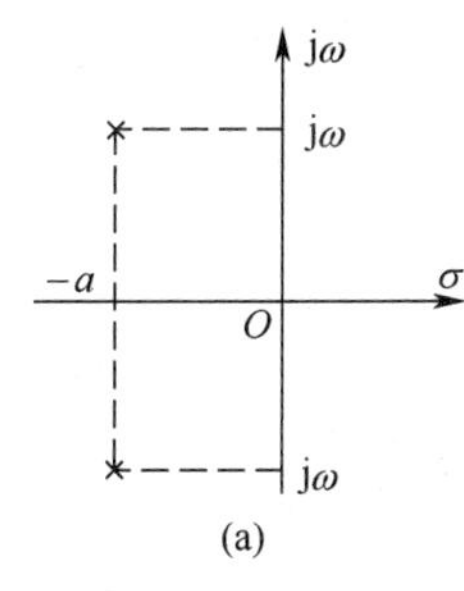

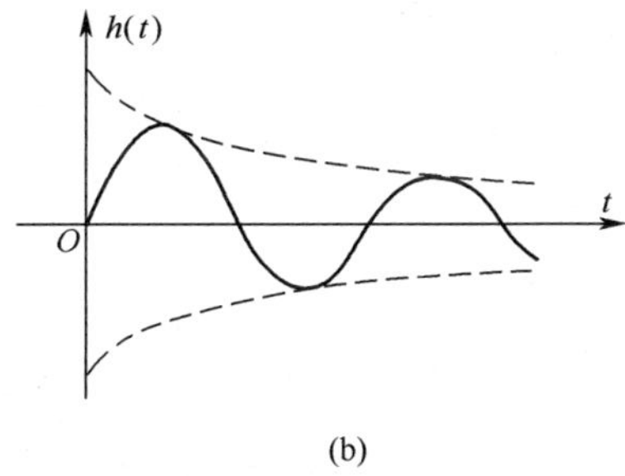

图 4.5.4　左半平面共轭极点

二阶及以上的共轭极点：

$$H(s)=\frac{k}{[(s+a)^2+\omega^2]^n}\leftrightarrow h(t)=p\,t^{n-1}\mathrm{e}^{-at}\sin\omega t u(t)$$

式中，p 为不同于 k 的系数，当 $t\to\infty$ 时，$h(t)\to 0$，因此它是一个衰减的振荡波形。

由上面的分析可以看到，在左半平面上的极点对应的时间函数的波形都是衰减的。

2）虚轴上的极点与 $h(t)$ 的波形

一阶极点：

（1）原点的一阶极点。

$$H(s)=\frac{k}{s}\leftrightarrow h(t)=ku(t)$$

其图形如图 4.5.5 所示。

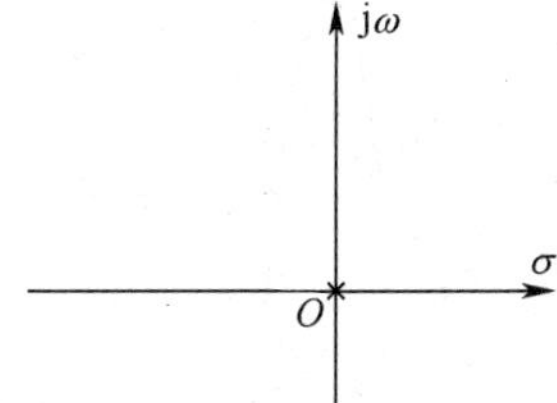

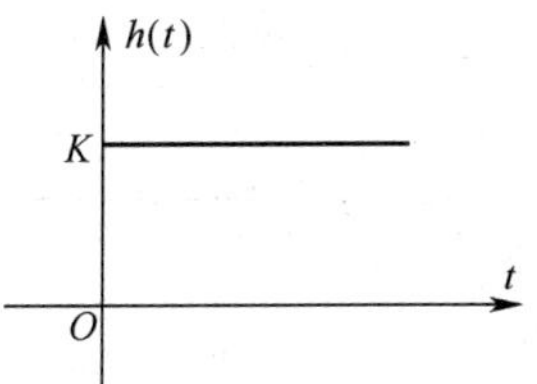

图 4.5.5　原点一阶极点

（2）虚轴上的一阶极点。

$$H(s)=\frac{k}{(s+\mathrm{j}\omega)(s-\mathrm{j}\omega)}=\frac{k}{\omega}\cdot\frac{\omega}{s^2+\omega^2}\leftrightarrow h(t)=\frac{k}{\omega}\sin\omega t u(t)$$

其图形如图 4.5.6 所示。

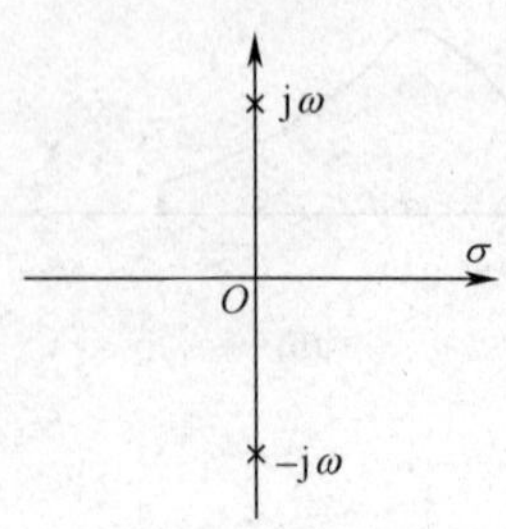

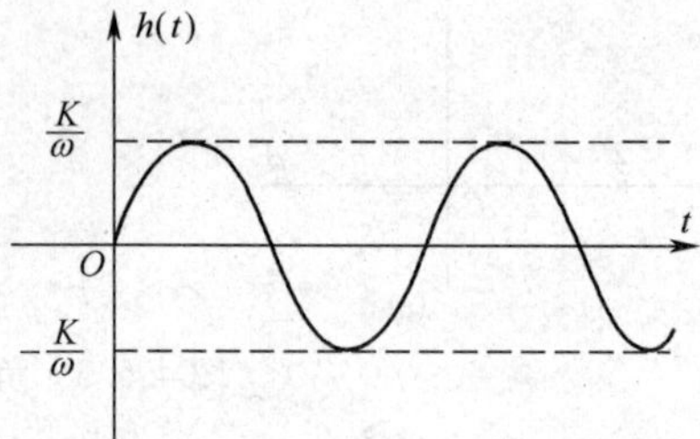

图 4.5.6　虚轴上的一阶极点

二阶及以上极点：

(1) 原点的二阶及以上极点。

$$H(s)=\frac{k}{s^{n}}\leftrightarrow h(t)=\frac{t^{n-1}}{(n-1)!}u(t)$$

$h(t)$ 的波形如图 4.5.7 所示。

(2) 虚轴上的二阶及以上极点。

$$H(s)=\frac{k}{(s^{2}+\omega^{2})^{n}}\leftrightarrow h(t)=p\,t^{n-1}\sin\omega t u(t)$$

可见 $h(t)$ 的波形是随时间的增长而发散的，如图 4.5.8 所示。

由上面的分析可见，$H(s)$ 的极点如果是虚轴上的一阶极点，则对应的 $h(t)$ 的波形是阶跃函数或等幅振荡；如果是二阶及以上的极点，对应的 $h(t)$ 的波形是随时间发散的振荡。

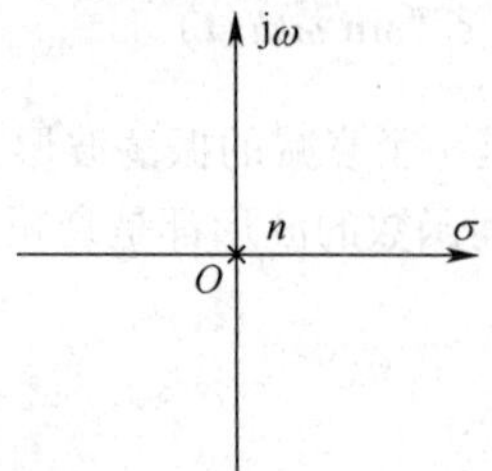

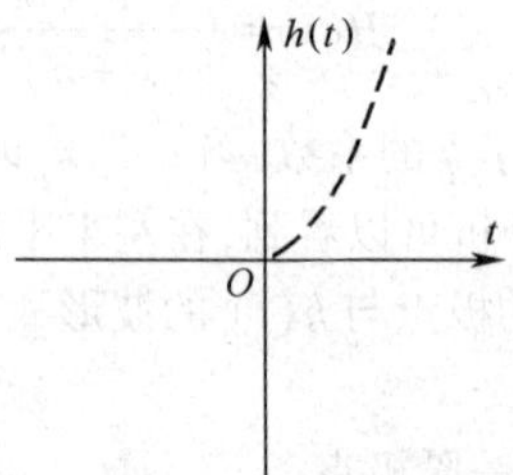

图 4.5.7　原点二阶以上极点

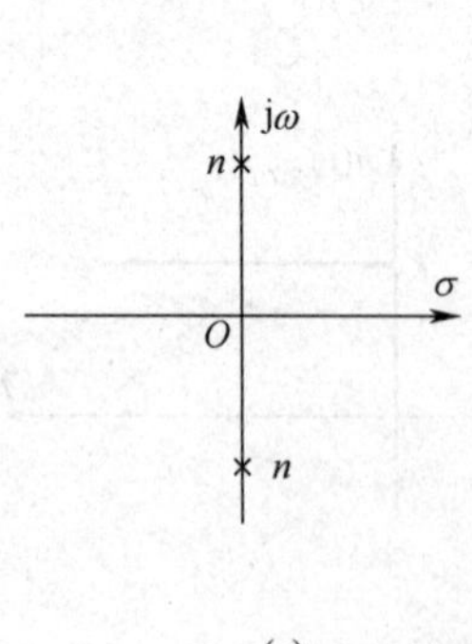

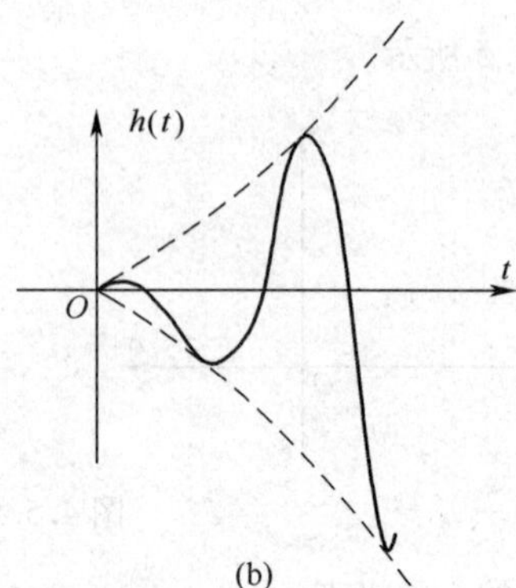

(a)　　(b)

图 4.5.8　虚轴二阶以上极点

3) 右半平面上的极点

$H(s)$ 的极点如在右半平面上,分析方法同上,其中 $a<0$,即 $h(t)$ 的波形都将随时间的增大而增大。我们研究的是无源系统,所以不再详细研究 $h(t)$ 发散的波形。

总结上面的分析可知,若无源线性系统其系统函数 $H(s)$ 的极点在 s 平面的左半平面上,则该系统为稳定系统,因为系统的冲激响应 $h(t)$ 是随时间衰减的函数。若系统函数 $H(s)$ 的极点是 s 平面虚轴上的一阶极点,则系统临界稳定,因为此系统的冲激响应是阶跃函数或等幅振荡。若系统函数 $H(s)$ 的极点在 s 平面的右半平面上,则系统不稳定。这样根据 $H(s)$ 极点的位置就可以判断系统的稳定性了。

4.5.2 系统函数的零极点与系统的频率响应特性

在第 3 章研究信号通过线性系统不失真条件时,已经看到频域传输函数 $H(j\omega)$ 在传输过程中对信号的幅度和相位的影响。$H(j\omega)=|H(j\omega)|e^{j\varphi(\omega)}$,其随频率 ω 变化的曲线称为系统的频响特性,$|H(j\omega)|$ 随 ω 变化的曲线称为幅频特性,$\varphi(\omega)$ 随 ω 变化的曲线称为相频特性。频响特性在系统分析中有着重要的物理意义,下面将通过 $H(s)$ 零极点的分析来说明求系统频响特性的方法。

1. 系统函数的几何描述

$H(s)$ 的一般表达式为

$$H(s)=H_0\frac{(s-\gamma_1)(s-\gamma_2)\cdots(s-\gamma_m)}{(s-\lambda_1)(s-\lambda_2)\cdots(s-\lambda_n)}$$

现用极坐标的形式把它表示出来,为此给出一具体的 s 值,即 $s=s_0$,设 s_0 在 s 左半平面上,如图 4.5.9 所示,此时的 $H(s_0)$ 为

$$H(s_0)=H_0\frac{(s_0-\gamma_1)(s_0-\gamma_2)\cdots(s_0-\gamma_m)}{(s_0-\lambda_1)(s_0-\lambda_2)\cdots(s_0-\lambda_n)}$$

可以看出,$H(s_0)$ 分子、分母中的各项具有相同的形式,因此只要能表示出一项,其他各项也就迎刃而解了。为此取出分子中的任一项 $s_0-\gamma_1$,一般情况下,s_0,γ_i,λ_j 都是复数,因此在复平面上可用原点到这一点的矢量表示。设 γ_1 在 s 平面的第二象限,把 s_0 和 γ_1 都用矢量表示出来,这时

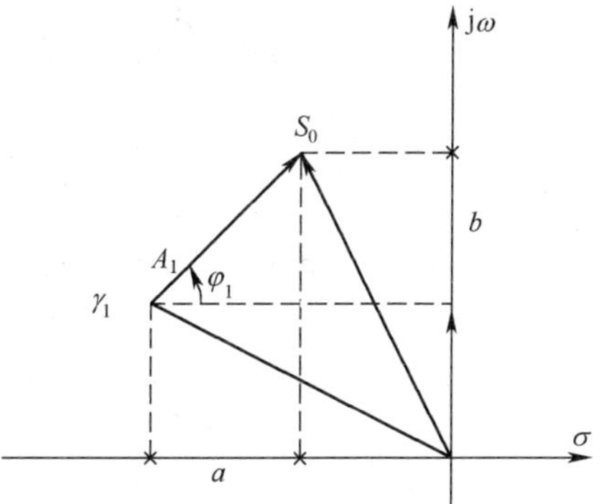

图 4.5.9 $H(s)$ 的表示

$$s_0-\gamma_1=A_1=A_1e^{j\varphi_1}$$

即 $s_0-\gamma_1$ 是 s 平面上由 γ_1 终点指向 s_0 终点的一个矢量,它又可以用模 A_1 和幅角 φ_1 表示。

A_1 与 φ_1 可用直角坐标中的 a、b 线段计算,即

$$\text{模 } A_1=\sqrt{a^2+b^2},\text{幅角 } \varphi_1=\arctan\frac{b}{a}$$

用同样的方法可表示出分子与分母中的各项,并且分子都用矢量 $\boldsymbol{A}=A\angle\varphi$ 表示,分母用矢量 $\boldsymbol{B}=B\angle\theta$ 表示,于是,若 $H(s_0)$ 有两个零点、三个极点,则

$$\begin{aligned}H(s_0)&=H_0\frac{(s_0-\gamma_1)(s_0-\gamma_2)}{(s_0-\lambda_1)(s_0-\lambda_2)(s_0-\lambda_3)}=H_0\frac{\boldsymbol{A}_1\boldsymbol{A}_2}{\boldsymbol{B}_1\boldsymbol{B}_2\boldsymbol{B}_3}\\&=H_0\frac{A_1A_2e^{j(\varphi_1+\varphi_2)}}{B_1B_2B_3e^{j(\theta_1+\theta_2+\theta_3)}}=|H(s_0)|e^{j\varphi(s_0)}\end{aligned}\tag{4.5.7}$$

其中

$$|H(s_0)| = H_0 \frac{A_1 A_2}{B_1 B_2 B_3} \tag{4.5.8}$$

$$\varphi(s_0) = \varphi_1 + \varphi_2 - \theta_1 - \theta_2 - \theta_3 \tag{4.5.9}$$

下面举例说明某给定点 $H(s_0)$ 的几何求法。

【例 4.5.1】 已知某系统的零极点图如图 4.5.10 所示，求 $s=-1+\mathrm{j}$ 时的 $H(s)$ 值。

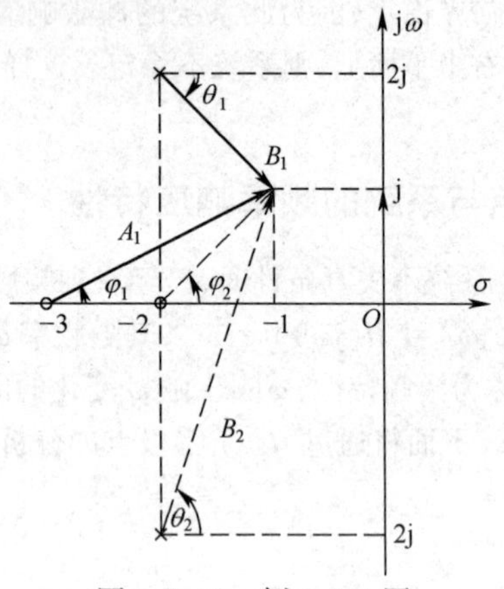

图 4.5.10 例 4.5.1 图

【解】 根据式(4.5.7)可分别求出 $s=-1+\mathrm{j}$ 时的 $H(s_0)$ 的模和幅角

$$|H(s_0)| = H_0 \frac{A_1 A_2}{B_1 B_2} = H_0 \frac{\sqrt{2^2+1^2}\cdot\sqrt{1^2+1^2}}{\sqrt{1^2+1^2}\cdot\sqrt{1^2+3^2}}$$

$$= H_0\sqrt{\frac{1}{2}}$$

$$\varphi(s_0) = \varphi_1 + \varphi_2 - \theta_1 - \theta_2$$

$$= \arctan\left(\frac{1}{2}\right) + \arctan\left(\frac{1}{1}\right) - \arctan\left(\frac{-1}{1}\right) - \arctan\left(\frac{3}{1}\right)$$

$$= 45°$$

所以

$$|H(s_0)| = H_0\sqrt{\frac{1}{2}}\ \mathrm{e}^{\mathrm{j}45°}$$

2. 由系统函数 $H(s)$ 的零极点图求系统的频率响应特性

上面的分析为求系统的频响特性做好了准备，在求系统的频响特性时用 $\mathrm{j}\omega$ 代替 s，此时

$$H(\mathrm{j}\omega) = H(s)\big|_{s=\mathrm{j}\omega}$$

用上面得到的作图法能很快画出频响特性 $H(\mathrm{j}\omega)$ 的模和幅角随 ω 的变化曲线，即幅频和相频特性曲线。这一过程将通过例题进行说明。

【例 4.5.2】 求图 4.5.11 所示系统输出为 $U_R(s)$ 时的频响特性。

【解】 系统函数为

$$H(s) = \frac{U_R(s)}{U(s)} = \frac{R}{R+\frac{1}{sC}} = \frac{s}{s+\frac{1}{RC}}$$

它在原点有一零点，在 $s=-\frac{1}{RC}$ 处有一极点，把 $H(s)$ 的零极点图画于图 4.5.11(b)中。为求系统

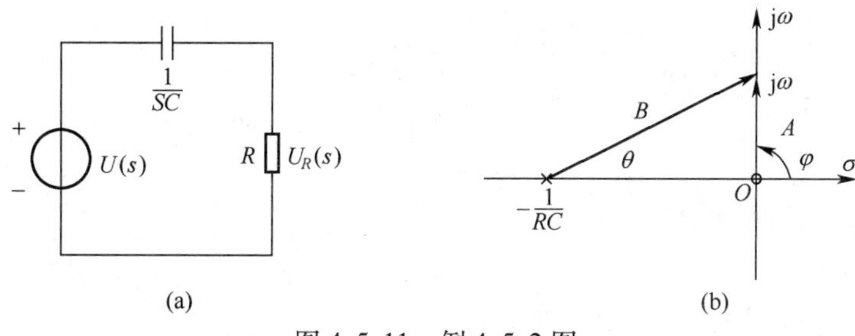

图 4.5.11　例 4.5.2 图

的频响特性用 jω 代替 $H(s)$ 中的 s，有

$$H(\mathrm{j}\omega)=H(s)\big|_{s=\mathrm{j}\omega}=\frac{\mathrm{j}\omega}{\mathrm{j}\omega+\dfrac{1}{RC}}$$

在 jω 轴上任取一点 jω，如图 4.5.11(b)所示，则

$$H(\mathrm{j}\omega)=\frac{\boldsymbol{A}}{\boldsymbol{B}}=\frac{A\,\mathrm{e}^{\mathrm{j}\varphi}}{B\,\mathrm{e}^{\mathrm{j}\theta}}=\frac{A}{B}\,\mathrm{e}^{\mathrm{j}(\varphi-\theta)}$$

其中

$$\text{模 } |H(\mathrm{j}\omega)|=\frac{A}{B}\text{，幅角 } \varphi(\omega)=\varphi-\theta$$

为定性画出幅频及相频特性，取 ω 由 $0\to\infty$ 时的三个特殊点进行分析。

$\omega\to0$ 时，$A\to0$，$B\to\dfrac{1}{RC}$，$\varphi=\dfrac{\pi}{2}$，$\theta\to0$，所以

$$\lim_{\omega\to0}|H(\mathrm{j}\omega)|=0,\ \lim_{\omega\to0}\varphi(\omega)=\frac{\pi}{2}$$

$\omega\to\infty$ 时，$A=B$，$\varphi=\dfrac{\pi}{2}$，$\theta=\dfrac{\pi}{2}$，所以

$$\lim_{\omega\to\infty}|H(\mathrm{j}\omega)|=1,\quad \lim_{\omega\to\infty}\varphi(\omega)=0$$

$\omega=\dfrac{1}{RC}$ 时，$A=\dfrac{1}{RC}$，$B=\sqrt{\left(\dfrac{1}{RC}\right)^2+\left(\dfrac{1}{RC}\right)^2}=\dfrac{\sqrt{2}}{RC}$，$\varphi=\dfrac{\pi}{2}$，$\theta=\dfrac{\pi}{4}$，所以

$$|H(\mathrm{j}\omega)|\big|_{\omega=\frac{1}{RC}}=\frac{1}{\sqrt{2}}\approx0.7$$

$$\varphi(\omega)\big|_{\omega=\frac{1}{RC}}=\frac{\pi}{2}-\frac{\pi}{4}=\frac{\pi}{4}$$

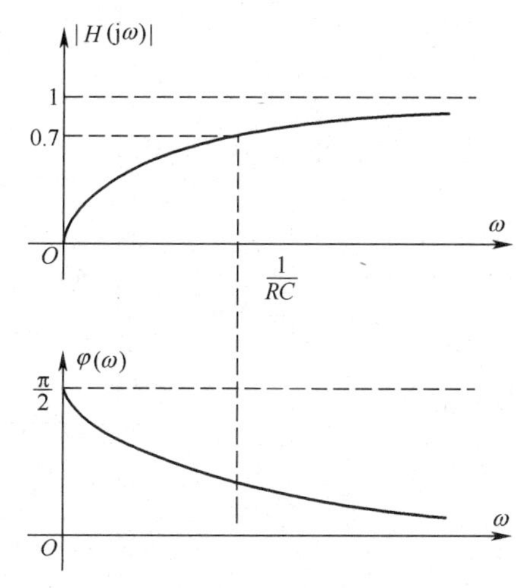

图 4.5.12　高通频响特性

根据上面 $H(\mathrm{j}\omega)-\omega$ 的变化规律，在图 4.5.12 中画出了它的幅频和相频特性，当 ω 达到某一值后，$H(\mathrm{j}\omega)$ 的模和相位趋于稳定，一般高通滤波器具有这样的特性。

【例 4.5.3】 求图 4.5.13 中系统输出为 $U_C(s)$ 时的频响特性。

【解】 了解了求频响特性的全过程后，可根据电路系统直接写出 $H(\mathrm{j}\omega)$ 来。

$$H(\mathrm{j}\omega)=\frac{U_C(\mathrm{j}\omega)}{U(\mathrm{j}\omega)}=\frac{\dfrac{1}{\mathrm{j}\omega C}}{R+\dfrac{1}{\mathrm{j}\omega C}}=\frac{1}{RC}\cdot\frac{1}{\mathrm{j}\omega+\dfrac{1}{RC}}$$

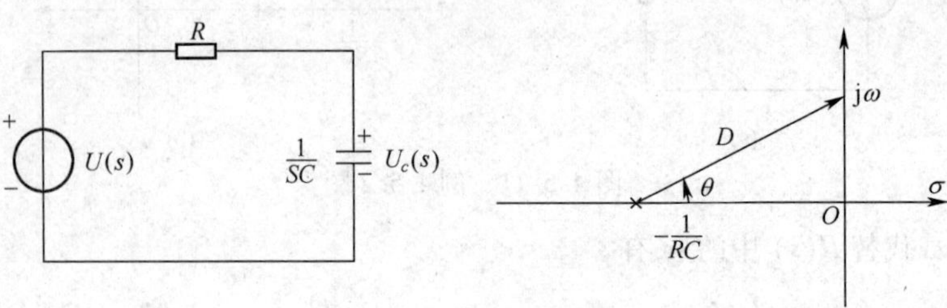

图 4.5.13　例 4.5.3 图

可见,传输函数无零点,在 $-\dfrac{1}{RC}$ 处有一极点。把它的零极点图画于图 4.5.13 中。在 jω 轴上任取一点 jω ,此时 $H(\mathrm{j}\omega)$ 可用极坐标表示为

$$H(\mathrm{j}\omega)=\frac{1}{RC}\cdot\frac{1}{D\,\mathrm{e}^{\mathrm{j}\theta}}$$

其中,模 $|H(\mathrm{j}\omega)|=\dfrac{1}{RC}\cdot\dfrac{1}{D}$,幅角 $\varphi(\omega)=-\theta$ 。

与上例相同,在 ω 为 $0\rightarrow\infty$ 时讨论下面三种特殊情况。

$$\omega\rightarrow 0\text{ 时},\lim_{\omega\rightarrow 0}|H(\mathrm{j}\omega)|=1,\lim_{\omega\rightarrow 0}\varphi(\omega)=-\theta=0$$

$$\omega\rightarrow\frac{1}{RC}\text{ 时},\ |H(\mathrm{j}\omega)|=\frac{1}{\sqrt{2}},\varphi(\omega)=-\frac{\pi}{4}$$

$$\omega\rightarrow+\infty\text{ 时},\lim_{\omega\rightarrow+\infty}H(\mathrm{j}\omega)|=0,\lim_{\omega\rightarrow+\infty}\varphi(\omega)=\frac{\pi}{2}$$

图 4.5.14 画出了 $H(\mathrm{j}\omega)$ 的幅频和相频特性。一般低通滤波器具有这样的特性。

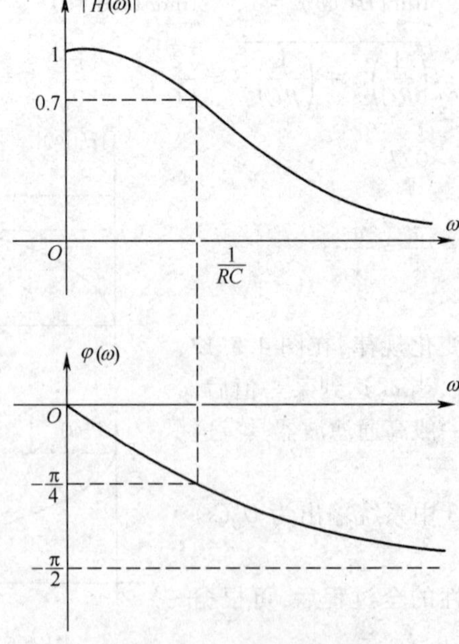

图 4.5.14　低通频响特性

4.6 系统稳定性的一般判别方法

由上节分析可知,系统函数 $H(s)$ 的极点分布与系统稳定性之间有如下关系:

(1)当 $H(s)$ 的极点全部位于 s 平面的左半平面(不包含虚轴)时,系统是稳定的。

(2)当 $H(s)$ 在 s 平面虚轴上有一阶极点,其余极点位于 s 平面的左半平面时,系统是临界稳定的。

(3)当 $H(s)$ 含有 s 平面右半平面的极点或虚轴上有二阶及二阶以上的极点时,系统是不稳定的。

【例 4.6.1】 判断下述因果稳定系统是否稳定。

(1) $H_1(s)=\dfrac{s+3}{(s+1)(s+2)}$;(2) $H_2(s)=\dfrac{1}{s}$;(3) $H_3(s)=\dfrac{1}{s-2}$。

【解】(1) $H_1(s)$ 的极点为 $s=-1$, $s=-2$,都在 s 平面的左半平面,所以系统稳定。

(2) $H_2(s)$ 的极点为 $s=0$,是位于坐标原点的单阶极点,所以系统临界稳定。

(3) $H_3(s)$ 的极点为 $s=2$,位于 s 平面的右半平面,所以系统不稳定。

对于 $n\geqslant 3$ 的高阶系统以及特征多项式 $A(s)$ 含有未定参数的系统,难于确定系统函数的极点,为此,必须借助于其他更一般的判定系统稳定性的方法。典型的 LTI 因果系统稳定的依据是满足劳斯-赫尔维茨判据(Routh-Hurwitz criterion),简称 R-H 判据。

劳斯-赫尔维茨准则指出,若系统的特征方程为

$$A(s)=a_n s^n+a_{n-1}s^{n-1}+a_{n-2}s^{n-2}+\cdots+a_1 s+a_0=0$$

则其特征根(即 $H(s)$ 的极点)全部位于 s 平面左半平面的条件如下:

①必要条件。特征多项式 $A(s)$ 的全部系数 a_n, a_{n-1}, $\cdots$, a_1, a_0 皆为正值且不为零(对一、二阶系统又是充分条件)。

②充分条件。将特征多项式系数按下列规则排列出劳斯表(即劳斯阵列),其第一列元素皆为正值:

行					
1	s^n	a_n	a_{n-2}	a_{n-4}	$\cdots$
2	s^{n-1}	a_{n-1}	a_{n-3}	a_{n-5}	$\cdots$
3	s^{n-2}	c_{n-1}	c_{n-3}	c_{n-5}	$\cdots$
4	s^{n-3}	d_{n-1}	d_{n-3}	d_{n-5}	$\cdots$
$\vdots$	$\vdots$	$\vdots$	$\vdots$	$\vdots$	$\vdots$
$n+1$	s^0				

在劳斯表中,第 3 行及以下各行的元素按下列规则计算:

$$c_{n-1}=-\frac{1}{a_{n-1}}\begin{vmatrix}a_n & a_{n-2}\\ a_{n-1} & a_{n-3}\end{vmatrix},\ c_{n-3}=-\frac{1}{a_{n-1}}\begin{vmatrix}a_n & a_{n-4}\\ a_{n-1} & a_{n-5}\end{vmatrix},\ \cdots$$

$$d_{n-1}=-\frac{1}{c_{n-1}}\begin{vmatrix}a_{n-1} & a_{n-3}\\ c_{n-1} & c_{n-3}\end{vmatrix},\ d_{n-3}=-\frac{1}{c_{n-1}}\begin{vmatrix}a_{n-1} & a_{n-5}\\ c_{n-1} & c_{n-5}\end{vmatrix},\ \cdots$$

依此类推,直到第 $n+1$ 行只有一个元素为止。

上述判据首先由赫尔维茨提出,为了纪念他,满足稳定必要条件的特征多项式 $A(s)$ 又称为赫

尔维茨多项式，但赫尔维茨判据中的充分条件操作麻烦，劳斯提出了便于操作的劳斯表，故有劳斯-赫尔维茨判据。

利用该判据判定系统是否稳定的操作步骤如下：

(1)判据中的必要条件是第一位的，如果特征多项式缺项或其系数符号有正有负，则系统一定是不稳定的；如果特征多项式的系数皆为非零的正值，其系统也未必稳定，必须列出劳斯表按充分条件检查。

(2)劳斯表对两种特殊情况须作特殊处理：

劳斯表第三行及以下各行要进行计算后再排列。在此过程中，将会遇到如下两种特殊情况而不能继续排表，必须提出处理办法才可继续排表。

①某行第一元素为零而其余元素不为零。处理办法：一是用任意小的一正数 ε 代替零；二是将特征多项式系数颠倒排列，因为这样做并未增加特征多项式幂次，但在劳斯表某行第一个元素则不为零。

②某行全部元素为零，它发生在该行的上两行对应元素值成正比例的时候。实质是全零行的上一行系数构成的 s 偶次多项式 $A_1(s)$ 是 $A(s)$ 的一个因子（它也是劳斯表中第一、二行元素构成的偶次多项式与奇次多项式公因子），$A_1(s)=0$ 的根（即 $A(s)=0$ 的根）对称原点（即在 s 平面呈上下左右对称）分布。处理办法是将 $\frac{\mathrm{d}}{\mathrm{d}s}A_1(s)$ 的系数代替全零行继续排表。因为 $A_1(s)+\frac{\mathrm{d}A_1(s)}{\mathrm{d}s}=0$，并没有增加 $A_1(s)=0$ 在 s 平面右半平面根的数目，所以，这时的系统可能是临界稳定或不稳定的。

③如果第一列元素符号全为正，则系统是稳定的；如果第一行元素的符号不完全相同，那么符号改变的次数就是 $A(s)=0$ 在 s 平面右半平面根的数目。

【例 4.6.2】 已知下列系统的特征多项式，试判断系统的稳定性。

(1) $A(s)=2s^4+s^3+3s^2+5s+10$；

(2) $A(s)=s^5+s^4+4s^3+4s^2+2s+1$；

(3) $A(s)=s^5+4s^4+8s^3+8s^2+7s+4$；

(4) $H(s)=\dfrac{s+2}{s^2+5s+6+k}$。

【解】 (1)显然，$A(s)$ 的全部系数为正值且不为零。列劳斯表如下：

$$
\begin{array}{c|ccc}
s^4 & 2 & 3 & 10 \\
s^3 & 1 & 5 & 0 \\
s^2 & -\frac{1}{1}\begin{vmatrix}2 & 3\\ 1 & 5\end{vmatrix}=-7 & -\frac{1}{1}\begin{vmatrix}2 & 10\\ 1 & 0\end{vmatrix}=10 & 0 \\
s^1 & -\frac{1}{7}\begin{vmatrix}1 & 5\\ -7 & 10\end{vmatrix}=\frac{45}{7} & -\frac{1}{7}\begin{vmatrix}1 & 0\\ -7 & 0\end{vmatrix}=0 & \\
s^0 & \frac{1}{\frac{45}{7}}\begin{vmatrix}\frac{45}{7} & 10\\ & 0\end{vmatrix}=10 & &
\end{array}
$$

从劳斯表可见，第一列元素出现两次符号改变，因此方程 $A(s)=0$ 有两个根位于 s 平面的右半平面，该系统不稳定。

(2)方法一：列劳斯表如下。

s^5	1	4	2
s^4	1	4	1
s^3	$\left(-\frac{1}{1}\begin{vmatrix}1 & 4\\ 1 & 4\end{vmatrix}=0\right)=\varepsilon$	$-\frac{1}{1}\begin{vmatrix}1 & 2\\ 1 & 1\end{vmatrix}=1$	0
s^2	$-\frac{1}{\varepsilon}\begin{vmatrix}1 & 4\\ \varepsilon & 1\end{vmatrix}=\frac{4\varepsilon-1}{\varepsilon}\approx-\frac{1}{\varepsilon}<0$	$-\frac{1}{\varepsilon}\begin{vmatrix}1 & 2\\ \varepsilon & 0\end{vmatrix}=1$	0
s^1	$-\frac{1}{\frac{4\varepsilon-1}{\varepsilon}}\begin{vmatrix}\varepsilon & 1\\ \frac{4\varepsilon-1}{\varepsilon} & 1\end{vmatrix}=\frac{-\varepsilon^2+4\varepsilon-1}{4\varepsilon-1}\approx 1>0$	$-\frac{1}{\frac{4\varepsilon-1}{\varepsilon}}\begin{vmatrix}\varepsilon & 0\\ \frac{4\varepsilon-1}{\varepsilon} & 0\end{vmatrix}=0$	
s^0	1		

该劳斯表的第三行第一个元素出现0,用ε代之,继续列表。劳斯表第一列元素值出现两次符号改变,$A(s)=0$有两个根在s平面右半平面,故该系统不稳定。

方法二:将特征多项式系数颠倒排列,即设

$$A(s)=s^5+2s^4+4s^3+4s^2+s+1$$

则可列出如下所示的劳斯表。

s^5	1	4	1
s^4	2	4	1
s^3	2	$\frac{1}{2}$	0
s^2	$\frac{7}{2}$	1	0
s^1	$-\frac{1}{14}$	0	
s^0	1		

显然,第一列元素符号改变两次,$A(s)=0$的根有两个分布在s平面的右半平面,该系统不稳定。

(3)列劳斯表如下:

s^5	1	8	7
s^4	4	8	4
s^3	6	6	0
s^2	4	4	0
s^1	**0**	**0**	**0**
s^0			

(不能继续排表) ⇨

s^5	1	8	7
s^4	4	8	4
s^3	6	6	0
s^2	4	4	0
s^1	**8**	**0**	**0**
s^0			

全劳斯表

显然,第s^1行元素全为0,不能继续排表。应以第s^2行的系数作依据,令$A_1(s)=4s^2+4$为辅助多项式(偶次多项式),则$\dfrac{\mathrm{d}A_1(s)}{\mathrm{d}s}=\dfrac{\mathrm{d}}{\mathrm{d}s}(4s^2+4)=8s$,其系数代替第$s^1$行的系数,继续排出全劳斯表。

排劳斯表时出现某一行元素全为零,它一定出现在上两行对应元素比值为$\dfrac{3}{2}$时,说明上一行元素构成的s多项式$A_1(s)=4s^2+4$是$A(s)$的因子,即特征方程$A(s)=(s^2+1)(s^3+4s^2+7s+4)=0$有特征根$s_{1,2}=\pm\mathrm{j}$为共轭根,并且劳斯表第一列元素皆为正值,$A(s)=0$无根分布在s平面的右半平面,故该系统为临界稳定。

(4)该系统特征方程为$A(s)=s^2+5s+6+k=0$,根据R-H判据可知,当$6+k>0$,亦即$k>-6$时,该系统稳定;否则,系统不稳定($k<-6$)或临界稳定($k=-6$)。

4.7　LTI 系统复频域框图和信号流图

4.7.1　LTI 连续系统复频域的基本图示法

1. 基本运算器的复频域模型

模拟框图是系统的表达方式之一,表 4.7.1 列出了模拟基本运算器的 s 域模型与时域模型,利用这些运算器的 s 域模型可以做出系统的 s 域模拟框图。

表 4.7.1　基本运算器的 s 域模型

元件名	时　域	复　频　域
加法器	$f_1(t)$ → Σ → $y(t)=f_1(t)+f_2(t)$；$f_2(t)$ → Σ	$F_1(s)$ → Σ → $Y(S)=F_1(s)+F_2(s)$；$F_2(s)$ → Σ
向量乘法器	$f(t)$ → a → $y(t)=af(t)$	$F(s)$ → a → $Y(s)=aF(s)$
积分器	$f(t)$ → $\int$ → $y(t)=\int_{-\infty}^{t}f(\tau)d\tau$	$F(s)$ → s^{-1} → $Y(S)=s^{-1}F(s)$

2. 系统的复频域框图表示

我们在前面曾提到系统可以用框图来表示,在零状态下,时域、频域和复频域的系统特性可以分别用 $h(t)$、$H(\mathrm{j}\omega)$ 和 $H(s)$ 来表征。在复频域,如果系统的激励为 $F(s)$,输出零状态响应为 $Y_f(s)$,则框图本身就是 $H(s)$,如图 4.7.1 所示。

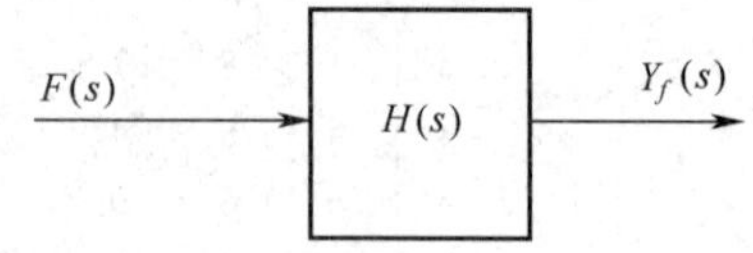

图 4.7.1　系统 s 域框图

该框图不仅代表数学式 $Y_f(s)=F(s)H(s)$,而且图 4.7.1 中的箭头方向代表系统传输信号的方向。

3. 系统的信号流图表示

连续系统还可以用信号流图来表示。信号流图由美国麻省理工学院的,梅森(Samuel J. Mason)教授于 20 世纪 50 年代提出,他同时给出了梅森公式。对于一个系统,用 s 域框图和信号流图表示没有原则区别。信号流图是用点和有向线段来描述线性方程组变量间因果关系的一种图示,是系统框图的简洁表示。用它来描述 LTI 系统,不但比框图更为简便,而且还通过梅森公式将系统函数与相应的信号流图联系起来,使信号流图简明地沟通了系统的方程、系统函数以及框图之间的联系。因此,采用信号流图不仅有利于系统分析,也便于系统模拟。

如图 4.7.2(a)所示的系统框图,变成信号流图形式就是一有向线段,在箭头旁注明了系统函数,线段端点代表信号,称为节点,如图 4.7.2(b)所示。有向线段表示信号传输的路径和方向,一般称为支路,每一条支路的系统函数相当于一个乘法器。

加法器、积分器和标量乘法器用信号流图表示如图 4.7.3 所示。

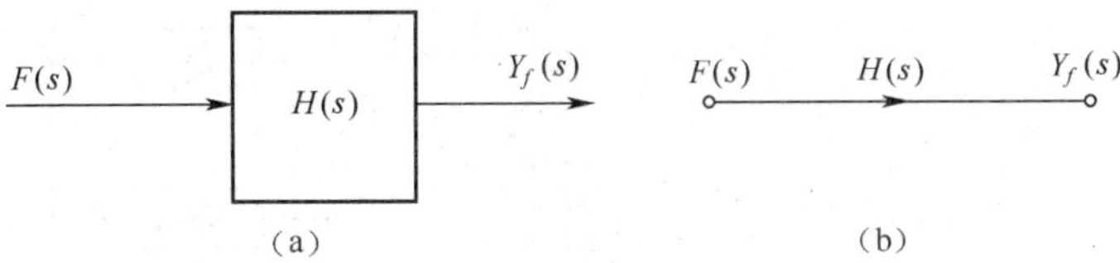

图 4.7.2　系统信号流图和框图比较

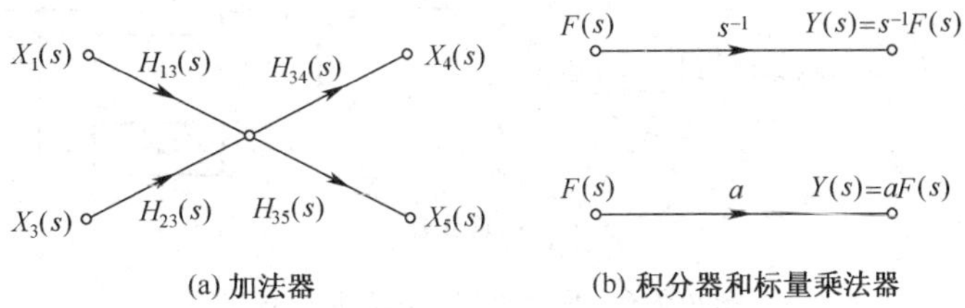

图 4.7.3　基本运算器信号流图

在图 4.7.3(a)中,加法器的节点 $X_3(s)$ 代表了多路信号输入,多路信号之间是相加的关系,而且也可以有不同方向输出。例如,图 4.7.3(a)所示加法器,有两个输入节点 $X_1(s)$ 和 $X_2(s)$,两个输出节点 $X_4(s)$ 和 $X_5(s)$,则按信号流图构成原则有下述节点方程:$X_3(s)=X_1(s)\,H_{13}(s)+X_2(s)\,H_{23}(s)$;$X_4(s)=X_3(s)\,H_{34}(s)$;$X_5(s)=X_3(s)\,H_{35}(s)$。因此信号流图中作为加法器的点(又称和点)相当于框图中的加法器,与紧跟其后的分点结合在一起,如果需要相减,应将负号放在支路系统函数 $H_{13}(s)$ 或 $H_{23}(s)$ 之前,如 $-H_{13}(s)$ 或 $-H_{23}(s)$。

4. 系统信号流图和 s 域框图的基本连接方式

一个实际系统可以由许多子系统通过适当的连接组成,因此,了解系统基本的连接方式显得十分必要。三种基本连接方式——级联、并联和反馈可分别以框图和信号流图表示,如图 4.7.4、图 4.7.5 和图 4.7.6 所示。

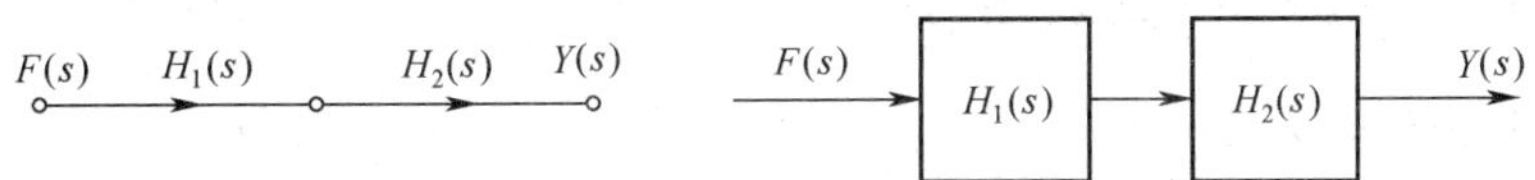

图 4.7.4　级联框图与信号流图

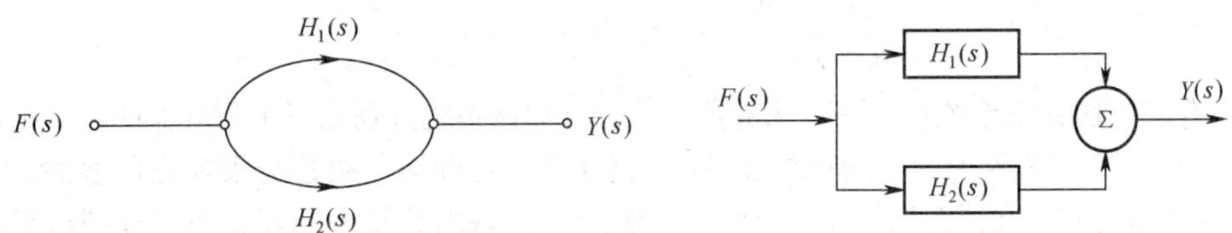

图 4.7.5　并联框图与信号流图

1)级联

$$H(s)=H_1(s)\,H_2(s)$$

注意:级联时 $H_2(s)$ 不能是 $H_1(s)$ 的负载,因此,工程上往往要加隔离器。

2)并联

$$H(s)=H_1(s)+H_2(s)$$

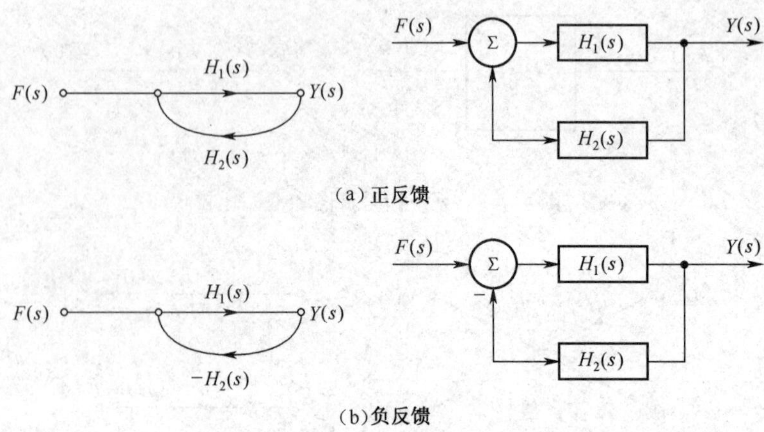

图 4.7.6　反馈连接框图与信号流图

3)反馈

正反馈：
$$H(s)=\frac{H_1(s)}{1-H_1(s)\,H_2(s)}$$

负反馈：
$$H(s)=\frac{H_1(s)}{1+H_1(s)\,H_2(s)}$$

4.7.2　系统的复频域模拟

系统函数 $H(s)$ 表征了系统的输入输出特性，而且它是有理分式，运算较为简便，因而 s 域连续系统的模拟常通过系统函数来进行实现。同一系统函数，通过不同的运算，可以得到多种形式的模拟实现方案。常用的模拟实现有直接实现（又称卡尔曼实现）、级联实现和并联实现。以下举例说明。

【例 4.7.1】　某连续系统的系统函数为 $H(s)=\dfrac{2s+4}{s^3+2s^2+5s+3}$，试分别用直接实现、级联实现和并联实现模拟该系统。

【解】　(1)直接实现。

$H(s)$ 的分子、分母同乘 s^{-3}，得

$$H(s)=\frac{2s^{-2}+4s^{-3}}{1+3s^{-1}+5s^{-2}+3s^{-3}}=\frac{2s^{-2}+4s^{-3}}{1-(-3s^{-1}-5s^{-2}-3s^{-3})}$$

$H(s)$ 含有 s^{-3}，因此该系统具有三个积分器。从分母知该系统分别从三个积分器的输出乘以标量后引出三个负反馈支路；从分子可知输出 $Y(s)$ 是从第二级和第三级积分器输出的叠加。该系统的直接模拟信号流图和框图如图 4.7.7 所示。实际上，s 域的直接模拟就是时域模拟取了拉普拉斯变换。

(2)级联实现。

$$H(s)=\frac{2s+4}{s^3+3s^2+5s+3}=\frac{2}{s+1}\times\frac{s+2}{s^2+2s+3}=H_1(s)\,H_2(s)$$

其中，

$$H_1(s)=\frac{2}{s+1}=\frac{2s^{-1}}{1+s^{-1}}$$

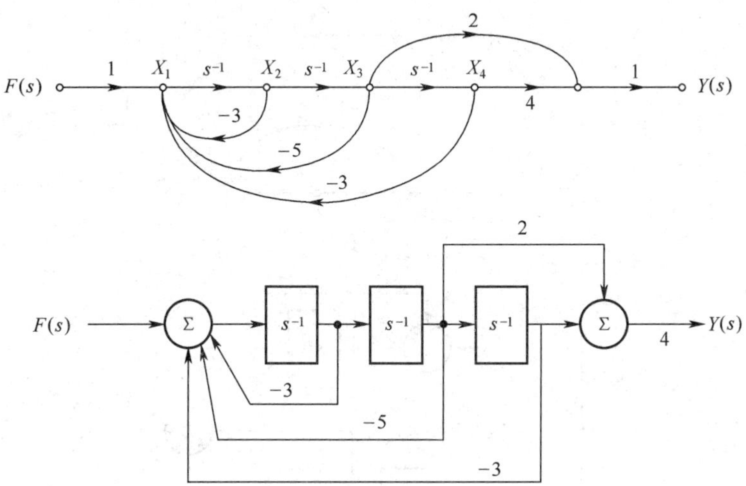

图 4.7.7　直接实现

$$H_2(s)=\frac{s+2}{s^2+2s+3}=\frac{s^{-1}+2s^{-2}}{1+2s^{-1}+3s^{-2}}$$

由此可得级联实现的模拟信号流图和模拟框图如图 4.7.8 所示。注意,级联模拟选择子系统有多种方案,对于具有共轭极点的二阶系统,当作一个模拟整体较为方便。

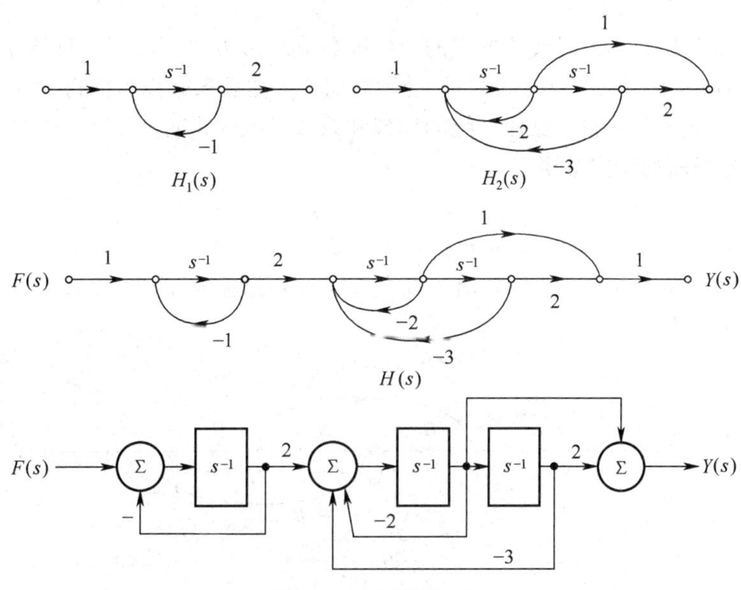

图 4.7.8　级联实现

(3)并联实现。

$$H(s)=\frac{2s+4}{s^3+3s^2+5s+3}=\frac{1}{s+1}+\frac{-s+1}{s^2+2s+3}$$

$$=\frac{s^{-1}}{1+s^{-1}}+\frac{-s^{-1}+s^{-2}}{1+2s^{-1}+3s^{-2}}=H_1(s)+H_2(s)$$

由此可得并联形式的模拟信号流图和模拟框图如图 4.7.9 所示。

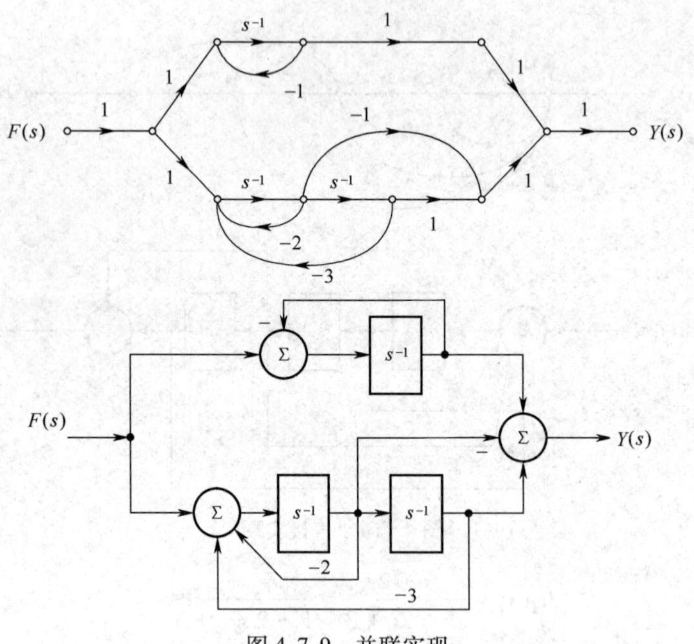

图 4.7.9　并联实现

4.7.3　梅森公式及应用

1950 年，梅森利用一套瞬时代数方程的克拉默（Cramer）方法证明了一种算法，用于求解信号流图或系统框图输入点与输出点之间的系统函数，这个算法后来被称为梅森公式。它广泛地用在连续系统的 s 域或离散系统的 z 域作系统的模拟和系统函数的化简。

1. 关于信号流图的专门术语

1）节点

节点是系统中信号的点的总称，它包括：

（1）源点（输入节点）——仅有输出支路的节点，又称独立节点，代表系统的输入信号，如图 4.7.10 中所示的 $F(s)$。

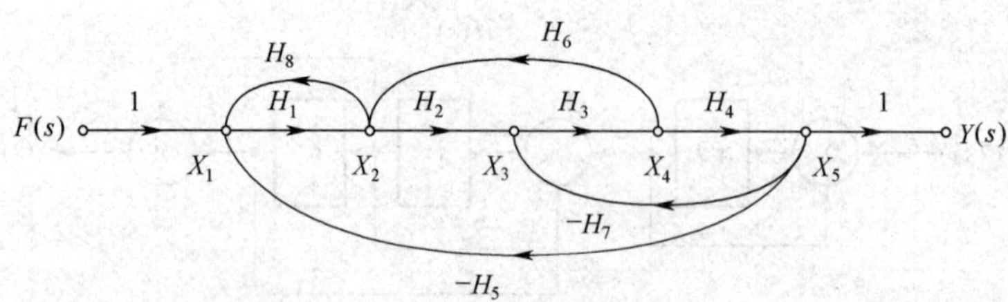

图 4.7.10　系统信号流图

（2）阱点（输出节点）——仅有输入支路的节点，属非独立节点，代表系统的输出信号，如图 4.7.10 中所示的 $Y(s)$。

（3）混合节点——既有输入支路又有输出支路的节点，属非独立节点，代表该点输入信号之和，如图 4.7.10 中所示的 X_1、X_2、X_3、X_4、X_5。

2）支路

支路表示两节点间的有向线段，在方向箭头旁标出支路的系统函数。

3)通路

通路表示同方向的支路序列。通路的转移函数等于各支路转移函数(又称增益)之积,其中分为:

(1)开通路(前向通路)——从输入节点到任一非独立节点的不闭合通路。前向通路中通过的任何节点不多于一次,如图4.7.10中从F到Y只有一条开通路$F\to X_1\to H_1\to X_2\to H_2\to X_3\to H_3\to X_4\to H_4\to X_5\to H_4\to X_5\to Y$。

(2)闭通路(回路或环)——闭通路除首尾节点重合外,其余节点只出现一次。图4.7.10中共有四个环。

(3)不接触通路——无公共节点的通路,包括不接触开通路、不接触环路以及开通路与环路的不接触。图4.7.10中不存在不接触开通路;但有一对两两不接触环路:环路$X_1\to H_1\to X_2\to H_8\to X_1$与环路$X_3\to H_3\to X_4\to H_4\to X_5\to(-H_7)\to X_3$;不存在三个互不相接触的环路。若以节点$X_2$作输出,则存在开通路$F\to X_1\to H_1\to X_2$与环路$X_3\to H_3\to X_4\to H_4\to X_5\to(-H_7)\to X_3$不接触。

2. 梅森公式

系统信号流图中从独立节点到任一非独立节点的转移函数可由如下梅森公式求得:

$$H(s)=\frac{Y(s)}{F(s)}=\frac{1}{\Delta(s)}\sum_{i=1}^{n}P_i(s)\,\Delta_i(s) \tag{4.7.1}$$

式中,$P_i(s)$为第i条前向通路增益,在图4.7.10中,若以节点X_2为输出,则$P_1(s)=H_1$。

$\Delta(s)$为信号流图的特征行列式,有

$$\Delta(s)=1-\sum_a L_a+\sum_{b,c}L_bL_c-\sum_{d,e,f}L_dL_eL_f+\cdots \tag{4.7.2}$$

其中,$\sum_a L_a$为所有环路的增益之和,对于图4.7.10,有

$$\sum_a L_a=L_1+L_2+L_3+L_4=H_1H_8+H_2H_3H_6-H_3H_4H_7-H_1H_2H_3H_4H_5$$

$\sum_{b,c}L_bL_c$为所有两两不相接触环路对的增益乘积之和,对图4.7.10,有

$$\sum_{b,c}L_bL_c=-H_1H_3H_4H_7H_8$$

$\sum_{d,e,f}L_dL_eL_f$为所有三个互不相接触环路组的增益乘积之和,图4.7.10不存在这样的情况。

$\Delta_i(s)$为与第i条开通路不相接的子图特征行列式。这个子图是第i条开通路移去后剩下的信号流图。在图4.7.10中,若以节点X_2为输出,则$\Delta_1(s)=1+H_3H_4H_7$。这时,由梅森公式得到转移函数为

$$\begin{aligned}H_{X_2F}&=\frac{X_2(s)}{F(s)}=\frac{P_1(s)\,\Delta_1(s)}{\Delta(s)}\\&=\frac{H_1(1+H_3H_4H_7)}{1-(H_1H_8+H_2H_3H_6-H_3H_4H_7-H_1H_2H_3H_4H_5)+(-H_1H_3H_4H_7H_8)}\\&=\frac{H_1+H_1H_3H_4H_7}{1-H_1H_8-H_2H_3H_6+H_3H_4H_7+H_1H_2H_3H_4H_5-H_1H_3H_4H_7H_8}\end{aligned}$$

运用同样的方法还可求得

$$H_{X_1F}(s),H_{X_3F}(s),H_{X_4F}(s),H_{X_5F}(s)=H_{YF}(s)$$

利用梅森公式可直接化简求得系统函数,无须对信号流图进行烦琐的逐步化简。

利用梅森公式作系统模拟时也会带来简化:

进行直接模拟时,因各环路均接触,故用$\Delta(s)=1-\sum_a L_a$即可。

进行级联和并联模拟时，只需把系统分为一阶和(或)二阶(把共轭复极点作为一个整体)的子系统即可。

【例 4.7.2】 某系统框图如图 4.7.11(a)所示，试用梅森公式求其系统函数 $H(s)$ 。

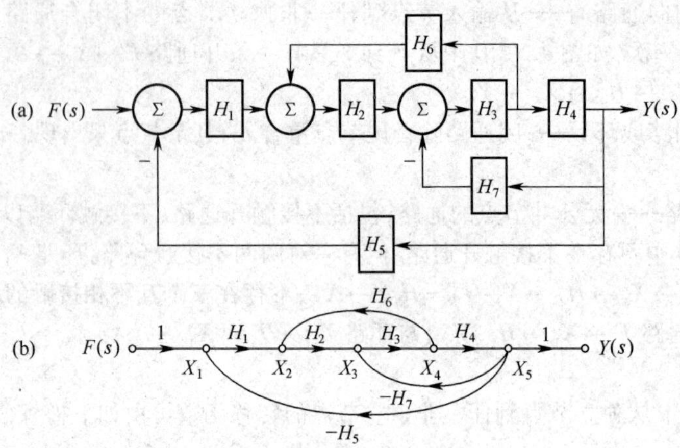

图 4.7.11 例 4.7.2 图

【解】 (1)将系统框图转换为信号流图，如图 4.7.11(b)所示。

(2)根据信号流图可知，前向通路增益为

$$P_1(s) = H_1 H_2 H_3 H_4$$

特征行列式

$$\Delta(s) = 1 - \sum_a L_a = 1 - (L_1 + L_2 + L_3)$$
$$= 1 - H_2 H_3 H_6 + H_3 H_4 H_7 + H_1 H_2 H_3 H_4 H_5$$

因为没有与前向通路不接触的子图，所以其特征行列式为

$$\Delta_1(s) = 1 - 0 = 1$$

由梅森公式的

$$H(s) = \frac{1}{\Delta(s)} \sum_{i=1}^{n} P_i(s) \cdot_i(s) = \frac{P_1(s)\,\Delta_1(s)}{\Delta(s)}$$
$$= \frac{H_1 H_2 H_3 H_4}{1 - H_2 H_3 H_6 + H_3 H_4 H_7 + H_1 H_2 H_3 H_4 H_5}$$

【例 4.7.3】 某系统信号流图如图 4.7.12 所示，试用梅森公式求其系统函数 $H(s)$ 。

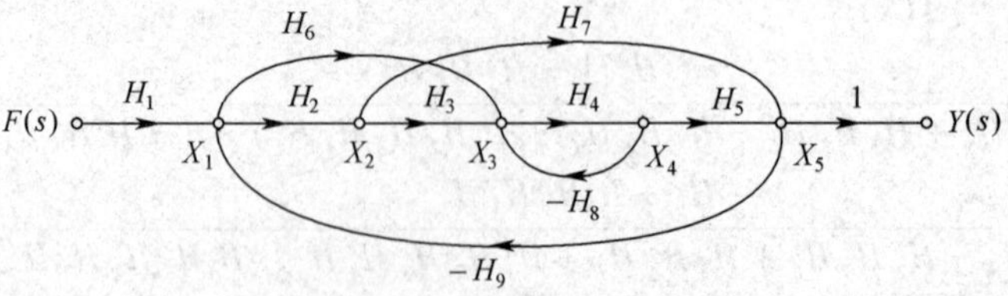

图 4.7.12 例 4.7.3 图

【解】 根据信号流图可知，前向通路增益和与前向通路不接触的子图特征行列式为

$$P_1(s) = H_1 H_2 H_3 H_4 H_5, \Delta_1(s) = 1$$
$$P_2(s) = H_1 H_2 H_7, \Delta_2(s) = 1 - L_4 = 1 + H_4 H_8$$

$$P_3(s)=H_1H_4H_5H_6,\Delta_3(s)=1$$

环增益为

$$L_1=-H_2H_3H_4H_5H_9,L_2=-H_2H_7H_9$$
$$L_3=-H_4H_5H_6H_9,L_4=-H_4H_8$$

两两不接触环增益为

$$L_2L_4=H_2H_4H_7H_8H_9$$

特征行列式为

$$\begin{aligned}\Delta(s)&=1-\sum_a L_a+\sum_{b,c}L_bL_c=1-(L_1+L_2+L_3+L_4)+L_2L_4\\&=1+H_2H_3H_4H_5H_9+H_2H_7H_9+H_4H_5H_6H_9+H_4H_8+H_2H_4H_7H_8H_9\end{aligned}$$

由梅森公式得

$$\begin{aligned}H(s)&=\frac{1}{\Delta}\sum_{i=1}^{n}P_i\cdot i=\frac{P_1\Delta_1+P_2\Delta_2+P_3\Delta_3}{\Delta}\\&=\frac{H_1H_2H_3H_4H_5+H_1H_2H_7(1+H_4H_8)+H_1H_4H_5H_6}{1+H_2H_3H_4H_5H_9+H_4H_5H_6H_9+H_2H_7H_9+H_4H_8+H_2H_4H_7H_8H_9}\end{aligned}$$

4.8 连续信号与系统复频域分析的 MATLAB 实现

4.8.1 由连续系统零极点分布分析系统冲激响应的时域特性

我们知道,系统冲激响应 $h(t)$ 的时域特性完全由系统函数 $H(s)$ 的极点位置决定。$H(s)$ 的每一个极点将决定 $h(t)$ 的一项时间函数。显然 $H(s)$ 的极点位置不同,则 $h(t)$ 的时域特性也完全不同。

【例 4.8.1】 已知连续系统的零极点分布如图 4.8.1 所示,试用 MATLAB 分析系统冲激响应 $h(t)$ 的时域特征。

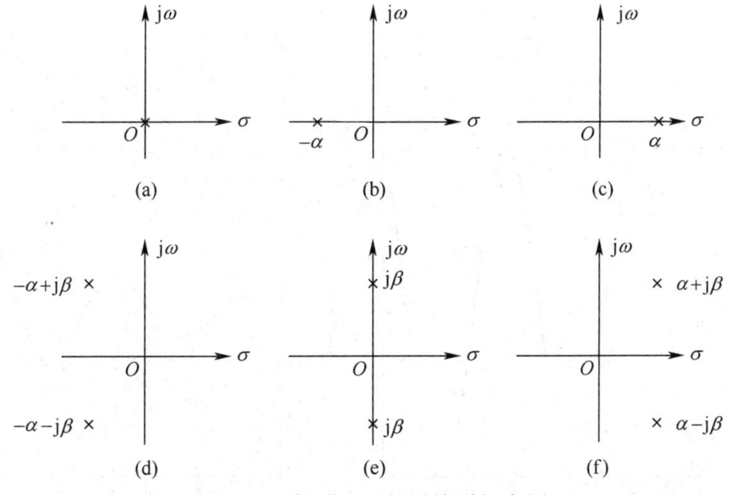

图 4.8.1 例 4.8.1 的系统零极点图

【解】 系统的零极点图已知,则系统的系统函数 $H(s)$ 就可确定。这样我们就可利用绘制连续系统冲激响应曲线的 MATLAB 函数 impulse( ),将系统冲激响应 $h(t)$ 的时域波形绘制出来。

图 4.8.1(a)所示的系统，系统函数为 $H(s)=\dfrac{1}{s}$，即系统极点在原点，绘制冲激响应时域波形的 MATLAB 命令如下：

```
a=[1 0];
b=[1];
impulse(b,a)
```

绘制的冲激响应 $h(t)$ 的时域波形如图 4.8.2(a)所示，此时 $h(t)$ 为单位阶跃信号。

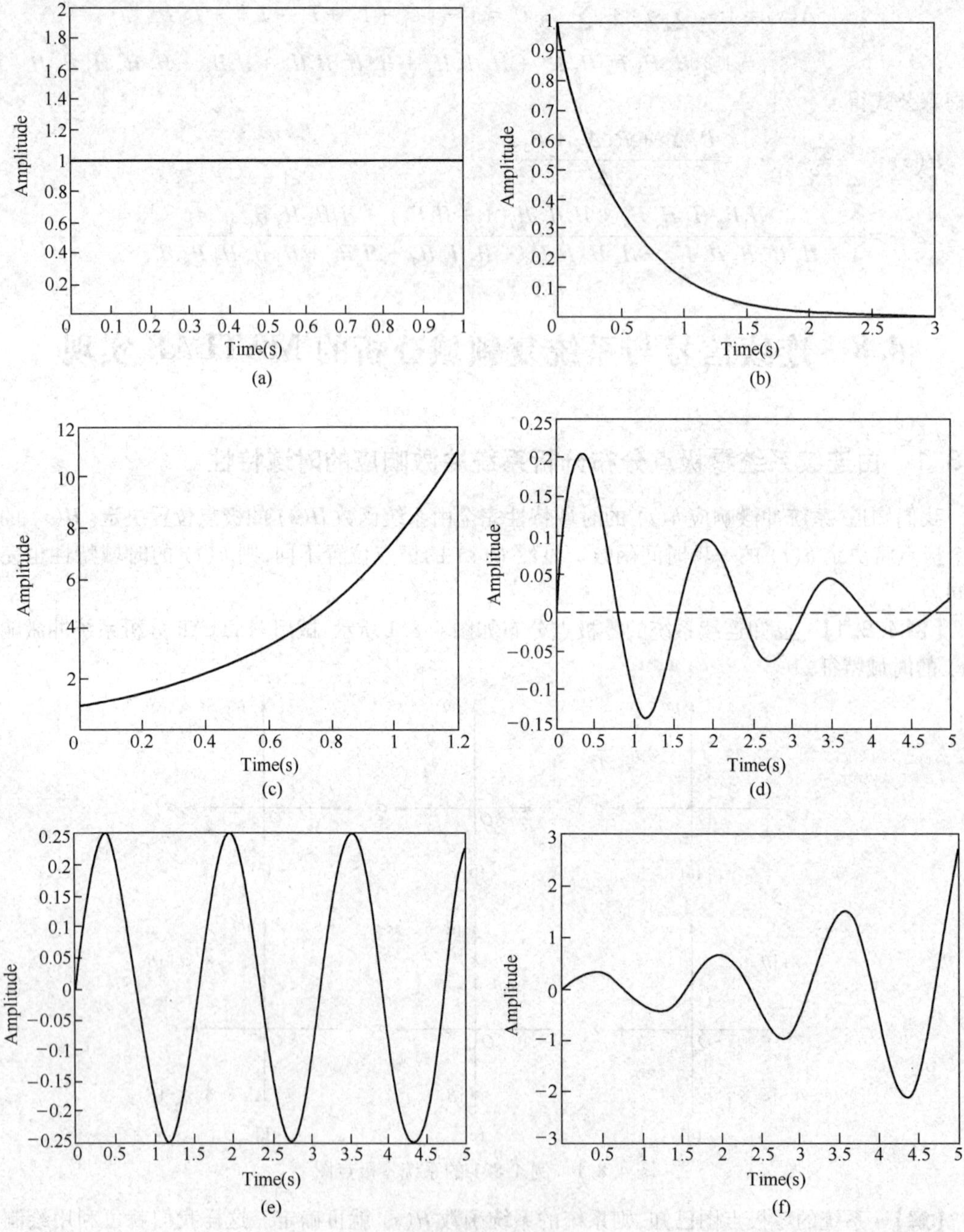

图 4.8.2　例 4.8.1 的系统冲激响应时域波形图

对图 4.8.1(b)所示的系统，系统函数为 $H(s)=\dfrac{1}{s+\alpha}$，即系统极点为位于 s 平面左半平面的实极点，令 $\alpha=2$，绘制冲激响应时域波形的 MATLAB 命令如下：

```
a=[1 2];
b=[1];
impulse(b,a)
```

绘制的冲激响应 $h(t)$ 的时域波形如图 4.8.2(b)所示，此时 $h(t)$ 为衰减的指数信号。

图 4.8.1(c)所示的系统，系统函数为 $H(s)=\dfrac{1}{s-\alpha}$，即系统极点为位于 s 平面右半平面的实极点，令 $\alpha=2$，绘制冲激响应时域波形的 MATLAB 命令如下：

```
a=[1 -2];
b=[1];
impulse(b,a)
```

绘制的冲激响应 $h(t)$ 的时域波形如图 4.8.2(c)所示，此时 $h(t)$ 为随时间增长的指数信号。

对图 4.8.1(d)所示的系统，系统函数为 $H(s)=\dfrac{1}{(s+\alpha)^2+\beta^2}$，即系统极点为位于 s 平面左半平面的一对共轭极点，令 $\alpha=0.5$，$\beta=4$，绘制冲激响应时域波形的 MATLAB 命令如下：

```
a=[1 1 16.25];
b=[1];
impulse(b,a,5)
```

绘制的冲激响应 $h(t)$ 的时域波形如图 4.8.2(d)所示，此时 $h(t)$ 为按指数规律衰减的正弦振荡信号。

图 4.8.1(e)所示的系统，系统函数为 $H(s)=\dfrac{1}{s^2+\beta^2}$，即系统极点为位于 s 平面虚轴上的一对共轭极点，令 $\beta=4$，绘制冲激响应时域波形的 MATLAB 命令如下：

```
a=[1 0 16];
b=[1];
impulse(b,a,5)
```

绘制的冲激响应 $h(t)$ 的时域波形如图 4.8.2(e)所示，此时 $h(t)$ 为等幅正弦振荡信号。

对图 4.8.1(f)所示的系统，系统函数为 $H(s)=\dfrac{1}{(s-\alpha)^2+\beta^2}$，即系统极点为位于 s 平面右半平面的一对共轭极点，令 $\alpha=0.5$，$\beta=4$，绘制冲激响应时域波形的 MATLAB 命令如下：

```
a=[1 -1 16.25];
b=[1];
impulse(b,a,5)
```

绘制的冲激响应 $h(t)$ 的时域波形如图 4.8.2(f)所示，此时 $h(t)$ 为按指数规律增长的正弦振荡信号。

4.8.2 由连续系统零极点分布分析系统的频率特性

由前面的分析可知，连续系统的零极点分布完全决定了系统的系统函数 $H(s)$，显然，系统的零极点分布也必然包含了系统的频率特性。下面是分析系统的频率特性的 MATLAB 实用函数 splxy( ).

```
function splxy(f1,f2,k,p,q)
% 根据系统零点分布绘制系统频率响应曲线程序
% f1,f2:绘制频率响应曲线的频率范围(即频率起始和终止点,单位为 Hz)
% p,q:系统函数极点和零点位置行向量
% k:绘制频率响应曲线的频率取样间隔
p=p';
q=q';
f=f1:k:f2;
w=f*(2*pi);
y=i*w;
n=length(p);
m=length(q);
if n==0
    yq=one(m,1)*y;
    vq=yq-q*ones(1,length(w));
    bj=abs(vq);
    ai=1;
elseif m==0
    yp=ones(n,1)*y;
    vp=yp-p*ones(1,length(w));
    ai=abs(vp);
    bj=1;
else
    yp=ones(n,1)*y;
    yq=ones(m,1)*y;
    vp=yp-p*ones(1,length(w));
    vq=yq-q*ones(1,length(w));
    ai=abs(vp);
    bj=abs(vq);
end
Hw=prod(bj,1)./prod(ai,1);
plot(f,Hw);
title('连续系统幅频响应曲线')
xlabel('频率 w (单位:赫兹)')
ylabel('F(jw)')
```

下面举例说明如何运用该程序分析系统的频率特性。

【例 4.8.2】 已知某二阶系统的零极点分别为 $p_1=-\alpha_1, p_2=-\alpha_2, q_1=q_2=0$(二重零点)。试用 MATLAB 分别绘出该系统在下列三种情况时,系统在 0~1 kHz 频率范围内的幅频响应曲线,说明该系统的作用,并分析极点位置对系统频率响应的影响。

(1) $\alpha_1=100, \alpha_2=200$;

(2) $\alpha_1=500, \alpha_2=1\,000$;

(3) $\alpha_1=2\,000, \alpha_2=4\,000$。

【解】 这是个根据系统零极点分布来分析系统频率特性的典型问题,我们先调用函数

splxy( )来绘制出上述三种情况下的系统幅频响应曲线,对应的 MATLAB 命令如下:

```
q=[0 0];
p=[-100 -200];
f1=0;
f2=1000;
k=0.1;
splxy(f1,f2,k,p,q)
p=[-2000 -4000];
splxy(f1,f2,k,p,q)
```

上述命令绘制的系统幅频响应曲线如图 4.8.3 所示。

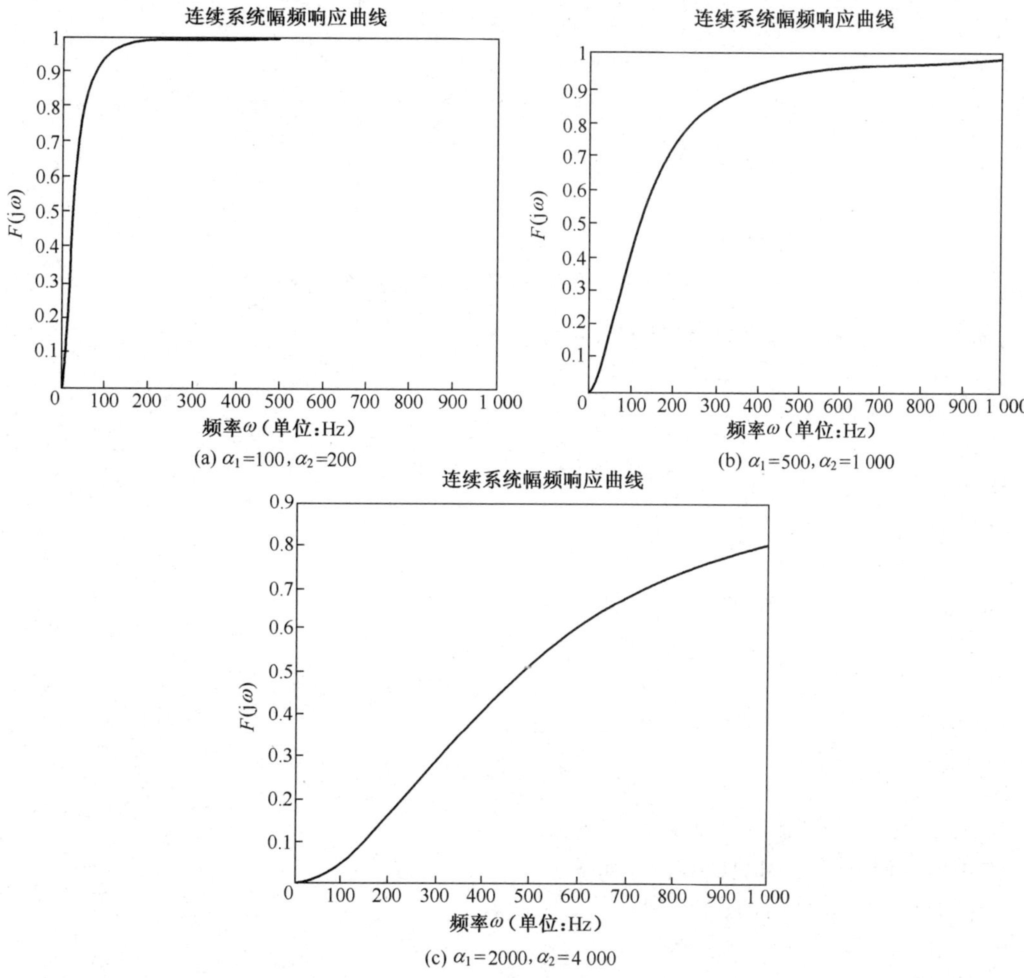

图 4.8.3　系统幅频响应曲线

由图 4.8.3 所示的系统幅频响应曲线我们可以看出,该系统呈高通特性,是一个二阶高通滤波器。当系统极点位置发生改变时,其高通特性也随之发生改变,当 α_1、α_2 离原点较近时,高通滤波器的截止频率也较低,而当 α_1、α_2 离原点较远时,滤波器的截止频率也随之向高频方向移动。因此,我们就可以通过改变系统的极点位置来设计不同通带范围的高通滤波器。

【例 4.8.3】 已知连续系统的零极点分布分别如图 4.8.4 所示,试用 MATLAB 绘出系统的幅频响应曲线,并根据系统的幅频响应曲线分析系统的作用。

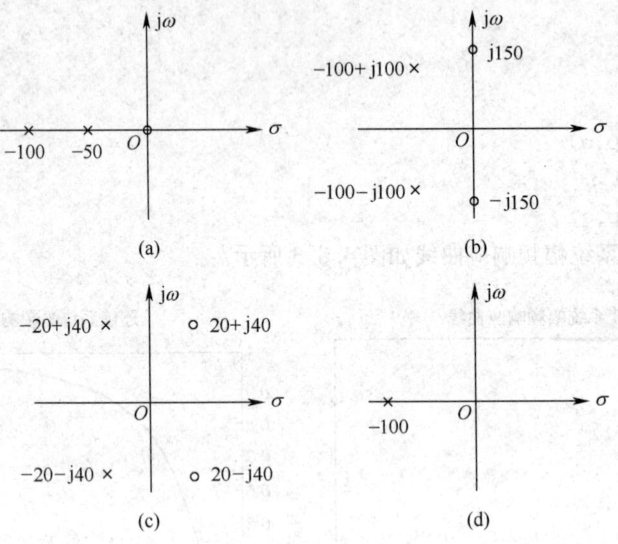

图 4.8.4 例 4.8.3 的系统零极点图

【解】 图 4.8.4(a)对应的 MATLAB 命令如下:

```
q=[0];
p=[-50 -100];
f1=0;
f2=100;
k=0.1;
splxy(f1,f2,k,p,q)
```

图 4.8.4(b) 对应的 MATLAB 命令如下:

```
q=[j*150 -j*150];
p=[-100+j*100 -100-j*100];
f1=0;
f2=100;
k=0.1;
splxy(f1,f2,k,p,q)
```

图 4.8.4(c) 对应的 MATLAB 命令如下:

```
q=[20+j*40 20-j*40];
p=[-20+j*40 -20-j*40];
f1=0;
f2=100;
k=0.1;
splxy(f1,f2,k,p,q)
```

图 4.8.4(d)对应的 MATLAB 命令如下:

```
q=[];
p=[-100];
```

```
f1=0;
f2=100;
k=0.1;
splxy(f1,f2,k,p,q)
```

绘制的系统的幅频响应曲线如图 4.8.5 所示。

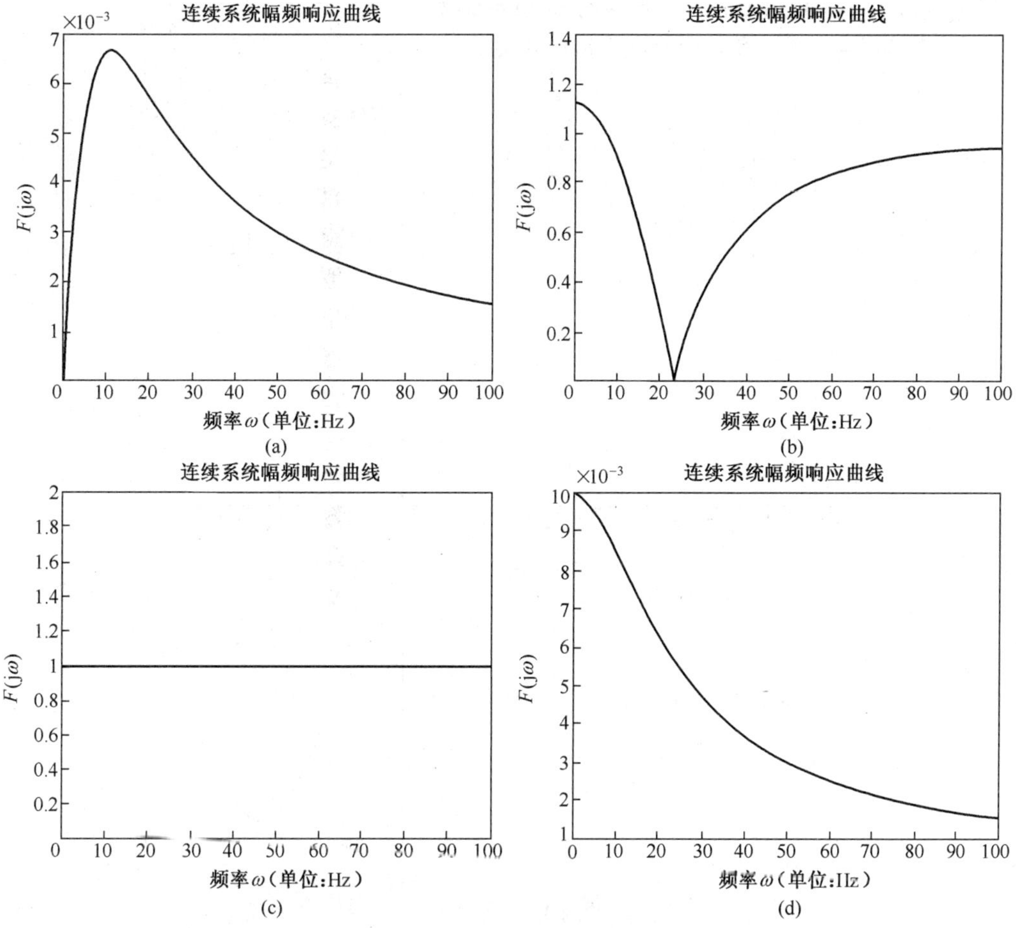

图 4.8.5 例 4.8.3 系统幅频响应曲线

由系统的幅频响应曲线可以看出,图 4.8.5(a)所示系统呈带通特性,是一带通滤波器;图 4.8.5(b)所示系统呈带阻特性,是一带阻滤波器;图 4.8.5(c)所示系统幅频响应为常数 1,是一全通滤波器;图 4.8.5(d)所示系统呈低通特性,是一低通滤波器。

习 题 4

4.1 求下列函数的单边拉普拉斯。

(1) $1-e^{-2t}$;　　(2) $(1+t)e^{-2t}$;

(3) $2\delta(t)-e^{-t}$;　　(4) t^2e^{-2t};

(5) $2\cos t+\sin t$;　　(6) $e^{-t}\sin 2t$;

(7) $\cos^2 t$;　　(8) $t^2\cos t$。

4.2　求下列函数的单边拉普拉斯,注意函数之间的差别。

(1) $f_1(t)=e^{-2t}u(t)$;　　(2) $f_2(t)=e^{-2(t-1)}u(t-1)$;

(3) $f_3(t)=e^{-2(t-1)}u(t)$;　　(4) $f_4(t)=e^{-2t}u(t-1)$;

(5) $f_5(t)=tu(t)$;　　(6) $f_6(t)=(t-1)u(t-1)$;

(7) $f_7(t)=(t-1)u(t)$;　　(8) $f_8(t)=tu(t-1)$。

4.3　求题图 4.1 所示各信号的拉普拉斯变换。

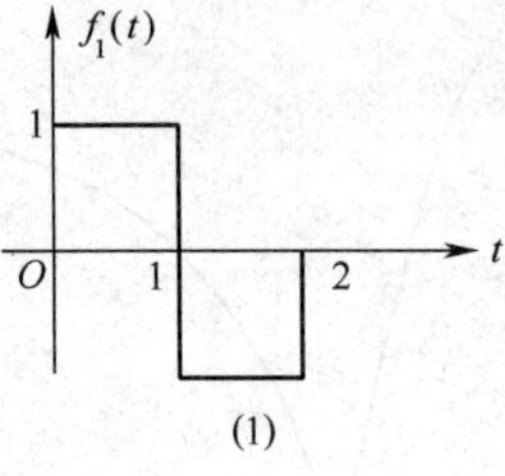

(1)

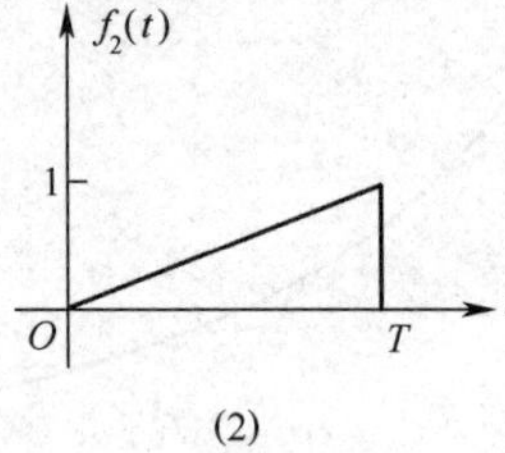

(2)

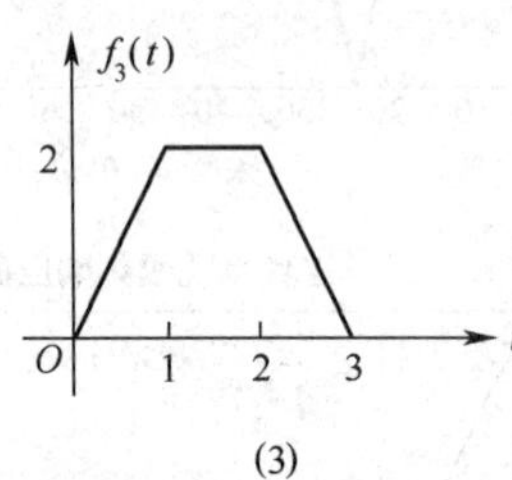

(3)

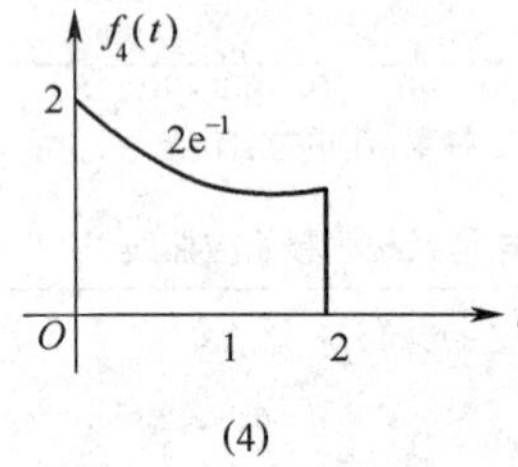

(4)

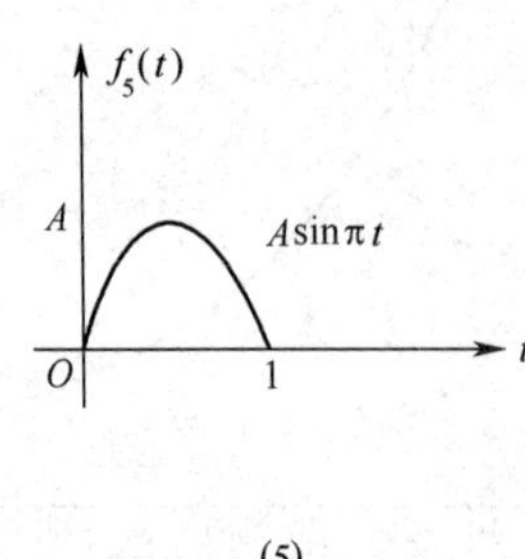

(5)

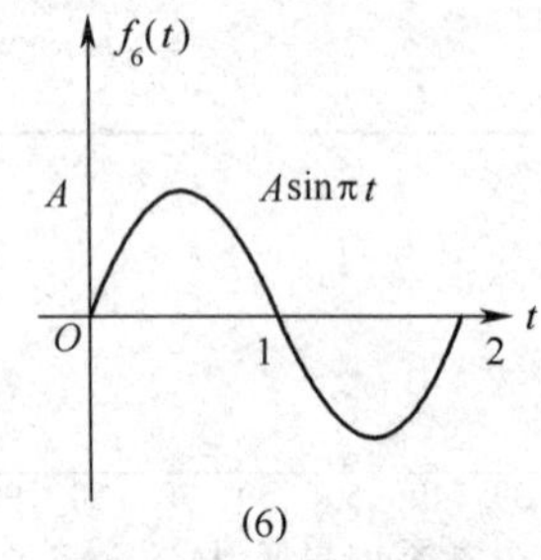

(6)

题图 4.1　题 4.3 图

4.4　求题图 4.2 所示各信号的拉普拉斯变换。

4.5　已知 $f(t)\leftrightarrow F(s)$,求 $f\left(\frac{1}{2}t-1\right)$ 和 $f(2t-1)$ 的拉普拉斯变换。

4.6　已知 $f_1(t)=\sin tu(t)-\sin tu(t-\pi)$,若 $f_2(t)=f_1\left(\frac{\pi t}{T}\right)$,试求 $f_2(t)$ 的拉普拉斯变换 $F_2(s)$。

4.7　用部分分式展开法求下列像函数的拉普拉斯逆变换。

(1) $\frac{4}{2s+3}$;　　(2) $\frac{4}{s(2s+3)}$;

(3) $\frac{s+3}{s^2+7s+10}$;　　(4) $\frac{2s+4}{s(s+1)(4s+2)}$;

(5) $\frac{1}{(s-5)^2(s-7)}$;　　(6) $\frac{2s+4}{s(s^2+4)}$;

(7) $\dfrac{1}{s(s-2)^2}$;　　(8) $\dfrac{1}{s^2(s+1)}$;

(9) $\dfrac{s+5}{s(s^2+2s+5)}$;　　(10) $\dfrac{2}{(s^2+1)^2}$。

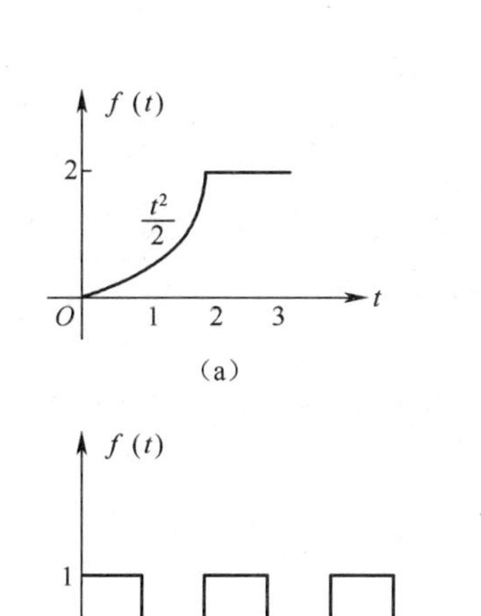

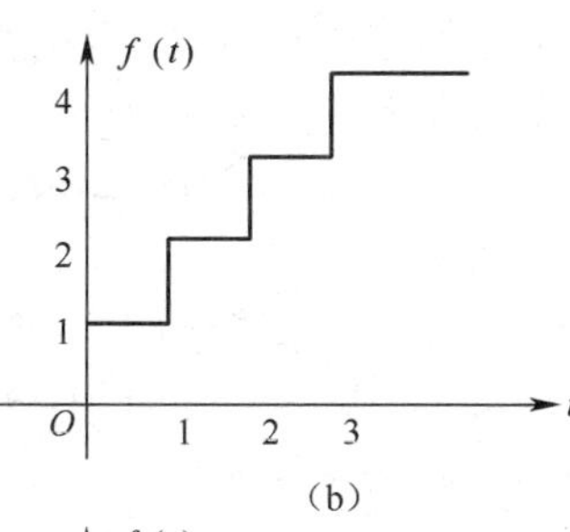

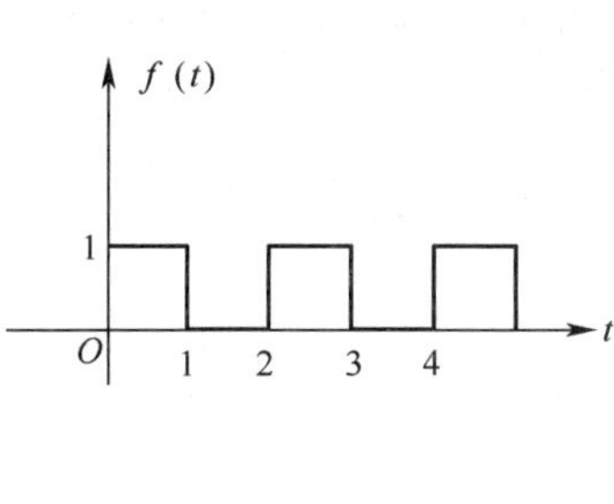

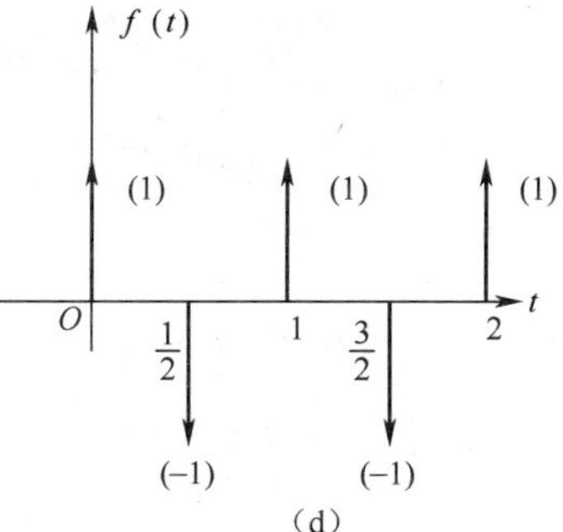

题图 4.2　题 4.4 图

4.8　求下列像函数的拉普拉斯逆变换。

(1) $\dfrac{s^2+2}{s^2+1}$;　　(2) $\dfrac{s^2+4s+5}{s^2+3s+2}$;

(3) $\dfrac{s^2}{s+2}$;　　(4) $\dfrac{1-e^{-sT}}{s+1}$;

(5) $\dfrac{1-e^{-2s}}{s^2+3s}$;　　(6) $\left(\dfrac{1-e^{-s}}{s}\right)^2$;

(7) $\dfrac{(1-e^{-2s})^2}{s^3}$;　　(8) $\dfrac{e^{-s}}{4s(s^2+1)}$;

(9) $\dfrac{s}{s^4+5s^2+4}$;　　(10) $\dfrac{e^{-sT}}{(s+1)^3}$。

4.9　用卷积定理计算下列拉普拉斯逆变换。

(1) $\dfrac{1}{s^3}$;　　(2) $\dfrac{s^2}{(s+1)^3}$;

(3) $\dfrac{s+1}{s(s^2+4)}$;　　(4) $\dfrac{e^{-2s}}{s(s+2)}$。

4.10　求下列像函数的原函数的初值 $f(0_+)$ 和终值 $f(\infty)$。

(1) $F(s)=\dfrac{s+6}{(s+4)(s+5)}$;　　(2) $F(s)=\dfrac{s+3}{(s+1)^2(s+2)}$;

(3) $F(s)=\dfrac{1}{(s+3)^2}$;　　(4) $F(s)=\dfrac{2s+1}{s(s+1)}$。

4.11　用拉普拉斯变换法求解微分方程

$$y''(t)+5y'(t)+6y(t)=3f(t)$$

的零输入响应和零状态响应。

(1) 已知 $f(t)=u(t)$，$f(0_-)=1$，$y'(0_-)=2$；

(2) 已知 $f(t)=e^{-t}u(t)$，$f(0_-)=0$，$y'(0_-)=1$。

4.12　描述某 LTI 系统的微分方程为

$$y'(t)+2y(t)=f'(t)+f(t)$$

求在下列激励下的零状态响应。

(1) $f(t)=u(t)$；　　(2) $f(t)=e^{-t}u(t)$；

(3) $f(t)=e^{-2t}u(t)$；　　(4) $f(t)=tu(t)$。

4.13　描述某 LTI 系统的微分方程为

$$y''(t)+3y'(t)+2y(t)=f'(t)+4f(t)$$

求在下列条件下的零输入响应和零状态响应。

(1) $f(t)=u(t)$，$y(0_-)=0$，$y'(0_-)=1$；

(2) $f(t)=e^{-2t}u(t)$，$y(0_-)=1$，$y'(0_-)=1$；

(3) $f(t)=u(t)$，$y(0_+)=1$，$y'(0_+)=3$；

(4) $f(t)=e^{-2t}u(t)$，$y(0_+)=1$，$y'(0_+)=2$。

4.14　描述某 LTI 系统的微分方程为

$$y''(t)+2y'(t)+y(t)=8f'(t)+f(t)$$

若激励 $f(t)=e^{-2t}u(t)$，$y(0_-)=0$，$y'(0_-)=1$，求全响应 $y(t)$。

4.15　题图 4.3 给出了电路及激励信号 $u_s(t)$，在 $t=0$ 时开关闭合，求 $t\geqslant 0$ 时的电压 $u_C(t)$。

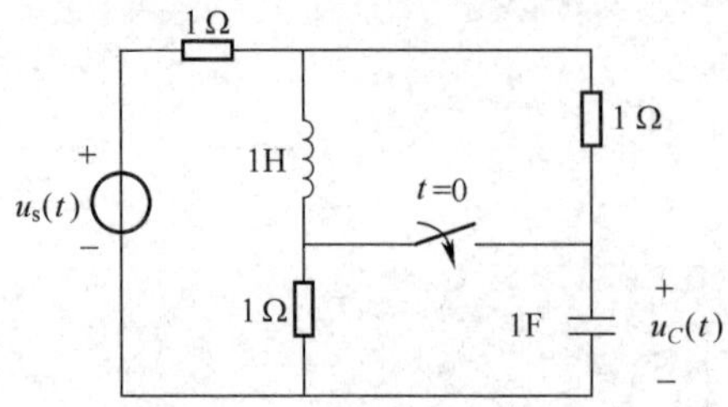

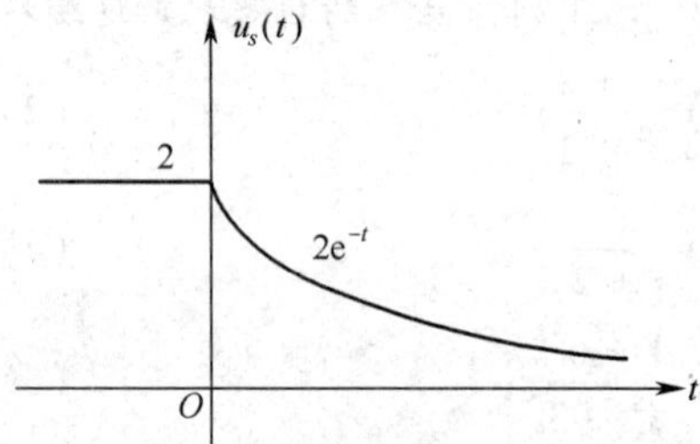

题图 4.3　题 4.15 图

4.16　如题图 4.4 所示电路，原处于稳定状态，$t=0$ 时开关 S 打开，试求电流 $i_1(t)$、$i_2(t)$ 及电压 $u_L(t)$。设 $L_1=L_2=1\text{H}$，$R_1=2\ \Omega$，$R_2=5\ \Omega$，$U=10\ \text{V}$。

4.17　如题图 4.5 所示电路，电容 C_1 的初始电压 $u_{C_1}(0_-)=E$，C_2 的初始电压为零，当 $t=0$ 时闭合开关 S，求 $t\geqslant 0$ 时的 $i(t)$ 和 $u_R(t)$。

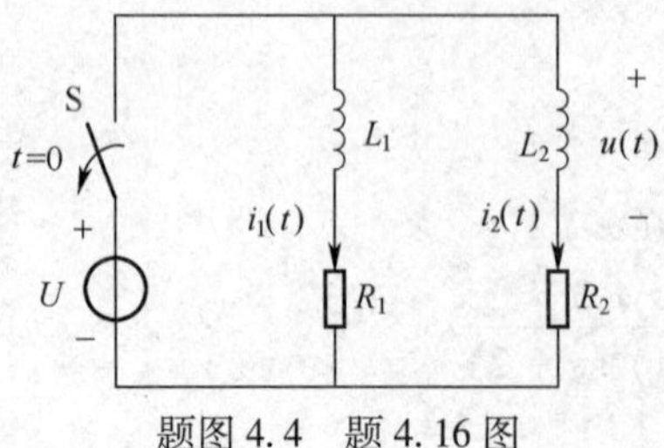

题图 4.4　题 4.16 图

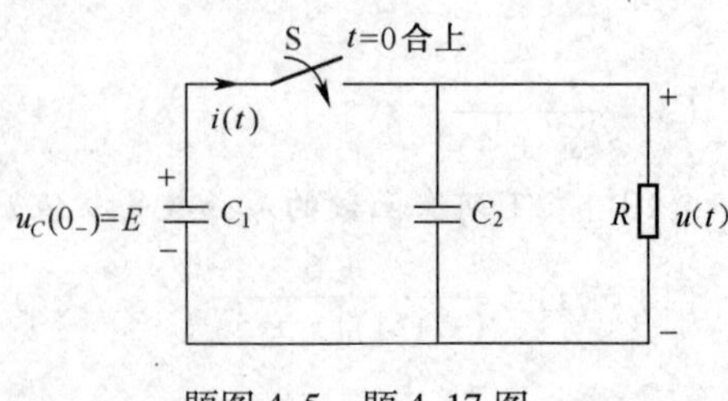

题图 4.5　题 4.17 图

4.18 如题图 4.6 所示含 CCCS 的电路，试求 $t>0$ 时电容的电压 $u_C(t)$，设 $u_C(0_-)=0, K=5$，$u_s(t)=e^{-2t}u(t)$。

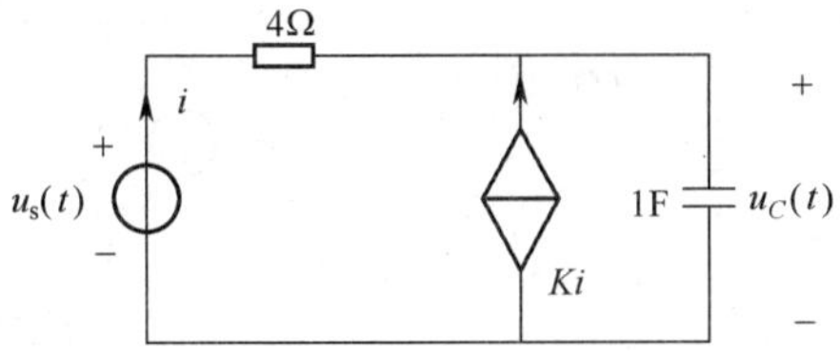

题图 4.6 题 4.18 图

4.19 在如题图 4.7 所示电路中，已知 $E=28$ V，$L=4$ H，$C=\frac{1}{4}$F，$R_1=12\ \Omega$，$R_2=R_3=2\ \Omega$。当 $t=0$ 时将开关 S 断开，设开关断开前电路已稳定，求开关断开后 R_3 两端的电压 $y(t)$。

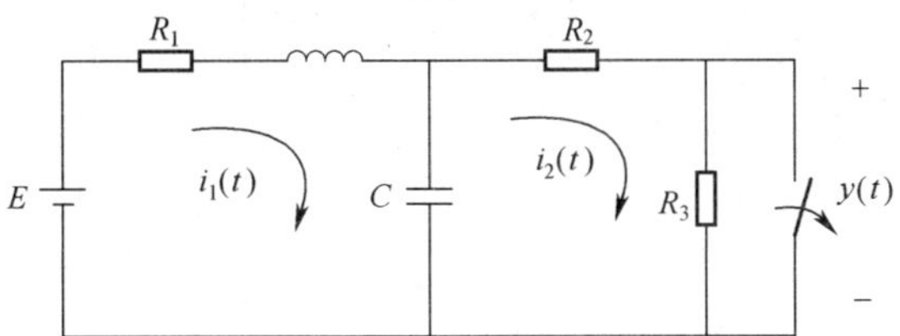

题图 4.7 题 4.19 图

4.20 求下列方程所描述的 LTI 系统的冲激响应 $h(t)$ 和阶跃响应 $g(t)$。

(1) $y''(t)+4y'(t)+3y(t)=f'(t)-3f(t)$；

(2) $y''(t)+y'(t)+y(t)=f'(t)+f(t)$。

4.21 已知系统函数和初始状态如下，求系统的零输入响应 $y_x(t)$。

(1) $H(s)=\dfrac{s+6}{s^2+5s+6}$，$y(0_-)=y'(0_-)=1$；

(2) $H(s)=\dfrac{s}{s^2+4}$，$y(0_-)=0, y'(0_-)=1$；

(3) $H(s)=\dfrac{s+4}{s(s^2+3s+2)}$，$y(0_-)=y'(0_-)=y''(0_-)=1$。

4.22 某 LTI 系统，当输入 $f(t)=e^{-t}u(t)$ 时其零状态响应为

$$y_f(t)=(e^{-t}-2e^{-2t}+3e^{-3t})u(t)$$

求系统的阶跃响应。

4.23 已知两个零态系统，当输入 $f(t)$ 时，输出为 $y(t)$，试求系统的传输函数 $H(s)$。

(1) $f(t)=u(t)$，$y(t)=(2e^{-t}+\sin 2t-1)u(t)$；

(2) $f(t)=e^{-t}u(t)$，$y(t)=(e^{-t}\sin t-t)u(t)$。

4.24 *RL* 电路如题图 4.8 所示，已知 $L_1=3$ H，$L_2=6$ H，$R=9\ \Omega$，若激励为 i_s，响应为 $u_2(t)$，试求其冲激响应和阶跃响应。

4.25 *RC* 电路如题图 4.9 所示，若 $R_1=6\ \Omega$，$R_2=3\ \Omega$，$C_1=C_2=1$ F，求电压 $u_2(t)$ 的冲激响应 $h(t)$ 和阶跃响应 $g(t)$。

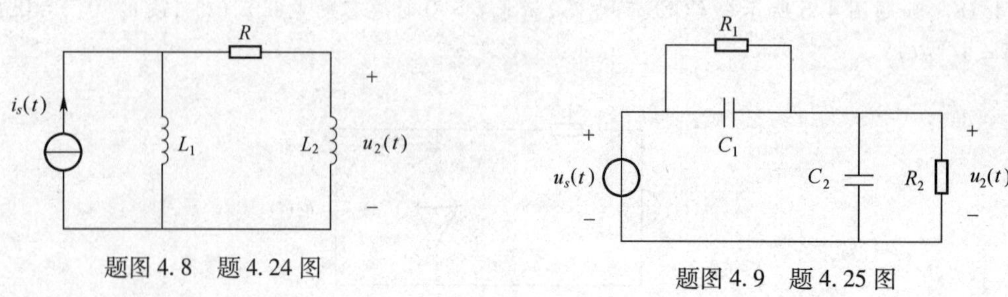

题图 4.8　题 4.24 图　　　题图 4.9　题 4.25 图

4.26　RC 桥式电路如题图 4.10(a)所示。已知 $C=0.5\text{F}$, $R=1\ \Omega$，若以 $u_1(t)$ 为激励，$u_2(t)$ 为响应，试求：(1)系统函数 $H(s)$；(2)单位冲激响应 $h(t)$ 和单位阶跃响应 $g(t)$；(3)激励 $u_1(t)$ 为题图 4.10(b)所示的锯齿波脉冲信号时，求零状态响应 $u_2(t)$。

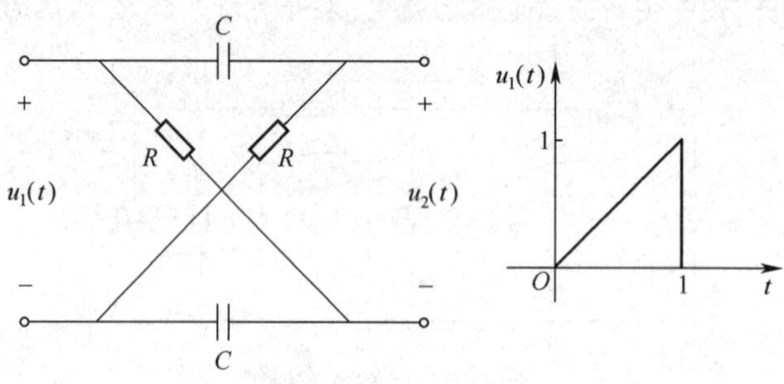

题图 4.10　题 4.26 图

4.27　描述系统的微分方程如下，试求其系统函数并绘出其零极点图。

(1) $y''(t)+5y'(t)+4y(t)=f'(t)+2f(t)$；

(2) $y''(t)+2y'(t)+2y(t)=f'(t)$。

4.28　某系统的传输函数 $H(s)$ 的零极点分布图如题图 4.11 所示，若已知 $|H(\text{j}2)|=1$，试求 $|H(\text{j}1)|$。

4.29　已知传输函数 $H(s)$ 的零极点图如题图 4.12 所示，并知 $H(\infty)=4$，试写出 $H(s)$ 的表达式。

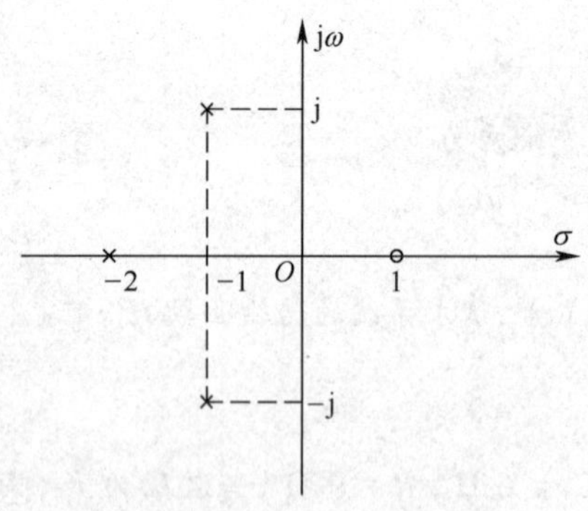

题图 4.11　题 4.28 图

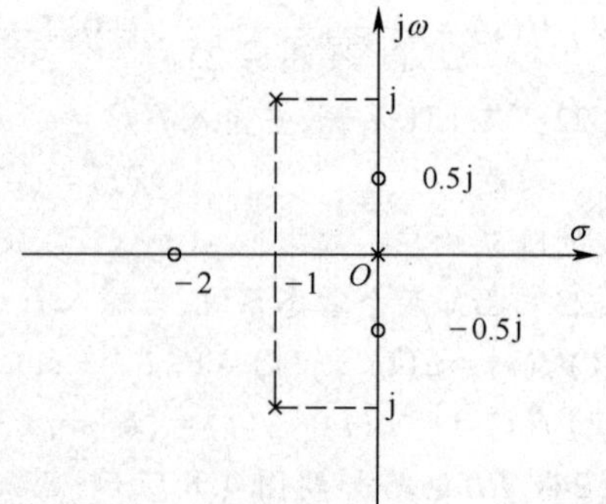

题图 4.12　题 4.29 图

4.30　连续系统 $H(s)$ 的零极点图如题图 4.13 所示，已知 $H(0)=1$。

(1)求出 $H(s)$ 和 $H(\text{j}\omega)$ 的表达式。

(2)定性地绘出其幅频特性和相频特性曲线。

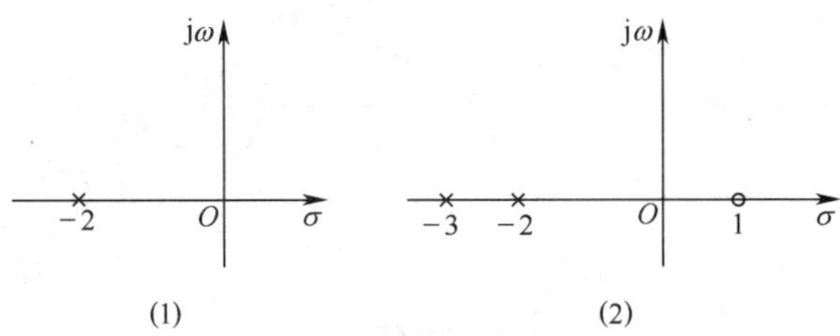

题图 4.13　题 4.30 图

4.31　连续系统 $H(s)$ 的零极点图如题图 4.14 所示，已知 $H(\infty)=1$，

(1)求出 $H(s)$ 和 $H(j\omega)$ 的表达式。

(2)定性地绘出其幅频特性和相频特性曲线。

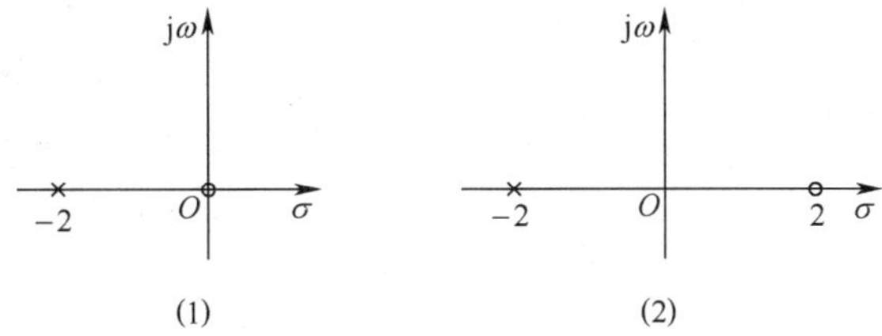

题图 4.14　题 4.31 图

4.32　已知系统函数的特征多项式如下，试用劳斯-赫尔维茨判据确定各系统是否稳定。

(1) $A(s)=s^2+3s+2$；

(2) $A(s)=s^4+3s^3+2s^2+s+1$；

(3) $A(s)=s^4+2s^2+3s+2$；

(4) $A(s)=s^5+s^4+2s^3+2s^2+1$。

4.33　连续系统的函数如下，试分别用直接形式、级联形式和并联形式模拟系统，并绘其模拟框图和信号流图。

(1) $H(s)=\dfrac{s+2}{(s+1)(s+3)}$；　　(2) $H(s)=\dfrac{s^2+s+2}{(s+2)(s^2+2s+2)}$；

(3) $H(s)=\dfrac{s-1}{(s+1)(s+2)(s+3)}$。

4.34　LTI 系统的信号流图如题图 4.15 所示，试求系统函数 $H(s)$。

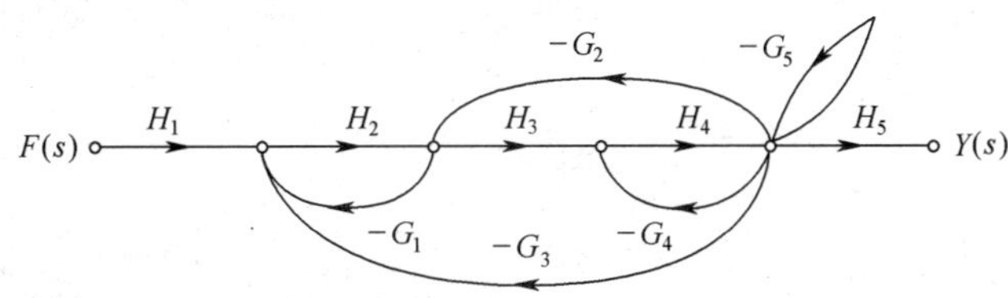

题图 4.15　题 4.34 图

4.35　试求题图 4.16 所示系统的 $H(s)$。

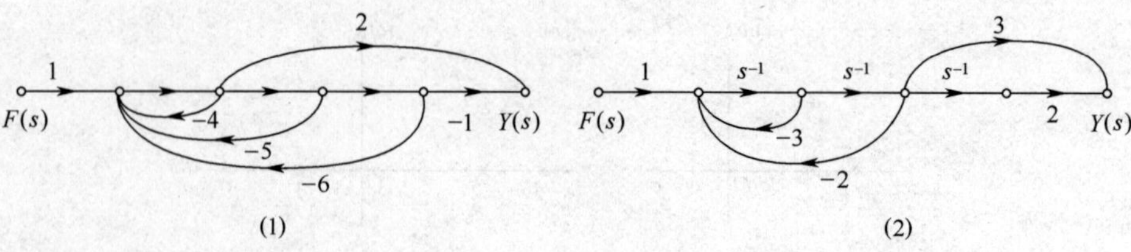

题图 4.16　题 4.35 图

第5章　离散时间信号与系统的时域分析

离散时间信号与系统的分析与连续时间信号与系统的分析有许多的类似之处，两者之间具有一定的并行关系。在信号分析方面，连续时间信号可以分解为多个 $\delta(t)$ 的线性组合，离散时间信号则可以分解为多个 $\delta(n)$ 的线性组合；在系统描述方面，连续时间系统可以用微分方程来描述，离散时间系统可以用差分方程来描述，而差分方程的求解与微分方程的求解方法在很大程度上是相互对应的；在系统分析方面，连续系统有时域、频域和 s 域分析法，离散系统有时域、频域和 z 域分析方法；在系统响应分解方面，则都可以分解为零输入响应和零状态响应。

本章讨论离散时间信号与系统的时域分析。

5.1　离散时间信号及其运算

5.1.1　离散时间信号——序列

连续时间信号，在数学上可以表示为连续时间变量 t 的函数。这类信号的特点是：在时间定义域内，除有限个不连续点外，对任一给定时刻都对应有确定的信号值。

离散时间信号，简称离散信号，离散信号大致有两个来源：一个是研究对象本身就具有离散特性，比如某地某段时间的平均气温就是一个离散信号；另一来源就是信号原本就是连续的，但为了分析、传输或处理的某种需要（比如抗干扰、多路复用等）而人为地将其变为离散信号。离散信号是离散时间变量 t_n（$n=0,\pm1,\ \pm2,\ \cdots$）的函数，信号仅在规定的离散时间点上有意义，而在其他时间则没有定义，如图 5.1.1(a)所示。

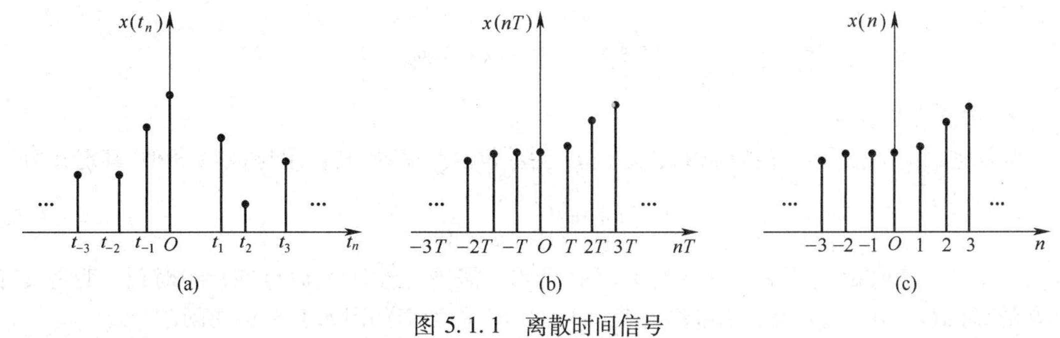

图 5.1.1　离散时间信号

鉴于 t_n 按一定顺序变化时，其相应的信号值组成一个数值序列，通常把离散时间信号定义为如下有序信号值的集合：

$$x_n = \{x(t_n)\} \quad n = 0,\ \pm 1,\ \pm 2,\ \cdots \tag{5.1.1}$$

式中，n 为整数，表示信号值在序列中出现的序号。式(5.1.1)中 t_n 和 t_{n-1} 之间的间隔 $(t_n - t_{n-1})$ 可以是常数，也可以随 n 变化。在实际应用中，一般取为常数。例如，对连续时间信号均匀取样后得到的离散时间信号便是如此。对于这类离散时间信号，若令 $t_n - t_{n-1} = T$，则信号仅在均匀时刻 $t = nT(n=0,\ \pm1,\ \pm2,\cdots)$ 上取值。此时，式(5.1.1)中的 $\{x(t_n)\}$ 可以改写为 $\{x(nT)\}$，信号图形如图5.1.1(b)所示。为了简便，我们用序列值的通项 $x(nT)$ 表示集合 $\{x(nT)\}$，并将常数 T 省略，则式(5.1.1)可简写为

$$x_n = x(n) \quad n=0,\ \pm1,\ \pm2,\cdots \tag{5.1.2}$$

工程应用中，常将定义在等间隔离散时刻点上的离散时间信号称为**离散时间序列**，简称**序列**。

5.1.2 常用序列

1. 单位脉冲序列

单位脉冲序列定义为

$$\delta(n) = \begin{cases} 1 & n = 0 \\ 0 & n \neq 0 \end{cases} \tag{5.1.3}$$

单位脉冲序列也叫单位采样序列(如图5.1.2(a)所示)，其特点是仅在 $n=0$ 时取值为1，$n \neq 0$ 时均为0。它类似于连续时间信号中的单位冲激函数 $\delta(t)$，但不同之处是 $\delta(t)$ 在 $t=0$ 时取值为无穷大，$t \neq 0$ 时取值为0，对时间 t 积分为1；而单位脉冲序列在 $n = 0$ 时取值为有限值1。

单位脉冲序列可以延迟到任意时刻 n_0，以符号 $\delta(n - n_0)$ 表示，其定义为

$$\delta(n - n_0) = \begin{cases} 1 & n = n_0 \\ 0 & n \neq n_0 \end{cases} \tag{5.1.4}$$

其图形如图5.1.2(b)所示。

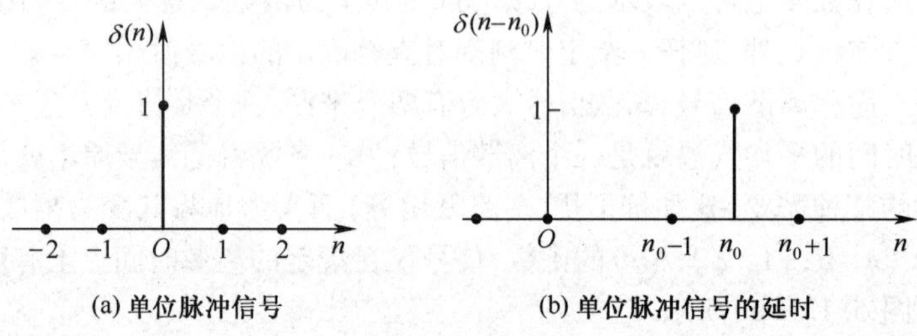

(a) 单位脉冲信号　(b) 单位脉冲信号的延时

图5.1.2　单位脉冲序列

2. 单位阶跃序列

如同连续时间信号，在离散域中定义 $u(n)$ 为单位阶跃序列，其作用与 $u(t)$ 相似，其定义为

$$u(n) = \begin{cases} 1 & n \geqslant 0 \\ 0 & n < 0 \end{cases} \tag{5.1.5}$$

单位阶跃序列 $u(n)$ 的图形如图5.1.3(a)所示。需要注意的是，$u(t)$ 在 $t=0$ 时刻一般是没有定义的，而 $u(n)$ 在 $n=0$ 时有确定的值1。而 $u(-n)$ 的波形如图5.1.3(b)所示。

我们很熟悉连续信号 $u(t)$ 和 $\delta(t)$ 之间的微(积)分关系，那么，单位阶跃序列 $u(n)$ 与单位脉冲序列 $\delta(n)$ 是否也有类似的关系呢？比较 $u(n)$ 和 $\delta(n)$ 的波形可得：

$$\delta(n)=u(n)-u(n-1) \tag{5.1.6}$$

$$u(n)=\delta(n)+\delta(n-1)+\delta(n-2)+\cdots=\sum_{m=0}^{+\infty}\delta(n-m) \tag{5.1.7}$$

上式中,令 $k=n-m$,并代入式(5.1.7)有,

$$u(n)=\sum_{m=0}^{+\infty}\delta(n-m) \underline{\underline{k=n-m}} \sum_{k=-\infty}^{n}\delta(k) \tag{5.1.8}$$

观察式(5.1.6)和式(5.1.8),并和微分、积分概念相比较。我们发现,连续域中的微分和离散域中的差分相对应,连续域中的积分和离散域中的求和相对应。两类函数的对应关系如表 5.1.1 所示。

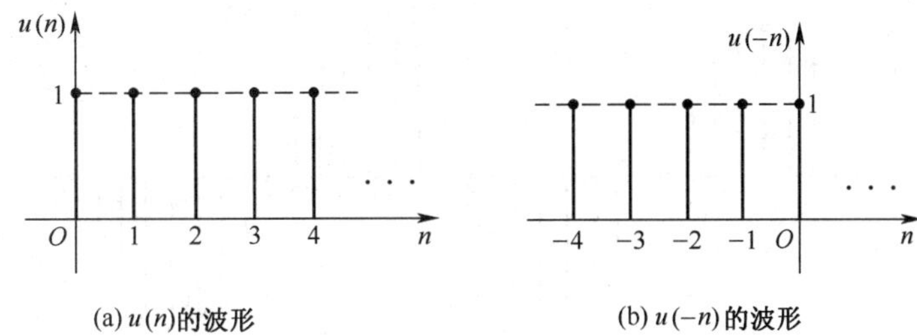

图 5.1.3 单位阶跃序列 $u(n)$ 与 $u(-n)$ 波形

表 5.1.1 两类函数对应关系

连 续 域	离 散 域
$\delta(t)=\dfrac{\mathrm{d}u(t)}{\mathrm{d}t}$	$\delta(n)=u(n)-u(n-1)$
$u(t)=\int_{-\infty}^{t}\delta(t)\mathrm{d}t$	$u(n)=\sum_{k=-\infty}^{n}\delta(k)$

3. 单位矩形序列

单位矩形序列用 $R_N(n)$ 表示,定义为

$$R_N(n)=\begin{cases}1 & 0\leqslant n\leqslant N-1\\ 0 & n<0,n\geqslant N\end{cases} \tag{5.1.9}$$

其图形如图 5.1.4 所示。

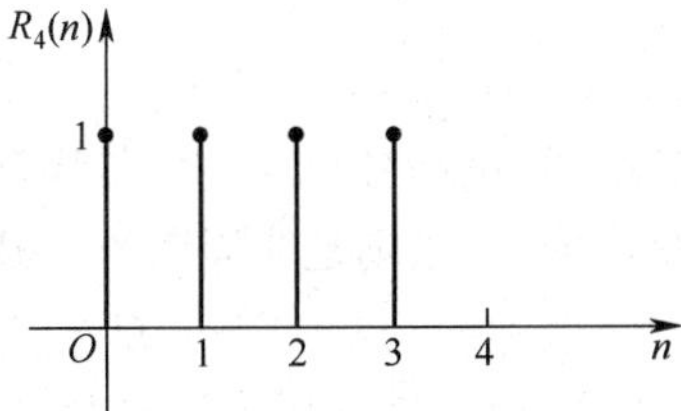

图 5.1.4 单位矩形序列 $R_4(n)$

类似地,我们很容易得到单位矩形序列 $R_N(n)$ 与单位阶跃序列 $u(n)$、单位脉冲序列 $\delta(n)$ 之间的关系如下:

$$R_N(n)=u(n)-u(n-N) \tag{5.1.10}$$

$$R_N(n)=\delta(n)+\delta(n-1)+\cdots+\delta(n-N+1)=\sum_{m=0}^{N-1}\delta(n-m) \tag{5.1.11}$$

4. 正弦型序列

正弦型序列是包络为正、余弦变化的序列。正弦型序列一般表示为

$$x(n) = A\cos(\Omega_0 n + \varphi) \tag{5.1.12}$$

对模拟正弦型信号采样可以得到正弦型序列。如下所示：

$$\cos(\omega_0 t + \varphi)\Big|_{t=nT} = \cos(\omega_0 nT + \varphi) \xlongequal{\Omega_0 = \omega_0 T} \cos(\Omega_0 n + \varphi) \tag{5.1.13}$$

式中，$\Omega_0 = \omega_0 T$ 是离散角频率或称为数字角频率，T 是指抽样间隔，而不是我们熟悉的函数周期 $T_0 = 2\pi/\omega_0$。正弦序列的波形如图 5.1.5 所示。

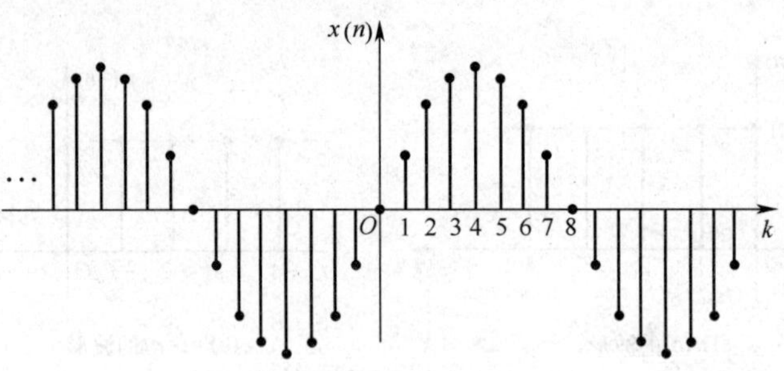

图 5.1.5　正弦序列

5. 指数序列

指数序列的一般形式为

$$x(n) = Ae^{\beta n}u(n) \tag{5.1.14}$$

(1) 当 A 与 β 均为实数时，设 $a = e^{\beta}$，则称 $x(n) = Aa^n u(n)$ 为实指数序列。

当 $a > 1$ 时，$x(n)$ 随 n 单调指数增长，如图 5.1.6(a) 所示；当 $0 < a < 1$ 时，$x(n)$ 随 n 单调指数衰减，如图 5.1.6(b) 所示；

当 $a < -1$ 时，$x(n)$ 的绝对值随 n 按指数规律增长，如图 5.1.6(c) 所示；当 $-1 < a < 0$ 时，$x(n)$ 绝对值随 n 按指数规律衰减，如图 5.1.6(d) 所示，且两者的序列值符号呈现正、负交替变化；

当 $a = 1$ 时，$x(n)$ 为常数序列，如图 5.1.6(e) 所示；当 $a = -1$ 时，$x(n)$ 符号也呈现正、负交替变化，如图 5.1.6(f) 所示。

(2) 若 $A = 1$，$\beta = j\Omega_0$，则

$$x(n) = e^{j\Omega_0 n}u(n) \tag{5.1.15}$$

称虚指数序列。我们已经知道，连续时间虚指数信号 $e^{j\Omega_0 t}$ 是周期信号。然而，离散时间虚指数序列 $e^{j\Omega_0 n}$ 则只有满足一定条件时才是周期的，否则是非周期的。根据欧拉公式，式(5.1.15)可写成

$$e^{j\Omega_0 n} = \cos \Omega_0 n + j\sin \Omega_0 n \tag{5.1.16}$$

可见，$e^{j\Omega_0 n}$ 的实部和虚部都是正弦序列，只有其实部和虚部同时为周期序列时，才能保证 $e^{j\Omega_0 n}$ 是周期的。

(3) 若 A 和 β 均为复数，则 $x(n) = Ae^{\beta n}u(n)$ 为一般形式的复指数序列。设复数 $A = |A|e^{j\varphi}$，$\beta = \sigma + j\Omega_0$，并记 $e^{\sigma} = r$，则有

$$\begin{aligned} x(n) = Ae^{\beta n}u(n) &= |A|e^{j\varphi}e^{(\sigma + j\Omega_0)n}u(n) = |A|e^{\sigma n}e^{j(\Omega_0 n + \varphi)}u(n) \\ &= |A|r^n e^{j(\Omega_0 n + \varphi)}u(n) \\ &= |A|r^n[\cos(\Omega_0 n + \varphi) + j\sin(\Omega_0 n + \varphi)]u(n) \end{aligned} \tag{5.1.17}$$

可见，复指数序列 $x(n)$ 的实部和虚部均为幅值按指数规律变化的正弦序列，如图 5.1.7 所示

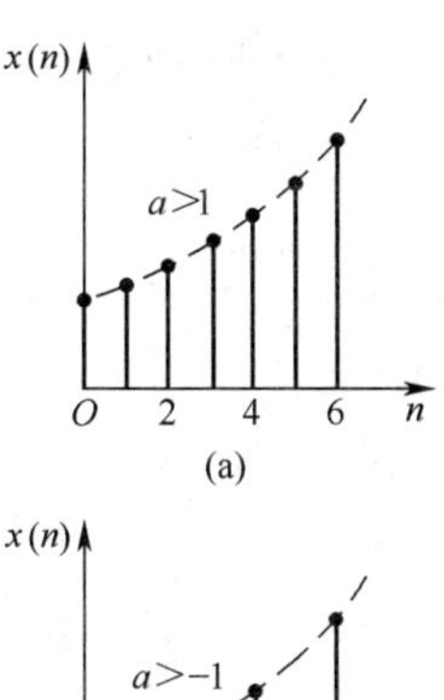

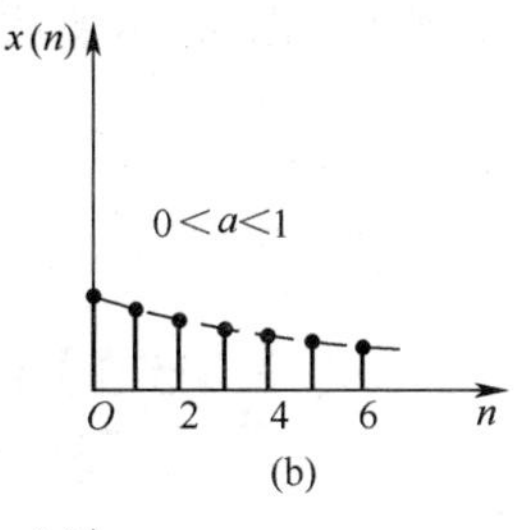

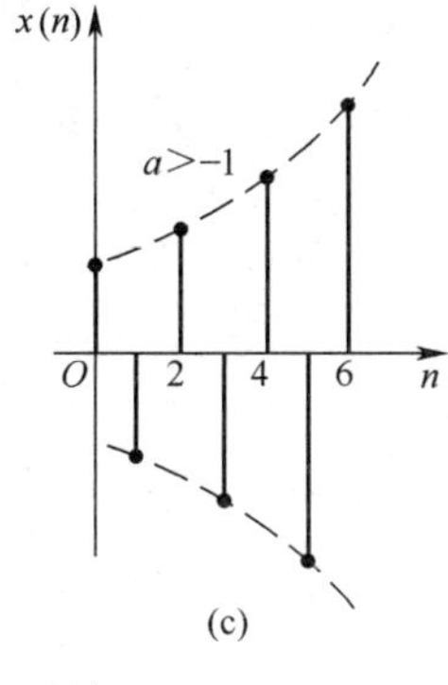

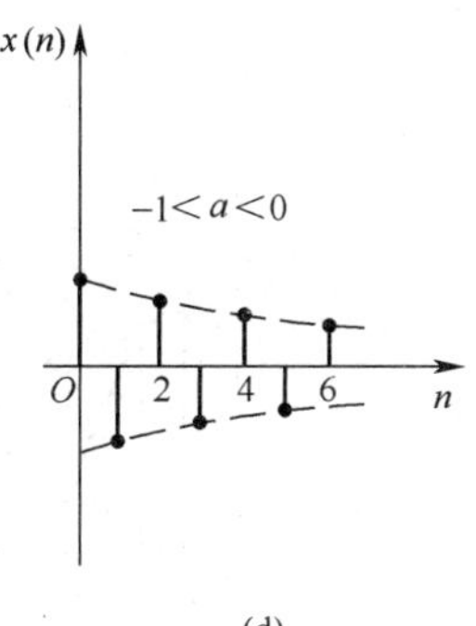

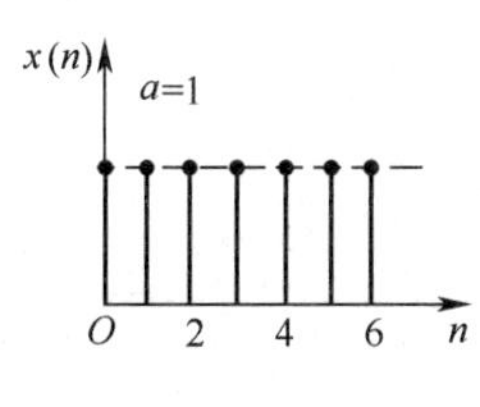

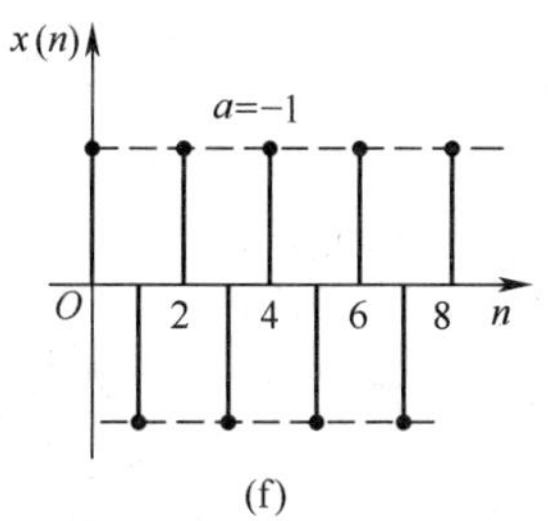

图 5.1.6　实指数序列

5.1.3　序列的运算

1. 相加

两个序列相加是指同一时刻(n 时刻)两序列的序列值相加,即

$$x(n)=x_1(n)+x_2(n) \tag{5.1.18}$$

$x(n)$ 是两个序列 $x_1(n)$、$x_2(n)$ 对应项相加形成的序列。

2. 相乘

两个序列相乘是指同一时刻(n 时刻)两序列的序列值相乘,即

$$x(n)=x_1(n)\cdot x_2(n) \tag{5.1.19}$$

$x(n)$ 是两个序列 $x_1(n)$、$x_2(n)$ 对应项相乘形成的序列。

3. 数乘

$$y(n)=ax(n) \tag{5.1.20}$$

$y(n)$ 是序列 $x(n)$ 的每一项都乘以常数 a 所形成的序列。

4. 移位

移位运算是指序列在时间轴上左右移动而得到的序列,即

$$y(n)=x(n\pm m)\quad (m>0) \tag{5.1.21}$$

其中,取"-"号时,序列 $y(n)$ 是 $x(n)$ 向右平移 m 个单位得到的;取"+"号时,序列 $y(n)$ 是 $x(n)$

向左平移 m 个单位得到的。图 5.1.8 所示,分别为序列 $x(n)$,$x(n-1)$ 和 $x(n+1)$。

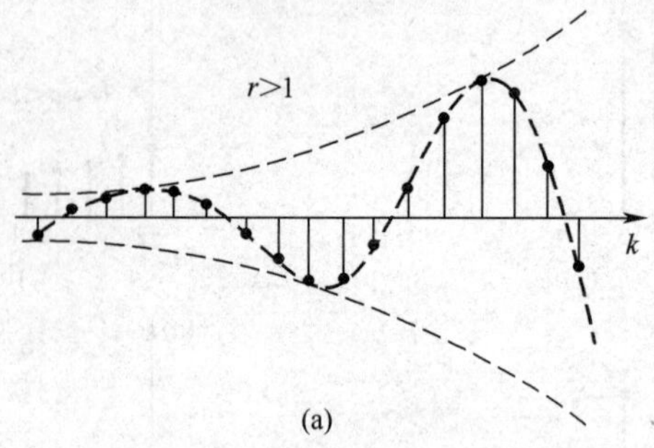

(a)

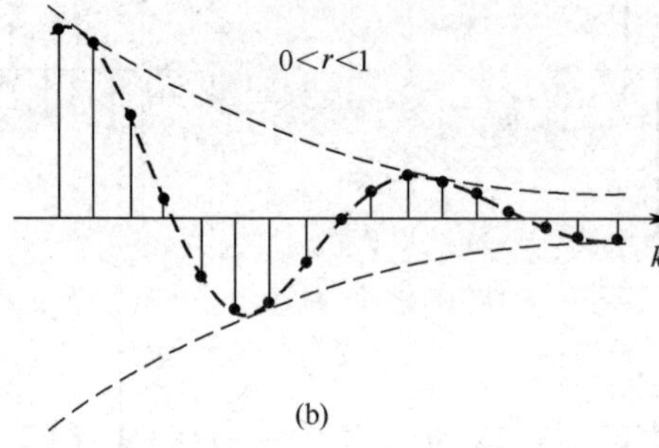

(b)

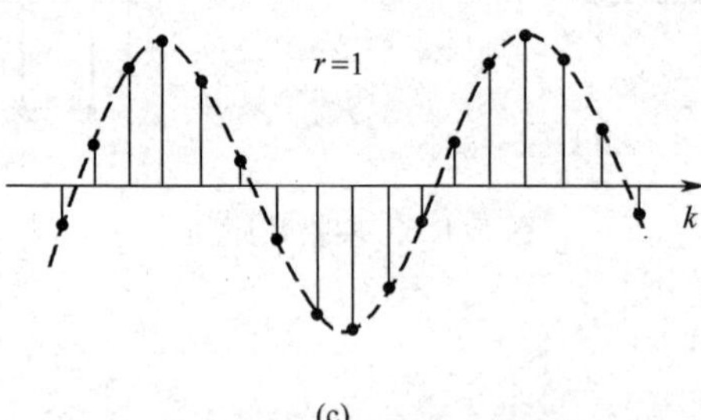

(c)

图 5.1.7　复指数序列

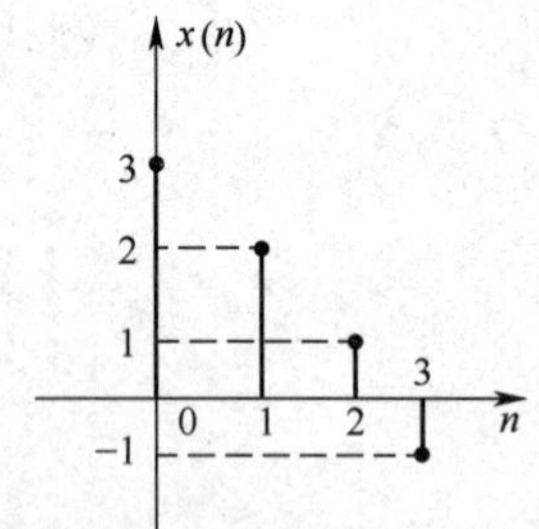

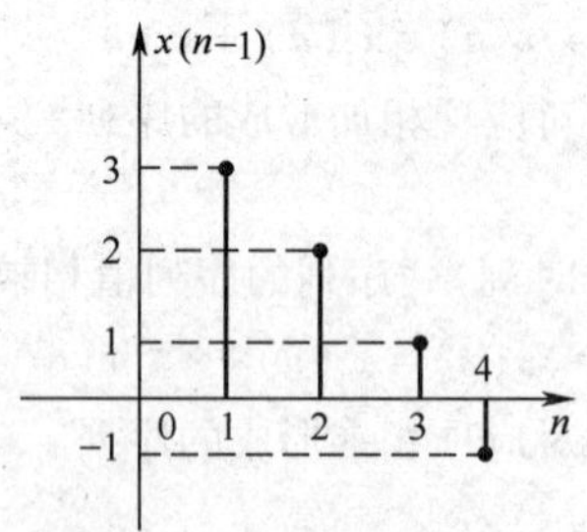

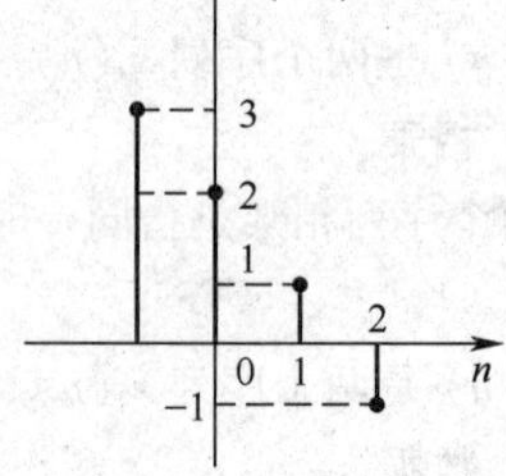

图 5.1.8　序列的移位运算

5. 翻转

序列的翻转是将序列以纵轴为对称轴翻转 180°形成的序列,即

$$y(n)=x(-n) \tag{5.1.22}$$

翻转序列的移位序列

$$z(n)=x(-n\pm m)\quad (m>0) \tag{5.1.23}$$

$z(n)$ 是由 $x(-n)$ 向右或向左移 m 位形成的序列。值得注意的是,取"+"号时,序列 $z(n)$ 是 $x(-n)$ 向右平移 m 个单位得到的;取"-"号时,序列 $z(n)$ 是 $x(-n)$ 向左平移 m 个单位得到的。翻转序列与翻转位移序列如图 5.1.9 所示 。

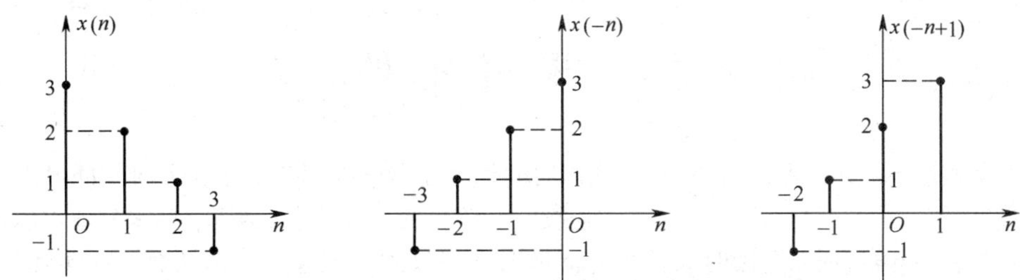

图 5.1.9　序列的翻转与翻转移位序列

6. 尺度变换

序列的尺度变换是将序列 $x(n)$ 变化到 $x(mn)(m>0)$ 的运算。其波形是对信号 $x(n)$ 的抽取与插值运算。$m>1$ 时,是对序列 $x(n)$ 每隔 $m-1$ 点取一点形成的,即时间轴 n 压缩为原来的 $1/m$,例如 $m=2$ 时,$x(n)$ 与 $x(2n)$ 如图 5.1.10(a)、(b) 所示;$m<1$ 时,对是序列 $x(n)$ 的每两个点之间加 $1/(m-1)$ 个零值点形成的,即时间轴 n 扩展至 $1/m$ 倍。例如 $m=1/2$ 时,$x(n/2)$ 如图 5.1.10(c) 所示。

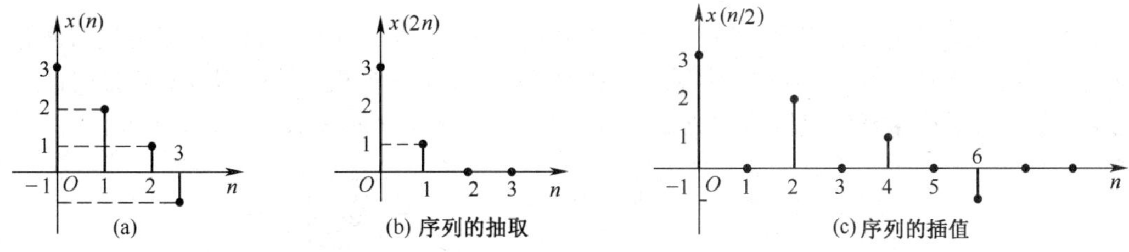

图 5.1.10　序列的抽取与插值序列

7. 差分与累加运算

与连续时间信号的微分、积分运算相对应,离散时间信号往往需要进行差分和累加运算。差分运算是指相邻两样值相减,其中,一阶前向差分用符号 $\Delta x(n)$ 表示为

$$\Delta x(n)=x(n+1)-x(n) \tag{5.1.24}$$

而一阶后向差分用符号 $\nabla x(n)$ 表示为

$$\nabla x(n)=x(n)-x(n-1) \tag{5.1.25}$$

同理,可以定义二阶前向差分为

$$\begin{aligned}\Delta[\Delta x(n)]&=\Delta^2 x(n)=\Delta x(n+1)-\Delta x(n)\\&=x(n+2)-2x(n+1)+x(n)\end{aligned} \tag{5.1.26}$$

二阶后向差分为

$$\begin{aligned}\nabla[\nabla x(n)]&=\nabla^2 x(n)=\nabla x(n)-\nabla x(n-1)\\&=x(n)-2x(n-1)+x(n-2)\end{aligned} \tag{5.1.27}$$

累加运算则用下面的公式表示:

$$y(n)=\sum_{-\infty}^{n} x(m) \tag{5.1.28}$$

累加运算中,对于给定的信号 $x(m)$,当指定 n 值后,$y(n)$ 为确定的数值。当然,这里已经假定式中无限项求和是收敛的。

显然,前面提到过的 $\delta(n)=u(n)-u(n-1)$[式(5.1.6)]说明单位脉冲序列 $\delta(n)$ 是单位阶

跃序列 $u(n)$ 的一阶后向差分,而 $u(n)=\sum_{k=-\infty}^{n}\delta(k)$[式(5.1.8)]则说明单位阶跃序列 $u(n)$ 是单位脉冲序列 $\delta(n)$ 的累加和。

5.2 采样定理

采样定理论述了在一定条件下,一个连续时间信号完全可以用该信号在等时间间隔上的瞬时值(或称采样值)表示。这些采样值包含了连续时间信号的全部信息,利用这些采样值可以恢复原信号。可以说,采样定理在连续时间信号与离散时间信号之间架起了一座桥梁。在实际应用中,离散时间信号处理往往更为灵活、方便,首先将连续时间信号转换为相应的离散信号,并进行加工、处理,然后将处理后的离散信号转换为连续时间信号,比如我们熟悉的移动电话,就是将连续的话音信号变为离散信号(数字信号)进行传输和处理的。采样定理为连续时间信号与离散时间信号的相互转换提供了理论依据。

下面首先讨论信号的采样,即从连续时间信号到离散时间信号,然后讨论如何将采样信号恢复为原信号,从而引出采样定理。

5.2.1 理想采样

对连续时间信号进行数字化处理,必须首先对信号进行采样。所谓"采样"就是利用采样脉冲序列 $P_T(t)$ 从连续时间信号 $x(t)$ 中"抽取"一系列离散样本值的过程。这样得到的离散时间信号称为采样信号。进行采样的采样器一般由电子开关组成。其工作原理如图 5.2.1 所示。

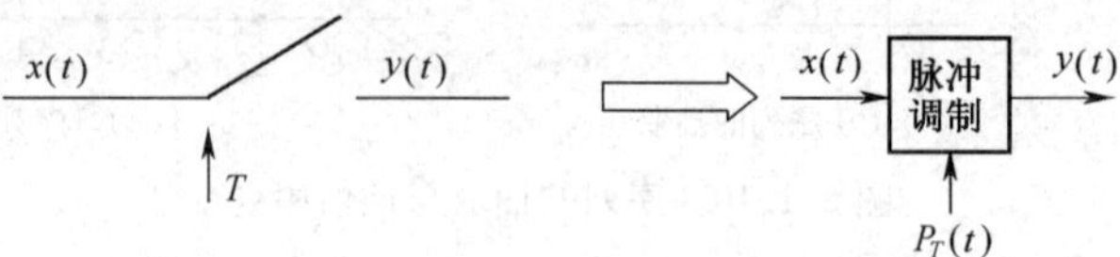

图 5.2.1 信号采样原理图

由图 5.2.2 可知,采样信号 $x_s(t)$ 是一个脉冲序列,其脉冲幅度为此刻 $x(t)$ 的值。脉冲采样序列 $P_T(t)$ 又称开关函数,当各脉冲间隔 T_s 时间相同时,称为均匀采样。T_s 称为采样周期,$f_s=\dfrac{1}{T_s}$ 称为采样频率,$\omega_s=2\pi f_s=\dfrac{2\pi}{T_s}$ 称为采样角频率。采样脉冲序列 $P_T(t)$ 如图 5.2.2(b) 所示,其表述为

$$P_T(t)=\sum_{n=-\infty}^{+\infty}g_\tau(t-nT) \tag{5.2.1}$$

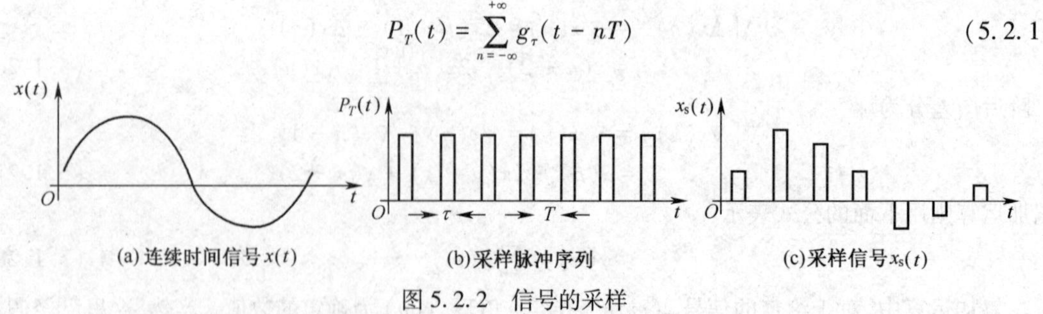

图 5.2.2 信号的采样

这样,采样信号 $x_s(t)$ 可表示为连续时间信号与采样脉冲序列 $P_T(t)$ 的乘积,即

$$x_s(t)=x(t)P_T(t) \tag{5.2.2}$$

采样脉冲序列 $P_T(t)$ 是周期为 T 的冲激函数序列 $\delta_T(t)=\sum_{n=-\infty}^{+\infty}\delta(t-nT)$ 时，称为冲激采样，也叫理想采样，此时采样得到的采样信号 $x_s(t)$ 也是一个冲激序列，各冲激函数的冲激强度为该时刻 $x(t)$ 的瞬时值，理想采样过程如图 5.2.3 所示。采样信号 $x_s(t)$ 可由式(5.2.3) 表示：

$$\begin{aligned}x_s(t)&=x(t)\cdot\delta_T(t)=x(t)\sum_{n=-\infty}^{+\infty}\delta(t-nT)\\&=\sum_{n=-\infty}^{+\infty}x(nT)\delta(t-nT)\end{aligned} \tag{5.2.3}$$

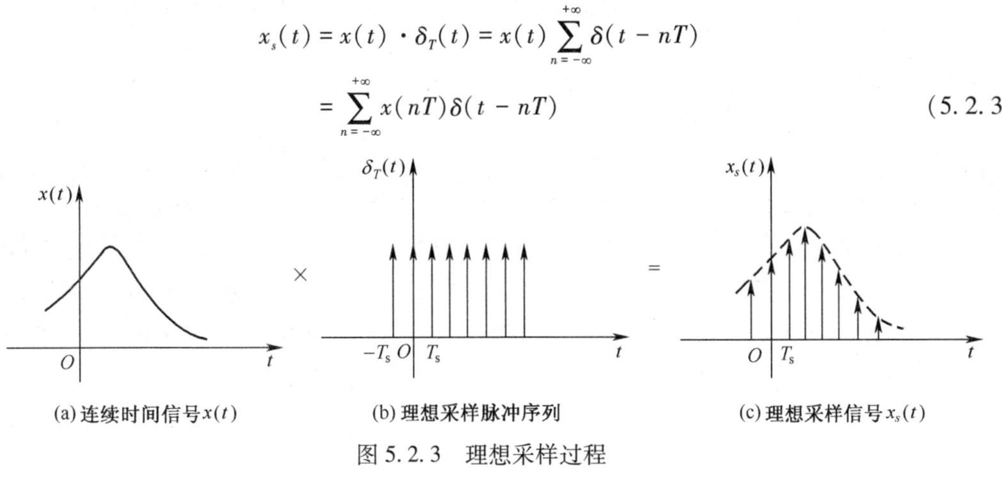

图 5.2.3　理想采样过程

5.2.2　采样定理

为了进一步讨论连续时间信号与采样信号之间的关系，我们从频域的角度来研究它们频谱之间的关系。假设连续信号 $x(t)$ 为带限信号，其最高频率为 f_m，最高角频率为 $\omega_m=2\pi f_m$，其频谱记为 $X(j\omega)$，理想采样信号 $x_s(t)$ 的频谱记为 $X_s(j\omega)$。冲激序列 $\delta_T(t)$ 的频谱记为 $\delta(\omega)$。

对式(5.2.3)进行傅里叶变换，则有

$$\begin{aligned}X_s(j\omega)&=F[x_s(t)]=F[x(t)\cdot\delta_T(t)]\\&=\frac{1}{2\pi}X(j\omega)*\delta(\omega)\end{aligned} \tag{5.2.4}$$

由傅里叶变换的性质知，$\delta(\omega)=F[\delta_T(t)]=\omega_s\sum_{k=-\infty}^{+\infty}\delta(\omega-k\omega_s)$。

其中，$\omega_s=\dfrac{2\pi}{T}$，式(5.2.4)可以改写为：

$$\begin{aligned}X_s(j\omega)&=\frac{1}{2\pi}X(j\omega)*\omega_s\sum_{k=-\infty}^{+\infty}\delta(\omega-k\omega_s)\\&=\frac{\omega_s}{2\pi}\sum_{k=-\infty}^{+\infty}X(j\omega)*\delta(\omega-k\omega_s)\\&=\frac{1}{T}\sum_{k=-\infty}^{+\infty}X[j(\omega-k\omega_s)]\end{aligned} \tag{5.2.5}$$

可见，在时域对连续时间信号进行冲激串采样，就相当于在频域将信号的频谱以 ω_s 为周期进行延拓(其中，T 为采样间隔，$\omega_s=2\pi/T$ 为采样角频率)。连续时间信号及采样信号的频谱如图 5.2.4 所示。

由式(5.2.5)及图 5.2.4 可知，采样信号 $x_s(t)$ 的频谱由原信号频谱 $X(j\omega)$ 的无限个频移项组成，其频移的角频率为 $n\omega_s(n=0,\pm1,\pm2,\cdots)$，其幅值为原频谱的 $1/T$。由采样信号频谱图可知，

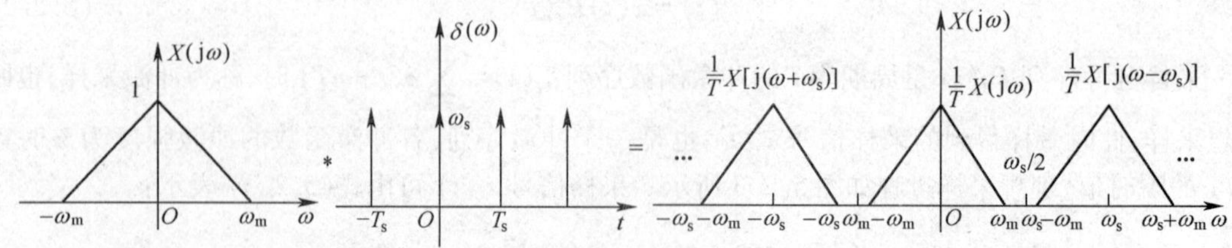

(a)连续时间信号频谱$X(j\omega)$ (b)理想采样脉冲序列频谱$\delta(\omega)$ (c)理想采样信号$X_s(t)$频谱$X_s(j\omega)$

图 5.2.4 连续时间信号即采样信号的频谱

如果$\omega_s \geqslant 2\omega_m$(即$f_S \geqslant 2f_m$或者$T_s \leqslant 0.5f_m$),那么各相邻频移后的频谱不会发生重叠,如图5.2.5(a)所示,此时,我们可以设法(如利用低通滤波器)从采样信号的频谱$X_s(j\omega)$中取出$X(j\omega)$,也即从采样信号$x_s(t)$中恢复原信号$x(t)$。如果$\omega_s < 2\omega_m$,那么频移后的各相邻频谱将相互重叠,我们将这种频谱相互重叠的现象称为频谱的混叠,如图5.2.5(b)所示,这样,我们将无法将它们区分开来,因此也无法恢复原信号。因此,为了防止发生频谱的混叠,采样频率必须满足$\omega_s \geqslant 2\omega_m$(或者$f_s \geqslant 2f_m$),

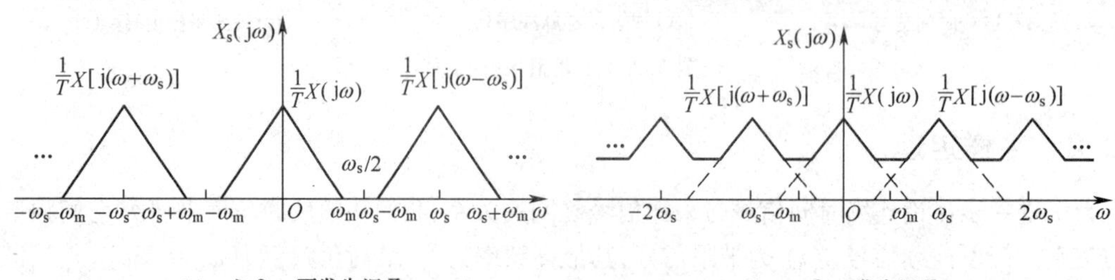

(a) $\omega_s \geqslant 2\omega_m$不发生混叠 (b) $\omega_s < 2\omega_m$发生混叠

图 5.2.5 频谱混叠现象

奈奎斯特采样定理:

对频带限于最高频率ω_m的连续时间信号$x(t)$,如果以$\omega_s \geqslant 2\omega_m$(或$f_s \geqslant 2f_m$)的频率进行理想采样,则连续信号$x(t)$可以唯一由其采样值$x_s(t)$确定。

通常称$f_s = 2f_m$为奈奎斯特采样率,而称$T_s = \dfrac{1}{2f_m}$为奈奎斯特采样间隔。

由采样定理可知,对于频带有限的信号$x(t)$,设其最高频率为f_m,那么只要采样频率$f_s \geqslant 2f_m$,就可以由各离散的采样值$x_s(t)$唯一确定原信号$x(t)$,或者说可以由采样值$x_s(t)$恢复原信号$x(t)$。因此,只要满足$f_s \geqslant 2f_m$的条件,各个离散时刻的采样值$x_s(t)$就包含了$x(t)$的全部信息。

这里需要特别强调的是,对于频带无限的信号$x(t)$,只要其高频部分所占的比重很小,就可以用一个截止频率合适的低通滤波器滤掉其高频分量,然后再以低通滤波器截止频率的两倍或两倍以上的采样频率对滤波后的信号进行采样,就可由采样信号恢复出原来的信号。

5.2.3 采样信号的恢复

由以上讨论可知,当采样信号频率$f_s \geqslant 2f_m$时,采样信号$x_s(t)$中包含了$x(t)$的全部信息,采样信号频谱$X_s(j\omega)$如图5.2.4(c)所示,为了从$X_s(j\omega)$中无失真地恢复$X(j\omega)$,只要将采样信号通过一个频率响应幅度为T,截止频率为ω_c($\omega_m < \omega_c < \omega_s - \omega_m$,一般取$\omega_s/2$)的理想低通滤波器,就可以从$X_s(j\omega)$中取出$X(j\omega)$,从时域角度而言,这就恢复了原始信号$x(t)$,即

$$X(\mathrm{j}\omega)=X_s(\mathrm{j}\omega)\cdot H(\mathrm{j}\omega) \tag{5.2.6}$$

式中，$H(\mathrm{j}\omega)$ 为理想低通滤波器的频率特性，即有

$$H(\mathrm{j}\omega)=\begin{cases}T_s & |\omega|\leqslant \omega_s/2\\ 0 & |\omega|>\omega_s/2\end{cases} \tag{5.2.7}$$

以上过程可以用图 5.2.6 来说明。

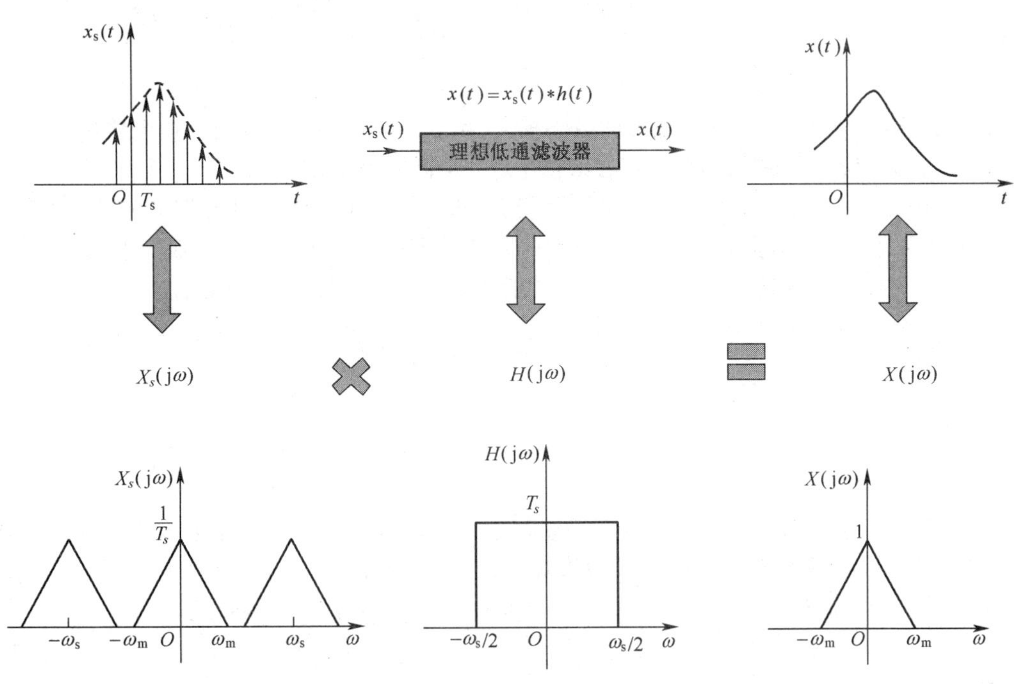

图 5.2.6　从采样信号 $x_s(t)$ 中恢复 $x(t)$ 原理

5.3　离散时间系统的描述与模拟

5.3.1　离散时间系统的差分方程

同连续系统一样，要想分析离散系统首先要对系统进行描述，进而创建系统的数学模型（见图 5.3.1）。离散时间系统的作用是将输入序列转变为输出序列，系统的功能是完成将输入 $x(n)$ 转变为输出 $y(n)$ 的运算，

$$y(n)=T[x(n)] \tag{5.3.1}$$

式中，T 为算子，意指对激励 $x(n)$ 进行某种运算、处理或变换，最后得到响应 $y(n)$。当然，$x(n)$ 可以是系统的起始条件、输入序列或二者兼有，相应的响应也分为零输入响应、零状态响应和全响应。

$x(n)$ → 离散系统 → $y(n)$

图 5.3.1　离散系统的输入/输出模型

线性时不变连续系统是由常系数微分方程描述的，而线性时不变离散系统是由常系数差分方程描述的。所谓差分方程，是指包含输出序列及其移序序列的方程。在差分方程中构成方程的各项包含有未知

离散变量的$y(n)$,以及$y(n+1)$,$y(n+2)$,…,或$y(n-1)$,$y(n-2)$,…,输出序列左、右移序的最大差值称为差分方程的阶数。

差分方程很适于描述离散系统,它真实地反映了在离散时间nT(或n时刻),系统输入、输出的运动状态。比如$y(n)$表示一个国家在第n年的人口数,a,b是常数,分别代表出生率与死亡率。设$x(n)$是国外移民来的净增数,则该国在第$n+1$年的人口总数为

$$y(n+1)=y(n)+ay(n)-by(n)+x(n)$$

整理得

$$y(n+1)-(1+a-b)y(n)=x(n)$$

上式是个差分方程,表示人口系统的数学模型,反映了人口的流动状态。由于输出序列移序的差值为1,因而是一阶差分方程,不难看出它还是一个前向差分方程。

再比如,某人按时于每月初向银行存款$x(n)$元,银行按月实行复息(上个月底的本、息合在一起算作下个月计息时的本金,利率为α元/(月·元))。那么,第n个月刚存款后的本息$y(n)$包括如下三项:本月刚存入的款额$x(n)$、上月初存款后的本金$y(n-1)$,$y(n-1)$在上个月所得的利息$\alpha y(n-1)$。因此,第n个月刚存款后的本息$y(n)$可用下式描述:

$$y(n)=y(n-1)+\alpha y(n-1)+x(n)$$

整理得

$$y(n)-(1+\alpha)y(n-1)=x(n) \tag{5.3.2}$$

这是一个后向一阶差分方程。

综上所述,一个N阶线性时不变离散时间系统,若其输入为$x(n)$,全响应为$y(n)$,那么,描述该系统输入输出关系的数学模型是N阶线性常系数差分方程,它可以表示为

$$\begin{aligned}&a_0y(n+N)+a_1y(n+N-1)+\cdots+a_{N-1}y(n+1)+a_Ny(n)\\&=b_0x(n+M)+b_1x(n+M-1)+\cdots+b_{M-1}x(n+1)+b_Mx(n)\end{aligned} \tag{5.3.3}$$

或记为

$$\sum_{i=0}^{N}a_{N-i}y(n+i)=\sum_{j=0}^{M}b_{M-j}x(n+j) \tag{5.3.4}$$

式中,$a_i(i=0,1,\cdots,N)$,$b_j(j=0,1,\cdots,M)$为常数,$x(n+j)(j=0,1,\cdots,M)$是激励及其移位序列;$y(n+i)(i=0,1,\cdots,N)$是响应及其移位序列,由于各序列的序号自n以递增的方式给出,称为前向差分方程,式(5.3.3)是一个N阶前向差分方程。差分方程也可能是另外一种后向差分形式,即

$$\begin{aligned}&a_0y(n)+a_1y(n-1)+\cdots a_{N-1}y(n-N+1)+a_Ny(n-N)\\&=b_0x(n)+b_1x(n-1)+\cdots b_{M-1}x(n-M+1)+b_Mx(n-M)\end{aligned} \tag{5.3.5}$$

或记为

$$\sum_{i=0}^{N}a_iy(n-i)=\sum_{j=0}^{M}b_jx(n-j) \tag{5.3.6}$$

5.3.2 离散时间系统的算子方程

类似于连续系统定义微分算子,离散系统将E定义为超前算子,表示将序列向前(左)移一个单位的运算,即

$$Ey(n)=y(n+1),E^2y(n)=y(n+2),\cdots,E^ky(n)=y(n+k);$$

定义$E^{-1}=1/E$为滞后算子,表示将序列向后(右)移一个单位的运算,即

$$E^{-1}y(n)=y(n-1),E^{-2}y(n)=y(n-2),\cdots,E^{-k}y(n)=y(n-k)$$

应用中,我们将 E 算子和 E^{-1} 算子统称为差分算子,有了算子的概念,则前向差分方程式(5.3.3) 可表示为

$$a_0E^Ny(n)+a_1E^{N-1}y(n)+\cdots+a_{N-1}Ey(n)+a_Ny(n)$$
$$=b_0E^Mx(n)+b_1E^{M-1}x(n)+\cdots+b_{M-1}Ex(n)+b_Mx(n) \tag{5.3.7}$$

整理有

$$(a_0E^N+a_1E^{N-1}+\cdots a_{N-1}E+a_N)y(n)$$
$$=(b_0E^M+b_1E^{M-1}+\cdots b_{M-1}E+b_M)x(n) \tag{5.3.8}$$

或者写成

$$y(n)=\frac{b_0E^M+b_1E^{M-1}+\cdots+b_{M-1}E+b_M}{a_0E^N+a_1E^{N-1}+\cdots+a_{N-1}E+a_N}\cdot x(n)=\frac{B(E)}{A(E)}\cdot x(n) \tag{5.3.9}$$

式中,$B(E)=b_0E^M+b_1E^{M-1}+\cdots+b_{M-1}E+b_M$,$A(E)=a_0E^N+a_1E^{N-1}+\cdots+a_{N-1}E+a_N$ 称为离散系统的特征多项式。$A(E)=0$ 为特征方程,其根也称为特征根或自然频率。

若令

$$H(E)=\frac{B(E)}{A(E)}=\frac{b_0E^M+b_1E^{M-1}+\cdots+b_{M-1}E+b_M}{a_0E^N+a_1E^{N-1}+\cdots+a_{N-1}E+a_N} \tag{5.3.10}$$

则式(5.3.9)可表示为

$$y(n)=H(E)\cdot x(n) \tag{5.3.11}$$

称式(5.3.9)为离散系统的传输算子方程,式中 $H(E)$ 称为离散时间系统的传输算子。它完整描述了离散时间系统的输入/输出关系,或者说集中反映了系统对输入序列的传输特性。

类似的,用后向差分方程描述的离散系统的传输算子 $H(E)$ 就可写为

$$H(E)=\frac{b_0+b_1E^{-1}+\cdots+b_{M-1}E^{-(M-1)}+b_ME^{-M}}{a_0+a_1E^{-1}+\cdots+a_{N-1}E^{-(N-1)}+a_NE^{-N}} \tag{5.3.12}$$

显然,式(5.3.12)可整理为

$$H(E)=\frac{E^N(b_0E^M+b_1E^{M-1}+\cdots+b_{M-1}E+b_M)}{E^M(a_0E^N+a_1E^{N-1}+\cdots+a_{N-1}E+a_N)} \tag{5.3.13}$$

一般地,对于因果系统有 $N\geqslant M$,所以式(5.3.13) 可以写为

$$H(E)=\frac{E^{N-M}(b_0E^M+b_1E^{M-1}+\cdots+b_{M-1}E+b_M)}{a_0E^N+a_1E^{N-1}+\cdots+a_{N-1}E+a_N} \tag{5.3.14}$$

可见,式(5.3.14)与式(5.3.10)的分母相同,也就是说,后向差分方程与前向差分方程的特征多项式是一样的。

式(5.3.14)还告诉我们,后向差分方程可以转化为前向差分方程;同样,前向差分方程也可以变为后向差分方程,这正如微分方程与积分方程可以相互转化一样。

比如,差分方程

$$y(n)-\frac{5}{6}y(n-1)+\frac{1}{6}y(n-2)=x(n)-\frac{13}{6}x(n-1)+\frac{1}{3}x(n-2)$$

是一个二阶后向差分方程。由式(5.3.12)可得其传输算子为

$$H(E)=\frac{1-\frac{13}{6}E^{-1}+\frac{1}{3}E^{-2}}{1-\frac{5}{6}E^{-1}+\frac{1}{6}E^{-2}}$$

整理有

$$H(E)=\frac{E^2-\frac{13}{6}E+\frac{1}{3}}{E^2-\frac{5}{6}E+\frac{1}{6}}$$

现将原方程向前移动两位,即得

$$y(n+2)-\frac{5}{6}y(n+1)+\frac{1}{6}y(n)=x(n+2)-\frac{13}{6}x(n+1)+\frac{1}{3}x(n)$$

由式(5.3.10)可得该前向差分方程的传输算子为

$$H(E)=\frac{E^2-\frac{13}{6}E+\frac{1}{3}}{E^2-\frac{5}{6}E+\frac{1}{6}}$$

可见前向差分方程的传输算子与由式(5.3.12)得出的结果相同。

对于没有物理意义的纯数学概念上的差分方程而言,前向和后向方程只是一个数学概念的两种不同表现形式,可以进行转换运算,只要注意初始条件的变化即可。但在我们研究的系统范畴,差分方程是物理系统的数学模型,具有一定的物理意义,因此不能将前向和后向方程随意转换,比如因果系统就不能用前向差分方程表述。

通常在系统分析与研究中,我们可以把后向差分方程传输算子的负幂次形式[式(5.3.12)]整理为正幂次形式[式(5.3.10)],这样不但可与连续系统的形式统一起来,而且便于系统模拟、稳定性判别或其他研究(比如在讨论与 $h(n)$ 的对应关系上,$H(E)$ 用正幂次形式就比较方便)。虽然 $H(E)$ 的形式发生了变化,但并不意味着改变了系统的数学模型及其特性。

同连续系统一样,我们也可以利用离散系统传输算子与系统单位脉冲响应的关系对离散系统进行分析,即根据 $H(E)$ 找出相应的 $h(n)$,然后就可利用下面的卷积和法求出零状态响应 $y_f(n)$。常见的 $H(E)$ 与 $h(n)$ 的对应关系如表 5.5.1 所示。

5.3.3 离散时间系统的模拟

线性时不变离散系统的基本运算有延时、乘法、加法,基本运算可以由基本运算单元实现,由基本运算单元可以构成线性时不变离散系统。

线性时不变离散系统基本运算单元的框图及流图表示:

(1)延时器是用作时间上向后移序的器件,它能用将输入信号延时一个时间间隔 T,延时器的框图及流图如图 5.3.2 所示。

图 5.3.2 延时器的框图及流图

(2)加法器的框图及流图如图 5.3.3 所示。

(3)乘法器的框图及流图如图 5.3.4 所示。

有了以上延时、乘法和加法运算的基本框图,我们就可以利用这些运算单元来对离散时间系统进行模拟,如对前面的式(5.3.2)我们可以用下面的图 5.3.5 所示框图来模拟。

下面再举一个例子来说明如何建立差分方程和利用基本框图进行系统的模拟。

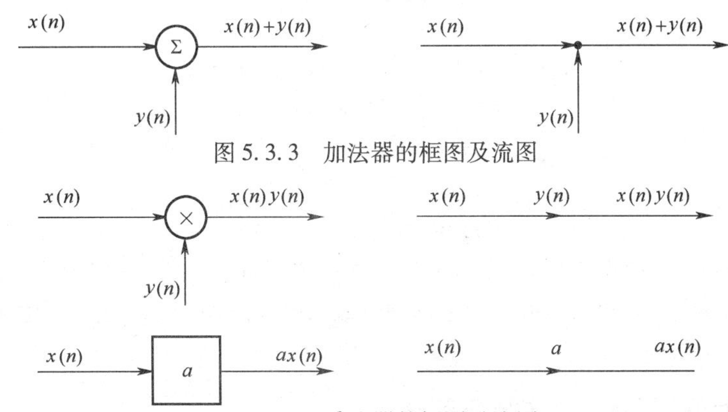

图 5.3.3　加法器的框图及流图

图 5.3.4　乘法器的框图及流图

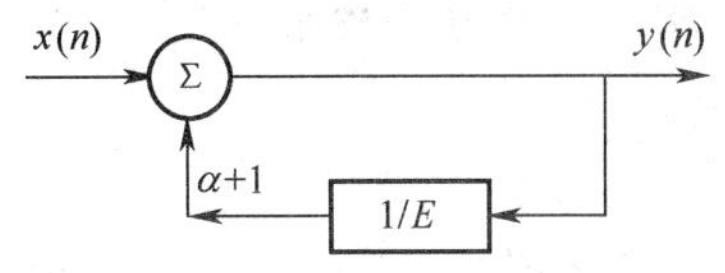

图 5.3.5　一阶离散时间系统的模拟框图

例 5.3.1　某空运控制系统，用一台计算机每隔 1 s 计算一次某飞机应有的高度 $x(n)$，另外用一台雷达在以上计算的同时对此飞机实测一次高度 $y(n)$，把应有高度 $x(n)$ 与前一秒实测高度 $y(n-1)$ 相比较得到一个差值，飞机的高度将根据此差值为正或负来改变。设飞机改变高度的垂直速度正比于此差值，即 $v=k[x(n)-y(n-1)]$（单位 m/s）。求计算第 n 秒飞机应有的高度的关系式，并画出系统的模拟图。

【解】题意可知，在飞机从第 $n-1$ 秒到第 n 秒这 1 秒内飞机升高

$$k[x(n)-y(n-1)]=y(n)-y(n-1)$$

经整理可得

$$y(n)+(k-1)y(n-1)=kx(n)$$

根据差分方程可得模拟图为图 5.3.6。

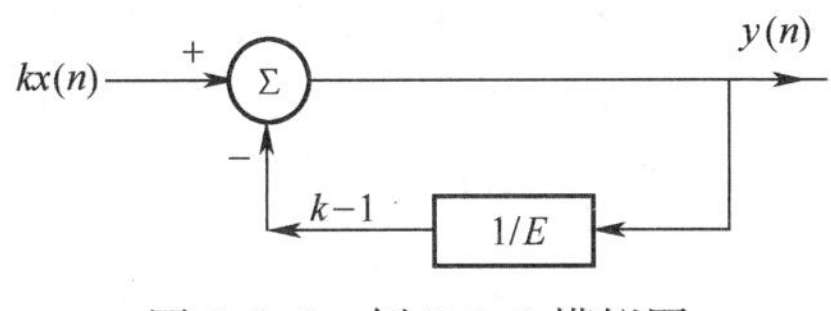

图 5.3.6　例 5.3.1 模拟图

5.4　离散时间系统的响应

离散系统的分析也就是对系统模型——差分方程的求解。与连续系统求解微分方程一样，差分方程的求解也可在时域和变换域中进行，其时域解法也分为经典法和响应分解法。经典法就是根据特征根求出方程齐次解，再根据激励序列的形式求出一个特解，两者相加即为方程全（通）解；响应分解法就是利用全响应的可分解性，分别求出零状态和零输入响应。除此之外，当系统的阶数不高，并且激励不复杂时，时域中还有一个差分方程特有的迭代解法，我们首先通过一个例子了解一下迭代法的求解原理。

例 5.4.1　已知 $y(n)=ay(n-1)+x(n)$，且 $y(n)=0,n<0,x(n)=\delta(n)$，求 $y(n)$。

【解】　由于 $y(n)=0,n<0$；我们将激励 $x(n)=\delta(n)$ 代入原方程有

$$y(n)=ay(n-1)+\delta(n)$$

将 $n=0$ 代入上式有

$$y(0)=ay(-1)+\delta(0)=\delta(0)=1$$

同理有
$$y(1)=ay(0)+x(1)=a$$
$$y(2)=ay(1)+x(2)=a^2$$
$$\vdots$$

综上有
$$y(n)=a^n u(n)$$

迭代法使用计算机求解较为方便,这种方法简单,概念清楚,但是一般只能得出数值解,不易直接给出完整的解析解。因此,离散时间系统的时域求解可以采用经典法和零输入与零状态响应求法,下面分别予以介绍。

5.4.1 离散时间系统的时域经典解法

如前一节所述,离散时间系统的数学模型可用式(5.3.5)所示的差分方程来描述,为表述方便,将式(5.3.5)重写如下:

$$a_0y(n)+a_1y(n-1)+\cdots+a_{N-1}y(n-N+1)+a_Ny(n-N)=$$
$$b_0x(n)+b_1x(n-1)+\cdots+b_{M-1}x(n-M+1)+b_Mx(n-M) \tag{5.4.1}$$

$a_i(i=0,1,\cdots,N)$,$b_j(j=0,1,\cdots,M)$ 为常数,与连续时间系统时域经典解法相似,离散时间系统的时域经典解法也是将差分方程的解分为齐次解 $y_h(n)$ 与特解 $y_p(n)$ 两部分,即

$$y(n)=y_h(n)+y_p(n) \tag{5.4.2}$$

下面我们具体来讨论齐次解与特解的求解。

1. 齐次解

当式(5.4.1)中,$x(n)$ 及其各移位项均为零时,方程(5.4.1)变为

$$a_0y(n)+a_1y(n-1)+\cdots+a_{N-1}y(n-N+1)+a_Ny(n-N)=0 \tag{5.4.3}$$

称为齐次方程,齐次方程的解称为齐次解,记为 $y_h(n)$ 。差分方程的齐次解应该满足式(5.4.3),首先来看最简单的情况,若一阶齐次差分方程的表示式为

$$y(n)-ay(n-1)=0 \tag{5.4.4}$$

将式(5.4.4)写为

$$a=\frac{y(n)}{y(n-1)}$$

这里,$y(n)$ 与 $y(n-1)$ 之比为 a,这意味着序列 $y(n)$ 是一个公比为 a 的几何级数,有如下形式:

$$y(n)=Ca^n$$

式中,C 是待定系数,由边界条件决定。

一般情况下,对于任意阶的差分方程,它的齐次解以形式为 Ca^n 的项组合而成,下面证实这一结论。

将 $y(n)=C\lambda^n$ 代入式(5.4.3)有

$$a_0C\lambda^n+a_1C\lambda^{n-1}+\cdots+a_{N-1}C\lambda^{n-N+1}+a_NC\lambda^{n-N}=0 \tag{5.4.5}$$

消去常数 C,并逐项除以 λ^{n-N},将式(5.4.5)整理为

$$a_0\lambda^N+a_1\lambda^{N-1}+\cdots+a_{N-1}\lambda+a_N=0 \tag{5.4.6}$$

若 λ_i 是式(5.4.6)的根,则 $y(n)=C\lambda_i^n$ 将满足式(5.4.3)。我们称式(5.4.6)为差分方程式(5.4.1)的特征方程,特征方程的根 $\lambda_1,\lambda_2,\cdots,\lambda_i$ 称为差分方程的特征根。由于特征方程式(5.4.6)左端与传输算子 $H(E)$ 的分母式具有相同的形式,因此,差分方程的特征根就是传输算子 $H(E)$ 的极点。

根据特征根(或者传输算子的极点)的不同取值,差分方程齐次解的函数形式如表 5.4.1 所示,其中 C_i,D,A_i,φ_i 均为待定常数。

表 5.4.1　不同特征根及其对应的齐次解

特征根(传输算子极点) λ	齐次解 $y_h(n)$
互异单实根 $\lambda_i(i=1,2,\cdots,N)$	$C_1\lambda_1^n+C_2\lambda_2^n+\cdots+C_N\lambda_N^n$
r 阶重根 λ_0	$(C_0+C_1n+\cdots+C_{r-1}n^{r-1})\lambda_0^n$
共轭复根 $\lambda_{1,2}=a+\mathrm{j}b=\rho e^{\pm \mathrm{j}\beta}$	$\rho^n[C\cos(\beta n)+D\sin(\beta n)]$ 或 $A\rho^n\cos(\beta n-\varphi)$ 其中 $Ae^{\mathrm{j}\varphi}=C+\mathrm{j}D$
r 阶共轭复根 $\lambda_{1,2}=\rho \mathrm{e}^{\pm \mathrm{j}\beta}$	$\rho^n[A_0\cos(\beta n-\varphi_0)+A_1n\cos(\beta n-\varphi_1)+\cdots+A_rn^{r-1}C\cos(\beta n-\varphi_{r-1})]$

2. 特解

与常系数微分方程特解的求法相类似,差分方程特解的形式也与激励函数的形式有关。表 5.4.2 列出了几种典型的激励所对应的特解。选定特解后,把它代入到原差分方程,求出其待定系数,就得出方程的特解。

表 5.4.2　不同激励及其对应的特解

激励 $f(n)$	特解 $y_p(n)$	
n^m	$P_mn^m+P_{m-1}n^{m-1}+\cdots+P_1n+P_0$	
a^n	Pa^n	当 a 不等于特征根时
	$(P_1n+P_0)a^n$	当 a 等于特征单根时
	$(P_rn^r+P_{r-1}n^{r-1}+\cdots+P_1n+P_0)a^n$	当 a 等于 r 重特征根时
$\cos\beta n$ 或 $\sin\beta n$	$P\cos\beta n+Q\sin\beta n$ 或 $A\cos(\beta n-\varphi)$ 其中 $A\mathrm{e}^{\mathrm{j}\varphi}=P+\mathrm{j}Q$	所有特征根均不等于 $\mathrm{e}^{\pm \mathrm{j}\beta}$

3. 全解

式(5.4.1)的线性差分方程的全解是其齐次解与特解之和。如果一个 N 阶差分方程的特征根均为单根,那么差分方程的全解为

$$y(n)=y_h(n)+y_p(n)=\sum_{i=1}^{N}C_i\lambda_i^n+y_p(n) \tag{5.4.7}$$

如果特征根 λ_1 为 r 重根,而其余 $N-r$ 个特征根为单根时,差分方程的全解为

$$y(n)=\left(\sum_{i=1}^{r}C_in^{r-i}\lambda_i^n+\sum_{i=r+1}^{N}C_i\lambda_i^n\right)+y_p(n) \tag{5.4.8}$$

式中,系数 C_i 由初始条件来确定。如果激励信号是在 $n=0$ 时接入的,差分方程的解适合于 $n\geqslant 0$,对于 N 阶差分方程,用给定的 N 个初始条件 $y(0),y(1),\cdots,y(N-1)$ 分别代入到式(5.4.7)或式(5.4.8)即可得 N 个方程,解得全部待定系数 C_i。

例 5.4.2　描述某二阶系统的差分方程为 $y(n)+y(n-1)+\dfrac{1}{4}y(n-2)=x(n)$,已知初始条件为 $y(0)=1,y(1)=0.5$,激励 $x(n)=u(n)$,求方程的全响应。

【解】　(1)齐次解。

上述差分方程的特征方程为

$$\lambda^2 + \lambda + \frac{1}{4} = 0$$

可解得特征根 $\lambda_1 = \lambda_2 = -\frac{1}{2}$ 为二重根,则其齐次解为

$$y_h(n) = C_1 n\left(-\frac{1}{2}\right)^n + C_2\left(-\frac{1}{2}\right)^n, n \geqslant 0$$

(2)特解。

由表5.4.2可知,特解 $y_p(n) = P_0, n \geqslant 0$。

将特解 $y_p(n)$ 代入原差分方程,得 $P_0 + P_0 + \frac{1}{4}P_0 = 1$。

解得
$$P_0 = \frac{4}{9}$$

故
$$y_p(n) = \frac{4}{9}u(n)$$

(3)全解。

差分方程的全解为

$$y(n) = C_1 n\left(-\frac{1}{2}\right)^n + C_2\left(-\frac{1}{2}\right)^n + \frac{4}{9}, n \geqslant 0$$

将初始条件代入上式有

$$y(0) = C_2 + \frac{4}{9} = 1$$

$$y(1) = -\frac{1}{2}C_1 - \frac{1}{2}C_2 + \frac{4}{9} = \frac{1}{2}$$

由以上方程组解得

$$C_1 = -\frac{2}{3}, \quad C_2 = \frac{5}{9}$$

最后可得方程的全解为

$$y(n) = \underbrace{-\frac{2}{3}n\left(-\frac{1}{2}\right)^n + \frac{5}{9}\left(-\frac{1}{2}\right)^n}_{\substack{\text{自由响应}\\\text{(瞬态响应)}}} + \underbrace{\frac{4}{9}}_{\substack{\text{强迫响应}\\\text{(稳态响应)}}} \quad n \geqslant 0$$

差分方程的齐次解也称为系统的自由响应,特解称为系统的强迫响应。本例中由于其特征根 $|\lambda| < 1$,自由响应随着 n 的增加逐渐衰减为零,故自由响应也为瞬态响应,其强迫响应随着 n 的增加保持常数,故也称为稳态响应。

5.4.2 离散时间系统的零输入与零状态解法

与连续信号的时域分析相类似,线性非时变离散系统的完全响应除了可以分为自由响应和强迫响应外,还可以分为零输入响应和零状态响应。

线性非时变系统的全响应将是零输入响应与零状态响应之和,即

$$y(n) = y_x(n) + y_f(n) \tag{5.4.9}$$

在零输入情况下,式(5.4.1)等号右边的各项均为零,把差分方程化为齐次方程

$$\sum_{i=0}^{N} a_i y(n-i) = 0 \tag{5.4.10}$$

由于激励 $x(n)$ 通常是在 $n=0$ 时接入系统，在 $n<0$ 时，激励尚未接入，因此，系统的初始状态是指 $n<0$ 时 $y(n)$ 的值，即 $y(-1),y(-2),\cdots,y(-N)$，它们给出了系统在以往历史的全部信息，对于 N 阶系统，零输入响应对应着齐次方程式(5.4.10)，在初始条件 $y(-1),y(-2),\cdots,y(-N)$ 作用下产生的响应。即零输入响应满足

$$\begin{cases} \sum_{i=0}^{N} a_i y_x(n-i) = 0 \\ y_x(-1) = y(-1) \\ y_x(-2) = y(-2) \\ \quad\vdots \\ y_x(-N) = y(-N) \end{cases} \tag{5.4.11}$$

若差分方程的特征根为单根，其零输入响应

$$y_x(n) = \sum_{i=1}^{N} C_{x_i} \lambda_i^n \tag{5.4.12}$$

式中，系数 C_{x_i} 由初始条件 $y(-1),y(-2),\cdots,y(-N)$ 确定。

根据零状态的定义，式(5.4.1)的零状态响应应满足

$$\begin{cases} \sum_{i=0}^{N} a_i y_f(n-i) = \sum_{j=0}^{M} b_j x(n-j) \\ y_f(-1) = y_f(-2) = \cdots = y_f(-N) = 0 \end{cases} \tag{5.4.13}$$

式(5.4.13)仍然是非齐次方程若其特征根均为单根，则其零状态响应

$$y_f(n) = \sum_{i=1}^{N} C_{f_i} \lambda_i^n + y_p(n) \tag{5.4.14}$$

我们知道，系统的全响应可以分为自由响应和强迫响应，也可以分为零输入响应与零状态响应，它们的关系如下：

$$y(n) = \underbrace{\sum_{i=1}^{N} C_{x_i} \lambda_i^n}_{\text{零输入响应}} + \underbrace{\sum_{i=1}^{N} C_{f_i} \lambda_i^n + y_p(n)}_{\text{零状态响应}} = \underbrace{\sum_{i=1}^{N} C_i \lambda_i^n}_{\text{自由响应}} + \underbrace{y_p(n)}_{\text{强迫响应}}$$

式中，$\sum_{i=1}^{N} C_i \lambda_i^n = \sum_{i=1}^{N} C_{x_i} \lambda_i^n + \sum_{i=1}^{N} C_{f_i} \lambda_i^n$。

可见，虽然自由响应与零输入响应都是齐次解的形式，但是它们的系数并不相同，C_{x_i} 仅由系统的初始条件决定，而 C_i 则由初始条件和激励共同决定。另外，系统的零状态响应还可以由系统的激励与系统的单位脉冲响应的离散卷积来求解，将在 5.5 节进行介绍。

例 5.4.3 已知某系统的差分方程表达式为

$$y(n) - 0.9y(n-1) = 0.05u(n)$$

(1)若系统的初始条件为 $y(-1)=0$，求系统的完全响应。

(2)若系统的初始条件为 $y(-1)=1$，求系统的完全响应。

【解】 (1)由于激励在 $n=0$ 时刻加入，且有 $y(-1)=0$，因此，此时系统处于零状态，即系统的全响应就是系统的零状态响应。

根据差分方程易得特征方程为

$$1 - 0.9\lambda^{-1} = 0$$

所以

$$\lambda = 0.9$$

由于激励为 $0.05u(n)$，查表 5.4－2，设特解为 P，则

$$y(n)=C(0.9)^n+P$$

为确定待定系数 P,将特解代入方程有

$$P(1-0.9)=0.05$$

$$P=0.5$$

系统的全响应 $y(n)=C(0.9)^n+0.5$

又因为 $$y(-1)=0$$

所以 $$y(-1)=C\cdot(0.9)^{-1}+0.05=0$$

$$C=-0.45$$

因此,系统的全响应为 $y(n)=[\underbrace{-0.45\times(0.9)^n}_{\text{自由响应}}+\underbrace{0.5}_{\text{强迫响应}}]u(n)$。

(2)先求零状态响应,令 $y(-1)=0$,即为第(1)问结果,因此有

$$y_f(n)=[-0.45\times(0.9)^n+0.5]u(n)$$

再求零输入响应,零激励为零,此时差分方程变为以下齐次方程:

$$y(n)-0.9y(n-1)=0$$

易知,零输入响应可表示为 $y_x(n)=C_x\times(0.9)^n$。

代入初始条件 $y(-1)=1$,有

$$y_x(-1)=C_x\times(0.9)^{-1}=1$$

$$C_x=0.9$$

于是,零输入响应 $y_x(n)=0.9\times(0.9)^n$ 。

系统的全响应

$$y(n)=\underbrace{-0.45\times(0.9)^n+0.5}_{\text{零状态响应}}+\underbrace{0.9\times(0.9)^n}_{\text{零输入响应}}$$

$$=\underbrace{0.45\times(0.9)^n}_{\text{自由响应}}+\underbrace{0.5}_{\text{强迫响应}},\quad n\geqslant 0$$

例 5.4.4 若描述离散系统的差分方程为

$$y(n)+\frac{1}{2}y(n-1)-\frac{1}{2}y(n-2)=x(n)$$

已知激励 $x(n)=2^n$, $n\geqslant 0$;初始状态 $y(-1)=1,y(-2)=0$。求系统的零输入响应、零状态响应和全响应。

【解】 (1)求零输入响应 $y_x(n)$ 。

零输入响应满足

$$\begin{cases}y_x(n)+\frac{1}{2}y_x(n-1)-\frac{1}{2}y_x(n-2)=0\\y_x(-1)=y(-1)=1\\y_x(-2)=y(-2)=0\end{cases}$$

差分方程的特征方程为

$$\lambda^2+\frac{1}{2}\lambda-\frac{1}{2}=0$$

解得

$$\lambda_1=-1,\lambda_2=\frac{1}{2}$$

则零输入响应

$$y_x(n)=C_{x_1}\times(-1)^n+C_{x_2}\times\left(\frac{1}{2}\right)^n$$

代入初始条件有

$$\begin{cases} y_x(-1) = C_{x_1} \times (-1)^{-1} + C_{x_2} \times \left(\dfrac{1}{2}\right)^{-1} = -C_{x_1} + 2C_{x_2} = 1 \\ y_x(-2) = C_{x_1} \times (-1)^{-2} + C_{x_2} \times \left(\dfrac{1}{2}\right)^{-2} = C_{x_1} + 4C_{x_2} = 0 \end{cases}$$

解得

$$C_{x_1} = -\frac{2}{3}, \qquad C_{x_2} = \frac{1}{6}$$

故该系统的零输入响应为

$$y_x(n) = \left[-\frac{2}{3}(-1)^n + \frac{1}{6} \times \left(\frac{1}{2}\right)^n\right], \quad n \geqslant 0$$

(2)求零状态响应 $y_f(n)$ 。

$$\begin{cases} y_f(n) + \dfrac{1}{2}y_f(n-1) - \dfrac{1}{2}y_f(n-2) = x(n) \\ y_f(-1) = y_f(-2) = 0 \end{cases}$$

首先求初始值 $y_f(0)$ 和 $y_f(1)$：

$$y_f(n) = -\frac{1}{2}y_f(n-1) + \frac{1}{2}y_f(n-2) + 2^n$$

令 $n=0,1$,代入有

$$y_f(0) = -\frac{1}{2}y_f(-1) + \frac{1}{2}y_f(-2) + 1 = 1$$

$$y_f(1) = -\frac{1}{2}y_f(0) + \frac{1}{2}y_f(-1) + 2 = \frac{3}{2}$$

由前面求解零输入响应可知,零状态响应的齐次解为

$$y_{f_h}(n) = C_{f_1} \times (-1)^n + C_{f_2} \times \left(\frac{1}{2}\right)^n$$

特解

$$y_p(n) = P(2)^n$$

将特解代入方程,有

$$P \times 2^n + \frac{1}{2}P \times 2^{n-1} - \frac{1}{2}P \times 2^{n-2} = 2^n$$

解得

$$P = \frac{8}{9}$$

故零状态响应为

$$y_f(n) = C_{f_1} \times (-1)^n + C_{f_2} \times \left(\frac{1}{2}\right)^n + \frac{8}{9}(2)^n, n \geqslant 0$$

代入初始条件 $y_f(0)$、$y_f(1)$ 有

$$\begin{cases} y_f(0) = C_{f_1} \times (-1)^0 + C_{f_2} \times \left(\dfrac{1}{2}\right)^0 + \dfrac{8}{9} \times 2^0 = 1 \\ y_f(1) = C_{f_1} \times (-1)^1 + C_{f_2} \times \left(\dfrac{1}{2}\right)^1 + \dfrac{8}{9} \times 2^1 = \dfrac{3}{2} \end{cases}$$

解得

$$C_{f_1}=\frac{2}{9},\quad C_{f_2}=-\frac{1}{9}$$

故零状态响应为 $y_f(n)=\left[\frac{2}{9}(-1)^n-\frac{1}{9}\times\left(\frac{1}{2}\right)^n+\frac{8}{9}(2)^n\right]u(n)$

(3)求零状态响应 $y(n)$ 。

$$y(n)=\underbrace{-\frac{2}{3}(-1)^n+\frac{1}{6}\times\left(\frac{1}{2}\right)^n}_{\text{零输入响应}}+\underbrace{\frac{2}{9}(-1)^n-\frac{1}{9}\times\left(\frac{1}{2}\right)^n+\frac{8}{9}(2)^n}_{\text{零状态响应}}$$

$$=\underbrace{-\frac{4}{9}(-1)^n+\frac{1}{18}\times\left(\frac{1}{2}\right)^n}_{\text{自由响应}}+\underbrace{\frac{8}{9}(2)^n}_{\text{强迫响应}},n\geqslant 0$$

5.5 离散时间系统的单位脉冲响应

单位脉冲序列 $\delta(n)$ 作用于线性时不变离散时间系统所产生的零状态响应称为单位脉冲响应,用符号 $h(n)$ 表示,它的作用与连续时间系统的单位冲激响应 $h(t)$ 相同。求解系统的单位脉冲响应可用求解差分方程法或 Z 变换法(见第6章)。

5.5.1 由差分方程求解系统的单位脉冲响应 $h(n)$

由于 $\delta(n)$ 只在 $n=0$ 时取值 $\delta(0)=1$,在 n 为其他值时均为零,因此,利用这一特点可以方便地利用迭代法求出 $h(0),h(1),\cdots,h(n)$。

【例5.5.1】 已知某系统的差分方程为

$$y(n)-\frac{1}{2}y(n-1)=x(n)$$

试求其单位脉冲响应 $h(n)$ 。

【解】 将 $x(n)=\delta(n)$,代入方程有

$$h(n)=\frac{1}{2}h(n-1)+\delta(n)$$

因为

$$y(-1)=h(-1)=0$$

$$h(0)=\frac{1}{2}h(-1)+\delta(n)=1$$

$$h(1)=\frac{1}{2}h(0)=\frac{1}{2}$$

$$h(2)=\frac{1}{2}h(1)=\left(\frac{1}{2}\right)^2$$

$$\vdots$$

故该系统的单位脉冲响应为 $h(n)=\left(\frac{1}{2}\right)^n u(n)$

用迭代法求系统的单位脉冲响应不易得到 $h(n)$ 的封闭式,可把单位脉冲激励等效为初始条件,由于在 $n>0$ 时,系统的单位脉冲响应与该系统的零输入响应的函数形式相同,这样就把求单位脉冲响应的问题转换为求差分方程齐次解的问题,或者通过传输算子来求解差分方程,下面我们举例子来说明这种方法。

例 5.5.2 若描述某线性时不变离散时间系统的差分方程为

$$y(n)+3y(n-1)+2y(n-2)=x(n)$$

试求系统的单位脉冲响应 $h(n)$。

【解】 根据单位脉冲响应的定义,将 $x(n)=\delta(n)$ 代入原方程有

$$y(n)+3y(n-1)+2y(n-2)=\delta(n)$$

(1)选择初始条件需要将 $\delta(n)$ 的作用体现在初始条件,该系统为二阶系统,求解需要两个初始条件,可以选择$h(0)$和$h(1)$作为初始条件,也可以选择择$h(-1)$和$h(0)$作为初始条件。由于$h(-1)=h(-2)=0$,分别令 $n=0$ 和 $n=1$,代入上面方程有

$$h(0)=\delta(0)-3h(-1)-2h(-2)=1$$

$$h(1)=\delta(1)-3h(0)-2h(-1)=-3$$

(2)求解差分方程的齐次解。

该系统的特征方程为 $\lambda^2+3\lambda+2=0$

特征根为 $\lambda_1=-1 \quad \lambda_2=-2$

齐次解可设为 $h(n)=C_1(-1)^n+C_2(-2)^n$

代入初始条件有

$$h(0)=C_1(-1)^0+C_2(-2)^0=1$$

$$h(1)=C_1(-1)^1+C_2(-2)^1=-3$$

解得

$$C_1=-1 \quad C_2=2$$

故系统的单位脉冲响应为

$$h(n)=-(-1)^n+2(-2)^n, n\geqslant 0$$

例 5.5.3 已知描述某线性时不变离散时间系统的差分方程为

$$y(n)-5y(n-1)+6y(n-2)=x(n)-3x(n-2)$$

试求该系统的单位脉冲响应 $h(n)$。

【解】 (1)由差分方程易得差分方程的齐次解可表示式为

$$h(n)=C_1(3)^n+C_2(2)^n$$

(2)假定方程右边只有 $x(n)$ 项作用,不考虑 $3x(n-2)$ 项作用,求此时系统的单位脉冲响应 $h_1(n)$。此时原方程变为

$$h_1(n)-5h_1(n-1)+6h_1(n-2)=\delta(n)$$

初始条件 $h_1(0)=\delta(0)+5h_1(-1)-6h_1(-2)=1$

$$h_1(-1)=0$$

代入初始条件有

$$\begin{cases}h_1(0)=C_1\times 3^0+C_2\times 2^0=1\\ h_1(-1)=C_1\times 3^{-1}+C_2\times 2^{-1}=0\end{cases}$$

解得

$$C_1=3 \quad C_2=-2$$

故

$$h_1(n)=[3^{n+1}-2^{n+1}]u(n)$$

(3) 只考虑 $-3x(n-2)$ 作用时产生的单位脉冲响应为 $h_2(n)$,则有系统的线性时不变特性易知

$$h_2(n)=-3h_1(n-2)=-3[3^{n-1}-2^{n-1}]u(n-2)$$

将 $h_1(n)$ 与 $h_2(n)$ 叠加即有

$$h(n)=h_1(n)+h_2(n)=[3^{n+1}-2^{n+1}]u(n)-3[3^{n-1}-2^{n-1}]u(n-2)$$
$$=[3^{n+1}-2^{n+1}][\delta(n)+\delta(n-1)+u(n-2)]-3[3^{n-1}-2^{n-1}]u(n-2)$$
$$=\delta(n)+5\delta(n-1)+[3^{n+1}-2^{n+1}-3^n+3\times2^{n-1}]u(n-2)$$
$$=\delta(n)+5\delta(n-1)+[2\times3^n-2^{n-1}]u(n-2)$$

5.5.2 由传输算子求解系统的单位脉冲响应 $h(n)$

计算线性时不变离散系统的单位脉冲响应 $h(n)$ 还可由离散系统的传输算子 $H(E)$ 来求，下面我们举几个具体的例子来说明。

例 5.5.4 若某因果系统传输算子 $H(E)=E^k$，试求其单位脉冲响应 $h(n)$。

【解】 相应的差分方程可写为

$$y(n)=E^k x(n)=x(n+k)$$

令 $x(n)=\delta(n)$ 时有 $h(n)=\delta(n+k)$。

即

$$H(E)=E^k\to h(n)=\delta(n+k) \tag{5.5.1}$$

例 5.5.5 单极点情况。若某因果系统传输算子

$$H(E)=\frac{E}{E-r}$$

试求其单位脉冲响应 $h(n)$。

【解】 传输算子 $H(E)$ 具有单极点 $E=r$，则相应的差分方程为

$$(E-r)y(n)=Ex(n)$$

令 $x(n)=\delta(n)$ 时，其 $y_f(n)=h(n)$，故有

$$(E-r)h(n)=E\delta(n)$$

即

$$h(n+1)-rh(n)=\delta(n+1)$$

移项后有

$$h(n+1)=rh(n)+\delta(n+1)$$

根据系统的因果性，当 $n\leqslant-1$ 时，有 $h(n)=0$。以此为初始条件，对上式进行递推运算得出

$$h(0)=rh(-1)+\delta(0)=1$$
$$h(1)=rh(0)+\delta(1)=r$$
$$h(2)=rh(1)+\delta(2)=r^2$$
$$\vdots$$
$$h(n)=rh(n-1)+\delta(n)=r^n$$

因此有

$$H(E)=\frac{E}{E-r}\to h(n)=\frac{E}{E-r}\delta(n)=r^n u(n) \tag{5.5.2}$$

例 5.5.6 重极点情况。设某因果系统传输算子

$$H(E)=\frac{E}{(E-r)^2}$$

试求其单位脉冲响应 $h(n)$。

【解】 传输算子 $H(E)$ 具有二重极点 $E=r$，则相应的差分方程为

$$(E-r)^2y(n)=Ex(n)$$

同样，令 $x(n)=\delta(n)$，得到单位响应 $h(n)$ 的求解方程为

$$(E-r)[(E-r)h(n)]=E\delta(n)$$

即

$$h(n+2)-2rh(n+1)+r^2h(n)=\delta(n+1)$$

移项后有：

$$h(n+2)=2rh(n+1)-r^2h(n)+\delta(n+1)$$

因 $h(-1)=0,h(-2)=0$,以此为初始条件

采用例 5.5.5 类似求解方法,可求得系统的单位脉冲响应

$$h(n)=nr^{n-1}u(n)$$

于是有

$$H(E)=\frac{E}{(E-r)^2}\rightarrow h(n)=nr^{n-1}u(n) \tag{5.5.3}$$

同理,可得

$$H(E)=\frac{E}{(E-r)^3}\rightarrow h(n)=\frac{n(n-1)}{2!}r^{n-2}u(n) \tag{5.5.4}$$

以及 m 阶重极点相应的单位脉冲响应

$$H(E)=\frac{E}{(E-r)^m}\rightarrow h(n)=\frac{1}{(m-1)!}n(n-1)\cdots(n-m+2)r^{n-m+1}u(n) \tag{5.5.5}$$

各种形式 $H(E)$ 与 $h(n)$ 对应关系见表 5.5.1,下面我们总结一下由传输算子 $H(E)$ 求解 $h(n)$ 的一般方法,设线性时不变离散时间系统的传输算子为

$$\begin{aligned}H(E)&=\frac{b_0+b_1E^{-1}+\cdots+b_{M-1}E^{-(M-1)}+b_ME^{-M}}{a_0+a_1E^{-1}+\cdots+a_{N-1}E^{-(N-1)}+a_NE^{-N}}\\&=\frac{E^{N-M}(b_0E^M+b_1E^{M-1}+\cdots+b_{M-1}E+b_M)}{a_0E^N+a_1E^{N-1}+\cdots+a_{N-1}E+a_N},N\geqslant M\end{aligned}$$

求单位脉冲响应 $h(n)$ 的具体步骤如下：

第一步：将 $H(E)$ 除以 E 得到$\frac{H(E)}{E}$。

第二步：将 $\frac{H(E)}{E}$ 展开成部分分式和的形式。

$$\frac{H(E)}{E}=\sum_{i=1}^{P}H_i(E)=\sum_{i=1}^{P}\frac{A_i}{(E-\lambda_i)^{d_i}}$$

式中,λ_i 为系统特征根,d_i 为该特征根的重数,A_i 为部分分式项系数,P 为相异特征根个数。

第三步：将上面得到的部分分式展开式两边乘以 E,得到 $H(E)$ 的部分分式展开式

$$H(E)=\sum_{i=1}^{P}\frac{A_iE}{(E-\lambda_i)^{d_i}}$$

第四步：由式(5.5.1)至式(5.5.5)求得各 $H_i(E)$ 对应的单位响应分量 $h_i(n)$。

第五步：求出系统的单位脉冲响应

$$h(n)=\sum_{i=1}^{P}h_i(n)$$

例 5.5.7 某系统的差分方程为

$$y(n+2)+3y(n+1)+2y(n)=2x(n+1)+x(n)$$

试求其单位脉冲响应 $h(n)$。

解:该系统的传输算子为

$$H(E)=\frac{2E+1}{E^2+3E+2}$$

$$=E\frac{2E+1}{E(E+1)(E+2)}$$

$$=E(\frac{1}{2}\cdot\frac{1}{E}+\frac{1}{E+1}-\frac{3}{2}\cdot\frac{1}{E+2})$$

$$=\frac{1}{2}+\frac{E}{E+1}-\frac{3}{2}\cdot\frac{E}{E+2}$$

由式(5.5.1)和式(5.5.2)有

$$h(n)=\frac{1}{2}\delta(n)+(-1)^n u(n)-\frac{3}{2}(-2)^n u(n)$$

例 5.5.8 某系统的差分方程为

$$y(n+3)-1.2y(n+2)+0.45y(n+2)-0.05y(n)$$
$$=11x(n+3)-3x(n+2)+0.25x(n+1)$$

求系统的单位响应。

解 由已知差分方程得系统传输算子

$$H(E)=\frac{11E^3-3E^2+0.25E}{E^3-1.2E^2+0.45E-0.05}$$

将 $\frac{H(E)}{E}$ 进行部分分式展开,得

$$\frac{H(E)}{E}=\frac{11E^2-3E+0.25}{E^3-1.2E^2+0.45E-0.05}=\frac{11E^2-3E+0.25}{(E-0.2)(E-0.5)^2}$$

$$=\frac{1}{E-0.2}+\frac{10}{E-0.5}+\frac{5}{(E-0.5)^2}$$

即

$$H(E)=\frac{E}{E-0.2}+\frac{10E}{E-0.5}+\frac{5E}{(E-0.5)^2}$$

由式(5.5.2)和式(5.5.3)有

$$\frac{E}{E-0.2}\to 0.2^n u(n)$$

$$\frac{10E}{E-0.5}\to 10\times 0.5^n u(n)$$

$$\frac{5E}{(E-0.5)^2}\to 5n\times 0.5^{n-1}u(n)$$

因此,该系统单位脉冲响应为

$$h(n)=[0.2^n+10\times 0.5^n+5n\times 0.5^{n-1}]u(n)$$

在连续时间系统中,曾利用系统函数求拉普拉斯反变换的方法求解单位脉冲响应 $h(t)$,与此类似,在离散时间系统中,也可以利用系统函数求逆 z 变换的方法来求解单位脉冲响应,一般情况下,这是一种简便的方法,我们将在第六章详述。

表 5.5.1　$H(E)$ 与 $h(n)$ 的对应关系

序号	$H(E)$	$h(n),n\geqslant 0$
1	1	$\delta(n)$
2	$\dfrac{E}{E-p}$	p^n
3	$\dfrac{E}{E-e^{\gamma T}}$	$e^{\gamma Tn}$
4	$\dfrac{E}{(E-p)^2}$	np^{n-1}
5	$\dfrac{E}{(E-e^{\gamma T})^2}$	$ne^{\gamma T(n-1)}$
6	$\dfrac{E}{(E-p)^m}$	$\dfrac{1}{(m-1)!}n(n-1)(n-2)\cdots(n-m+2)p^{n-m+1}$
7	$\dfrac{1}{E-p}$	$p^{n-1}u(n-1)$
8	$\dfrac{1}{E-e^{\gamma T}}$	$e^{\gamma T(n-1)}u(n-1)$
9	$\dfrac{E}{(E-e^{\gamma T})^m}$	$\dfrac{1}{(m-1)!}n(n-1)(n-2)\cdots(n-m+2)e^{\gamma T(n-m+1)}$
10	$\dfrac{E^2}{(E-p)^2}$	$(n+1)p^n$
11	$A\dfrac{E}{E-p}+A\dfrac{E}{E-p}$ $A=A_0e^{j\theta},p=e^{\alpha+j\omega_0T}$	$2A_0e^{\alpha Tn}\cos(\omega_0nT+\theta)$

5.6 卷　积　和

5.6.1 卷积和的定义

在连续时间系统中,可以利用卷积的方法求系统的零状态响应,这时,把激励信号分解为一系列冲激函数,求出各冲激函数单独作用于系统时的冲激响应,然后将这些冲激响应相叠加就得到系统对于该激励信号的零状态响应,这个叠加的过程表现为求卷积积分。在离散时间系统中,可用与上述相同的方法进行分析,由于离散信号本身就是一个序列,因此,激励信号分解为单位脉冲序列的工作很容易完成。如果系统的单位脉冲响应为已知,那么,也不难求得每个单位脉冲序列单独作用于系统的响应,把这些响应相加就得到系统对于激励信号的零状态响应,这个叠加的过程表现为“卷积和”。

任意离散序列 $x(n)(n=\cdots,-2,-1,0,1,2,\cdots)$ 可表示为

$$
\begin{aligned}
x(n) &= \cdots + x(-2)\delta(n+2) + x(-1)\delta(n+1) + x(0)\delta(n) + \\
&\quad x(1)\delta(n-1) + \cdots x(m)\delta(n-m) + \cdots \\
&= \sum_{m=-\infty}^{+\infty} x(m)\delta(n-m)
\end{aligned} \tag{5.6.1}
$$

设离散系统对单位脉冲信号 $\delta(n)$ 的零状态响应为 $h(n)$，则由齐次性与时不变特性可知，系统对于 $x(i)\delta(n-i)$ 的零状态响应为 $x(i)h(n-i)$，则式(5.6.1)的序列作用于系统时所引起的零状态响应 $y_f(n)$ 为

$$
\begin{aligned}
y_f(n) &= \cdots + x(-2)h(n+2) + x(-1)h(n+1) + x(0)h(n) + \\
&\quad x(1)h(n-1) + \cdots x(m)h(n-m) + \cdots \\
&= \sum_{m=-\infty}^{+\infty} x(m)h(n-m)
\end{aligned} \tag{5.6.2}
$$

式(5.6.2)称为序列 $x(n)$ 与 $h(n)$ 的卷积和，也称卷积。它表征了系统的零状态响应 $y_f(n)$ 与激励 $x(n)$ 和单位脉冲响应 $h(n)$ 之间的关系。用简化符号“ * ”记为

$$
y_f(n) = x(n) * h(n) = \sum_{m=-\infty}^{+\infty} x(m)h(n-m) \tag{5.6.3}
$$

物理可实现的系统是因果的，即其单位脉冲响应 $h(n)$ 应该为因果序列，因此，因果系统的零状态响应为：

$$
\begin{aligned}
y_f(n) &= \sum_{m=-\infty}^{+\infty} x(m)h(n-m) \\
&= \sum_{m=-\infty}^{n} x(m)h(n-m)
\end{aligned} \tag{5.6.4}
$$

特别地，当 $x(n)$ 与 $h(n)$ 均为因果序列时，上式可以写成

$$
\begin{aligned}
y_f(n) = x(n) * h(n) &= \sum_{m=-\infty}^{+\infty} x(m)u(m)h(n-m)u(n-m) \\
&= \sum_{m=0}^{n} x(m)h(n-m)
\end{aligned} \tag{5.6.5}
$$

5.6.2 卷积和的计算

卷积和通常有四种办法求解：第一种是定义式求解，第二种是图形求解，第三种是竖式法求解，下面分别介绍。

1. 直接按照定义求解

例 5.6.1 设给定序列 $x(n) = u(n)$，$h(n) = \mathrm{e}^{-n}u(n)$，求卷积和 $y(n) = h(n) * x(n)$。

【解】 由卷积和定义式可得

$$
y(n) = h(n) * x(n) = \sum_{m=-\infty}^{+\infty} h(m)x(n-m) = \sum_{m=-\infty}^{+\infty} \mathrm{e}^{-m}u(m)u(n-m)
$$

考虑 $u(m)$ 及 $u(n-m)$ 的范围，上式可写为

$$
y(n) = \left[\sum_{m=0}^{n} \mathrm{e}^{-m}\right]u(n) = \frac{1-\mathrm{e}^{-(n+1)}}{1-\mathrm{e}^{-1}}u(n)
$$

注意：上式中 $u(n)$ 的作用实际上是限定 $y(n)$ 的定义域，即 $n \geqslant 0$。

例 5.6.2 已知 $x(n) = R_N(n)$，$h(n) = a^n u(n)$，求 $y_{zs}(n)$，其中，$0 < a < 1$。

【解】 根据卷积和的定义式，有

$$
\begin{aligned}
y_{zs}(n) &= x(n) * h(n) \\
&= \sum_{m=-\infty}^{+\infty} [u(m) - u(m-N)] a^{n-m} u(n-m)
\end{aligned}
$$

当 $n<0$ 时，$y_{zs}(n)=0$

当 $0\leqslant n<N-1$ 时，

$$y_{zs}(n)=\sum_{m=0}^{n}a^{n-m}=a^{n}\sum_{m=0}^{n}a^{-m}$$
$$=a^{n}\frac{1-a^{-(n+1)}}{1-a^{-1}}=\frac{a^{n}-a^{-1}}{1-a^{-1}}$$

当 $n\geqslant N-1$ 时，

$$y_{zs}(n)=\sum_{m=0}^{N-1}a^{n-m}=\frac{a^{n}-a^{n-N}}{1-a^{-1}}$$

即有

$$y_{zs}(n)=\begin{cases}\dfrac{a^{n}-a^{-1}}{1-a^{-1}} & 0\leqslant n<N-1\\ \dfrac{a^{n}-a^{n-N}}{1-a^{-1}} & n\geqslant N-1\end{cases}$$

从上面的例子中我们可以看出，卷积和最终是计算级数和，因此，我们给出两个常用的级数求和公式，如表 5.6.1 所示。表 5.6.2 同时给出常见序列的卷积和。

表 5.6.1 常用求和公式

序号	公　式	说　明
1	$\sum_{n=k_1}^{k_2}a^{n}=\begin{cases}\dfrac{a^{k_1}-a^{k_2+1}}{1-a} & a\neq 1\\ k_2-k_1+1 & a=1\end{cases}$	k_2、k_1 为整数，且 $k_2>k_1$
2	$\sum_{n=k_1}^{+\infty}a^{n}=\dfrac{a^{k_1}}{1-a}\quad \lvert a\rvert<1$	

表 5.6.2 常用函数的卷积和运算

序号	$f_1(n)$	$f_2(n)$	$f_1(n)*f_2(n)$
1	$f(n)$	$\delta(n)$	$f(n)$
2	$f(n)$	$u(n)$	$\sum_{i=-\infty}^{n}f(i)n\geqslant 0$
3	$u(n)$	$u(n)$	$(n+1)u(n)$
4	$nu(n)$	$u(n)$	$\frac{1}{2}(n+1)nu(n)$
5	$a^{n}u(n)$	$u(n)$	$\frac{1-a^{n+1}}{1-a}u(n)$
6	$a_1^{n}u(n)$	$a_2^{n}u(n)$	$\frac{a_1^{n+1}-a_2^{n+1}}{a_1-a_2}u(n)\quad a_1\neq a_2$
7	$a^{n}u(n)$	$a^{n}u(n)$	$(n+1)a^{n}u(n)$
8	$nu(n)$	$a^{n}u(n)$	$\frac{n}{1-a}u(n)+\frac{a(a^{n}-1)}{(1-a)^{2}}u(n)$
9	$nu(n)$	$nu(n)$	$\frac{1}{6}(n+1)n(n-1)u(n)$

2. 卷积和的图解法

在用式(5.6.3)计算卷积和时，正确选择参变量 m 的使用区域及其确定相应的求和上下限是十分关键的步骤,这可借助图解的方法来解决,图解法也是求卷积和的一种有效方法。

与连续信号卷积运算类似,卷积和也可采用图解法,由卷积和的定义可知,卷积和运算包括序列的翻转、移位、相乘及累加等过程,其计算步骤如下:

第一步:变量替换。将离散信号的变量 n 替换为 m,即将 $x(n)$ 变为 $x(m)$,将 $h(n)$ 变为 $h(m)$。

第二步:翻转。将 $h(m)$ 的波形以纵坐标为轴翻转 180° 得到 $h(-m)$。

第三步:平移。将 $h(-m)$ 沿横坐标轴(m 轴)平移 n 个单位,得到 $h(n-m)$。若 $n<0$,将 $h(-m)$ 左移 $|n|$ 个单位;若 $n>0$,将 $h(-m)$ 右移 n 个单位。

第四步:相乘。逐点计算 $x(m)$ 与 $h(n-m)$ 的乘积,即 $x(m)h(n-m)$。

第五步:累加。对第四步的结果做累加求和,计算 $\sum\limits_{m=-\infty}^{+\infty} x(m)h(n-m)$,即可得到不同 n 对应的卷积和值。

下面我们通过一个例子来说明这种方法。

例 5.6.3 已知 $x(n)=\begin{cases} n & 0\leqslant n\leqslant 3 \\ 0 & \text{其他} \end{cases}$,$h(n)=\begin{cases} 1 & 0\leqslant n\leqslant 3 \\ 0 & \text{其他} \end{cases}$,求它们的卷积和 $y(n)$。

【解】 将序列 $x(n)$ 与 $h(n)$ 的自变量换为 m,其图形如图 5.6.1(a)(b) 所示。将序列 $h(m)$ 翻转后得到 $h(-m)$,如图 5.6.1(c) 所示。

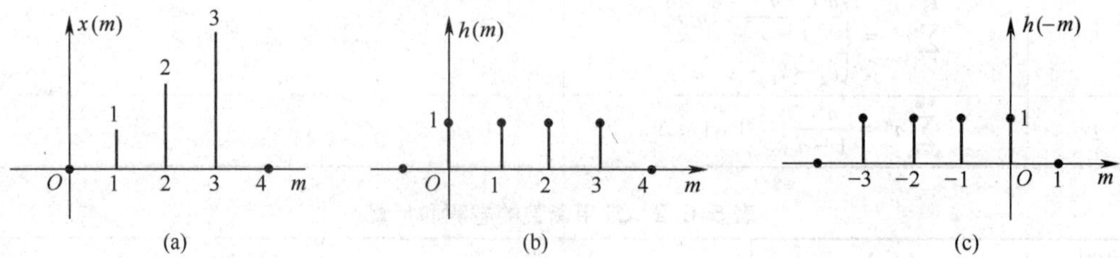

图 5.6.1 例 5.6.3 图

当 $n\leqslant 0$ 时,$y(n)=x(n)*h(n)=0$。

当 $n=1$ 时,$y(1)=x(n)*h(n)=\sum\limits_{m=0}^{1} x(m)h(1-m)=x(0)h(1)+x(1)h(0)=1$

依次当 $n=2,3,\cdots,6$ 时,

$y(2)=x(n)*h(n)=\sum\limits_{m=0}^{2} x(m)h(2-m)=x(0)h(2)+x(1)h(1)+x(2)h(0)=3$

$y(3)=x(n)*h(n)=\sum\limits_{m=0}^{3} x(m)h(3-m)=x(0)h(3)+x(1)h(2)+x(2)h(1)+x(3)h(0)=6$

$y(4)=x(n)*h(n)=\sum\limits_{m=1}^{3} x(m)h(4-m)=x(1)h(3)+x(2)h(2)+x(3)h(1)=6$

$y(5)=x(n)*h(n)=\sum\limits_{m=2}^{3} x(m)h(5-m)=x(2)h(3)+x(3)h(2)=5$

$y(6)=x(n)*h(n)=\sum\limits_{m=3} x(m)h(5-m)=x(3)h(2)=3$

$n\geqslant 7$ 时,$y(n)=x(n)*h(n)=0$

计算结果与过程如图 5.6.2 所示。

3. 竖式法

用竖式发计算卷积和,是采用与竖式乘法一样的格式,只是各点分别乘,分别相加,不跨点进

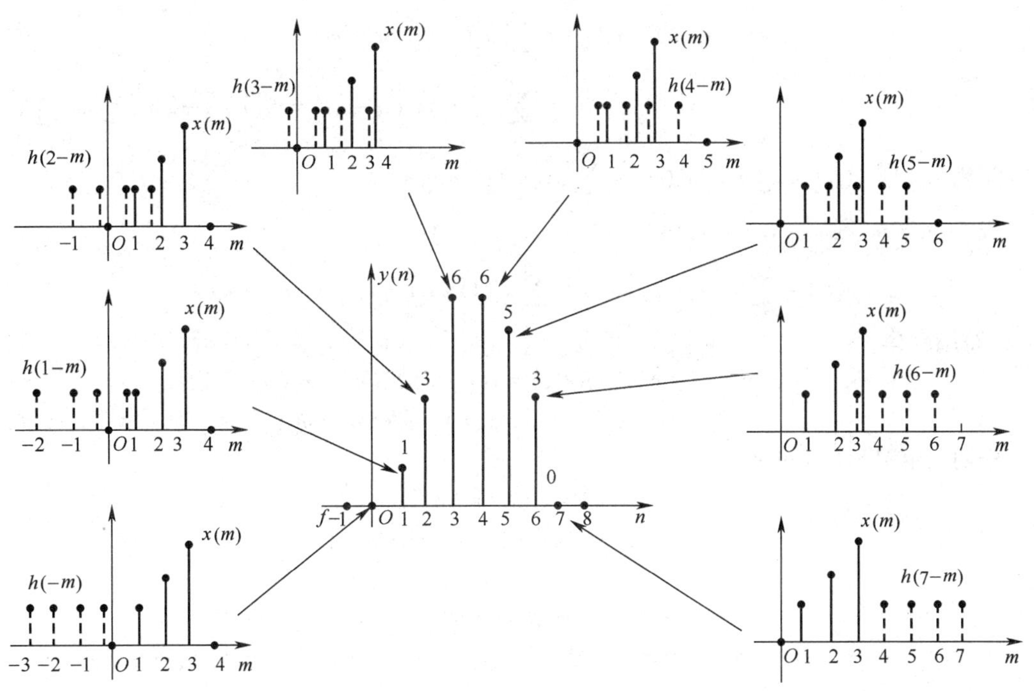

图 5.6.2　例 5.6.3 卷积计算过程

位，该方法适用于两个序列都是有限长序列，且序列长度不是太大的情况。卷积结果的起始序号等于两序列起始序号之和。

例 5.6.4　已知 $x(n)=\delta(n)+2\delta(n-1)+3\delta(n-2)$，$h(n)=3\delta(n)+2\delta(n-1)+\delta(n-2)$，试计算 $y(n)=x(n)*h(n)$。

【解】　将两个序列的样值分成两行排列，逐位竖式相乘得到

$x(n)$	1	2	3		
$h(n)$	3	2	1		
	3	6	9		
		2	4	6	
			1	2	3
$y(n)$	3	8	14	8	3

按从左到右的顺序逐项将竖式相乘的乘积对位相加，结果即得 $y(n)$。

$$y(n)=3\delta(n)+8\delta(n-1)+14\delta(n-2)+8\delta(n-3)+3\delta(n-4)$$

5.6.3　卷积和的性质

与连续信号卷积类似，离散序列卷积和的运算也满足如下规律：

1. 满足可和条件

当 $x_1(n)$、$x_2(n)$、$h_1(n)$、$h_2(n)$ 分别满足可和条件，卷积具有以下代数性质：

(1)交换律

$$\begin{aligned} x_1(n) * x_2(n) &= \sum_{m=-\infty}^{+\infty} x_1(m) x_2(n-m) \\ &= \sum_{m=-\infty}^{+\infty} x_2(m) x_1(n-m) = x_2(n) * x_1(n) \end{aligned} \tag{5.6.6}$$

证明 由于 $y(n) = x_1(n) * x_2(n) = \sum_{m=-\infty}^{+\infty} x_1(m) x_2(n-m)$ 。

设 $l = n - m$,则 $m = n - l$,所以

$$y(n) = \sum_{l=-\infty}^{+\infty} x_1(n-l) x_2(l) = \sum_{l=-\infty}^{+\infty} x_2(l) x_1(n-l) = x_2(n) * x_1(n)$$

(2)结合律

$$\begin{aligned} [x(n) * h_1(n)] * h_2(n) &= x(n) * [h_1(n) * h_2(n)] \\ &= x(n) * [h_2(n) * h_1(n)] \end{aligned} \tag{5.6.7}$$

证明 由图 5.6.3 可见

$$\begin{aligned} y(n) &= x_1(n) * h_2(n) \\ &= x(n) * h_1(n) * h_2(n) \\ &= x(n) * [h_1(n) * h_2(n)] \\ &= x(n) * h(n) \end{aligned}$$

上式中 $h(n) = h_1(n) * h_2(n)$,又根据卷积的交换律 $h(n) = h_2(n) * h_1(n)$,故又可得

$$y(n) = x(n) * [h_2(n) * h_1(n)]$$

卷积的结合律即得证。

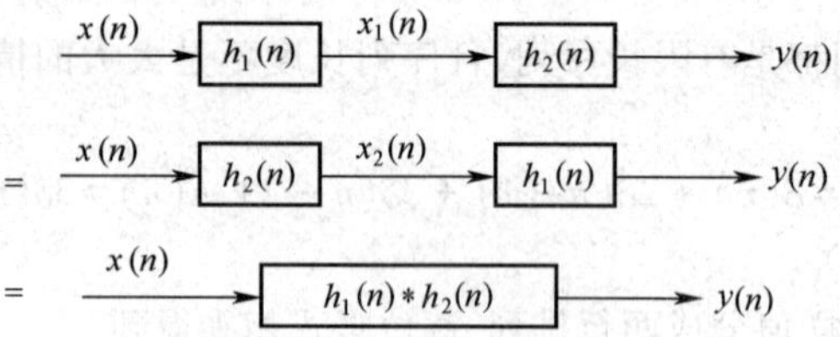

图 5.6.3 卷积的结合律

(3)分配律

$$x_1(n) * [h_1(n) + h_2(n)] = x_1(n) * h_1(n) + x_1(n) * h_2(n) \tag{5.6.8}$$

证明

$$\begin{aligned} x_1(n) * [h_1(n) + h_2(n)] &= \sum_{m=-\infty}^{+\infty} x_1(m) * [h_1(n-m) + h_2(n-m)] \\ &= \sum_{m=-\infty}^{+\infty} x_1(m) h_1(n-m) + \sum_{m=-\infty}^{+\infty} x_1(m) h_2(n-m) \\ &= x_1(n) * h_1(n) + x_1(n) * h_2(n) \end{aligned}$$

卷积的分配律表明两个并联系统的总单位响应 $h(n)$ 为两个系统的单位响应的代数和,如图 5.6.4 所示。

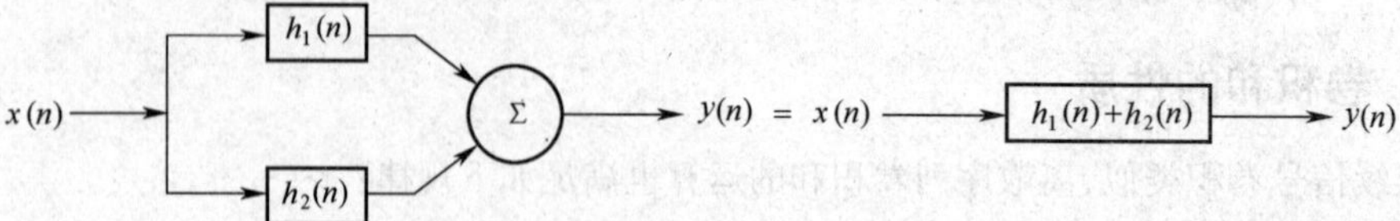

图 5.6.4 卷积的分配律

2. 任意序列与δ(n)卷积

$$x(n) * \delta(n) = x(n) \tag{5.6.9}$$

$$x(n) * \delta(n \pm m) = x(n \pm m) \tag{5.6.10}$$

$$x(n - m_1) * \delta(n - m_2) = x(n - m_1 - m_2) \tag{5.6.11}$$

3. 任意序列与u(n)卷积

$$x(n) * u(n) = \sum_{m=-\infty}^{n} x(m) \tag{5.6.12}$$

$$x(n) * u(n - m) = \sum_{i=-\infty}^{n-m} x(i) = \sum_{i=-\infty}^{n} x(i - m) \tag{5.6.13}$$

4. 卷积的移序

$$x_1(n \pm m) * x_2(n) = x_1(n) * x_2(n \pm m) \tag{5.6.14}$$

例 5.6.5 已知某线性时不变离散时间系统的输入信号为$x(n) = u(n) - u(n-5)$,单位脉冲响应$h(n) = (0.5)^n u(n)$,试求系统的零状态响应$y_f(n)$。

【解】 由题意

$$\begin{aligned} y_f(n) &= x(n) * h(n) \\ &= [u(n) - u(n-5)] * (0.5)^n u(n) \end{aligned}$$

由卷积性质有

$$y_f(n) = u(n) * (0.5)^n u(n) - u(n-5) * (0.5)^n u(n)$$

$$\begin{aligned} y_{f_1}(n) &= u(n) * (0.5)^n u(n) = \sum_{m=0}^{n} (0.5)^m = \frac{1-(0.5)^{n+1}}{1-0.5} u(n) \\ &= [2-(0.5)^n] u(n) \end{aligned}$$

由系统的时不变特性知

$$y_{f_2}(n) = u(n-5) * (0.5)^n u(n) = y_{f_1}(n-5) = [2-(0.5)^{n-5}] u(n-5)$$

于是,系统的零状态响应为

$$y_f(n) = y_{f_1}(n) + y_{f_2}(n) = [2-(0.5)^n] u(n) + [2-(0.5)^{n-5}] u(n-5)$$

例 5.6.6 已知描述某离散时间系统的差分方程为

$$y(n) - 0.7y(n-1) + 0.1y(n-2) = 7x(n) - 2x(n-1)$$

若输入为$x(n) = u(n)$,全响应的初始值为$y(0) = 9, y(1) = 13.9$。求系统的零输入响应$y_x(n)$、零状态响应$y_f(n)$及全响应$y(n)$。

【解】 写出系统的算子方程为

$$(1 - 0.7E^{-1} + 0.1E^{-2}) y(n) = (7 - 2E^{-1}) x(n)$$

其传输算子为

$$\begin{aligned} H(E) &= \frac{7-2E^{-1}}{1-0.7E^{-1}+0.1E^{-2}} = \frac{E(7E-2)}{E^2-0.7E+0.1} \\ &= \frac{E(7E-2)}{(E-0.2)(E-0.5)} \end{aligned}$$

先计算系统的零输入响应$y_x(n)$。根据传输算子的极点(即为特征根)为0.2和0.5,所以有

$$y_x(n) = C_1 (0.2)^n - C_2 (0.5)^n$$

待定系数应由起始条件确定,考虑到激励x(n)是在n=0时刻作用在系统之上的,故零输入响应的起始条件应为$y_x(-2)=y(-2), y_x(-1)=y(-1)$。

取$n=1$,代入原差分方程,有

$$y(1) - 0.7y(0) + 0.1y(-1) = 7u(1) - 2u(0)$$

得

$$y(-1) = -26$$

取 $n=0$,代入原差分方程,有

$$y(0) - 0.7y(-1) + 0.1y(-2) = 7u(0) - 2u(-1)$$

得

$$y(-2) = -202$$

将起始条件 $y(-1)=-26, y(-2)=-202$ 代入式(8.3.27),联立方程

$$\begin{cases} y_x(0) = C_1(0.5)^{-1} + C_2(0.2)^{-1} = -26 \\ y_x(1) = C_1(0.5)^{-2} + C_2(0.2)^{-2} = -202 \end{cases}$$

解得

$$C_1 = 12, \quad C_2 = -10$$

因此,零输入响应为

$$y_x(n) = 12(0.5)^n - 10 \times (0.2)^n \quad n \geqslant -2$$

将 $H(E)$ 作部分分式展开有

$$H(E) = E\frac{5}{E-0.5} + E\frac{2}{E-0.2}$$

故系统的单位冲激响应为

$$h(n) = [5(0.5)^n + 2(0.2)^n]u(n)$$

零状态响应为

$$\begin{aligned} y_f(n) &= x(n) * h(n) \\ &= u(n) * [5(0.5)^n + 2(0.2)^n]u(n) \\ &= u(n) * 5(0.5)^n u(n) + u(n) * 2(0.2)^n u(n) \\ &= 5\sum_{i=0}^{n}(0.5)^i + 2\sum_{i=0}^{n}(0.2)^i \\ &= 5\frac{1-(0.5)^{n+1}}{1-0.5}u(n) + 2\frac{1-(0.2)^{n+1}}{1-0.2}u(n) \\ &= [12.5 - 5(0.5)^n - 0.5(0.2)^n]u(n) \end{aligned}$$

所以,系统的全响应为

$$\begin{aligned} y(n) &= y_x(n) + y_f(n) \\ &= 12(0.5)^n - 10(0.2)^n + 12.5 - 5(0.5)^n - 0.5(0.2)^n \\ &= 7(0.5)^n - 10.5(0.2)^n + 12.5 \quad (n \geqslant 0) \end{aligned}$$

5.7 利用 MATLAB 实现离散时间信号与系统的时域分析

5.7.1 常见离散时间信号的 MATLAB 表示

对任意离散序列 $x(n)$,常用 2 个向量来表示。一个表示 n 的取值范围,另一个表示序列的值。例如序列 $x(n) = \{2,1,1,-1,3,0,2\}_{-2}$,可用 MATLAB 表示为

```
n=-2:4;
x=[2,1,1,-1,3,0,2];
```

若序列是从 $n=0$ 开始,则只用一个向量 x 就可表示序列。

将离散时间信号绘制在 MATLAB 中,一般使用 stem 函数,函数的基本用法与 plot 函数一样,它所绘制的图形每个样本点上都有一个小圆圈,默认是空心的,如果需要实心的,可以使用参数 fill,filled 或者“.”。由于 MATLAB 中矩阵元素的个数限制,因此只能表示一定时间范围内的有限长度序列,而无法表示一个任意的无穷序列,对于无限长序列,只能在一定范围内显示出来。

1. 单位脉冲序列

单位脉冲序列定义为 $\delta(n)=\begin{cases}1 & n=0\\0 & n\neq 0\end{cases}$。

一种简单的方法是借助 MATLAB 中的零矩阵函数 zeros 表示。零矩阵 zeros(1,N)产生一个由 N 个零组成的列向量,对于有限区间的 $\delta(n)$ 可以表示为

```
n=-10:10;
delta=[zeros(1,10),1,zeros(1,10)];
stem(n,delta,'.');
xlabel('n');
title('单位脉冲序列');
axis([-1010-0.11.1])。
```

程序运行结果如图 5.7.1 所示。

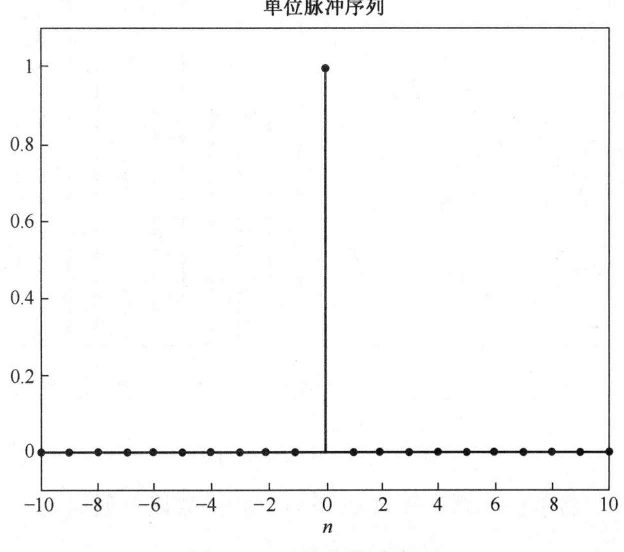

图 5.7.1 单位脉冲序列

另外一种更有效的方法是将单位脉冲序列写成 MATLAB 函数,利用关系运算“等于”来实现它。可在 work 目录下创建 impseq. m 的文件,单位脉冲序列 $\delta(n-n_0)$ 在 $n_1\leqslant n\leqslant n_2$ 范围内,MATLAB 函数可写为

```
function[x,n]=impseq(n1,n2,n0)
        n=[n1:n2];
        x=[(n-n0)==0];
```

保存后,可调用该函数。

例如,运行下面的程序段得到和图 5.7.1 一致的结果。

```
[x,n]=impseq(-10,10,0);
stem(n,x,'.');
xlabel('n');
```

```
title('单位脉冲序列');
axis([-1010-0.11.1]);
```

2. 单位阶跃序列

单位阶跃序列定义为$u(n)=\begin{cases}1 & n\geqslant 0\\ 0 & n<0\end{cases}$。

一种简单方法是借助 MATLAB 中的单位矩阵函数 ones 表示。单位矩阵 ones(1,N)产生一个由 N 个 1 组成的列向量,对于有限区间的 $u(n)$ 可以表示为

```
n=-10:10;
un=[zeros(1,10),ones(1,11)];
stem(n,un,'.');
xlabel('n');
title('单位阶跃序列');
axis([-1010-0.11.1]);
```

运行结果如图 5.7.2 所示。

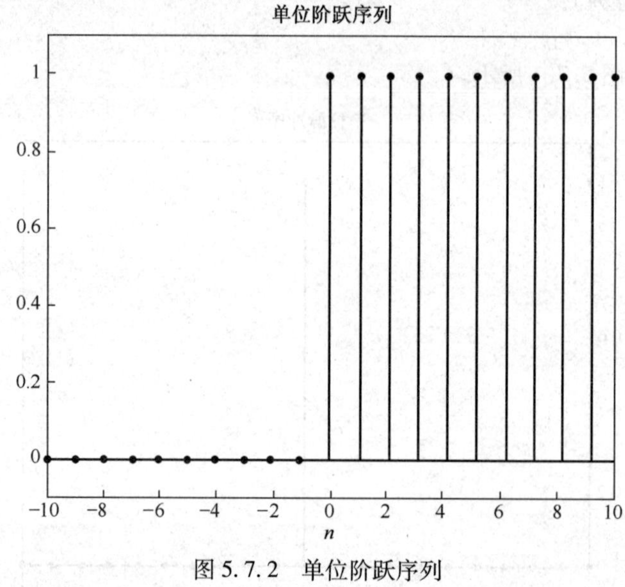

图 5.7.2　单位阶跃序列

类似地,我们也可以将单位阶跃序列写成 MATLAB 函数以方便调用,可在 work 目录下创建 impUt. m 的文件

```
functiony=Ut(n)
y=n>=0;        % 当参数 n 为非负时输出为 1
```

保存后,可调用该函数。调用时 n 必须是整数或者整数向量。

例如,下面通过调用上面的函数可以得到如上单位阶跃序列。

```
n=-10:10;
x=Ut(n);
stem(n,x,'fill');
xlabel('n');
title('单位阶跃序列');
axis([-1010-0.11.1]);
```

运行结果如图 5.7.2 所示。

3. 正弦序列

正弦序列的定义为 $x(n)=\sin(\omega n+\varphi)$

ω 是正弦序列的数字域频率；φ 为初相。正弦序列的自变量 n 必须为整数。离散正弦序列的 MATLAB 表示与连续信号相同，只是用 stem(n,x) 画出序列的波形。例如正弦序列 $x(n)=\sin(\pi/6)n$ 的 MATLAB 实现如下：

```
n=0:39;
xn=sin(pi/6*n);
stem(n,xn,'filled')
ylabel('sin(n\pi/6)');
axis([0,40,-1.2,1.2]);
```

运行结果如图 5.7.3 所示。

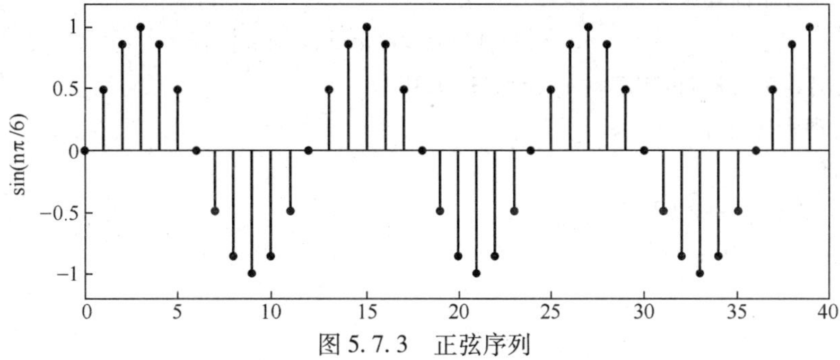

图 5.7.3　正弦序列

4. 单边指数序列

单边指数序列的一般形式为 $x(n)=Aa^nu(n)$，可以用 MATLAB 中的数组幂运算 a.^n 来实现。例如 $x(n)=(0.8)^n$ 可用 MATLAB 程序表示如下：

```
n=0:10;A=1;a=0.8;
xn=A*a.^n;
stem(n,xn);
xlabel('n');
title('x(n)=1.2^{n}');
```

运行结果如图 5.7.4 所示。

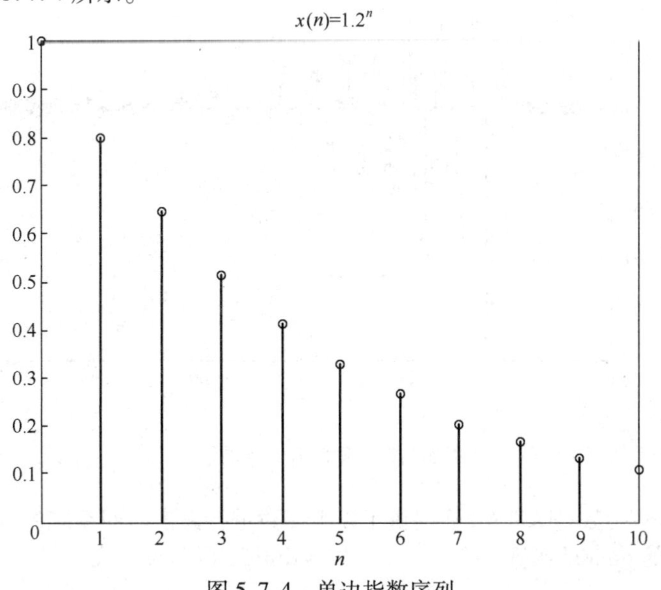

图 5.7.4　单边指数序列

修改程序中 A 和 a 的值,可以得到其他指数序列。

5.7.2 利用 MATLAB 对离散时间系统进行时域分析

我们已经知道,描述离散 LTI 系统的数学模型为线性常系数的差分方程,MATLAB 提供了一系列函数来进行时域分析。比如我们可以使用函数 filter(num,den,x)来计算在给定输入和差分方程系数时差分方程的数值解。

其中,num,den 分别为系统方程的系数向量。

x 是输入序列。

例 5.7.1 已知描述某系统的差分方程为

$$y[n]-y[n-1]+0.9y[n-2]=x[n]$$

计算并画出其单位脉冲响应 $h(n)$,$n=(-20,100)$。

【解】 实现程序如下:

```
n=[-20:100];
num=[1];  den=[1-10.9];
x=impseq(-20,100,0);
h=filter(num,den,x);
stem(n,h)
xlabel('时间序号 N');
ylabel('脉冲响应 h(n)');
title('单位脉冲响应');
```

运行结果如图 5.7.5 所示。

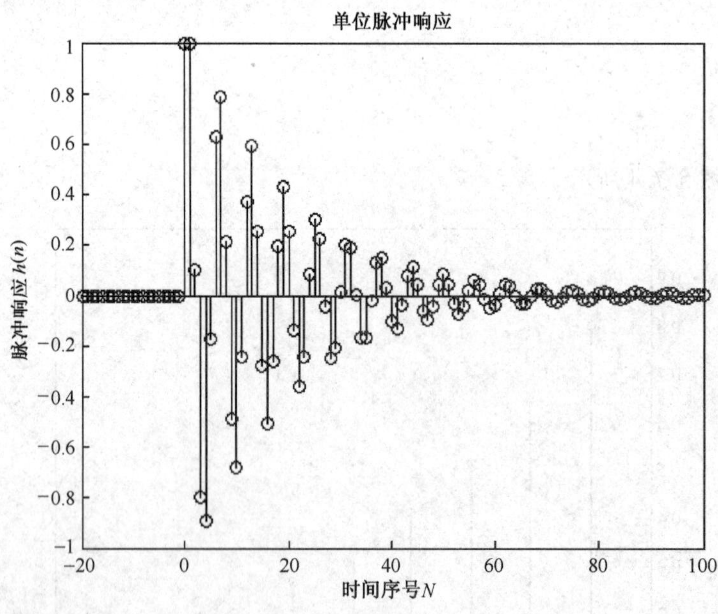

图 5.7.5 例 5.7.1 结果图

除了上面的 filter 函数,MATLAB 还提供了以下函数进行离散时间系统的时域分析:

求零输入响应的 dinitial 函数 y_x = dinitial(num,den)

求零状态响应和全响应的 lsim 函数　　　y = lsim(num,den,x)
求单位脉冲响应的 impz 函数　　　h = impz(num,den,n)
求单位阶跃响应的 step 函数　　　y = step(num,den,x)
计算卷积的 conv 函数　　　y = conv(f_n,h_n)

有了函数 impz,上面的例 5.7.1 则可以用下面的程序来实现:

```
n=[-20:100];
num=[1];  den=[1-10.9];
h=impz(num,den,n);
stem(n,h)
xlabel('时间序号 N');
ylabel('脉冲响应 h(n)');
title('单位脉冲响应');
xlabel('时间序号 N');
```

【例 5.7.2】 已知描述离散某系统的差分方程为 $6y(n)-5y(n-1)+y(n-2)=x(n)$,已知 $y(1)=0$,$y(2)=1$,$x(n)=\cos(k\pi/2)u(n)$。试用 MATLAB 绘出单位脉冲响应 $h(n)$,单位阶跃响应 $g(n)$,零状态响应 $y_f(n)$ 和全响应 $y(n)$ 的波形。

【解】 实现程序如下:

```
%求 h(n)和 g(n)
n=-10:20;a=[6,-5,1];b=[1];
figure(1);
subplot(2,1,1),hn=impz(b,a,n),stem(n,hn,'filled'),title('h(n)'),
k=0:30
Un=[k>=0];
gn=filter(b,a,Un);
subplot(2,1,2),stem(k,gn,'filled'),title('g(n)'),axis([0,30,-0.1,0.6]),

%求零状态响应 yf(n)
fn=cos(k*pi/2);
figure(2);
subplot(2,1,1),stem(k,fn,'filled'),title('f(n)=cos(n\pi/2'),
yf=filter(b,a,fn);
subplot(2,1,2),stem(k,yf,'filled'),title('yf(n)'),axis([0,30,-0.15,0.25]),

%求全响应 y(n)
y(1)=0;y(2)=1;
form=3:length(k)-1;
   y(m)=(1/6)*(5*y(m-1)-y(m-2)+fn(m));
end
figure(3)
m=0:29;
stem(m,y,'filled'),title('y(n)'),xlabel('n'),axis([0,30,-0.2,1.2])
```

运行结果如图 5.7.6 至图 5.7.8 所示。

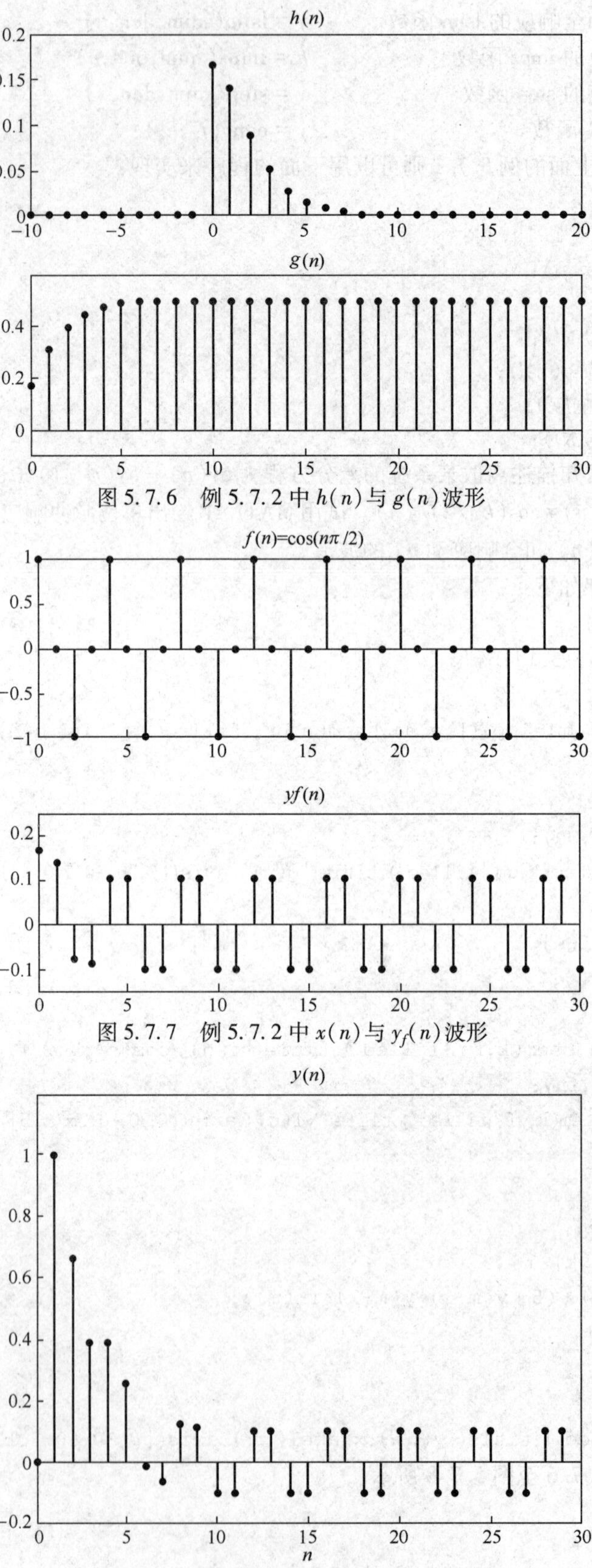

图 5.7.6　例 5.7.2 中 $h(n)$ 与 $g(n)$ 波形

图 5.7.7　例 5.7.2 中 $x(n)$ 与 $y_f(n)$ 波形

图 5.7.8　例 5.7.2 中全响应 $y(n)$ 波形

【例 5.7.3】 已知序列 $x(n)=[1,2,3,4]$,$n=0,1,2,3$;$y(n)=[1,1,1,1,1]$,$n=0,1,2,3,4$。试计算 $x(n)*y(n)$,并画出卷积结果。

【解】 实现程序如下:

```
x=[1,2,3,4];
y=[1,1,1,1,1];
z=conv(x,y);
N=length(z);
stem(0:N-1,z);
```

卷积波形如图 5.7.9 所示。

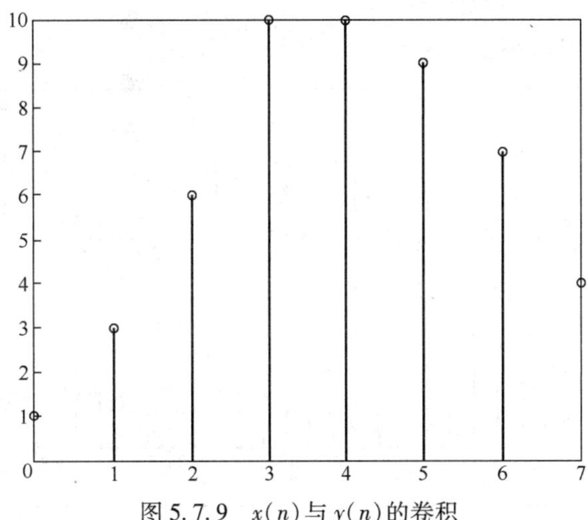

图 5.7.9 $x(n)$与$y(n)$的卷积

conv 函数也可以用来计算两个多项式的积。例如多项式 s^3+2s+3 和 s^2+3s+2 的乘积可通过下面的 MATLAB 语句求出

```
a=[1,0,2,3];
b=[1,3,2];
c=conv(a,b)
```

上面语句的运行结果为

```
c=1   3   4   9   13   6
```

即

$$(s^3+2s+3)(s^2+3s+2)=s^5+3s^4+4s^3+9s^2+13s+6$$

将函数 conv 稍加扩展为函数 conv_m,它可以对任意的序列求卷积。格式如下:

```
function[y,ny]=conv_m(x,nx,h,nh,p)
% 信号处理的改进卷积程序
nyb=nx(1)+nh(1);
nyc=nx(length(x))+nh(length(h));
ny=[nyb:p:nyc];
y=conv(x,h);
```

【例 5.7.4】 已知 $x_1(t)=tu(t) \quad 0\leqslant t\leqslant 1$,

$$x_2(t)=\begin{cases}te^{-t} & t\geqslant 0,1\leqslant t\leqslant 2\\ e^{t} & t<0,1\leqslant t\leqslant 2\end{cases}$$

试求卷积 $y(t)=x_1(t)*x_2(t)$,并绘制出 $x_1(t)$、$x_2(t)$ 及卷积以后的波形 $y(t)$。

【解】 实现程序如下：

```
p=0.1;
t1=[0:p:1];
x1=t1.*(t1>0);
t2=[-1:p:2];
x2=t2.*exp(-t2).*(t2>=0)+exp(t2).*(t2<0);
[y,ny]=conv_m(x1,t1,x2,t2,p);
subplot(3,1,1);         stem(t1,x1)
subplot(3,1,2);         stem(t2,x2)
subplot(3,1,3);         stem(ny,y)
```

运行结果如图 5.7.10 所示。

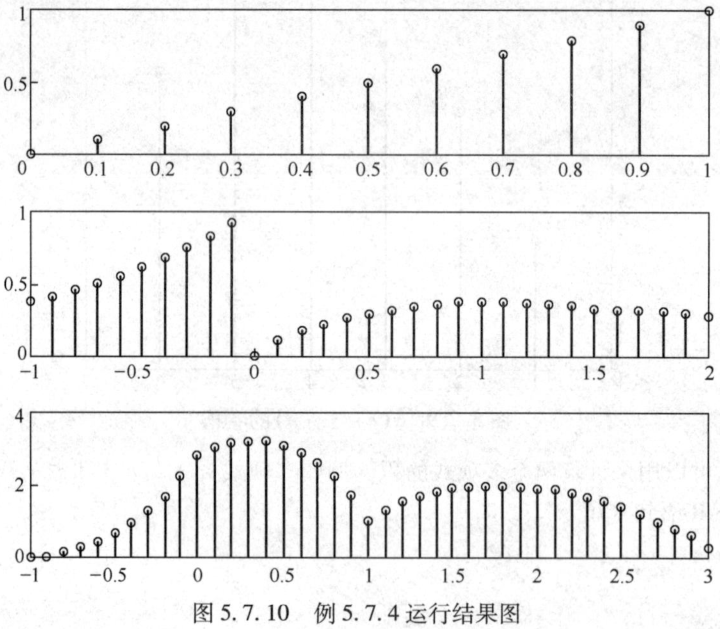

图 5.7.10 例 5.7.4 运行结果图

习 题 5

5.1 分别画出以下各序列的图形。

(1) $x(n)=nu(n)$ ；　　(2) $x(n)=-nu(-n)$ ；

(3) $x(n)=2^{n}u(n)$ ；　　(4) $x(n)=(-2)^{n}u(n)$ ；

(5) $x(n)=2^{-n}u(n)$ ；　　(6) $x(n)=\left(-\dfrac{1}{2}\right)^{-n}u(-n)$ ；

(7) $x(n)=2^{n-1}u(n-1)$ ；　　(8) $x(n)=\left(\dfrac{1}{2}\right)^{n-1}u(n)$ ；

(9) $x(n)=\sin\left(\dfrac{n\pi}{5}\right)$ ；　　(10) $x(n)=\left(\dfrac{2}{3}\right)^{n}\sin\left(\dfrac{n\pi}{5}\right)$ 。

5.2 列出下题图 5.1 所示系统的差分方程，已知边界条件 $y(-1)=0$，分别求以下输入序列

时的输出 $y(n)$。

(1) $x(n)=\delta(n)$；　　(2) $x(n)=u(n)$；　　(3) $x(n)=u(n)-u(n-3)$。

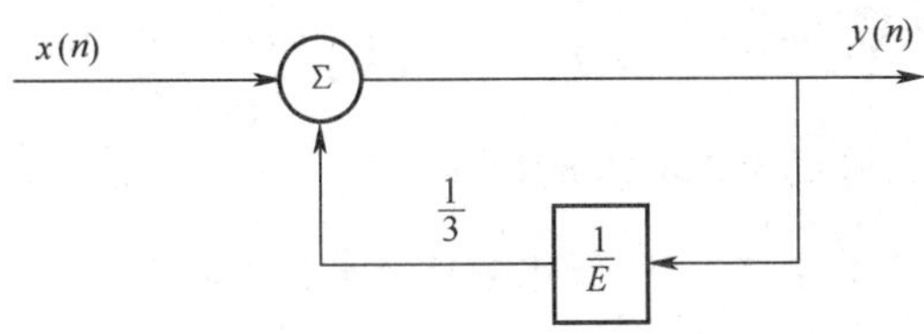

题图 5.1 题 5.2 图

5.3 试列出题图 5.2 所示系统的差分方程，已知边界条件 $y(-1)=0$，并限定 $n<0$ 时，$y(n)=0$，若 $x(n)=\delta(n)$，求 $y(n)$，并比较本题与 5.2 题相应的结果。

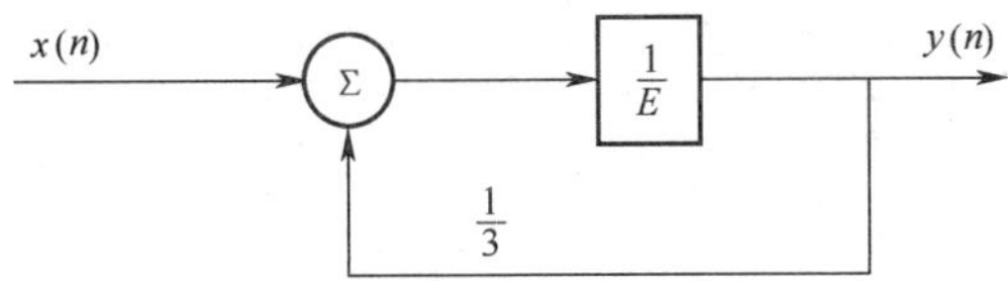

题图 5.2　题 5.3 图

5.4 已知某一阶系统的差分方程为 $b_0y(n)+b_1y(n-1)=a_0x(n)+a_1x(n-1)$。试画出其模拟框图。

5.5 下列系统方程中，$x(n)$ 与 $y(n)$ 分别表示系统的输入和输出，试写出各离散时间系统的传输算子 $H(E)$。

(1) $y(n+2)=ay(n+1)+by(n)+cx(n+1)+dx(n)$；

(2) $y(n)=2y(n-2)+x(n)+x(n-1)$；

(3) $y(n+1)+5y(n)+6y(n-1)=x(n)-2x(n-1)$；

(4) $y(n)+4y(n-1)+5y(n-3)=x(n-1)+3x(n-2)$；

(5) $y(n)-2y(n-1)-5y(n-2)+6y(n-3)=x(n)$。

5.6 已知序列 $x(n)$ 与 $h(n)$ 分别为

$$x(n)=\begin{cases}1 & 0\leqslant n\leqslant 4\\ 0 & \text{其他}\end{cases}$$

$$h(n)=\begin{cases}2^n & 0\leqslant n\leqslant 3\\ 0 & \text{其他}\end{cases}$$

试用图解法求 $y(n)=x(n)*h(n)$。

5.7 求解下列差分方程

(1) $y(n)-\dfrac{1}{2}y(n-1)=0, y(0)=1$；

(2) $y(n)+\dfrac{1}{3}y(n-1)=0, y(-1)=1$；

(3) $y(n)+3y(n-1)+2y(n-2)=0, y(-1)=0, y(-2)=1$；

(4) $y(n)+2y(n-1)+y(n-2)=0, y(0)=y(-1)=0$；

(5) $y(n)-7y(n-1)+16y(n-2)-12y(n-3)=0, y(1)=-1, y(2)=-3, y(3)=-5$。

5.8 根据下列条件，计算 $y(n)=x(n)*h(n)$。

(1) $x(n)=a^nu(n), h(n)=b^nu(n), 0<a<1, 0<b<1, a\neq b$；

(2) $x(n)=(0.5)^n u(n), h(n)=u(n)$;

(3) $x(n)=u(n), h(n)=2^n u(-n)$;

(4) $x(n)=(0.2)^n u(n), h(n)=\left[2\left(\frac{1}{2}\right)^n-\left(\frac{1}{4}\right)^n\right]u(n)$;

(5) $x(n)=\left(\frac{1}{3}\right)^n u(n), h(n)=2\cos(\pi n)u(n)$。

5.9　已知描述系统的传输算子如下,试求系统的单位脉冲响应 $h(n)$。

(1) $H(E)=\dfrac{E^3}{E^3-2E^2-5E+6}$;

(2) $H(E)=\dfrac{1}{E^2-E+0.25}$;

(3) $H(E)=\dfrac{2-E^3}{E^3-\frac{1}{2}E^2+\frac{1}{18}E}$;

(4) $H(E)=\dfrac{E^2}{E^2+0.5}$。

5.10　试求题图 5.3 所描述系统的单位脉冲响应 $h(n)$。

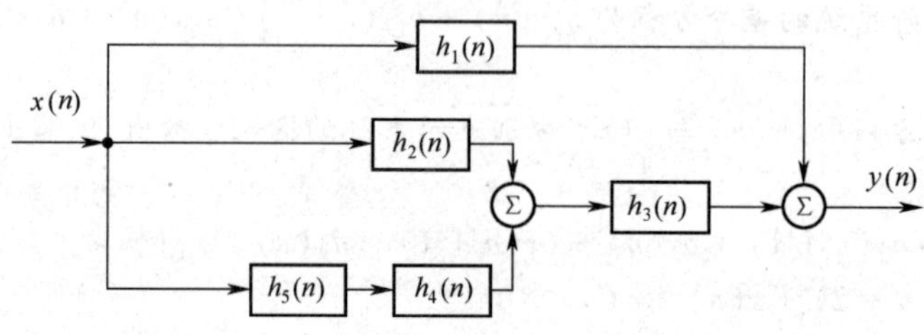

题图 5.3　题 5.10 图

5.11　已知信号 $x(n)$ 与 $h(n)$ 的图形如题图 5.4 所示,试计算下列卷积:

(1) $y_1(n)=x(n)*h(n)$;

(2) $y_1(n)=x(n+2)*h(n-3)$。

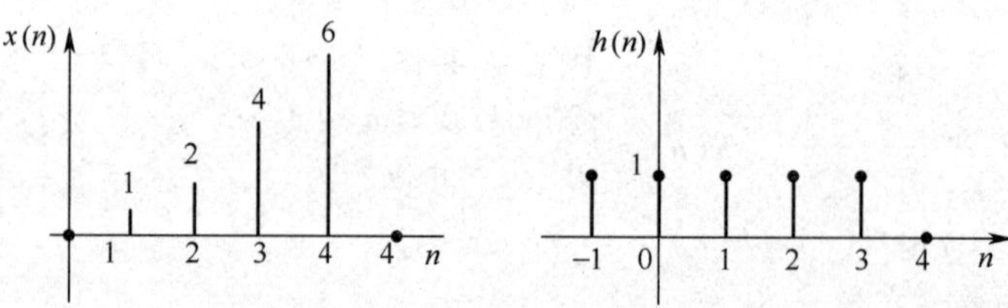

题图 5.4　题 5.11 图

5.12　试求下列离散时间系统的零输入响应 $y_x(n)$。

(1) $H(E)=\dfrac{E+1}{E^2+2E+2}$,　$y_x(0)=0$,　$y_x(1)=2$;

(2) $H(E)=\dfrac{E+2}{E^2+4E+4}$,　$y_x(0)=1$,　$y_x(1)=2$。

5.13　已知某线性时不变离散时间系统的输入输出差分方程为

$$y(n)-7y(n-1)+16y(n-2)-12y(n-3)=11x(n-1)+22x(n-2)$$

试求：

(1)系统的单位脉冲响应 $h(n)$。

(2)输入为 $x(n)=u(n)-u(n-8)$ 时系统的零状态响应 $y_f(n)$。

5.14　某离散系统由两个子系统级联而成，已知子系统的单位脉冲响应

$h_1(n)=\left(\frac{1}{2}\right)^n u(n)$；

$h_2(n)=\delta(n)+\frac{1}{2}\delta(n-1)$。

假设输入 $x(n)=u(n)$，试求系统的输出 $y(n)$。

5.15　试求下列差分方程描述的离散时间系统的零输入响应 $y_x(n)$。

(1) $y(n)+2y(n-1)=x(n), y_x(0)=1$。

(2) $y(n)-3y(n-1)+2y(n-2)=x(n)+3x(n-1), y_x(0)=0, y_x(1)=1$。

(3) $y(n)+3y(n-1)+2y(n-2)=2x(n)+5x(n-2), y_x(0)=0, y_x(1)=1$。

(4) $y(n)+0.8y(n-1)-0.2y(n-2)=2x(n)+x(n-1), y_x(0)=1, y_x(1)=1$。

(5) $y(n)+2y(n-1)+4y(n-2)=x(n), y_x(0)=0, y_x(1)=2$。

5.16　已知某线性时不变离散系统的单位脉冲响应为

$$h(n)=\left(\frac{1}{2}\right)^n[u(n)+u(n-2)]$$

(1)试写出该系统的差分方程。

(2)若输入 $x(n)=e^{j\Omega_0 n}$，求系统的零状态响应。

(3)若输入 $x(n)=\cos\left(\frac{\pi}{2}n\right)$，求系统的零状态响应。

5.17　已知某线性时不变离散系统的差分方程为

$$y(n)-0.7y(n-1)+0.1y(n-2)=7x(n)-2x(n-1)$$

若系统在 $n=0$ 时接入输入 $x(n)=u(n)$，完全响应的初值为 $y(0)=14$，$y(1)=13.1$，求系统的零输入响应 $y_x(n)$、零状态响应 $y_f(n)$ 和全响应 $y(n)$。

5.18　已知某线性时不变离散系统的单位脉冲响应为

$$h(n)=\begin{cases}1 & n=1,2,3\\ 0 & \text{其他}\end{cases}$$

试求：

(1)输入为 $x(n)=\begin{cases}1 & n\text{ 为偶数}\\ 0 & \text{其他}\end{cases}$，$n\geqslant 0$ 时的零状态响应。

(2)描述该系统的传输算子 $H(E)$。

5.19　已知系统差分方程为 $y(n)-3y(n-1)+2y(n-2)=f(n)+f(n-1)$，系统的初始条件为 $y_x(-2)=3, y_x(-1)=2$。

(1)试求系统的零输入响应 $y_x(n)$；

(2) 试求系统的单位响应 $h(n)$ 和阶跃响应 $g(n)$；

(3) 若 $f(n)=2^n u(n)$，试求零状态响应和全响应。

第6章　离散时间信号与系统的 z 域分析

我们知道,对于线性时不变的连续时间系统,其系统特性可以用线性常系数微分方程来描述,为求解线性常系数微分方程,我们除了在时域直接求解之外,还可以用拉普拉斯变换的方法,将问题从时域变换到复频域,这时将微分方程转换为代数方程,并可以得出系统的转移函数,也可以利用零极点的概念来研究系统,那么,对于线性时不变的离散时间系统是否有类似的方法呢?答案是肯定的,对于离散时间系统,我们可以采用 z 变换将描述离散时间系统的线性常系数差分方程转换为代数方程,并进而得到系统的系统函数,同样也可以运用零极点的概念来对系统进行分析。

在离散时间系统分析中,z 变换的作用类似于连续系统分析中的拉普拉斯变换,它将描述系统的差分方程转换为代数方程,而且代数方程中包括了系统的初始状态,从而能很方便地求得系统的零输入响应、零状态响应和全响应。由于分析的独立变量为复变量 z,故称为 z 域分析。

6.1　z　变　换

6.1.1　从拉普拉斯变换到 z 变换

对连续信号 $x(t)$ 进行理想采样,即 $x(t)$ 乘单位冲激序列 $\delta_T(t)$,T 为采样间隔,得到采样信号为

$$\begin{aligned}x_s(t) &= x(t)\delta_T(t) = x(t)\sum_{n=-\infty}^{+\infty}\delta(t-nT)\\ &= \sum_{n=-\infty}^{+\infty}x(nT)\delta(t-nT)\end{aligned} \tag{6.1.1}$$

对上式取双边拉普拉斯变换有

$$\begin{aligned}X_s(s) &= L[x_s(t)] = \int_{-\infty}^{+\infty}x_s(t)\mathrm{e}^{-st}\mathrm{d}t\\ &= \int_{-\infty}^{+\infty}\left[\sum_{n=\infty}^{+\infty}x(nT)\delta(t-nT)\right]\mathrm{e}^{-st}\mathrm{d}t\end{aligned}$$

交换运算次序,并利用冲激函数的抽样性,得到抽样信号的拉普拉斯变换为

$$X_s(s) = \sum_{n=-\infty}^{+\infty}x(nT)\mathrm{e}^{-nTs} \tag{6.1.2}$$

令 $z=\mathrm{e}^{sT}$,$X_s(s)=X(z)$,式(6.1.2)可写为

$$X(z) = \sum_{n=-\infty}^{+\infty}x(nT)z^{-n} \tag{6.1.3}$$

比较式(6.1.2)和式(6.1.3)有

$$X(z)\big|_{z=e^{sT}}=X_s(s) \tag{6.1.4}$$

复变量 z 与 s 的关系为

$$z=e^{sT} \tag{6.1.5}$$

$$s=\frac{1}{T}\ln z \tag{6.1.6}$$

式(6.1.4)至式(6.1.6)反映了连续时间系统与离散时间系统及 s 域与 z 域之间的重要关系。

6.1.2 z 变换的定义

对于序列 $x(n)$,定义它的 z 变换 $X(z)$ 为

$$X(z)\overset{\text{def}}{=\!=}\sum_{n=-\infty}^{+\infty}x(n)z^{-n} \tag{6.1.7}$$

我们称式(6.1.7)为 $x(n)$ 的双边 z 变换,记为 $X(z)=Z[x(n)]$。正像有双边和单边拉普拉斯变换一样,z 变换也分为单边 z 变换和双边 z 变换。(6.1.7) 式所示的是双边 z 变换,而单边 z 变换定义为

$$X(z)\overset{\text{def}}{=\!=}\sum_{n=0}^{+\infty}x(n)z^{-n} \tag{6.1.8}$$

由以上定义可知,若 $x(n)$ 是因果序列[即 $x(n)$, $n<0$],则其单边 z 变换与双边 z 变换相等,否则,两者不等。

为了表示方便,$x(n)$ 与 $X(z)$ 之间的对应关系简记为

$$x(n)\leftrightarrow X(z) \tag{6.1.9}$$

$X(z)$ 又称为 $x(n)$ 的像函数,$x(n)$ 称为 $X(z)$ 的原函数。

6.1.3 z 变换的收敛域

从 z 变换定义式可见,要使 $x(n)$ 的 z 变换存在,需要等式(6.1.7)或式(6.1.8)右边的级数收敛,即 z 值必须在能够使级数收敛的范围内才行。我们把能使级数收敛的 z 值范围称为 z 变换的收敛域(ROC)。可以这样定义:对于任意给定的序列 $x(n)$,能够使 $X(z)$ 绝对收敛的 z 值集合称为收敛域。

由数学幂级数收敛的判定方法可知,当满足

$$\sum_{n=0}^{+\infty}\left|x(n)z^{-n}\right|<+\infty \tag{6.1.10}$$

时,式(6.1.7)与式(6.1.8)一定收敛,反之不收敛。下面通过实例来讨论 z 变换的收敛域问题。

例 6.1.1 已知有限长序列 $x(n)=\{1,2,3,2,1\}_{-2}$,求 $x(n)$ 的双边 z 变换及其收敛域。

【解】

$$X(z)=\sum_{n=-2}^{2}x(n)z^{-n}=z^2+2z+3+2z^{-1}+z^{-2}$$

显然上式除在 $z=0$ 和 $z=+\infty$ 之外,上式均收敛。因此其收敛域为 $0<|z|<+\infty$。

例 6.1.2 已知某无限长因果序列 $x(n)=a^nu(n)$,求 $x(n)$ 的双边 Z 变换及其收敛域。

【解】 $x(n)$ 的双边 z 变换为

$$X(z)=\sum_{n=-\infty}^{+\infty}a^nu(n)z^{-n}=\sum_{n=0}^{+\infty}\left(\frac{a}{z}\right)^n$$

因为

$$\sum_{n=0}^{+\infty}|x(n)z^{-n}|=\sum_{n=0}^{+\infty}\left|\frac{a}{z}\right|^{n}$$

显然,当$|z|>|a|$时 $X(z)$收敛。于是得

$$X(z)=\sum_{n=0}^{+\infty}\left(\frac{a}{z}\right)^{n}=1+\frac{a}{z}+\left(\frac{a}{z}\right)^{2}+\cdots=\frac{z}{z-a}\quad |z|>|a| \tag{6.1.11}$$

$X(z)$ 的收敛域为复平面上的圆外区域,如图 6.1.1(a)阴影部分所示。

例 6.1.3 已知某无限长逆因果序列 $x(n)=-a^{n}u(-n-1)$,求 $x(n)$ 的双边 z 变换及其收敛域。

【解】 $x(n)$ 的双边 z 变换为

$$X(z)=\sum_{n=-\infty}^{+\infty}-a^{n}u(-n-1)z^{-n}=-\sum_{n=-\infty}^{-1}\left(\frac{a}{z}\right)^{n}$$

因为

$$\sum_{n=-\infty}^{+\infty}|x(n)z^{-n}|=\sum_{n=1}^{+\infty}\left|\frac{z}{a}\right|^{n}$$

显然,当$|z|<|a|$时 $X(z)$收敛。于是得

$$X(z)=\sum_{k=-\infty}^{-1}-\left(\frac{a}{z}\right)^{k}=-\left[\frac{z}{a}+\left(\frac{z}{a}\right)^{2}+\left(\frac{z}{a}\right)^{3}+\cdots\right]$$

$$=-\frac{\dfrac{z}{a}}{1-\dfrac{z}{a}}=\frac{z}{z-a}\quad |z|<|a| \tag{6.1.12}$$

$X(z)$ 的收敛域为复平面上的圆内区域,如图 6.1.1(b)阴影部分所示。

例 6.1.4 已知无限长双边序列 $x(n)$ 为 $x(n)=a^{n}u(n)+b^{n}u(-n-1)$,式中,$|b|>|a|$。求 $x(n)$ 的双边 z 变换及其收敛域。

【解】 $x(n)$ 的双边 z 变换为

$$\begin{aligned}X(z)&=\sum_{n=-\infty}^{+\infty}[a^{n}u(n)+b^{n}u(-n-1)]z^{-n}\\&=\sum_{n=0}^{+\infty}a^{n}z^{-n}+\sum_{n=-\infty}^{-1}b^{n}z^{-n}\\&=\sum_{n=0}^{+\infty}\left(\frac{a}{z}\right)^{n}+\sum_{n=-\infty}^{-1}\left(\frac{b}{z}\right)^{n}\end{aligned}$$

上式第一项,当$|a|<|z|$时收敛,对于上式的第二项$|z|<|b|$时收敛,因此当$|a|<|z|<|b|$时,上式收敛,即有

$$X(z)=X_1(z)+X_2(z)=\frac{z}{z-a}-\frac{z}{z-b}=\frac{(a-b)z}{(z-a)(z-b)}\ |a|<|z|<|b| \tag{6.1.13}$$

$X(z)$ 的收敛域为复平面上的环形区域,如图 6.1.1(c)阴影部分所示。显然,若$|b|<|a|$,则 $X_1(z)$ 和 $X_2(z)$ 没有公共的收敛域,因而 $x(n)$ 的双边 z 变换不存在。

值得指出的是,不同序列的双边 z 变换可能相同,即序列与其双边 z 变换不是一一对应的。序列的双边 z 变换连同收敛域一起与序列才是一一对应的。因此,对于双边 z 变换必须标明其收敛域。

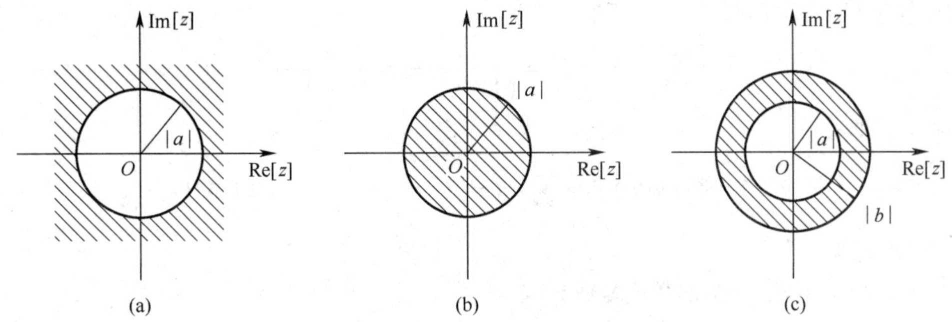

图 6.1.1　z 变换的收敛域

由以上例子可以看出,双边 z 变换的收敛域有如下特点:

(1)有限长双边序列的双边 z 变换的收敛域一般为 $0<|z|<+\infty$;有限长因果序列的双边 z 变换的收敛域为 $|z|>0$;有限长逆因果序列双边 z 变换的收敛域为 $|z|<+\infty$;单位序列 $\delta(n)$ 的双边 z 变换的收敛域为全 z 复平面。

(2)无限长因果序列双边 z 变换的收敛域为 $|z|>R_-$,R_- 为复数或实数的模,即收敛域为半径为 R_- 的圆外区域。

(3)无限长反因果序列双边 z 变换的收敛域为 $|z|<R_+$,即收敛域为以 R_+ 为半径的圆内区域。

(4)无限长双边序列双边 z 变换的收敛域为 $R_-<|z|<R_+$,即收敛域位于以 R_- 为半径和以 R_+ 为半径的两个圆之间的环状区域。

值得说明的是,本书中主要讨论因果序列的 z 变换,因此,在不特别说明的情况下,我们默认讨论的是因果序列的单边 z 变换。

6.1.4　常见序列的双边 z 变换

1. 单位脉冲序列 $\delta(n)$

$$X(z)=Z[\delta(n)]=\sum_{n=-\infty}^{+\infty}\delta(n)z^{-n}=1 \tag{6.1.14}$$

显然,收敛域为整个 z 平面。

根据定义式,我们还可以进一步得到

$$Z[\delta(n-m)]=\sum_{n=-\infty}^{+\infty}\delta(n-m)z^{-n}=z^{-m}\quad |z|>0 \tag{6.1.15}$$

$$Z[\delta(n+m)]=\sum_{n=-\infty}^{+\infty}\delta(n+m)z^{-n}=z^{m}\quad |z|<\infty \tag{6.1.16}$$

2. 单位阶跃序列 $u(n)$

$$X(z)=\sum_{n=-\infty}^{+\infty}u(n)z^{-n}=\frac{z}{z-1}\quad |z|>1 \tag{6.1.17}$$

3. 斜变序列 $nu(n)$

$$X(z)=Z[nu(n)]=\sum_{n=-\infty}^{+\infty}nz^{-n}=z^{-1}+2z^{-2}+\cdots+nz^{-n}+\cdots\quad |z^{-1}|<1$$

可利用 $u(n)$ 的 z 变换,

$$\sum_{n=-\infty}^{+\infty}z^{-n}=\sum_{n=0}^{+\infty}z^{-n}=\frac{1}{1-z^{-1}}\quad |z|>1$$

等式两边分别对 z^{-1} 求导，得

$$\sum_{n=0}^{+\infty} n\,(z^{-1})^{n-1} = \frac{1}{(1-z^{-1})^2} = \frac{z^2}{(z-1)^2}$$

两边同乘 z^{-1}，即有

$$X(z) = Z[nu(n)] = \sum_{n=-\infty}^{+\infty} n\,(z^{-1})^n = \frac{z}{(z-1)^2} \quad |z| > 1 \tag{6.1.18}$$

4. 指数序列

(1) $x(n) = a^n u(n)$（a 为实数或复数）

$$X(z) = \sum_{n=-\infty}^{+\infty} a^n u(n) z^{-n} = \frac{z}{z-a} \quad |z|>|a| \tag{6.1.19}$$

(2) $x(n) = -a^n u(-n-1)$（a 为实数或复数）

$$X(z) = \sum_{n=-\infty}^{+\infty} [-a^n u(-n-1)] z^{-n} = \sum_{n=-\infty}^{-1} -a^n z^{-n} = \frac{z}{z-a} \quad |z|<|a| \tag{6.1.20}$$

(3) $x(n) = a^{|n|} \quad |a| < 1$

$$\begin{aligned} X(z) &= \sum_{n=0}^{+\infty} a^n z^{-n} + \sum_{n=-\infty}^{-1} a^{-n} z^{-n} \\ &= \frac{1}{1-az^{-1}} + \frac{az}{1-az} \\ &= \frac{z(1-a^2)}{(1-az)(z-a)} \quad |a| < |z| < \frac{1}{|a|} \end{aligned} \tag{6.1.21}$$

5. 单边余、正弦序列

由指数序列的 z 变换

$$a^n u(n) \leftrightarrow \frac{z}{z-a} \quad |z| > |a|$$

若 $a = \mathrm{e}^b$，则有

$$X(z) = Z[\mathrm{e}^{bn} u(n)] = \sum_{n=0}^{+\infty} \mathrm{e}^{bn} z^{-n} = \frac{z}{z-\mathrm{e}^b} \quad |z| > |\mathrm{e}^b|$$

可推得

$$\mathrm{e}^{\pm \mathrm{j}\omega_0} u(n) \leftrightarrow \frac{z}{z-\mathrm{e}^{\pm \mathrm{j}\omega_0}} \quad |z| > 1$$

利用欧拉公式将正、余弦序列分解为两个指数序列

$$\cos(\omega_0 n) u(n) = \frac{1}{2}(\mathrm{e}^{\mathrm{j}\omega_0 n} + \mathrm{e}^{-\mathrm{j}\omega_0 n}) u(n)$$

$$Z[\cos(\omega_0 n) u(n)] = \frac{1}{2}\left(\frac{z}{z-\mathrm{e}^{\mathrm{j}\omega_0}} + \frac{z}{z-\mathrm{e}^{-\mathrm{j}\omega_0}}\right) = \frac{z(z-\cos\omega_0)}{z^2 - 2z\cos\omega_0 + 1} \quad |z|>1 \tag{6.1.22}$$

同理

$$\sin(\omega_0 n) u(n) = \frac{1}{\mathrm{j}2}(\mathrm{e}^{\mathrm{j}\omega_0 n} + \mathrm{e}^{-\mathrm{j}\omega_0 n}) u(n)$$

$$Z[\sin(\omega_0 n) u(n)] = \frac{1}{\mathrm{j}2}\left(\frac{z}{z-\mathrm{e}^{\mathrm{j}\omega_0}} - \frac{z}{z-\mathrm{e}^{-\mathrm{j}\omega_0}}\right) = \frac{z\sin\omega_0}{z^2 - 2z\cos\omega_0 + 1} \quad |z|>1 \tag{6.1.23}$$

以上是常见序列的双边 z 变换，表 6.1.1 给出常用单边序列的 z 变换。

表 6.1.1　单边序列的 z 变换

序号	$x(n)$	$X(z)$	收敛域
1	$\delta(n)$	1	$\|z\| \geqslant 0$
2	$u(n)$	$\dfrac{z}{z-1}$	$\|z\| > 1$
3	$nu(n)$	$\dfrac{z}{(z-1)^2}$	$\|z\| > 1$
4	$n^2u(n)$	$\dfrac{z(z+1)}{(z-1)^3}$	$\|z\| > 1$
5	$a^nu(n)$	$\dfrac{z}{z-a}$	$\|z\| > \|a\|$
6	$na^nu(n)$	$\dfrac{az}{(z-a)^2}$	$\|z\| > \|a\|$
7	$\mathrm{e}^{bn}u(n)$	$\dfrac{z}{z-\mathrm{e}^b}$	$\|z\| > \|\mathrm{e}^b\|$
8	$\cos(\omega_0 n)u(n)$	$\dfrac{z(z-\cos\omega_0)}{z^2-2z\cos\omega_0+1}$	$\|z\| > 1$
9	$\sin(\omega_0 n)u(n)$	$\dfrac{z\sin\omega_0}{z^2-2z\cos\omega_0+1}$	$\|z\| > 1$
10	$\mathrm{e}^{-an}\cos(\omega_0 n)u(n)$	$\dfrac{z(z-\mathrm{e}^{-a}\cos\omega_0)}{z^2-2z\mathrm{e}^{-a}\cos\omega_0+\mathrm{e}^{-2a}}$	$\|z\| > \|\mathrm{e}^{-a}\|$
11	$\mathrm{e}^{-an}\sin(\omega_0 n)u(n)$	$\dfrac{z\mathrm{e}^{-a}\sin\omega_0}{z^2-2z\mathrm{e}^{-a}\cos\omega_0+\mathrm{e}^{-2a}}$	$\|z\| > \|\mathrm{e}^{-a}\|$

6.2　z 变换的性质

本节将讨论 z 变换的一些基本性质和定理,这对于熟悉和掌握 z 变换方法,并用以分析离散时间系统是十分重要的,下面的性质若无特别说明,既适用于双边 z 变换也适用于单边 z 变换。

6.2.1　线性

若
$$x(n) \leftrightarrow X(z) \qquad R_{X^-} < |z| < R_{X^+}$$
$$y(n) \leftrightarrow Y(z) \qquad R_{Y^-} < |z| < R_{Y^+}$$
则
$$ax(n) + by(n) \leftrightarrow aX(Z) + bY(z) \qquad R_- < |z| < R_+ \tag{6.2.1}$$
式中,$R_- = \max(R_{X^-}, R_{Y^-})$,$R_+ = \min(R_{X^+}, R_{Y^+})$。

根据 z 变换定义式,很容易证明以上结论,这里从略。一般情况下线性相加后的序列其 z 变换的收敛区会改变。

例 6.2.1　已知 $x(n) = u(n) - 3^n u(-n-1)$,求 $x(n)$ 的双边 Z 变换 $X(z)$ 及其收敛域。

【解】　因为
$$u(n) \leftrightarrow \frac{z}{z-1} \qquad |z| > 1$$

$$-3^n u(-n-1) \leftrightarrow \frac{z}{z-3} \qquad |z| < 3$$

由线性性质有

$$X(z) = \frac{z}{z-1} + \frac{z}{z-3} = \frac{2z^2 - 4z}{(z-1)(z-3)} \qquad 1 < |z| < 3$$

6.2.2 时移特性

单边与双边 z 变换的移位特性有重要差别,这是因为两者的定义中求和下限不同,例如图 6.2.1(a)所示双边序列 $x(n)$,其向左和向右移位序列 $x(n+1)$,$x(n-1)$ 如图 6.2.1(c)、(e)所示。对应双边 z 变换,定义式(6.1.7)中求和是在$-\infty \sim +\infty$的区域进行,序列移位之后的序列没有丢失原序列的信息,而对于单边 z 变换,定义式(6.1.8)中求和则是在 $0 \sim +\infty$进行,而舍去了序列中小于零的部分,因而其移位序列 $x(n+1)u(n)$,$x(n-1)u(n)$ 则较原来的序列 $x(n)u(n)$ 的长度有所增减,如图 6.2.1(b)、图 6.2.1(d)和图 6.2.1(f)所示。

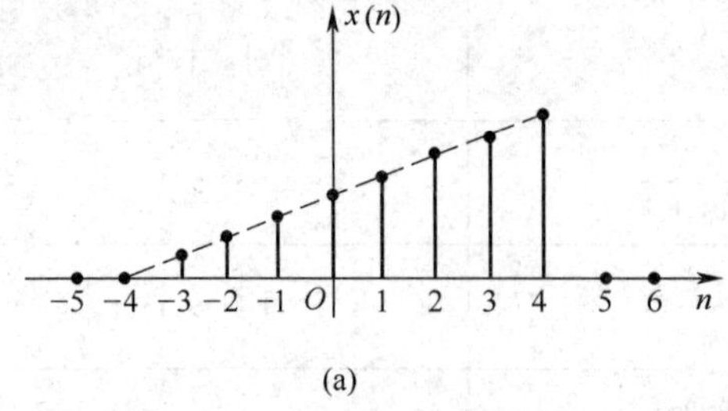

(a)

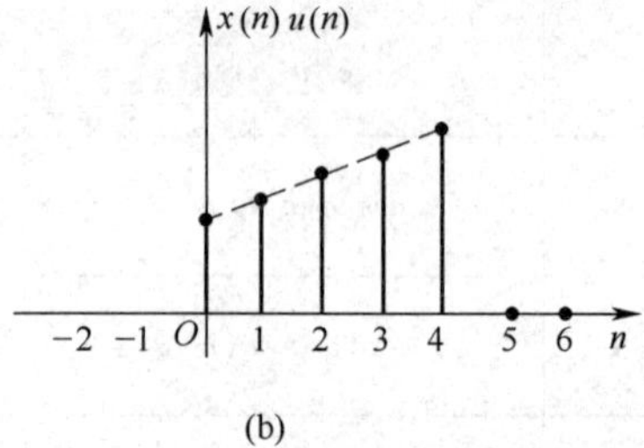

(b)

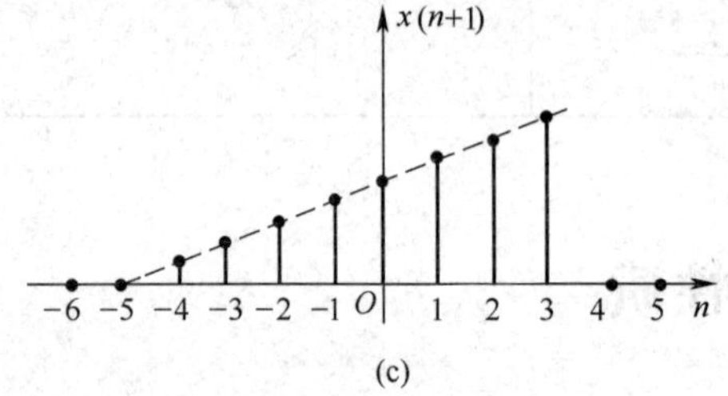

(c)

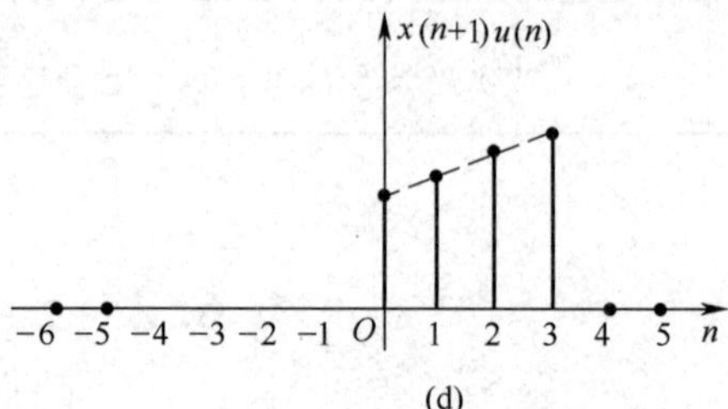

(d)

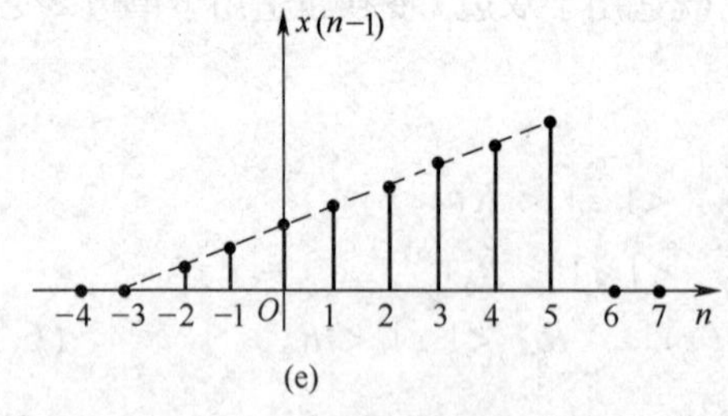

(e)

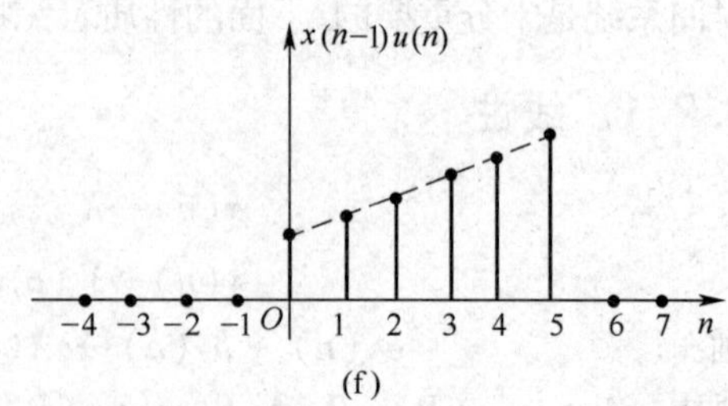

(f)

图 6.2.1 双边序列与单边序列及其移位序列

1. 双边 z 变换的移位特性

若序列 $x(n)$ 的双边 z 变换为 $X(z)$,即 $x(n) \leftrightarrow X(z)$,$R_{X^-} < |z| < R_{X^+}$

则有 $x(n \pm m) \leftrightarrow z^{\pm m} X(z)\ (m > 0)$,$R_{X^-} < |z| < R_{X^+}$。 (6.2.2)

证明 由双边 z 变换的定义有

$$Z[x(n\pm m)]=\sum_{n=-\infty}^{+\infty}x(n\pm m)z^{-n}$$

$$=\sum_{n=-\infty}^{+\infty}x(n\pm m)z^{-(n\pm m)}z^{\pm m}$$

令 $n\pm m=k$,代入上式

$$Z[x(n\pm m)]=z^{\pm m}\sum_{k=-\infty}^{+\infty}x(k)z^{-k}=z^{\pm m}X(z)$$

例 6.2.2 试求 $\delta(n)$,$\delta(n+1)$,$\delta(n-1)$ 的双边 z 变换及其收敛域。

【解】 $Z[\delta(n)]=\sum_{-\infty}^{+\infty}\delta(n)z^{-n}=1$, $0\leqslant|z|\leqslant+\infty$,全 z 平面。

$$Z[\delta(n+1)]=\sum_{-\infty}^{+\infty}\delta(n+1)z^{-n}=z\quad 0\leqslant|z|<+\infty$$

$$Z[\delta(n-1)]=\sum_{-\infty}^{+\infty}\delta(n-1)z^{-n}=\frac{1}{z}\quad 0<|z|\leqslant+\infty$$

例 6.2.3 已知 $x(n)=2^n[u(n+1)-u(n-2)]$,求 $x(n)$ 的双边 z 变换及其收敛域。

【解】

$$x(n)=2^nu(n+1)-2^nu(n-2)$$
$$=2^{-1}\cdot 2^{n+1}u(n+1)-2^2\cdot 2^{n-2}u(n-2)$$

因为

$$2^nu(n)\leftrightarrow\frac{z}{z-2}\qquad |z|>2$$

由移位性质有

$$2^{n+1}u(n+1)\leftrightarrow z\frac{z}{z-2}=\frac{z^2}{z-2},\qquad 2<|z|<+\infty$$

$$2^{n-2}u(n-2)\leftrightarrow z^{-2}\frac{z}{z-2}=\frac{1}{z(z-2)},\qquad |z|>2$$

由线性性质易知

$$X(Z)=2^{-1}\cdot\frac{z^2}{z-2}-2^2\frac{1}{z(z-2)}=\frac{z^3-8}{2z(z-2)}\qquad 0<|z|<+\infty$$

2. 单边 z 变换的移位特性

(1)若序列 $x(n)$ 的单边 z 变换为 $x(n)u(n)\leftrightarrow X(z)$,且有整数 $m>0$,则序列左移后单边 z 变换为

$$x(n+m)u(n)\leftrightarrow z^m\left[X(z)-\sum_{k=0}^{m-1}x(k)z^{-k}\right]\tag{6.2.3}$$

特别地,$m=1$ 和 $m=2$ 时有

$$x(n+1)u(n)\leftrightarrow zX(z)-zx(0)\tag{6.2.4}$$

$$x(n+2)u(n)\leftrightarrow z^2X(z)-z^2x(0)-zx(1)\tag{6.2.5}$$

证明

$$Z[x(n+m)u(n)]=\sum_{n=0}^{+\infty}x(n+m)z^{-n}$$

$$=\sum_{n=0}^{+\infty}x(n+m)z^{-(n+m)}z^m$$

令 $n+m=k$

$$上式=z^m\sum_{k=m}^{+\infty}x(k)z^{-k}$$

$$=z^m\left[\sum_{k=0}^{+\infty}x(k)z^{-k}-\sum_{k=0}^{m-1}x(k)z^{-k}\right]$$

$$=z^m\left[X(z)-\sum_{k=0}^{m-1}x(k)z^{-k}\right]$$

(2)若序列 $x(n)$ 的单边 Z 变换为 $x(n)u(n)\leftrightarrow X(z)$，且有整数 $m>0$，则序列右移后单边 z 变换为

$$x(n-m)u(n)\leftrightarrow z^{-m}\left[X(z)+\sum_{k=-m}^{-1}x(k)z^{-k}\right] \tag{6.2.6}$$

特别地，$m=1$ 和 $m=2$ 时有

$$x(n-1)u(n)\leftrightarrow z^{-1}X(z)+x(-1) \tag{6.2.7}$$

$$x(n-2)u(n)\leftrightarrow z^{-2}X(z)+x(-1)z^{-1}+x(-2) \tag{6.2.8}$$

证明

$$\begin{aligned}Z[x(n-m)u(n)] &= \sum_{n=0}^{+\infty}x(n-m)z^{-n}\\ &=\sum_{n=0}^{+\infty}x(n-m)z^{-(n-m)}z^{-m}(\text{令 } n-m=k)\\ &=z^{-m}\sum_{k=-m}^{+\infty}x(k)z^{-k}\\ &=z^{m}\left[\sum_{k=0}^{+\infty}x(k)z^{-k}+\sum_{k=-m}^{-1}x(k)z^{-k}\right]\\ &=z^{-m}\left[X(z)+\sum_{k=-m}^{-1}x(k)z^{-k}\right]\end{aligned}$$

当 $x(n)$ 为因果序列时，若 $x(n)u(n)\leftrightarrow X(z)$，则其左移和右移后的序列 z 变换满足

$$x(n+m)u(n)\leftrightarrow z^{m}\left[X(z)-\sum_{k=0}^{m-1}x(k)z^{-k}\right]\quad m>0 \tag{6.2.9}$$

$$x(n-m)u(n)\leftrightarrow z^{-m}X(z)\quad m>0 \tag{6.2.10}$$

例 6.2.4 已知 $x(n)=a^n$（a 为实数）的单边 z 变换 $X(z)=\dfrac{z}{z-a}$，$|z|>|a|$。试求 $x_1(n)=a^{n-2}$ 和 $x_2(n)=a^{n+2}$ 的单边 z 变换。

【解】 (1)因为 $x_1(n)=x(n-2)$，由式(6.2.8)得其单边 z 变换为

$$\begin{aligned}X_1(z)&=z^{-2}X(z)+x(-1)z^{-1}+x(-2)\\ &=z^{-2}\frac{z}{z-a}+a^{-1}z^{-1}+a^{-2}\\ &=\frac{a^{-2}z}{z-a}\quad |z|>|a|\end{aligned}$$

事实上，$x_1(n)=a^{-2}a^n=a^{-2}x(n)$，故 $X_1(z)=a^{-2}X(Z)=\dfrac{a^{-2}z}{z-a}$，$|z|>|a|$。

(2)因为 $x_2(n)=x(n+2)$，由式(6.2.5)可得其单边 z 变换为

$$\begin{aligned}X_2(z)&=z^2X(z)-z^2x(0)-zx(1)\\ &=z^2\frac{z}{z-a}-z^2a^2-za\\ &=\frac{a^2z}{z-a}\quad |z|>|a|\end{aligned}$$

事实上，$x_2(n)=a^2a^n=a^2x(n)$，故 $X_1(z)=a^2X(Z)=\dfrac{a^2z}{z-a}$，$|z|>|a|$。

6.2.3 z 域尺度变换(序列乘 a^n)

若 $x(n)\leftrightarrow X(z)$，$R_{X^-}<|z|<R_{X^+}$，则有

$$a^n x(n) \leftrightarrow X(a^{-1}z) \qquad |a|R_{X^-} < |z| < |a|R_{X^+} \tag{6.2.11}$$

式中，a 为常数，且 $a \neq 0$，即序列乘 a^n 相对应于在 z 域的展缩。

证明：由 z 变换的定义式有

$$Z[a^n x(n)] = \sum_{n=-\infty}^{+\infty} a^n x(n) z^{-n} = \sum_{n=-\infty}^{+\infty} x(n)(a^{-1}z)^{-n} = X\left(\frac{z}{a}\right)$$

$$R_{X^-} < |a^{-1}z| < R_{X^+} \Rightarrow |a| R_{X^-} < |z| < |a| R_{X^+}$$

特别地，若式(6.2.11)中将 a 换为 a^{-1}，则有

$$a^{-n} x(n) \leftrightarrow X(az) \qquad \frac{R_{X^-}}{|a|} < |z| < \frac{R_{X^+}}{|a|} \tag{6.2.12}$$

进一步地，若 $a=-1$，则有

$$(-1)^n x(n) \leftrightarrow X(-z) \qquad R_{X^-} < |z| < R_{X^+} \tag{6.2.13}$$

例 6.2.5 试求指数衰减正弦序列 $a^n \cos(\omega_0 n) u(n)$ 的 z 变换（式中 $0 < a < 1$）。

【解】 由式(6.1.22)知

$$Z[\cos(\omega_0 n) u(n)] = \frac{z(z - \cos\omega_0)}{z^2 - 2z\cos\omega_0 + 1} \quad |z| > 1$$

由式(6.2.11)有

$$Z[a^n \cos(\omega_0 n) u(n)] = \frac{\frac{z}{a}\left(\frac{z}{a} - \cos\omega_0\right)}{\left(\frac{z}{a}\right)^2 - 2\frac{z}{a}\cos\omega_0 + 1}$$

$$= \frac{1 - az^{-1}\cos\omega_0}{1 - 2az^{-1}\cos\omega_0 + a^2 z^{-2}} \qquad |z| > a \tag{6.2.14}$$

例 6.2.6 已知 $x(n) = \left(\frac{1}{2}\right)^n \cdot 3^{n+1} u(n+1)$，求 $x(n)$ 的双边 z 变换及其收敛域。

【解】 令 $x_1(n) = 3^{n+1} u(n+1)$，则有

$$x(n) = \left(\frac{1}{2}\right)^n x_1(n)$$

因为

$$X_1(z) = Z[x_1(n)] = z \cdot \frac{z}{z-3} = \frac{z^2}{z-3} \qquad 3 < |z| < +\infty$$

根据时域乘 a^n 性质，得

$$X(z) = Z[x(n)] = Z\left[\left(\frac{1}{2}\right)^n x_1(n)\right] = X_1(2z)$$

$$= \frac{(2z)^2}{2z-3} = \frac{4z^2}{2z-3} \qquad \frac{3}{2} < |z| < +\infty$$

6.2.4 z 域微分特性(序列乘 n)

若 $x(n) \leftrightarrow X(z)$，$R_{X^-} < |z| < R_{X^+}$，则

$$nx(n) \leftrightarrow -z\frac{\mathrm{d}X(z)}{\mathrm{d}z} \qquad R_{X^-} < |z| < R_{X^+}$$

$$n^2x(n)\leftrightarrow -z\frac{\mathrm{d}}{\mathrm{d}z}\left[-z\frac{\mathrm{d}X(z)}{\mathrm{d}z}\right]\quad R_{X^-}<|z|<R_{X^+}$$

$$\vdots$$

$$n^mx(n)\leftrightarrow\left[-z\frac{\mathrm{d}}{\mathrm{d}z}\right]^mX(z)\quad R_{X^-}<|z|<R_{X^+}\tag{6.2.15}$$

式中，$\left[-z\frac{\mathrm{d}}{\mathrm{d}z}\right]^mX(z)$ 表示的运算为

$$-z\frac{\mathrm{d}}{\mathrm{d}z}\left(\cdots\left(-z\frac{\mathrm{d}}{\mathrm{d}z}X(z)\left(-z\frac{\mathrm{d}}{\mathrm{d}z}X(z)\right)\right)\cdots\right)$$

一共进行 m 次求导和乘$(-z)$的运算。

证明 因为$X(z)=\sum_{n=-\infty}^{+\infty}x(n)z^{-n}$,上式级数在收敛域内绝对且一致收敛,故可逐项求导,所得级数收敛域与原级数相同。因此两边求导有

$$\begin{aligned}\frac{\mathrm{d}X(z)}{\mathrm{d}z}&=\frac{\mathrm{d}}{\mathrm{d}z}\left[\sum_{n=-\infty}^{+\infty}x(n)z^{-n}\right]\\&=\sum_{n=-\infty}^{+\infty}x(n)\frac{\mathrm{d}}{\mathrm{d}z}\left[z^{-n}\right]=\sum_{n=-\infty}^{+\infty}-nx(n)z^{-n-1}\\&=-z^{-1}\sum_{n=-\infty}^{+\infty}nx(n)z^{-n}\end{aligned}$$

两边同时乘$-z$有

$$-z\frac{\mathrm{d}X(z)}{\mathrm{d}z}=\sum_{n=-\infty}^{+\infty}nx(n)z^{-n}=Z[nx(n)]$$

即

$$nx(n)\leftrightarrow -z\frac{\mathrm{d}X(z)}{\mathrm{d}z}\quad R_{X^-}<|z|<R_{X^+}$$

若再乘 n 有

$$Z[n^2x(n)]=Z[n\cdot nx(n)]=-z\frac{\mathrm{d}}{\mathrm{d}z}\left[-z\frac{\mathrm{d}X(z)}{\mathrm{d}z}\right]$$

重复使用以上方法即可得到式(6.2.15)。

例 6.2.7 试求 $nu(n)$,$n^2u(n)$ 的 z 变换。

【解】 因为$u(n)\leftrightarrow\frac{z}{z-1}$,$|z|>1$。

由 Z 域微分特性易知

$$nu(n)\leftrightarrow -z\frac{\mathrm{d}}{\mathrm{d}z}\left[\frac{z}{z-1}\right]=\frac{z}{(z-1)^2}\quad |z|>1\tag{6.2.16}$$

$$n^2u(n)\leftrightarrow -z\frac{\mathrm{d}}{\mathrm{d}z}\left[\frac{z}{(z-1)^2}\right]=\frac{z(z+1)}{(z-1)^3}\quad |z|>1\tag{6.2.17}$$

例 6.2.8 已知 $x(n)=n(n-1)a^{n-2}u(n)$,求 $x(n)$ 的双边 Z 变换 $X(z)$。

【解】 根据位移性质,得

$$a^{n-1}u(n-1)\leftrightarrow z^{-1}\cdot\frac{z}{z-a}=\frac{1}{z-a}$$

根据 z 域微分性质式有

$$na^{n-1}u(n-1) \leftrightarrow (-z)\frac{\mathrm{d}}{\mathrm{d}z}\left(\frac{1}{z-a}\right) = \frac{z}{(z-a)^2}$$

再应用位移性质得

$$(n-1)a^{n-2}u(n-2) \leftrightarrow z^{-1} \cdot \frac{z}{(z-a)^2} = \frac{1}{(z-a)^2}$$

再对上式应用 z 域微分性质得

$$n(n-1)a^{n-2}u(n-2) \leftrightarrow (-z)\frac{\mathrm{d}}{\mathrm{d}z}\left[\frac{1}{(z-a)^2}\right] = \frac{2z}{(z-a)^3}$$

由于 $n=0$、$n=1$ 时 $n(n-1)a^{n-2}=0$,故

$$n(n-1)a^{n-2}u(n-2) = n(n-1)a^{n-2}u(n)$$

可以表示为

$$n(n-1)a^{n-2}u(n) \leftrightarrow \frac{2z}{(z-a)^3} \quad |z|>|a| \tag{6.2.18}$$

对式(6.2.18)重复应用位移性质和 Z 域微分性质,可得如下重要变换对:

$$\frac{1}{m!}n(n-1)(n-2)\cdots(n-m+1)a^{n-m}u(n) \leftrightarrow \frac{z}{(z-a)^{m+1}} \tag{6.2.19}$$

6.2.5 初值定理

若因果序列 $x(n)$ 的 z 变换为 $X(z)$,而且存在,则

$$x(0) = \lim_{z\to+\infty} X(z) \tag{6.2.20}$$

证明

$$X(z) = \sum_{n=0}^{+\infty} x(n)z^{-n} = x(0) + x(1)z^{-1} + x(2)z^{-2} + \cdots$$

当 $z \to +\infty$ 时,在上式级数中除第一项 $x(0)$ 外,其他各项都趋于零,所以

$$\lim_{z\to+\infty} X(z) = \lim_{z\to+\infty}[x(0) + x(1)z^{-1} + \cdots + x(n)z^{-n} + \cdots] = x(0)$$

6.2.6 终值定理

若因果序列 $x(n)$ 的 Z 变换为 $X(z)$,而且 $X(z)$ 的极点除了在 $z=1$ 处允许有一阶极点外,其余极点均在单位圆内,则

$$\lim_{n\to+\infty} x(n) = \lim_{z\to1}(z-1)X(z) \tag{6.2.21}$$

证明 根据双边 z 变换的移位性质

$$(z-1)X(z) = zX(z) - X(z) = Z[x(n+1) - x(n)]$$
$$= \sum_{n=-\infty}^{+\infty}[x(n+1) - x(n)]z^{-n}$$

考虑到 $x(n)$ 为因果序列,上式可改写为

$$(z-1)X(z) = \lim_{n\to+\infty}\sum_{m=-1}^{n}[x(m+1) - x(m)]z^{-m}$$

由于 $X(z)$ 在单位圆上只有 $z=1$ 处可能有一阶极点,则函数 $(z-1)X(z)$ 将抵消掉 $z=1$ 处的可能极点,因此,$(z-1)X(z)$ 的收敛域将包含单位圆,即在 $|z| > 1$ 上,上式成立,因此对上式取极限 $z \to 1$,有

$$\lim_{z\to1}(z-1)X(z) = \lim_{m\to+\infty}\sum_{m=-1}^{n}[x(m+1) - x(m)]$$

$$= \lim_{n\to+\infty}\{[x(0)-0]+[x(1)-x(0)]+\cdots+[x(n+1)-x(n)]\}$$
$$= \lim_{n\to+\infty}\{x(n+1)\} = \lim_{n\to+\infty}x(n)$$

显然,只有极点在单位圆内,当 $n \to +\infty$时,x(n)才收敛,才能应用终值定理。

例 6.2.9 已知 $x_1(n)=(-1)^n u(n)$,$x_2(n)=u(n)+\left(\frac{1}{2}\right)^n u(n)$,分别求 $x_1(n)$ 和 $x_2(n)$ 的终值 $x_1(+\infty)$ 和 $x_2(+\infty)$。

【解】 (1)求 $x_1(+\infty)$。

由于

$$X_1(z)=Z[x_1(n)]=\frac{z}{z+1}$$

并且 $X_1(z)$ 在 $z=-1$ 处有极点,所以 $(z-1)X_1(z)$ 在单位圆上不收敛,$x_1(+\infty)$ 不存在,终值定理不适用。若根据终值定理求 $x_1(\infty)$,则有

$$x_1(+\infty)=\lim_{z\to1}(z-1)X_1(z)=\lim_{z\to1}\frac{(z-1)z}{z+1}=0$$

(2)求 $x_2(+\infty)$。

由于

$$X_2(z)=Z[x_2(n)]=\frac{z}{z-1}+\frac{z}{z-\frac{1}{2}}=\frac{4z^2-3z}{2(z-1)\left(z-\frac{1}{2}\right)}$$

$X_2(z)$ 在 $z=1$ 有一阶极点,$(z-1)X_2(z)$ 的极点为 $z=\frac{1}{2}$,收敛域为 $|z|>\frac{1}{2}$。因此,根据终值定理得

$$x_2(+\infty)=\lim_{z\to1}(z-1)\cdot X_2(z)=\lim_{z\to1}\frac{4z^2-3z}{2\left(z-\frac{1}{2}\right)}=1$$

6.2.7 时域卷积定理

若

$$x(n)\leftrightarrow X(z) \quad R_{X^-}<|z|<R_{X^+}$$
$$y(n)\leftrightarrow Y(z) \quad R_{Y^-}<|z|<R_{Y^+}$$

则

$$x(n)*y(n)\leftrightarrow X(z)Y(z) \quad R_-<|z|<R_+ \tag{6.2.22}$$

其中 $R_-=\max\{R_{X^-},R_{Y^-}\}$,$R_+=\min\{R_{X^+},R_{Y^+}\}$。

证明:由卷积和定义得

$$Z[x(n)*y(n)]=\sum_{n=0}^{+\infty}[x(n)*y(n)]z^{-n}$$
$$=\sum_{n=-\infty}^{+\infty}\left[\sum_{m=-\infty}^{+\infty}x(m)y(n-m)\right]z^{-n}$$

交换以上求和次序,得

$$Z[x(n)*y(n)]=\sum_{m=-\infty}^{+\infty}x(m)\left[\sum_{n=-\infty}^{+\infty}y(n-m)z^{-n}\right]$$

令 $n-m=k$,则有

$$
\begin{aligned}
Z[x(n)*y(n)] &= \sum_{m=-\infty}^{+\infty} x(m) \sum_{k=-\infty}^{+\infty} y(k) z^{-k} z^{-m} \\
&= \sum_{m=-\infty}^{+\infty} x(m) z^{-m} \sum_{k=-\infty}^{+\infty} y(k) z^{-k} \\
&= X(z)Y(z)
\end{aligned}
$$

收敛域为 $X(z)$ 与 $Y(z)$ 的公共部分。

我们已知 $u(n) \leftrightarrow \dfrac{z}{z-1}$， $|z|>1$,若有 $x(n) \leftrightarrow X(z)$,$R_{X^-} < |z| < R_{X^+}$,则有 $x(n)*u(n) = \sum_{m=-\infty}^{n} x(m)$,由式(6.2.22)易知

$$
\sum_{m=-\infty}^{n} x(m) \leftrightarrow \frac{z}{z-1} X(z), \max\{1, R_{X^-}\} < |z| < R_{X^+} \tag{6.2.23}
$$

例 6.2.10 已知 $x_1(n) = u(n+1)$,$x_2(n) = (-1)^n u(n-2)$,$x(n) = x_1(n) * x_2(n)$,求 $x(n)$的双边 z 变换。

【解】 由位移性质得

$$
X_1(z) = Z[x_1(n)] = z \cdot \frac{z}{z-1} = \frac{z^2}{z-1} \qquad |z|>1
$$

$$
u(n-2) \leftrightarrow z^{-2} \cdot \frac{z}{z-1} = \frac{1}{z(z-1)} \qquad |z|>1
$$

由序列乘 a^n 性质得

$$
X_2(z) = Z[(-1)^n u(n-2)] = \frac{1}{-z(-z-1)} = \frac{1}{z(z+1)} \qquad |z|>1
$$

根据卷积性质,得

$$
\begin{aligned}
X(z) = Z[x_1(n) * x_2(n)] &= X_1(z) * X_2(z) \\
&= \frac{z}{(z-1)(z+1)} \qquad |z|>1
\end{aligned}
$$

例 6.2.11 已知 $x(n) = a^n \sum_{m=1}^{n} u(m-1)$ 求 $x(n)$的双边 z 变换 $X(z)$。

【解】 由于

$$
\sum_{m=1}^{n} u(m-1) = \sum_{m=-\infty}^{n} u(m-1)
$$

$$
u(n-1) \leftrightarrow z^{-1} \cdot \frac{z}{z-1} = \frac{1}{z-1}, |z|>1
$$

由式(6.2.23)有

$$
\sum_{m=1}^{n} u(m-1) = \sum_{m=-\infty}^{n} u(m-1) \leftrightarrow \frac{z}{(z-1)^2}, \quad |z|>1
$$

若令 $x_1(n) = \sum_{m=1}^{n} u(m-1)$,$x_1(n) \leftrightarrow X_1(z) = \dfrac{z}{(z-1)^2}$ 则有

$$
x(n) = a^n x_1(n)
$$

由序列乘 a^n 性质得

$$X(z)=X_1\left(\frac{z}{a}\right)=\frac{\frac{z}{a}}{\left(\frac{z}{a}-1\right)^2}=\frac{az}{(z-a)^2}\quad |z|>\max[1,|a|]$$

6.2.8 复频域卷积定理

若

$$x(n)\leftrightarrow X(z),R_{X^-}<|z|<R_{X^+},\quad y(n)\leftrightarrow Y(z),R_{Y^-}<|z|<R_{Y^+},$$

$w(n)=x(n)y(n)$,则

$$W(z)=\frac{1}{2\pi\mathrm{j}}\oint_c X(v)Y\left(\frac{z}{v}\right)v^{-1}\mathrm{d}v\quad R_-<|v|<R_+ \tag{6.2.24}$$

式中,v 平面的收敛区为 $\max\left\{R_{X^-},\frac{|z|}{R_{Y^+}}\right\}<|v|<\min\left\{R_{X^+},\frac{|z|}{R_{Y^-}}\right\}$。$c$ 是 $X(v)$ 与 $Y\left(\frac{z}{v}\right)$ 公共收敛区内一条逆时针封闭曲线。

证明 由 z 变换的定义有

$$W(z)=Z[x(n)y(n)]=\sum_{n=-\infty}^{+\infty}x(n)y(n)z^{-n}$$

将 $x(n)=\frac{1}{2\pi\mathrm{j}}\oint_c X(v)v^{n-1}\mathrm{d}v,R_{X^-}<|v|<R_{X^+}$,代入上式有

$$\begin{aligned}W(z)&=\sum_{n=-\infty}^{+\infty}\left[\frac{1}{2\pi\mathrm{j}}\oint_C X(v)v^{n-1}\mathrm{d}v\right]y(n)z^{-n}\\&=\frac{1}{2\pi\mathrm{j}}\oint_C X(v)v^{-1}\left[\sum_{n=-\infty}^{+\infty}y(n)\left(\frac{z}{v}\right)^{-n}\right]\mathrm{d}v\quad R_{Y^-}<|z/v|<R_{Y^+}\\&=\frac{1}{2\pi\mathrm{j}}\oint_C X(v)Y\left(\frac{z}{v}\right)v^{-1}\mathrm{d}v\qquad R_-<|v|<R_+\end{aligned}$$

因为 $R_{X^-}<|v|<R_{X^+}$ 且 $R_{Y^-}<|z/v|<R_{Y^+}$,易得

$$\max\left\{R_{x^-},\frac{|z|}{R_{Y^+}}\right\}<|v|<\min\left\{R_{x^+},\frac{|z|}{R_{Y^-}}\right\}$$

例 6.2.12 利用 z 变换性质求下列序列的 z 变换。

(1) $(-1)^n nu(n)$; (2) $\sum_{i=0}^{n}\left(-\frac{1}{2}\right)^i$;

【解】 (1)设 $x_1(n)=nu(n)$,根据 z 域微分性质,有

$$X_1(z)=Z[nu(n)]=-z\frac{\mathrm{d}}{\mathrm{d}z}\left(\frac{z}{z-1}\right)=\frac{z}{(z-1)^2}$$

再根据 z 域尺度变换性质,有

$$Z[(-1)^n nu(n)]=X_1(-z)=\frac{-z}{(z+1)^2}\quad |z|>1$$

(2) 因为

$$\left(-\frac{1}{2}\right)^n u(n)\leftrightarrow\frac{z}{z+\frac{1}{2}}$$

根据式(6.2.34)有

$$Z\left[\sum_{i=0}^{n}\left(-\frac{1}{2}\right)^{i}\right]=\frac{z}{z-1}\cdot\frac{2z}{2z+1}=\frac{z^2}{(z-1)\left(z+\frac{1}{2}\right)}\quad |z|>1$$

我们将 z 变换的主要性质列在表 6.2.1 中，以便读者查阅。

表 6.2.1　z 变换的主要性质

名　称		时　域	复　频　域
定义		$x(n)=\frac{1}{2\pi j}\oint_c X(v)v^{n-1}dv,$	$X(z)=\sum_{n=-\infty}^{+\infty}x(n)z^{-n}\quad R_{X^-}<\|z\|<R_{X^+}$
线性		$ax(n)+by(n)$	$aX(Z)+bY(z)$ $\max\{R_{X^-},R_{Y^-}\}<\|Z\|<\min\{R_{X^+},R_{Y^+}\}$
移位	双边	$x(n\pm m)$	$z^{\pm m}X(z)\quad R_{X^-}<\|z\|<R_{X^+}$
	单边	$x(n-m)\quad m>0$	$z^{-m}\left[X(z)+\sum_{k=-m}^{-1}x(k)z^{-k}\right]\quad \|z\|>R_{X^-}$
		$x(n+m)\quad m>0$	$z^{m}\left[X(z)-\sum_{k=0}^{m-1}x(k)z^{-k}\right]\quad \|z\|>R_{X^-}$
序列乘 a^n		$a^n x(n)$	$X(a^{-1}z)\quad \|a\|R_{X^-}<\|z\|<\|a\|R_{X^+}$
序列乘 n		$nx(n)$	$-z\frac{dX(z)}{dz}\quad R_{X^-}<\|z\|<R_{X^+}$
复序列的共轭		$x^*(n)$	$X^*(z^*)\quad R_{X^-}<\|z\|<R_{X^+}$
时域翻转		$x(-n)$	$X(z^{-1})\quad \frac{1}{R_{X^+}}<\|z\|<\frac{1}{R_{X^-}}$
时域卷积		$x(n)*y(n)$	$X(z)Y(z)\quad \max\{R_{X^-},R_{Y^-}\}<\|z\|<\min\{R_{X^+},R_{Y^+}\}$
复频域卷积		$x(n)y(n)$	$\frac{1}{2\pi j}\oint_C X(v)Y\left(\frac{z}{v}\right)v^{-1}dv$ $\max\left\{R_{X^-},\frac{\|z\|}{R_{Y^+}}\right\}<\|v\|<\min\left\{R_{X^+},\frac{\|z\|}{R_{Y^-}}\right\}$
初值定理		$x(0)=\lim_{z\to+\infty}X(z)$	
终值定理		$x(+\infty)=\lim_{z\to1}(z-1)X(z)$，$x(+\infty)$ 存在	

6.3 逆 z 变换

6.3.1 逆 z 变换的定义

逆 z 变换也称 z 反变换，z 反变换可用英文缩写 z^{-1} 表示，是由 $X(z)$ 求 $x(n)$ 的运算。我们知道，复变函数理论中的柯西公式为

$$\oint_C z^m dz = \begin{cases} 2\pi j & m = -1 \\ 0 & m \neq -1 \end{cases} \tag{6.3.1}$$

式(6.3.1)中，积分路径 C 为复平面上环绕坐标原点逆时针方向的围线。

若

$$X(z) = \sum_{n=-\infty}^{+\infty} x(n) z^{-n}, R_{X^-} < |z| < R_{X^+} \tag{6.3.2}$$

将式(6.3.2)两端同时乘以 z^{n-1}，n 为任意整数，然后两端在收敛域中进行围线积分，得

$$\oint_C X(z) z^{n-1} dz = \oint_C z^{n-1} \left[\sum_{k=-\infty}^{+\infty} x(k) z^{-k} \right] dz = \sum_{k=-\infty}^{+\infty} x(k) \oint_C z^{-k+n-1} dz \tag{6.3.3}$$

由式(6.3.1)可知，当 $-k+n-1=-1$，即 $k=n$ 时，式(6.3-3)中积分值为 $2\pi j$，否则积分等于0，因为 n 为某一整数，所以，式(6.3.3) 中右端和式只有 $k=n$ 这一项不为0，其余各项均为0，于是有

$$\oint_C X(z) z^{n-1} dz = 2\pi j x(n)$$

所以有

$$x(n) = \frac{1}{2\pi j} \oint_C X(z) z^{n-1} dz, c \in (R_{X^-}, R_{X^+}) \tag{6.3.4}$$

即对 $X(z)z^{n-1}$ 做围线积分，其中 c 是在 $X(z)$ 的收敛区内一条逆时针的闭合围线。我们称式(6.3.4)为 $X(z)$ 的逆 z 变换，记为 $x(n) = Z^{-1}[X(Z)]$，$x(n)$ 又称为 $X(Z)$ 的原函数。

6.3.2 逆 z 变换的计算

由式(6.3.4)进行逆 z 变换的计算是复变函数积分，一般来说，其计算比较困难，所以当 $X(z)$ 为有理函数时，常用的求逆 z 变换方法有三种：对式(6.3.4)做围线积分（也称留数法）；仿照拉普拉斯逆变换将 $X(z)$ 用部分分式展开，再经过查逐项查表求出逆变换再求和；此外，借助长除法将 $X(z)$ 进行幂级数展开，展开后的系数即为 $x(n)$。由于部分分式展开法比较简便，因此应用最多，本节重点讨论最常用的部分分式法，对于其他两种方法作简要说明，下面分别介绍。

1. 幂级数展开法

根据双边 Z 变换的定义，若 $x(n)$ 为双边序列，则 $X(z)$ 为 z 和 z^{-1} 的幂级数，收敛域为 $R_- < |z| < R_+$，即

$$X(z) = \sum_{n=-\infty}^{+\infty} x(n) z^{-n} = \sum_{n=-\infty}^{-1} x(n) z^{-n} + \sum_{n=0}^{+\infty} x(n) z^{-n}$$

$$= X_1(z) + X_2(z) \quad R_- < |z| < R_+ \tag{6.3.5}$$

信号与系统分析

式中，

$$X_1(z)=\sum_{n=-\infty}^{-1}x(n)z^{-n}\quad |z|<R_+$$

$$X_2(z)=\sum_{n=0}^{+\infty}x(n)z^{-n}\quad |z|>R_-$$

若 $x(n)$ 为因果序列，则 $X(z)$ 为 z^{-1} 的幂级数，收敛域为 $|z|>R_-$，即

$$X(z)=\sum_{n=0}^{+\infty}x(n)z^{-n}=x(0)+x(1)z^{-1}+x(2)z^{-2}+x(3)z^{-3}+\cdots \tag{6.3.6}$$

若 $x(n)$ 为反因果序列，$n>0$ 时 $x(n)=0$，则 $X(z)$ 为 z 的幂级数，收敛域为 $|z|<R_+$，即

$$X(z)=\sum_{n=-\infty}^{-1}x(n)z^{-n}=\cdots+x(-3)z^3+x(-2)z^2+x(-1)z \tag{6.3.7}$$

因此，若 $X(z)$ 的收敛域为 $|z|>R_-$，则通过式(6.3.6)可将 $X(z)$ 展成 z 的负幂级数，则 z^{-n} 项的系数就是因果序列 $x(n)$ 的相应项；若 $X(z)$ 的收敛域为 $|z|<R_+$，则通过式(6.3.7)可将 $X(z)$ 展成 z 的正幂级数，则 z^n 项的系数就是原函数 $x(n)$ 的相应项；若 $X(z)$ 的收敛域为 $R_-<|z|<R_+$，则 $x(n)$ 为双边序列，则将 $X(z)$ 通过式(6.3.5)展成两项，即

$$X(z)=X_1(z)+X_2(z)$$

其中，$X_1(z)$ 的收敛域为 $|z|<R_+$，可通过式(6.3.7)可将 $X(z)$ 展成 z 的正幂级数，其反变换 $x_1(n)$ 为反因果序列部分，$X_2(z)$ 的收敛域为 $|z|>R_-$，可通过式(6.3.6)可将 $X(z)$ 展成 z 的负幂级数，其反变换 $x_2(n)$ 为因果序列部分，$x(n)$ 为 $x_1(n)$ 与 $x_2(n)$ 之和，即 $x(n)=x_1(n)+x_2(n)$。下面我们举例说明。

例 6.3.1 已知某序列的 z 变换 $X(z)=\dfrac{z}{z-a}$，$|z|>|a|$，求 $x(n)$。

【解】 由题意，收敛域为 $|z|>|a|$，且 $X(z)$ 在 $z=\infty$ 处收敛，则其对应因果序列，即可将 $X(z)$ 按照(6.3.6)展成 z 的负幂级数，即

$$X(z)=\sum_{n=0}^{+\infty}x(n)z^{-n}=x(0)+x(1)z^{-1}+x(2)z^{-2}+x(3)z^{-3}+\cdots$$

因此，将 $X(z)$ 降幂长除有

$$\begin{array}{r|l}
 & 1+az^{-1}+a^2z^{-2}+a^3z^{-3}+\cdots \\ \hline
z-a & z \\
 & z-a \\ \hline
 & a \\
 & a-a^2z^{-1} \\ \hline
 & a^2z^{-1} \\
 & a^2z^{-1}-a^3z^{-2} \\ \hline
 & a^3z^{-2} \\
 & a^3z^{-2}-a^4z^{-3} \\ \hline
 & a^4z^{-3} \\
 & \vdots
\end{array}$$

因此，

$$x(n)=a^n u(n)$$

例 6.3.2 已知某序列的 z 变换 $X(z)=\dfrac{z}{z-a}$，$|z|<|a|$，求 $x(n)$。

【解】 由题意，收敛域为 $|z|<|a|$，且 $X(z)$ 在 $z=0$ 处收敛，则其对应反因果序列，即可将 $X(z)$ 按照(6.3-6)展成 z 的正幂级数，即

$$X(z)=\sum_{n=-\infty}^{-1} x(n)z^{-n}=\cdots+x(-3)z^3+x(-2)z^2+x(-1)z$$

因此，将 $X(z)$ 升幂长除有

$$\begin{array}{r|l}
 & -\frac{1}{a}z-\frac{1}{a^2}z^2-\frac{1}{a^3}z^3-\cdots \\ \hline
-a+z & z \\
 & z-\frac{1}{a}z^2 \\ \cline{2-2}
 & \frac{1}{a}z^2 \\
 & \frac{1}{a}z^2-\frac{1}{a^2}z^3 \\ \cline{2-2}
 & \frac{1}{a^2}z^3 \\
 & \frac{1}{a^2}z^3-\frac{1}{a^3}z^4 \\ \cline{2-2}
 & \frac{1}{a^3}z^4 \\
 & \vdots
\end{array}$$

所以，

$$x(n)=-a^n u(-n-1)$$

例 6.3.3 已知某序列的 z 变换 $X(z)=\dfrac{5z}{6z^2-z-1}$，$\dfrac{1}{3}<|z|<\dfrac{1}{2}$，求 $x(n)$。

【解】 由收敛域知 $x(n)$ 为双边序列，这意味着 $X(z)$ 的级数展开式中既有 z 的级数，也含有 z^{-1} 的级数。将 $X(z)$ 写成两部分之和，即

$$X(z)=\frac{\frac{1}{2}}{z-\frac{1}{2}}+\frac{\frac{1}{3}}{z+\frac{1}{3}}=X_1(z)+X_2(z)$$

$X_1(z)$ 的收敛域为 $|z|<\dfrac{1}{2}$，$X_2(z)$ 的收敛域为 $|z|>\dfrac{1}{3}$。

同上，采用长除法分别将 $X_1(z)$ 和 $X_2(z)$ 展开有

$$X_1(z)=-1-2z-4z^2-\cdots-(2z)^n-\cdots,\quad |z|<\frac{1}{2}$$

$$X_2(z)=\frac{1}{3}z^{-1}-\frac{1}{9}z^{-2}+\frac{1}{27}z^{-3}+\cdots-\frac{(-1)^n}{(3z)^n}+\cdots,\quad |z|>\frac{1}{3}$$

于是，相应地 $x(n)$ 为

$$x(n)=\begin{cases}\left(-\dfrac{1}{3}\right)^n & n\geqslant 0\\ -\left(\dfrac{1}{2}\right)^n & n<0\end{cases}$$

2. 部分分式法

与连续系统求拉普拉斯逆变换相似,逆 z 变换也可采用部分分式展开法求解。该方法的核心就是要将 $X(z)$ 分解成若干个基本形式项的代数和,从而利用已有的基本形式写出 $X(z)$ 的逆变换。不过 $X(z)$ 的部分分式展开和 $X(s)$ 的有所不同。对 $X(s)$ 我们可以直接进行部分分式展开;而对 $X(z)$ 而言,我们必须先对 $\dfrac{X(z)}{z}$ 进行部分分式展开,然后将分母中的 z 移到等式右边,保证部分分式中的每一项分子上都含有 z,这是因为常用指数函数 z 变换的形式为 $\dfrac{z}{z-a}$,由表 6.1.1 可知,很多基本序列 z 变换的分子上多数都有 z 项,如果直接对 $X(z)$ 展开的话,部分分式各项的分子就没有 z,无法利用基本序列的 z 变换。

若 $X(z)$ 为有理分式,则 $X(z)$ 可表示为

$$X(z)=\frac{\mathrm{B}(z)}{\mathrm{A}(z)}=\frac{b_0+b_1z+\cdots+b_{m-1}z^{m-1}+b_mz^m}{a_0+a_1z+\cdots+a_{n-1}z^{n-1}+a_nz^n}\qquad R_-<|z|<R_+ \tag{6.3.8}$$

式中,$a_i(i=0,1,2,\cdots,n)$,$b_j(j=0,1,2,\cdots,m)$ 为实数,取 $a_n=1$。

若 $m>n$,$X(z)$ 为假分式,可用多项式除法将 $X(z)$ 表示为

$$X(z)=c_0+c_1z+c_2z^2+\cdots+c_{m-n}z^{m-n}+\frac{D(z)}{A(z)}=C(z)+\frac{D(z)}{A(z)} \tag{6.3.9}$$

$$C(z)=c_0+c_1z+c_2z^2+\cdots+c_{m-n}z^{m-n}$$

式中,$c_i(i=0,1,2,\cdots,m-n)$ 为实数,$C(z)$ 的逆变换为 $c_i\delta(n+i)$ 之和。$\dfrac{D(z)}{A(z)}$ 为真分式,可展开为部分分式求逆 z 变换。因此,下面着重讨论 $X(z)$ 为真分式的情况。

若 $m\leqslant n$,则 $\dfrac{X(z)}{z}$ 为真分式,根据 $\dfrac{X(z)}{z}$ 的极点的情况,分几种情况讨论:

(1) $\dfrac{X(z)}{z}$ 的极点为一阶极点,则 $\dfrac{X(z)}{z}$ 可展开为

$$\frac{X(z)}{z}=\frac{K_0}{z}+\sum_{i=1}^{n}\frac{K_i}{z-z_i} \tag{6.3.10}$$

式中,系数

$$K_i=(z-z_i)\left.\frac{X(z)}{z}\right|_{z=z_i}\qquad i=0,1,\cdots,n$$

$$K_0=X(z)\mid_{z=0}=\frac{b_0}{a_0} \tag{6.3.11}$$

将式(6.3.10)两边同时乘 z,得

$$X(z)=K_0+\sum_{i=1}^{n}\frac{K_iz}{z-z_i}\qquad R_-<|z|<R_+ \tag{6.3.12}$$

式中,K_0 对应的变换为 $K_0\delta(n)$,再根据下面的变换对

$$K_i(z_i)^nu(n)\leftrightarrow\frac{K_i}{z-z_i}\qquad |z|>|z_i| \tag{6.3.13}$$

$$-K_i(z_i)^n u(-n-1) \leftrightarrow \frac{K_i}{z-z_i} \qquad |z|<|z_i| \tag{6.3.14}$$

对式(6.3.12)求解逆 z 变换得 $x(n)$。

例 6.3.4 已知 $X(z)=\dfrac{z+2}{2z^2-7z+3}$，$|z|>3$，求 $X(z)$ 的逆 z 变换 $x(n)$。

【解】 因为 $X(z)$ 的收敛域为 $|z|>3$，所以 $x(n)$ 为因果序列。$\dfrac{X(z)}{z}$ 的极点均为一阶极点，将 $\dfrac{X(z)}{z}$ 展开有

$$\frac{X(z)}{z}=\frac{z+2}{z(2z-1)(z-3)}=\frac{K_1}{z}+\frac{K_2}{2z-1}+\frac{K_3}{z-3}$$

由式(6.3.11)有

$$K_1=z\left[\frac{X(z)}{z}\right]\bigg|_{z=0}=\frac{z+2}{(2z-1)(z-3)}\bigg|_{z=0}=\frac{2}{3}$$

$$K_2=(2z-1)\left[\frac{X(z)}{z}\right]\bigg|_{z=½}=\frac{z+2}{z(z-3)}\bigg|_{z=½}=-2$$

$$K_3=(z-3)\left[\frac{X(z)}{z}\right]\bigg|_{z=3}=\frac{z+2}{z(2z-1)}\bigg|_{z=3}=\frac{1}{3}$$

于是有

$$\frac{X(z)}{z}=\frac{2}{3}\cdot\frac{1}{z}-2\cdot\frac{1}{2z-1}+\frac{1}{3}\cdot\frac{1}{z-3}$$

即

$$X(z)=\frac{2}{3}-2\cdot\frac{z}{2z-1}+\frac{1}{3}\cdot\frac{z}{z-3} \qquad |z|>3$$

由式(6.3.13)易知

$$x(n)=\frac{2}{3}\delta(n)-\left(\frac{1}{2}\right)^n u(n)+\frac{1}{3}(3)^n u(n)$$

例 6.3.5 已知 $X(z)=\dfrac{5z^{-1}}{1+z^{-1}-6z^{-2}}$，$2<|z|<3$，求 $x(n)$。

【解】 因为 $X(z)$ 的收敛域为 $2<|z|<3$，所以 $x(n)$ 为双边序列。$\dfrac{X(z)}{z}$ 的极点均为一阶极点，将 $\dfrac{X(z)}{z}$ 展开有

$$\frac{X(z)}{z}=\frac{5z^{-2}}{1+z^{-1}-6z^{-2}}=\frac{5}{z^2+z-6}=\frac{5}{(z-2)(z+3)}$$

$$=\frac{K_1}{(z-2)}+\frac{K_2}{(z+3)}$$

$$K_1=(z-2)\frac{X(z)}{z}\bigg|_{z=2}=\frac{5}{z+3}\bigg|_{z=2}=1$$

$$K_2=(z+3)\frac{X(z)}{z}\bigg|_{z=-3}=\frac{5}{z-2}\bigg|_{z=-3}=-1$$

所以有

$$\frac{X(z)}{z}=\frac{1}{z-2}-\frac{1}{z+3}$$

$$X(z)=\frac{z}{z-2}-\frac{z}{z+3}$$

因为收敛区为 $2<|z|<3$，是双边序列，由式(6.3.13)和(6.3.14)有

$$2^n u(n)\leftrightarrow\frac{z}{z-2}\qquad |z|>2$$

$$-(-3)^n u(-n-1)\leftrightarrow\frac{z}{z-3}\qquad |z|<3$$

所以有 $x(n)=2^n u(n)+(-3)^n u(-n-1)$。

(2) $\frac{X(z)}{z}$ 有重极点。

设 $\frac{X(z)}{z}$ 在 $z=z_0$ 有 m 阶重极点，另有 k 个一阶极点 $z_i(i=1,2,\cdots,k)$，则 $\frac{X(z)}{z}$ 可表示为

$$\begin{aligned}\frac{X(z)}{z}&=\frac{B(z)}{(z-z_0)^m(z-z_1)(z-z_2)\cdots(z-z_k)}\\&=\frac{K_{1m}}{(z-z_0)^m}+\frac{K_{1m-1}}{(z-z_0)^{m-1}}+\cdots+\frac{K_{11}}{(z-z_0)}+\sum_{i=1}^{k}\frac{K_i}{z-z_i}\end{aligned}\tag{6.3.15}$$

系数 $K_{1i}(i=1,2,\cdots,m)$，$K_i(i=1,2,\cdots,k)$ 的计算公式为

$$K_{1i}=\frac{1}{(m-i)!}\left[(z-z_0)^m\frac{X(z)}{z}\right]^{(m-i)}\Bigg|_{z=z_0}$$

$$K_i=(z-z_i)\frac{X(z)}{z}\Bigg|_{z=z_i}\tag{6.3.16}$$

$X(z)$ 的部分分式展开式为

$$X(z)=\sum_{i=1}^{m}K_{1i}\frac{z}{(z-z_0)^i}+\sum_{i=1}^{k}K_i\frac{z}{z-z_i}\qquad R_-<|z|<R_+\tag{6.3.17}$$

根据 $X(z)$ 的收敛域和各分式的逆 z 变换求 $X(z)$ 的逆 z 变换。

例 6.3.6 已知 $X(z)=\frac{z+2}{(z-1)(z-2)^2}$，$1<|z|<2$，求 $X(z)$ 的原函数 $x(n)$。

【解】 显然由收敛域知，$x(n)$ 为双边序列，$\frac{X(z)}{z}$ 的部分分式展开式为

$$\begin{aligned}\frac{X(z)}{z}&=\frac{z+2}{z(z-1)(z-2)^2}=\frac{K_{12}}{(z-2)^2}+\frac{K_{11}}{(z-2)}+\frac{K_1}{z-1}+\frac{K_2}{z}\\&=\frac{2}{(z-2)^2}-\frac{\frac{5}{2}}{z-2}+\frac{3}{z-1}-\frac{\frac{1}{2}}{z}\end{aligned}$$

所以

$$X(z)=\frac{2z}{(z-2)^2}-\frac{\frac{5}{2}z}{z-2}+\frac{3z}{z-1}-\frac{1}{2}\qquad 1<|z|<2$$

由式(6.2.16)知，

$$-nu(-n-1)\leftrightarrow\frac{z}{(z-1)^2}\quad |z|<1$$

则

$$-na^n u(-n-1)\leftrightarrow\frac{\frac{z}{a}}{\left(\frac{z}{a}-1\right)^2}=\frac{az}{(z-a)^2}\quad |z|<|a| \tag{6.3.18}$$

因此

$$-n2^n u(-n-1)\leftrightarrow\frac{2z}{(z-2)^2}\quad |z|<2$$

$$x(n)=-n2^n u(-n-1)+\frac{5}{2}2^n u(-n-1)+3u(n)-\frac{1}{2}\delta(n)$$

$$=(5-2n)2^{n-1}u(-n-1)+3u(n)-\frac{1}{2}\delta(n)$$

(3) $\frac{X(z)}{z}$ 有共轭极点。

若 $\frac{X(z)}{z}$ 有共轭极点，$\frac{X(z)}{z}$ 展开为部分分式的和，其系数计算公式与实极点一致，只是计算更复杂，下面举例说明。

例 6.3.7 已知 $X(z)=\frac{z}{z^2-4z+8}$，$|z|>2\sqrt{2}$，求 $X(z)$ 的原函数 $x(n)$。

【解】 $X(z)$ 的收敛域为 $|z|>2\sqrt{2}$，$x(n)$ 为因果序列。$X(z)$ 的极点为 $z_{1,2}=2\pm j2$，$\frac{X(z)}{z}$ 可展开为

$$\frac{X(z)}{z}=\frac{1}{[z-(2+j2)][z-(2-j2)]}$$

$$=\frac{K_1}{z-(2+j2)}+\frac{K_2}{z-(2-j2)}$$

$$K_1=[z-(2+j2)]\frac{X(z)}{z}\Big|_{z=2+j2}=-j\frac{1}{4}=\frac{1}{4}e^{-j\pi/2}$$

$$K_2=K_1^*=\frac{1}{4}e^{j\pi/2}$$

于是有

$$X(z)=\frac{1}{4}e^{-j\pi/2}\cdot\frac{z}{z-(2+j2)}+\frac{1}{4}e^{j\pi/2}\cdot\frac{z}{z-(2-j2)}$$

$$=\frac{1}{4}e^{-j\pi/2}\frac{z}{z-2\sqrt{2}e^{j\pi/4}}+\frac{1}{4}e^{j\pi/2}\cdot\frac{z}{z-2\sqrt{2}e^{-j\pi/4}}$$

所以

$$x(n)=\frac{1}{4}[e^{-j\pi/2}(2\sqrt{2}e^{j\pi/4})^n+e^{j\pi/2}(2\sqrt{2}e^{-j\pi/4})^n]u(n)$$

$$=\frac{1}{4}(2\sqrt{2})^n[e^{j\left(\frac{\pi}{4}n-\frac{\pi}{2}\right)}+e^{-j\left(\frac{\pi}{4}n-\frac{\pi}{2}\right)}]u(n)$$

$$=\frac{1}{2}(2\sqrt{2})^n\cos\left(\frac{\pi}{4}n-\frac{\pi}{2}\right)u(n)$$

一般情况下，若 $X(z)$ 有共轭复极点 $z_{1,2}=c\pm \mathrm{j}d$，并且令

$$\begin{cases} z_1 = c + \mathrm{j}d = r\mathrm{e}^{\mathrm{j}\beta} \\ z_2 = c - \mathrm{j}d = r\mathrm{e}^{-\mathrm{j}\beta} \end{cases}$$

则复极点对应的部分分式为

$$\frac{|K_1|\mathrm{e}^{\mathrm{j}\theta}z}{z - r\mathrm{e}^{\mathrm{j}\beta}} + \frac{|K_1|\mathrm{e}^{-\mathrm{j}\theta}z}{z - r\mathrm{e}^{-\mathrm{j}\beta}} \tag{6.3.19}$$

若式(6.3.19)的收敛域为 $|z|>r$，则其 z 逆变换为

$$2|K_1|r^n\cos(\beta n + \theta)u(n) \tag{6.3.20}$$

若式(6.3.19)的收敛域为 $|z|<r$，则其 z 逆变换为

$$-2|K_1|r^n\cos(\beta n + \theta)u(-n-1) \tag{6.3.21}$$

3. 留数法

逆 z 变换也可以像拉普拉斯逆变换那样利用留数定理来计算，由式(6.3.4)所示，即

$$x(n) = \frac{1}{2\pi \mathrm{j}}\oint_C X(z)z^{n-1}\mathrm{d}z \quad C \in (R_{X^-}, R_{X^+}) \qquad -\infty < n < +\infty$$

其中 C 是包围 $X(z)z^{n-1}$ 的所有极点的闭合积分路径，它通常是在 z 平面的收敛域内以原点为中心的一个圆。借助复变函数的留数定理，可以将式(6.3.4)的积分表示为围线 C 内所包含的 $X(z)z^{n-1}$ 的各极点留数之和，即

$$x(n) = \sum_{C\text{内极点}} \underset{z_i}{\mathrm{Res}}[X(z)z^{n-1}] \tag{6.3.22}$$

若 $X(z)z^{n-1}$ 在 $z=z_i$ 有 r 重极点，则极点 z_i 的留数为

$$\underset{z_i}{\mathrm{Res}}[X(z)z^{n-1}] = \frac{1}{(r-1)!}\frac{\mathrm{d}^{r-1}}{\mathrm{d}z^{r-1}}[(z-z_i)^r X(z)z^{n-1}]\Big|_{z=z_i} \tag{6.3.23}$$

若 $X(z)z^{n-1}$ 在 $z=z_i$ 有一阶极点，即 $r=1$，则式(6.3.23)可简化为

$$\underset{z_i}{\mathrm{Res}}[X(z)z^{n-1}] = (z-z_i)X(z)z^{n-1}\Big|_{z=z_i} \tag{6.3.24}$$

例 6.3.8 已知 $X(z) = \dfrac{z^2}{(z-1)(z-0.5)}$，$|z|>1$，试计算其逆 z 变换 $x(n)$。

【解】 由式(6.3.22)知，$X(z)$ 的逆 z 变换为

$$x(n) = \sum_{C\text{内极点}} \underset{z_i}{\mathrm{Res}}[X(z)z^{n-1}] = \sum_{C\text{内极点}} \underset{z_i}{\mathrm{Res}}\left[\frac{z^{n+1}}{(z-1)(z-0.5)}\right]$$

当 $n \geqslant -1$ 时，在 $z=0$ 没有极点，$X(z)z^{n-1}$ 仅在 $z=1$ 和 $z=0.5$ 处有一阶极点，可求得

$$\mathrm{Res}\left[\frac{z^{n+1}}{(z-1)(z-0.5)}\right]_{z=1} = \frac{z^{n+1}}{(z-0.5)}\bigg|_{z=1} = 2$$

$$\mathrm{Res}[X(z)z^{n-1}]_{z=0.5} = \frac{z^{n+1}}{(z-1)}\bigg|_{z=0.5} = -(0.5)^n$$

由此，$x(n) = [2-(0.5)^n]u(n+1)$。

由于 $n=-1$ 时，$x(n)=0$，故将上式简写为

$$x(n) = [2-(0.5)^n]u(n)$$

当 $n<-1$ 时，在 $z=0$ 存在极点，不难求得在 $z=0$ 点的极点与上面两极点之和为零，因此 $x(n)$ 均为零。故本题答案即为上述所求因果序列，这与收敛条件（$|z|>1$）一致。

6.4 离散时间系统的复频域分析

线性时不变离散时间系统的 z 域分析的基本思路与连续时间系统的 s 域分析相似,本章讨论的系统,其输入为因果信号,因此,系统分析时采用单边 z 变换和 z 逆变换。z 变换将描述离散时间系统的差分方程变换为 z 域的代数方程,便于运算和求解,同时单边 z 变换将系统的初始状态自然地包含于像函数方程中,既可以分别求得零输入响应、零状态响应,也可一举求得系统的全响应。在本章后面的讨论中,若不特别说明,离散系统均指线性时不变因果离散时间系统。

6.4.1 差分方程的 z 域解法

设离散系统的激励为 $x(n)$,响应为 $y(n)$,描述 n 阶系统的后向差分方程的一般形式为

$$\sum_{i=0}^{n} a_i y(n-i) = \sum_{j=0}^{m} b_j x(n-j) \tag{6.4.1}$$

式中,$a_i(i=0,1,\cdots,n)$、$b_j(j=0,1,\cdots,m)$均为实数,当 $x(n)$ 为因果序列,已知初始(边界)条件 $y(-1),y(-2),\cdots,y(-n)$时,可利用 Z 变换求解式(6.4.1),对式(6.4.1)等式两边取 z 变换,利用单边 z 变换的位移性,得到

$$\sum_{i=0}^{n} a_i z^{-i}\left[Y(z) + \sum_{l=-i}^{-1} y(l) z^{-l}\right] = \sum_{j=0}^{m} b_j z^{-j} X(z) \tag{6.4.2}$$

式中,$y(l)$是初始条件。

1. 零输入响应

零输入响应是仅由系统初始储能引起的响应,与初始(边界)条件 $y(-1),y(-2),\cdots,y(-N)$密切相关。此时激励 $x(n)=0$,式(6.4.1)差分方程右边等于零,式(6.4.2)转化为

$$\sum_{i=0}^{n} a_i z^{-i}\left[Y(z) + \sum_{l=-i}^{-1} y_x(l) z^{-l}\right] = 0 \tag{6.4.3}$$

有

$$\sum_{i=0}^{n} a_i z^{-i} Y_x(z) = -\sum_{i=0}^{n}\left[a_i z^{-i}\sum_{l=-i}^{-1} y_x(l) z^{-l}\right] \tag{6.4.4}$$

整理得

$$Y_x(z) = \frac{-\sum_{i=0}^{n}\left[a_i z^{-i}\sum_{l=-i}^{-1} y_x(l) z^{-l}\right]}{\sum_{i=0}^{n} a_i z^{-i}} \tag{6.4.5}$$

式中,$y(l)$为系统的初始(边界)条件,$-n\leqslant l\leqslant -1$,可见,$Y_x(z)$仅取决于系统的起始状态值 $y_x(l)$,$l=-1,-2,\cdots,-n$。对 $Y_x(z)$取逆 z 变换即得零输入响应 $y_x(n)$。

$$y_x(n) = Z^{-1}[Y_x(z)] \tag{6.4.6}$$

需要注意的是,一般而言,系统起始值用 $y(l)$,$l=-1,-2,\cdots,-n$ 表示,与 $y_x(l)$并不相同。但对于激励为因果序列时,因为 $n<0$ 时 $x(n)=0$,所以 $y(l)=y_x(l)$,$l=-1,-2,\cdots,-n$,即 $y(l)$和 $y_x(l)$都是指不考虑 $n\geqslant 0$ 后输入序列作用下的起始状态。

2. 零状态响应

零状态响应是仅由激励引起的响应。当激励 $x(n)$ 为因果序列时，若起始条件 $y(l)=0,-N\leqslant l\leqslant -1$，此时系统的响应即为零状态响应 $y_f(n)$，由式(6.4.2) 有

$$\sum_{i=0}^{n} a_i z^{-i} Y_f(z) = \sum_{j=0}^{m} b_j z^{-j} X(z) \tag{6.4.7}$$

由式(6.4.7)得零状态响应为

$$Y_f(z) = \frac{\sum_{j=0}^{m} b_j z^{-j} X(z)}{\sum_{i=0}^{n} a_i z^{-i}} \tag{6.4.8}$$

对式(6.4.8)进行逆 z 变换即可得

$$y_f(n) = Z^{-1}[Y_f(z)] \tag{6.4.9}$$

3. 全响应

利用 z 变换，不需要分别求零状态响应与零输入响应，可以直接求解差分方程的全响应。对式(6.4.2)整理即有

$$Y(Z) = \underbrace{\frac{-\sum_{i=0}^{n}\left[a_i z^{-i}\sum_{l=-i}^{-1} y(l) z^{-l}\right]}{\sum_{i=0}^{n} a_i z^{-i}}}_{Y_x(z)} + \underbrace{\frac{\sum_{j=0}^{m} b_j z^{-j} X(z)}{\sum_{i=0}^{n} a_i z^{-i}}}_{Y_f(z)} \tag{6.4.10}$$

对上式求逆 z 变换可得

$$y(n) = Z^{-1}[Y(z)] = y_x(n) + y_f(n) \tag{6.4.11}$$

综上所述，对于离散系统变换域分析，可以先通过式(6.4.10)求得系统全响应 $y(n)$ 的 z 变换 $Y(z)$，然后再求 $Y(z)$ 的逆 z 变换，即可得到全响应的时域解 $y(n)$；或者利用式(6.4.5)和式(6.4.8)求得 $Y_x(z)$ 和 $Y_f(z)$，然后通过逆 z 变换求得相应的 $y_x(n)$ 和 $y_f(n)$，并将它们相加，即可得到全响应 $y(n)$。

例 6.4.1 已知一离散系统的差分方程为 $y(n)-by(n-1)=x(n)$，求 $y(n)$。其中 $x(n)=a^n u(n)$，$y(-1)=0$，$a\neq b$。

【解】 因为 $y(-1)=0$，是零状态响应。对方程两边取 z 变换

$$Y(z) - bz^{-1}Y(z) = X(z)$$

$$(1-bz^{-1})Y(z) = X(z)$$

$$Y(z) = \frac{1}{1-bz^{-1}}X(z) = \frac{1}{1-bz^{-1}}\cdot\frac{1}{1-az^{-1}}$$

$$= \frac{z}{z-b}\cdot\frac{z}{z-a}$$

$$= \frac{1}{a-b}\left(\frac{az}{z-a} - \frac{bz}{z-b}\right)$$

对上式进行逆 z 变换有全响应

$$y(n)=\frac{1}{a-b}(a^{n+1}-b^{n+1})u(n)$$

例 6.4.2 若描述某线性时不变系统的差分方程为

$$y(n)-3y(n-1)+2y(n-2)=x(n)+x(n-1)$$

已知起始条件 $y_x(-2)=3, y_x(-1)=2, x(n)=2^n u(n)$。求系统的零输入响应和零状态响应。

【解】 令 $Z[y(n)]=Y(z), Z[x(n)]=X(z)$。对差分方程两端进行 z 变换,得

$$Y(z)-3z^{-1}Y(z)-3y(-1)+2z^{-2}Y(z)+2y(-2)+2z^{-1}y(-1)=X(z)+z^{-1}X(z)+x(-1)$$

考虑到 $x(n)$ 为因果序列,$x(-1)=0$,整理即有

$$(1-3z^{-1}+2z^{-2})Y(z)=(3-2z^{-1})y(-1)-2y(-2)+X(z)+z^{-1}X(z),$$

由上式可解得

$$Y(z)=\frac{(3-2z^{-1})y(-1)-2y(-2)}{1-3z^{-1}+2z^{-2}}+\frac{X(z)+z^{-1}X(z)}{1-3z^{-1}+2z^{-2}} \tag{6.4.12}$$

上式第一项只与系统起始状态有关,是零输入响应的像函数 $Y_x(z)$;第二项只与系统激励有关,是零状态响应的像函数 $Y_f(z)$。由于激励 $x(n)=2^n u(n)$,因而 $y(-2)=y_x(-2)=3, y(-1)=y_x(-1)=2$,且有 $X(z)=\dfrac{z}{z-2}$。故零输入响应和零状态响应的像函数分别为

$$Y_x(z)=\frac{(3-2z^{-1})y(-1)-2y(-2)}{1-3z^{-1}+2z^{-2}}=\frac{2(3-2z^{-1})-6}{1-3z^{-1}+2z^{-2}}=\frac{-4z}{z^2-3z+2}$$

$$Y_f(z)=\frac{X(z)+z^{-1}X(z)}{1-3z^{-1}+2z^{-2}}=\frac{z^2+z}{z^2-3z+2}\cdot\frac{z}{z-2}$$

将 $\dfrac{Y_x(z)}{z}, \dfrac{Y_f(z)}{z}$ 分别展开为部分分式,得

$$\frac{Y_x(z)}{z}=\frac{4}{z-1}-\frac{4}{z-2}$$

$$\frac{Y_f(z)}{z}=\frac{6}{(z-2)^2}-\frac{1}{z-2}+\frac{2}{z-1}$$

即有

$$Y_x(z)=\frac{4z}{z-1}-\frac{4z}{z-2}$$

$$Y_f(z)=\frac{6z}{(z-2)^2}-\frac{z}{z-2}+\frac{2z}{z-1}$$

因此,系统零输入响应和零状态响应分别为

$$y_x(n)=4(1-2^n)u(n)$$

$$y_f(n)=[(3n-1)2^n+2]u(n)$$

全响应

$$y(n)=y_x(n)+y_f(n)=[(3n-5)2^n+6]u(n)$$

本题若只求全响应,可将有关初始状态和 $X(Z)$ 代入式(6.4.12),整理有

$$Y(z)=\frac{(z^2-3z+8)z}{(z-2)^2(z-1)}=\frac{6z}{(z-2)^2}+\frac{6z}{z-1}+\frac{-5z}{z-2}$$

取逆 z 变换后得到全响应 $y(n)$,结果同上。

在系统分析中,有时已知系统的初始值 $y(0), y(1), \cdots$,由于在 $n\geqslant 0$ 时激励加入,而 $y_f(n)$ 及

其移位项可能不为零，因而不易分辨零输入响应和零状态响应的初始值，也不便于使用单边 z 变换的右移位特性求解零输入响应，此时我们需要将初始值 $y(0)$，$y(1)$，…，转换为 $y(-1)$，$y(-2)$，…，如前所述，由于 $y_f(-1)=0$，$y_x(-1)=y(-1)$，同理 $y_f(-2)=0$，$y_x(-2)=y(-2)$，…，下面举例说明。

例 6.4.3 若描述某线性时不变系统的差分方程为

$$y(n)+3y(n-1)+2y(n-2)=x(n)$$

已知起始条件 $y(0)=0$，$y(1)=0$，$x(n)=(-3)^n u(n)$。求系统的全响应。

【解】 令 $n=1$ 代入差分方程有

$$y(1)+3y(0)+2y(-1)=(-3)^1=-3$$

代入初始条件有 $y(-1)=-\dfrac{3}{2}$

同样地，令 $n=0$ 代入差分方程有

$$y(0)+3y(-1)+2y(-2)=(-3)^0=1$$

代入初始条件有 $y(-2)=\dfrac{11}{4}$。

令 $Z[y(n)]=Y(z)$，$Z[x(n)]=X(z)$。对差分方程两端进行 z 变换，得

$$Y(z)+3z^{-1}Y(z)+3y(-1)+2z^{-2}Y(z)+2z^{-1}y(-1)+2y(-2)=\frac{z}{z+3}$$

代入初始条件 $y(-1)=-\dfrac{3}{2}$，$y(-2)=\dfrac{11}{4}$ 整理有

$$Y(z)=\frac{z^2}{z^2+3z+2}\cdot\frac{9}{z(z+3)}$$

$$=\frac{\frac{9}{2}z}{z+1}+\frac{-9z}{z+2}+\frac{\frac{9}{2}z}{z+3}$$

对上式进行逆 z 变换得系统的全响应为

$$y(n)=\left[\frac{9}{2}(-1)^n-9(-2)^n+\frac{9}{2}(-3)^n\right]u(n)$$

例 6.4.4 若描述某线性时不变系统的差分方程为

$$y(n)+4y(n-1)+3y(n-2)=4x(n)+2x(n-1)$$

已知起始条件 $y(0)=9$，$y(1)=-33$，$x(n)=(-2)^n u(n)$。求系统的零输入响应 $y_x(n)$ 和零状态响应 $y_f(n)$ 和全响应 $y(n)$。

【解】 (1)设系统零状态，求零状态响应。

对方程两边取 z 变换，有

$$(1+4z^{-1}+3z^{-2})Y_f(z)=4X(z)+2z^{-1}X(z)$$

则

$$Y_f(z)=\frac{4X(z)+2z^{-1}X(z)}{1+4z^{-1}+3z^{-2}}=\frac{4z^2+2z}{z^2+4z+3}X(z)$$

将 $X(z)=\dfrac{z}{z+2}$ 代入上式，得

$$Y_f(z)=\frac{4z^2+2z}{z^2+4z+3}\cdot\frac{z}{z+2}$$

$$= \frac{z}{z+1} - \frac{12z}{z+2} + \frac{15z}{z+3}$$

因此，对上式进行逆 z 变换有

$$y_f(n) = [(-1)^n - 12(-2)^n + 15(-3)^n]u(n)$$

(2)求系统的零输入响应。

在零状态响应的表达式中，分别令 $n=0, n=1$ 有

$$y_f(0) = 4, y_f(1) = -22$$

由 $y(n) = y_x(n) + y_f(n)$ 易知

$$y_x(0) = y(0) - y_f(0) = 9 - 4 = 5$$

$$y_x(1) = y(1) - y_f(1) = -33 - (-22) = -11$$

考虑本例中特征根为 $\lambda_1 = -1$、$\lambda_2 = -3$，设零输入响应为

$$y_x(n) = C_{x1}(-1)^n + C_{x2}(-3)^n$$

代入初始条件 $y_x(0) = 5, y_x(1) = -11$ 有

$$\begin{cases} C_{x1} + C_{x2} = 5 \\ -C_{x1} - 3C_{x2} = -11 \end{cases}$$

解得

$$C_{x1} = 2, \quad C_{x2} = 3$$

所以，零输入响应为

$$y_x(n) = [2(-1)^n + 3(-3)^n]u(n)$$

系统的全响应为

$$\begin{aligned} y(n) &= y_x(n) + y_f(n) \\ &= [2(-1)^n + 3(-3)^n]u(n) + [(-1)^n - 12(-2)^n + 15(-3)^n]u(n) \\ &= [3(-1)^n - 12(-2)^n + 18(-3)^n]u(n) \end{aligned}$$

本题还可以由已知的 $x(n)$，$y(0)$，$y(1)$，递推的方法求出 $y(-1)$，$y(-2)$，再按照例 6.4.2 的过程求解，请读者自行验证。

6.4.2 离散时间系统的系统函数

如前所述，描述线性时不变离散时间系统的后向差分方程如(6.4.13)所示。

$$\sum_{i=0}^{n} a_i y(n-i) = \sum_{j=0}^{m} b_j x(n-j) \tag{6.4.13}$$

设系统为零状态，对上式方程进行 z 变换，整理可得(6.4.14)。

$$Y_f(z) = \frac{\sum_{j=0}^{m} b_j z^{-j} X(z)}{\sum_{i=0}^{n} a_i z^{-i}} = \frac{\sum_{j=0}^{m} b_j z^{-j}}{\sum_{i=0}^{n} a_i z^{-i}} X(z) \tag{6.4.14}$$

与连续系统相仿，我们定义离散系统零状态响应的 z 变换 $Y_f(z)$ 与输入序列的 z 变换 $X(z)$ 之比为系统函数或传输函数 $H(z)$，即有

$$H(z) = \frac{Y_f(z)}{X(z)} = \frac{\sum_{j=0}^{m} b_j z^{-j}}{\sum_{i=0}^{n} a_i z^{-i}} \tag{6.4.15}$$

引入系统函数的概念后，我们可以将式(6.4.14)写成：

$$Y_f(z) = H(z)X(z) \tag{6.4.16}$$

单位脉冲响应 $h(n)$ 是输入为 $\delta(n)$ 时系统的零状态响应，由于零状态响应 $y_f(n)$ 与单位脉冲响应 $h(n)$ 及输入 $x(n)$ 之间满足：

$$y_f(n) = h(n) * x(n) \tag{6.4.17}$$

由 z 变换的时域卷积性质及式(6.4.15)和(6.4.16)易知

$$H(z) = Z[h(n)] \tag{6.4.18}$$

即系统的单位脉冲响应 $h(n)$ 与系统函数 $H(Z)$ 是一对 z 变换对。

例 6.4.5 若描述某线性时不变系统的差分方程为

$$y(n) + 0.2y(n-1) - 0.24y(n-2) = x(n) + x(n-1)$$

若系统的是因果稳定的，试求该系统的单位脉冲响应 $h(n)$。

【解】 设系统状态为零，对上述方程取 z 变换，有

$$Y_f(z) + 0.2z^{-1}Y_f(z) - 0.24z^{-2}Y_f(z) = X(z) + z^{-1}X(z)$$

由上式易得

$$H(z) = \frac{1+z^{-1}}{1+0.2z^{-1}-0.24z^{-2}} = \frac{z^2+z}{z^2+0.2z-0.24}$$

将上式做部分分式展开得

$$H(z) = \frac{1.4z}{z-0.4} - \frac{0.4z}{z+0.6}$$

由于系统因果稳定，则 $|z| > 0.6$

对上式求逆 z 变换有

$$\begin{aligned} h(n) &= Z^{-1}[H(z)] \\ &= [1.4(0.4)^n - 0.4(-0.6)^n]u(n) \end{aligned}$$

6.4.3 z 变换与拉普拉斯变换的关系

要讨论 z 变换与拉普拉斯变换的关系，首先要研究 z 平面与 s 平面的映射(变换)关系。在 6.1 节中我们将连续信号的拉普拉斯变换与采样序列的 z 变换联系起来，引进了复变量 z，它与复变量 s 有以下的映射关系：

$$\begin{cases} z = e^{sT} \\ s = \dfrac{1}{T}\ln z \end{cases} \tag{6.4.19}$$

式中，T 是采样间隔，对应的采样频率 $\omega_s = 2\pi/T$。

为了更清楚地说明式(6.4.19)的映射关系，将 s 表示为直角坐标形式

$$s = \sigma + j\omega$$

将 z 表示为极坐标形式

$$z = \rho e^{j\theta}$$

将上面的表达式代入式(6.4.19)，有

$$z = e^{sT} = e^{(\sigma+j\omega)T} = e^{\sigma T}e^{j\omega T} = \rho e^{j\omega T}$$

由此得到

$$\begin{cases} \rho = e^{\sigma T} \\ \theta = \omega T \end{cases} \tag{6.4.20}$$

式中,θ 是数字域频率,下面由式(6.4.20)具体讨论 s 与 z 平面的映射关系。

(1) s 平面的虚轴($\sigma=0$)映射到 z 平面的单位圆 $e^{j\theta}$,s 平面左半平面($\sigma<0$)映射到 z 平面单位圆内($\rho=e^{\sigma T}<1$);s 平面右半平面($\sigma>0$)映射到 z 平面单位圆外($\rho=e^{\sigma T}>1$),如图 6.4.1 所示。

(2) 当 $\omega=0$ 时,$\theta=0$,即 s 平面的正实轴映射到 z 平面上的正实轴。s 平面的原点 $s=0$ 映射到 z 平面单位圆 $z=1$ 的点($\rho=1,\theta=0$)。s 平面上的任意一点 s_0 映射到 z 平面上的点为 $z=e^{s_0 T}$ 。

(3) 由式(6.4.20)知,由于 $z=re^{j\theta}$ 是 θ 的周期函数,当 ω 由 $-\pi/T$ 增长到 π/T 时,θ 由 $-\pi$ 增长到 π,幅角旋转了一周,映射了整个 z 平面,且 ω 每增加一个采样频率 $\omega_s=2\pi/T$,θ 就重复旋转一周,z 平面重叠一次。s 平面上宽度为 $2\pi/T$ 的带状区映射为整个 z 平面,这样 s 平面一条条宽度为 ω_s 的"横带"被重叠映射到整个 z 平面。所以,从 s 平面到 z 平面的映射关系不是单值的。z 平面上的一点 $z=\rho e^{j\theta}$ 对应着 s 平面的无穷多点,即

$$s=\frac{1}{T}\ln z=\frac{1}{T}\ln \rho+j\frac{\theta+2m\pi}{T},m=0,\ \pm 1,\ \pm 2,\cdots \tag{6.4.21}$$

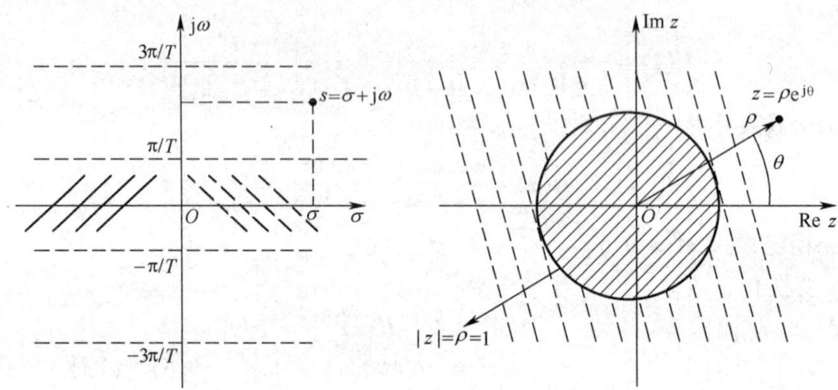

图 6.4.1　s 平面与 z 平面的映射关系

6.5　离散时间系统的系统函数与系统特性

6.5.1　系统函数的零点与极点

离散系统的系统函数 $H(z)$ 通常为有理分式,可以表示为 z^{-1} 的有理分式,也可以表示为 z 的有理分式。即

$$H(z)=\frac{B(z)}{A(z)}=\frac{b_m z^m+b_{m-1}z^{m-1}+\cdots+b_1 z+b_0}{a_n z^n+a_{n-1}z^{n-1}+\cdots+a_1 z+a_0} \tag{6.5.1}$$

式中,系数 $a_i(i=0,1,2,\cdots,n)$,$b_j(j=0,1,2,\cdots,m)$,$A(z)$ 和 $B(z)$ 均为 z 的有理多项式,因而能求得多项式等于零的根,其中,我们将 $A(z)=0$ 的根 $d_1,d_2,\cdots,d_i$,称为系统函数 $H(z)$ 的极点;$B(z)=0$ 的根 $c_1,c_2,\cdots,c_j$,称为系统函数 $H(z)$ 的零点;这样,对 $A(z)$ 和 $B(z)$ 因式分解后,将系统函数写成如下形式

$$H(z)=\frac{b_m(z-c_1)(z-c_2)\cdots(z-c_m)}{a_n(z-d_1)(z-d_2)\cdots(z-d_n)}=H_0\cdot\frac{\prod_{j=1}^{m}(z-c_j)}{\prod_{i=1}^{n}(z-d_i)} \tag{6.5.2}$$

式中，$H_0=\frac{b_m}{a_n}$，极点 d_i和零点 c_j可能是实数、虚数或复数。由于 $A(z)$ 和 $B(z)$ 的系数都是实数，所以，零、极点若为虚数或复数，则必然共轭成对。由式(6.4.20)可见，除了系数 H_0外，$H(z)$ 可由其零、极点确定。与连续时间系统函数零极点图相似，将零点$\{c_j\}$与极点$\{d_i\}$标在 z 平面上，可得到离散系统的零、极点图。

例 6.5.1 已知某系统的系统函数为

$$H(z)=\frac{1+0.5z^{-1}}{1-0.1z^{-1}-0.06z^{-2}}$$

求其零、极点并绘出零、极点图。

【解】

$$H(z)=\frac{1+0.5z^{-1}}{1-0.1z^{-1}-0.06z^{-2}}=\frac{z^2+0.5z}{z^2-0.1z-0.06}$$

$$=\frac{z(z+0.5)}{(z+0.2)(z-0.3)}$$

系统的零点为 $c_1=0, c_2=-0.5$。极点为 $d_1=-0.2, d_2=0.3$。

系统零极点图如下图 6.5.1 所示。

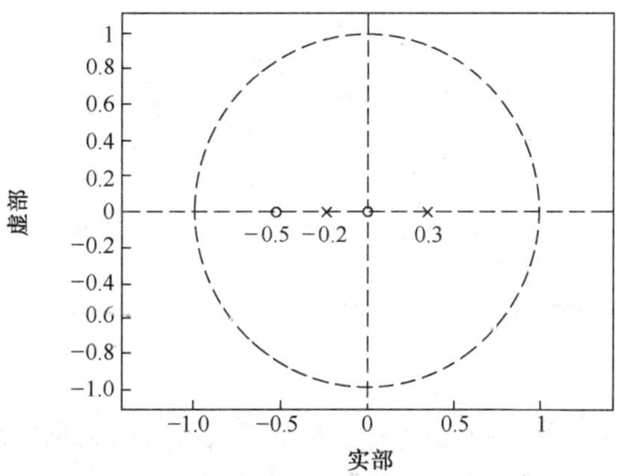

图 6.5.1 例 6.5.1 系统的零、极点图

6.5.2 系统函数的零极点与系统的时域响应

我们已经知道，$H(z)$ 与 $h(n)$ 是一对 z 变换对，所以只要知道 $H(z)$ 在 z 平面上的零、极点分布情况，就可以知道系统的脉冲响应 $h(n)$ 变化规律。设所有极点为单阶，利用部分分式展开，可得

$$H(z)=\sum_{i=1}^{n}\frac{A_iz}{z-d_i}=\sum_{i=1}^{n}\frac{A_iz}{z-d_i} \tag{6.5.3}$$

式(6.5.3)对应的单位脉冲响应为

$$h(n)=Z^{-1}[H(z)]=\sum_{i=1}^{n}h_i(n)=\sum_{i=1}^{n}A_i d_i^n u(n) \tag{6.5.4}$$

可见,单位脉冲响应 $h(n)$ 的形式完全由极点 d_i 决定。若 $|d_i|<1$,则 $\lim_{n\to\infty}A_i d_i^n=0$,即当极点位于单位圆内时,$h(n)$ 中相应项是衰减的;若 $|d_i|>1$,即当极点位于单位圆外时,$h(n)$ 中相应项的振幅是增加的;若 $|d_i|=1$,即极点在单位圆上时,$h(n)$ 中相应项的振幅维持常数。图 6.5.2 给出了 $H(z)$ 的极点分布与 $h(n)$ 的关系示意图。

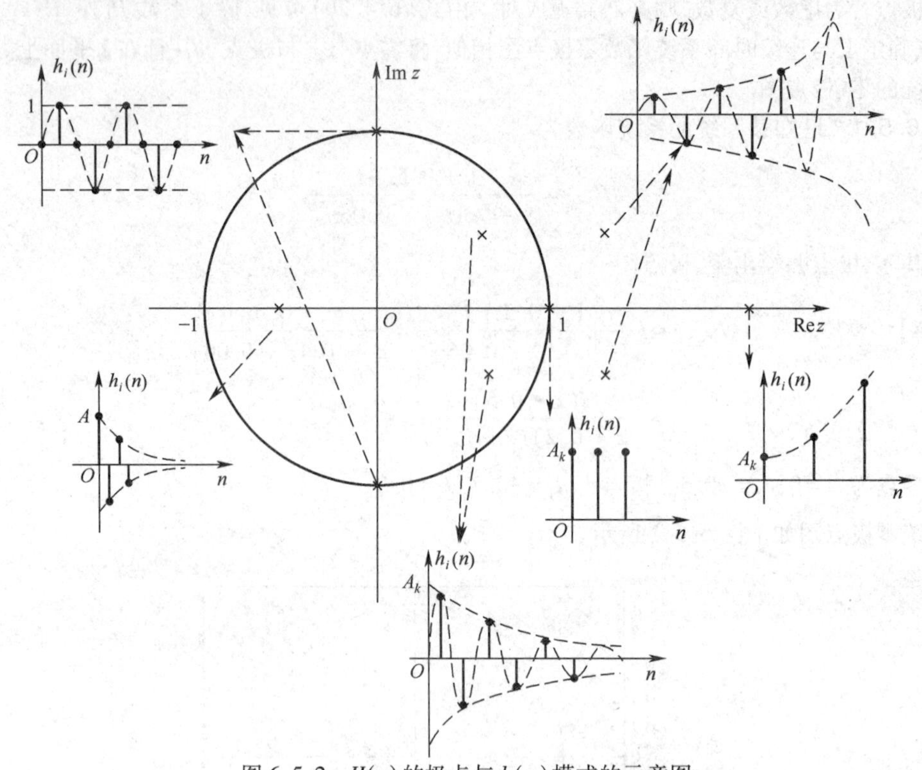

图 6.5.2　$H(z)$ 的极点与 $h(n)$ 模式的示意图

6.5.3　系统函数与系统的因果稳定性

1. 系统的因果性

因果系统是指,系统的零状态响应 $y_f(n)$ 不出现于激励 $x(n)$ 之前的系统,也就是说,对于 $n=0$ 时刻接入的任何激励 $x(n)$,如果其零状态响应 $y_f(n)$ 都有

$$y_f(n)=0,n<0 \tag{6.5.5}$$

则称该系统为因果系统,否则称为非因果系统。

离散系统为因果系统的充分必要条件是:离散系统的单位脉冲响应 $h(n)$ 满足

$$h(n)=0\quad n<0 \tag{6.5.6}$$

或者系统函数 $H(z)$ 的收敛域满足

$$|z|>R \tag{6.5.7}$$

即其系统函数收敛域为半径为 R 的圆外部(即收敛域包含无穷远),换而言之,即 $H(z)$ 的极点都在圆 $|z|=R$ 的内部。

下面证明离散因果系统的充要条件。

设系统的输入为 $x(n)=\delta(n)$,显然,在 $n<0$ 时,$x(n)=0$,这时系统的零状态响应为 $h(n)$,如

果是因果系统，则必有 $h(n)=0, n<0$。因此，式(6.5.6) 是必要的。下面来证明其充分性。

对于任意激励 $x(n)$，系统的零状态响应 $y_f(n)$ 等于单位样值响应 $h(n)$ 与输入 $x(n)$ 的离散卷积。考虑到在 $n<0$ 时，$x(n)=0$，有

$$y_f(n)=h(n)*x(n)=\sum_{m=-\infty}^{n}h(m)x(n-m)$$

若 $h(n)$ 满足式(6.5-6)，即 $h(n)=0, n<0$，那么当 $n<0$ 时，上式为零，当 $n>0$ 时，上式可以进一步写成

$$y_f(n)=\sum_{m=0}^{n}h(m)x(n-m)$$

即 $n<0$ 时，$y_f(n)=0$，因而式(6.5.6) 也是充分的。

2. 系统的稳定性

离散时间系统是稳定系统的充分必要条件

$$\sum_{n=-\infty}^{+\infty}|h(n)|\leqslant M \tag{6.5.8}$$

即若系统的单位脉冲响应是绝对可和的，则该系统是稳定的。

下面证明充分必要性。

充分性的证明：

对于任意的有界输入 $x(n)$，不妨设 $x(n)\leqslant M_x$，则系统的零状态响应的绝对值为

$$|y_f(n)|=\left|\sum_{m=-\infty}^{+\infty}x(m)h(n-m)\right|\leqslant M_x\left|\sum_{m=-\infty}^{+\infty}h(n-m)\right|$$

若 $h(n)$ 是绝对可和的，即式(6.5.8) 成立，则有

$$|y_f(n)|\leqslant M_xM$$

即对于任意有界输入，系统的零状态响应是有界的。因此式(6.5.8)是充分的。

必要性的证明：

现在我们证明，如果 $\sum_{n=-\infty}^{+\infty}|h(n)|$ 无界，则至少有某个有界输入 $x(n)$ 将产生无界的输出 $y_f(n)$。

选择输入函数 $x(n)$ 为

$$x(-n)=\begin{cases}-1 & h(n)<0\\ 0 & h(n)=0\\ 1, & h(n)>0\end{cases}$$

即有，$h(n)x(-n)=|h(n)|$。由于

$$y_f(n)=\sum_{m=-\infty}^{+\infty}h(m)x(n-m)$$

令 $n=0$，有

$$y_f(0)=\sum_{m=-\infty}^{+\infty}h(m)x(-m)=\sum_{m=-\infty}^{+\infty}|h(n)|\to+\infty$$

上式表明，如果 $\sum_{n=-\infty}^{+\infty}|h(n)|$ 无界，则至少 $y_f(0)$ 无界，因此，式(6.5.8)也是必要的。

由系统稳定的时域条件 $\sum_{n=-\infty}^{+\infty}|h(n)|\leqslant M$，可知系统的傅氏变换存在，故 $H(z)$ 收敛区必定包含单位圆。其收敛区为 $R_-<|z|<R_+$，且 $R_-<1<R_+$。因此系统函数的收敛区包含单位圆时，为稳定系统。

3. 因果稳定系统

综合上述情况，当 $R_{-}<|z|<\infty$，且 $R_{-}<1$ 时，系统是因果稳定系统，意味着因果稳定的系统函数 $H(z)$ 的所有极点只能分布在单位圆内，与连续时间系统当虚轴上有一阶极点时，定义系统为临界稳定的情况类似，当 $H(z)$ 的单位圆上有一阶极点时，由图 6.5.2 易知，此时 $h(n)$ 为等幅振荡的，定义离散系统为临界稳定。若 $H(z)$ 有在单位圆外的极点，系统就是非因果稳定系统。

6.5.4 系统函数的零极点与系统的频率响应

与连续系统中频率响应的作用与地位类似，在离散系统中，也经常需要对输入信号的频谱进行处理，因此，讨论离散系统频响的具有重要意义。可以利用系统函数 $H(z)$ 的零、极点，通过几何方法简便直观大致地绘出离散系统频响图。

若已知稳定系统的系统函数为

$$H(z)=\frac{b_m(z-c_1)(z-c_2)\cdots(z-c_m)}{a_n(z-d_1)(z-d_2)\cdots(z-d_n)}=A\cdot\frac{\prod_{j=1}^{m}(z-c_j)}{\prod_{i=1}^{n}(z-d_i)} \tag{6.5.9}$$

式中，$A=\dfrac{b_m}{a_n}$，c_j 为系统零点，d_i 为系统极点。则系统的频响函数为

$$H(e^{j\omega})=H(z)\big|_{z=e^{j\omega}}=A\frac{\prod_{j=1}^{m}(e^{j\omega}-c_j)}{\prod_{i=1}^{n}(e^{j\omega}-d_i)}=|H(e^{j\omega})|e^{j\varphi(\omega)} \tag{6.5.10}$$

令

$$e^{j\omega}-c_j=\boldsymbol{C}_j=C_je^{j\alpha_j} \tag{6.5.11}$$

$$e^{j\omega}-d_i=\boldsymbol{D}_i=D_ie^{j\beta_i} \tag{6.5.12}$$

$e^{j\omega}-c_j$ 表示由单位圆上点 $e^{j\omega}$ 指向零点 c_j 的矢量 $\boldsymbol{C}_j$ 为零点矢量，其模用 C_j 表示，复角用 α_j 表示；$e^{j\omega}-d_i$ 表示由单位圆上点 $e^{j\omega}$ 指向极点 d_i 的矢量 $\boldsymbol{D}_i$ 为极点矢量，其模用 D_i 表示，复角用 β_i 表示。

如图 6.5.3 所示，当 ω 在 $0\sim2\pi$ 变化一周时，各矢量沿逆时针方向旋转一周。其矢量长度乘积的变化，反映了振幅 $|H(e^{j\omega})|$ 的变化，其夹角之和的变化反映了相位 $\varphi(\omega)$ 的变化。于是

$$H(e^{j\omega})=A\frac{\prod_{j=1}^{m}\boldsymbol{C}_j}{\prod_{i=1}^{n}\boldsymbol{D}_i}=A\frac{\prod_{j=1}^{m}C_je^{j\alpha_j}}{\prod_{i=1}^{n}D_ie^{j\beta_i}} \tag{6.5.13}$$

幅度响应

$$|H(e^{j\omega})|=A\frac{\prod_{j=1}^{m}C_j}{\prod_{i=1}^{n}D_i} \tag{6.5.14}$$

相位响应

$$\varphi(\omega)=\sum_{j=1}^{m}\alpha_j-\sum_{i=1}^{n}\beta_i+\omega(n-m) \tag{6.5.15}$$

如图 6.5.3 所示，A 点对应于 $\omega=0$，B 点对应于 $\omega=\pi$，由于离散系统的频响是周期的，因此，只要绕原点转一周就可以了，利用这种方法可以方便地由 $H(z)$ 的零极点位置求出系统的频率响应，由此可见，频率响应的形状取决于 $H(z)$ 的零极点分布，也就是说，取决于离散系统的形式及差分

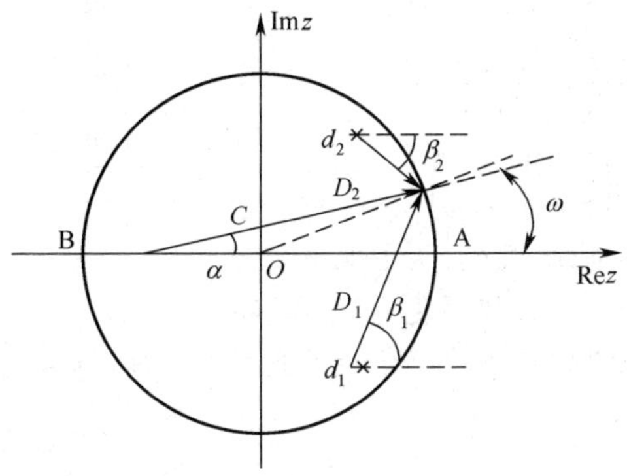

图 6.5.3　频响 $H(e^{j\omega})$ 的几何确定法

方程各系数的大小。

不难看出，位于 $z=0$ 处的零点或极点对幅度响应不产生作用，因而在 $z=0$ 处增加或去除零极点不会使得幅度响应发生变化，而只会影响相位响应。此外，还可以看出，当 $e^{j\omega}$ 旋转到极点 d_i 附近时，若极点矢量 $\boldsymbol{D}_i$ 长度最短，则频率响应在改点可能出现峰值，若 d_i 越靠近单位圆，$\boldsymbol{D}_i$ 越短，则频率响应在峰值附近越尖锐。当 $e^{j\omega}$ 旋转到零点 c_j 附近时，若极点矢量 $\boldsymbol{C}_j$ 长度最短，则频率响应在改点可能出现谷值，若 c_j 越靠近单位圆，$\boldsymbol{C}_j$ 越短，则频率响应在谷值附近越尖锐。

例 6.5.2　已知某系统的系统函数

$$H(z)=\frac{1}{1-az^{-1}}\quad |a|<1$$

求该系统频响 $H(e^{j\omega})$，并作 $|H(e^{j\omega})|-\omega$ 及 $\varphi(\omega)-\omega$ 图像。

图 6.5.4　例 6.5.2 系统频率响应的几何作图法

【解】　由已知条件可知系统是因果稳定系统。系统的差分方程

$$y(n)-ay(n-1)=x(n)$$

系统的单位脉冲响应 $h(n)=a^n u(n)$。

由系统函数 $H(z)=\dfrac{z}{z-a}$，得到极点 $z_\infty=a$，零点 $z_0=0$，如图 6.5.4 所示。

$$H(e^{j\omega})=\frac{e^{j\omega}}{e^{j\omega}-a}=\frac{Ce^{j\alpha}}{De^{j\beta}}$$

化简上式有

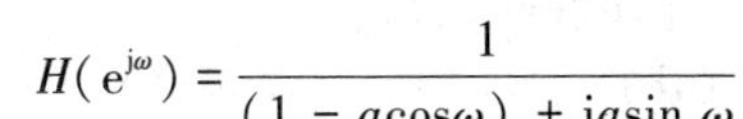

$$H(e^{j\omega})=\frac{1}{(1-a\cos\omega)+ja\sin\omega}$$

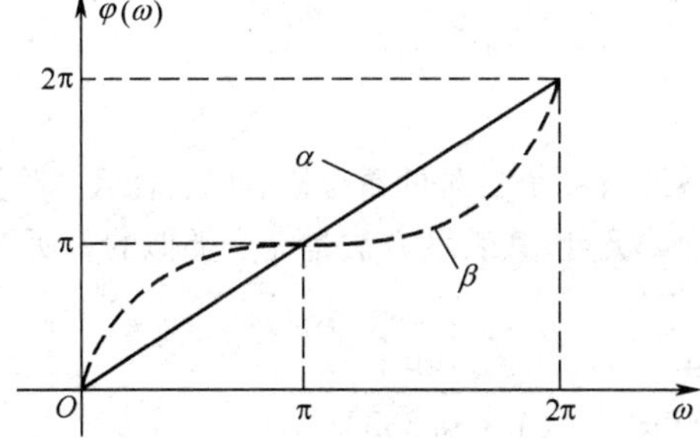

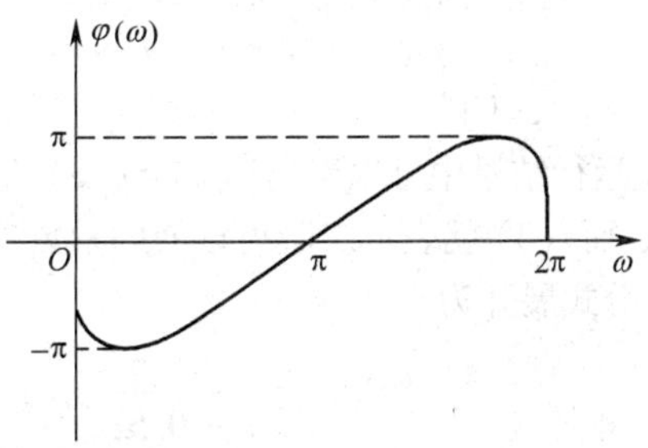

图 6.5.5　例 6.5.2 系统频率响应 $\varphi(\omega)$ 的确定

则有

$$|H(e^{j\omega})| = \frac{1}{\sqrt{1+a^2-2a\cos\omega}}$$

$$\varphi(\omega) = -\arctan\left(\frac{a\sin\omega}{1-a\cos\omega}\right)$$

如图 6.5.5 和图 6.5.6 所示，显然，为了保证系统稳定，要求 $|a|<1$，若 $0<a<1$，则系统呈“低通”特性，若 $-1<a<0$，则系统呈“高通”特性，若 $a=0$ 则系统呈“全通”特性。

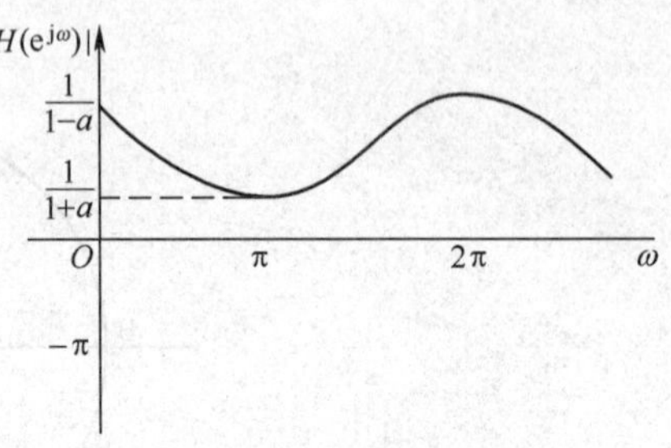

图 6.5.6 例 6.5.2 系统的频率响应

6.6 利用 MATLAB 实现离散时间信号与系统的 z 域分析

6.6.1 用 MATLAB 实现部分分式展开

信号的 z 域表示式通常可用下面的有理分式表示

$$F(z) = \frac{b_0+b_1z^{-1}+b_2z^{-2}+\cdots+b_Mz^{-M}}{a_0+a_1z^{-1}+a_2z^{-2}+\cdots+a_Nz^{-N}} = \frac{\text{num}(z)}{\text{den}(z)} \quad (6.6.1)$$

为了能从系统的 z 域表示式方便地得到其时域表示式，可以将 $F(z)$ 展开成部分分式之和的形式，再对其取 z 的逆变换。MATLAB 的信号处理工具箱提供了一个对 $F(z)$ 进行部分分式展开的函数 residuez，它的调用形式为

[r,p,k] = residuez(num,den)

其中 num，den 分别表示 $F(z)$ 的分子和分母多项式的系数向量，r 为部分分式的系数，p 为极点，k 为多项式的系数。若 $F(z)$ 为真分式，则 k 为零。也就是说，借助 residuez 函数可以将式(6.6.1)展开成

$$\frac{\text{num}(z)}{\text{den}(z)} = \frac{r(1)}{1-p(1)z^{-1}}+\cdots+\frac{r(N)}{1-p(N)z^{-1}}+k(1)+k(2)z^{-1}+\cdots+k(m-n+1)z^{-(M-N)} \quad (6.6.2)$$

例 6.6.1 将 $F(z)=\dfrac{18}{18+3z^{-1}-4z^{-2}-z^{-3}}$ 展开成部分分式形式。

【解】 MATLAB 程序如下：

```
num=[18];
den=[183-4-1];
[r,p,k]=residuez(num,den)
```

程序运行结果如下

```
r=0.3600  0.2400  0.4000
p=0.5000-0.3333  -0.3333
k=[]
```

从运行结果中可以看出 $p(2)=p(3)$，这表示系统有一个二阶的重极点，$r(2)$ 表示一阶极点前的系数，而 $r(3)$ 就表示二阶极点前的系数。对高阶重极点，其表示方法是完全类似的。所以 $F(z)$ 的部分分式展开为

$$F(z) = \frac{0.36}{1-0.5z^{-1}}+\frac{0.24}{1+0.3333z^{-1}}+\frac{0.4}{(1+0.3333z^{-1})^2}$$

6.6.2 用 MATLAB 计算 z 变换和逆 z 变换

MATLAB 的符号数学工具箱提供了计算 z 变换和逆 z 变换的函数 iztrans，其调用形式为

```
F=ztrans(f)
f=iztrans(F)
```

上两式右端的 f 和 F 分别为时域表示式和复频域表示式，可以应用函数 sym 实现，其调用形式为

```
S=sym(A)
```

A 为待分析的表示式字符串，S 为符号化的数字或变量。

例 6.6.2 用 MATLAB 计算 $f(n)=\cos(2n)u(n)$ 的 z 变换。

【解】 MATLAB 程序如下：

```
f=sym('cos(2*n)')
F=ztrans(f)
```

运行结果为：

```
f=cos(2*n)
F=(z*(z-cos(2)))/(z^2-2*cos(2)*z+1)
```

例 6.6.3 用 MATLAB 计算 $F(z)=\dfrac{z^3+z^2}{(z-1)^4}$，$|z|>1$ 的 z 逆变换。

【解】 MATLAB 程序如下：

```
F=sym('(z^3+z^2)/(z-1)^4')
f=iztrans(F)
```

运行结果为

```
F=(z^3+z^2)/(z-1)^4
f=1/6*n+1/2*n^2+1/3*n^3
```

6.6.3 用 MATLAB 实现离散 LTI 系统的 z 域分析

如果系统函数 $H(z)$ 的有理函数表示形式为

$$H(z)=\frac{b(1)z^m+b(2)z^{m-1}+\cdots+b(m+1)}{a(1)z^n+a(2)z^{n-1}+\cdots+a(n+1)} \tag{6.6.3}$$

那么系统函数的零点和极点可以通过 MATLAB 函数 tf2zp 得到，tf2zp 的调用形式为

```
[z,p,k]=tf2zp(b,a)
```

式中，b 和 a 分别为 $H(z)$ 的分子多项式和分母多项式的系数向量。它的作用是将 $H(z)$ 表示成用零点、极点和增益常数表示式，即

$$H(z)=k\frac{(z-z(1))(z-z(2))\cdots(z-z(m))}{(z-p(1))(z-p(2))\cdots(z-p(n))} \tag{6.6.4}$$

若要获得系统函数 $H(z)$ 的零极点图，可直接调用 zplane 函数，其调用形式为

```
zplane(b,a)
```

式中，b 和 a 分别为 $H(z)$ 分子多项式和分母多项式的系数向量。它的作用是在 z 平面画出单位圆、零点和极点。

例 6.6.4 已知某系统的系统函数为

$$H(z)=\frac{0.2+0.1z^{-1}+0.3z^{-2}+0.1z^{-3}+0.2z^{-4}}{1-1.1z^{-1}+1.5z^{-2}-0.7z^{-3}+0.3z^{-4}}$$

求其零、极点并绘出零、极点图。

【解】 MATLBA 程序及结果如下：

```
b=[0.20.10.30.10.2];  % 分子多项式系数
a=[1-1.11.5-0.70.3];  % 分母多项式系数
[z,p,k]=tf2zp(b,a);
zplane(b,a)
```

程序运行结果为：

```
r=
      -0.5000+0.8660i
      -0.5000-0.8660i
      0.2500+0.9682i
      0.2500-0.9682i
p=
      0.2367+0.8915i
      0.2367-0.8915i
      0.3133+0.5045i
      0.3133-0.5045i
k=
      0.2000
```

零极点图如图 6.6.1 所示。

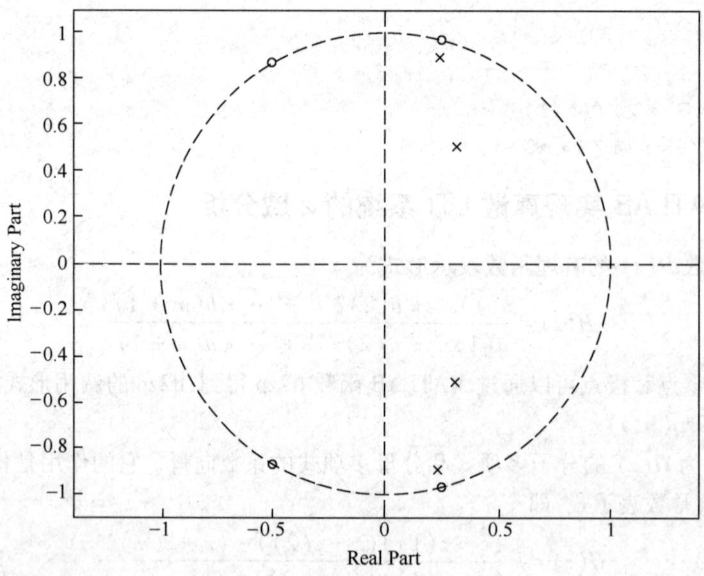

图 6.6.1 例 6.6.4 的零极图

例 6.6.5 画出系统 $H(z)=\dfrac{1}{1-\dfrac{3}{4}z^{-1}+\dfrac{1}{8}z^{-2}}$ 的零极点图，并求出它的单位脉冲响应和频率响应。

【解】 MATLAB 程序如下：

```
b=[1];a=[1,-3/4,1/8];
```

```
subplot(2,2,1),zplane(b,a);
subplot(2,2,2),yn=dimpulse([b00],a,20);
stem(yn,'filled');title('单位脉冲响应')
w=-2*pi:0.01:2*pi;
[h,w]=freqz(b,a,w);
mag=abs(h);
phi=angle(h);
subplot(2,2,3),plot(w,mag);title('幅频响应')
subplot(2,2,4),plot(w,phi);title('相频响应')
```

运行结果如图 6.6.2 所示。

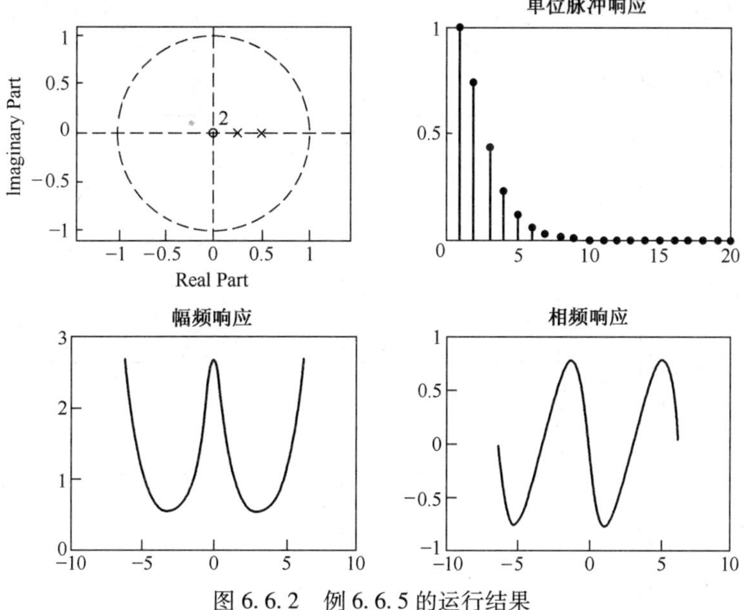

图 6.6.2　例 6.6.5 的运行结果

前面 5.7 节我们介绍了利用 MATLAB 计算差分方程的时域响应的方法,这里我们也可以通过频域来求解差分方程,请看下面的例子。

例 6.6.6　已知描述某离散系统的差分方程为

$$y(n+2)-5y(n+1)+6y(n)=f(n)$$

激励 $f(n)=u(n)$,全响应初始条件 $y(0)=2, y(1)=1$,试求该系统的全响应 $y(n)$。

【解】　首先对差分方程两边取 z 变换,并代入初始条件得

$$Y(z)=\frac{2z^3-11z^2+10z}{(z-1)(z-2)(z-3)}=\frac{2z^3-11z^2+10z}{z^3-6z^2+9z-6}$$

以下用 MATLAB 求解:

```
Y=sym('((2*z^3-11*z^2+10*z)/(z^3-6*z^2+11*z-6))');
y=iztrans(Y)
```

运行结果为:

```
y=
4*2^n-(5*3^n)/2+1/2
```

即 $y(n)=\frac{1}{2}-\frac{5}{2}\times 3^n+4\times 2^n, n\geqslant 0$。

* 例 6.6.7　求横向结构网络 $h(n)=a^n[u(n)-u(n-M)]$ 的频响图。

解

$$h(n)=\begin{cases}a^n & 0\leqslant n\leqslant M-1\\ 0 & \text{其他}\end{cases}$$

$$H(z)=\sum_{n=0}^{M-1}a^n z^{-n}=\frac{1-a^M z^{-M}}{1-az^{-1}}=\frac{z^M-a^M}{z^{M-1}(z-a)}$$

零点：$z_{0k}=a\mathrm{e}^{\mathrm{j}\frac{2\pi}{M}k}$，$k=0,1,2,\cdots,M-1$。

极点：$p_1=a$，$p_2=0$（$M-1$ 阶），（$z=a$ 处的零、极点抵消）。

特别的，若令 $M=8$，$a=0.9$，下面的程序段用来求零极点分布图：

```
b=[10000000-0.9^8];
a=[1-0.90000000];
[z,p,k]=tf2zp(b,a);
zplane(b,a);
```

零极点分布如图 6.6.3 所示。

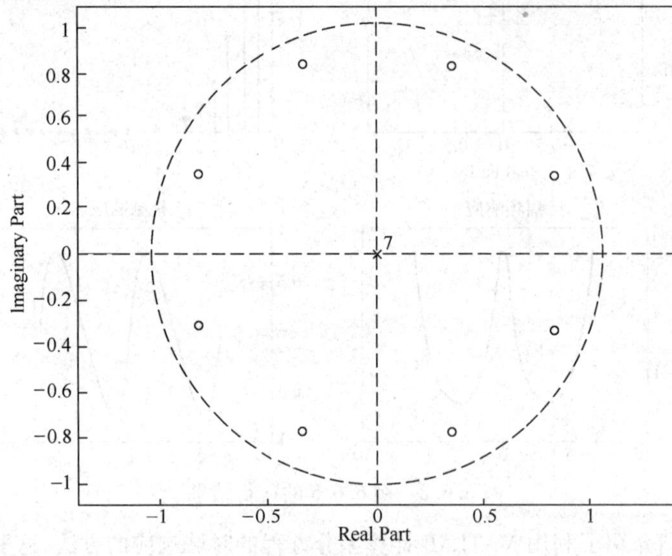

图 6.6.3　例 6.7.4 系统零极点图

零点以 π/4 等间隔分布，$|H(\mathrm{e}^{\mathrm{j}\theta})|$ 在 $\frac{\pi}{4}k$（$k=1,2,\cdots,7$）出现谷值，并且在 $\frac{\pi}{4}k$ 附近相位变化快，则

$$H(\mathrm{e}^{\mathrm{j}\theta})=\frac{1-0.9^8\mathrm{e}^{-\mathrm{j}8\theta}}{1-0.9^8\mathrm{e}^{-\mathrm{j}\theta}}$$

下面的程序段用来求系统的频率响应：

```
w=[0:1:500]*2*pi/500;                 %[0,2pi]区域分为 501 点
X1=1-0.9^8.*exp(-8*j*w);              %分子多项式
X2=1-0.9.*exp(-1*j*w);                %分母多项式
X=X1./X2;                             %系统频响函数
magX=abs(X);                          %系统模频函数
angX=angle(X).*180./pi;               %系统相频函数
subplot(2,1,1);plot(w/pi,magX);       %系统模频图
xlabel('以 pi 为单位的频率');
```

```
title('幅度部分');ylabel('幅度');
subplot(2,1,2);plot(w/pi,angX);     % 系统相频图
line([0,2],[00]);
xlabel('以 pi 为单位的频率');title('相位部分');ylabel('相位');
```

系统的频率响应如下图 6.6.4 所示。

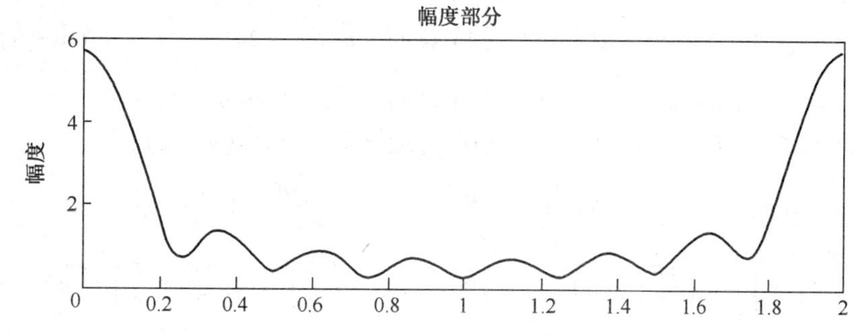

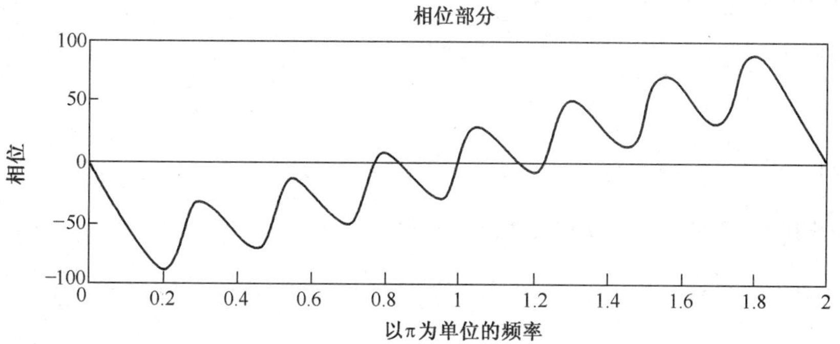

图 6.6.4　例 6.6.7 系统的频率响应

习　题　6

6.1　求下列序列的双边 z 变换，并标明其收敛域。

(1) $x(n)=\left(\frac{1}{2}\right)^n u(n)$；　　(2) $x(n)=(2)^n u(-n-1)+\left(\frac{1}{3}\right)^n u(n)$；

(3) $x(n)=\delta(n+1)$；　　(4) $x(n)=\left(\frac{1}{2}\right)^n u(n+4)$；

(5) $x(n)=(-1)^n u(-n)$；　　(6) $x(n)=(2)^n u(2-n)$；

(7) $x(n)=\delta(n)-\frac{1}{2}\delta(n-3)$；　　(8) $x(n)=\left(\frac{1}{3}\right)^n[u(n)-u(n-10)]$；

(9) $x(n)=(-2)^n u(-n-1)$；　　(10) $x(n)=n(n-1)u(-n-1)$。

6.2　试求双边序列 $x(n)=\left(\frac{1}{2}\right)^{|n|}$ 的 z 变换，并标注其收敛域，绘出其零极点图。

6.3　根据下列 $X(z)$ 及其标明的收敛域求其 z 反变换。

(1) $X(z)=1$, $|z|\leqslant+\infty$；　　(2) $X(z)=z^3$, $|z|\leqslant+\infty$；

(3) $X(z)=z^{-1}$, $|z|\leqslant+\infty$；　　(4) $X(z)=2z+1-2z^{-2}$, $|z|\leqslant+\infty$；

(5) $X(z)=\frac{z}{z-a}, |z|>|a|$;　　(6) $X(z)=\frac{z}{z-a}, |z|<|a|$。

6.4　已知 $\delta(n)\leftrightarrow 1, a^n u(n)\leftrightarrow \frac{z}{z-a}, nu(n)\leftrightarrow \frac{z}{(z-1)^2}$，试利用 z 变换的性质求下列序列的 z 变换，并标明收敛域。

(1) $x(n)=\frac{1}{2}[1+(-1)^n]u(n)$；　　(2) $x(n)=u(n)-2u(n-4)+u(n-8)$；

(3) $x(n)=(-1)^n nu(n)$；　　(4) $x(n)=(n-1)u(n-1)$；

(5) $x(n)=n(n-1)u(n-1)$；　　(6) $x(n)=(n-1)^2 u(n-1)$；

(7) $x(n)=n[u(n)-u(n-4)]$；　　(8) $x(n)=\cos\left(\frac{n\pi}{2}\right)u(n)$；

(9) $x(n)=\left(\frac{1}{2}\right)^n\cos\left(\frac{n\pi}{2}\right)u(n)$；　　(10) $x(n)=\left(\frac{1}{2}\right)^n\cos\left(\frac{n\pi}{2}+\frac{\pi}{4}\right)u(n)$。

6.5　若因果序列的 z 变换如下，试求 $x(0)$。

(1) $X(z)=\frac{z^2}{(z-1)(z-2)}$　　(2) $X(z)=\frac{z^2+z+1}{(z-1)(z+\frac{1}{2})}$

(3) $X(z)=\frac{z^2-z}{(z-1)^2}$。

6.6　若序列 $x(n)$ 的 z 变换分别为 $X(z)$，试证明：

(1) $Z[a^n x(n)]=X\left(\frac{z}{a}\right)$；

(2) $Z[e^{-an}x(n)]=X(e^a z)$；

(3) $Z[nx(n)]=-z\frac{dX(z)}{dz}$；

(4) $Z[x^*(n)]=X^*(z^*)$。

6.7　若因果序列的 z 变换如下，能否应用终值定理？若能，试求出 $\lim\limits_{n\to+\infty}x(n)$。

(1) $X(z)=\frac{z^2}{\left(z-\frac{1}{2}\right)\left(z+\frac{1}{3}\right)}$；　　(2) $X(z)=\frac{z^2+z+1}{(z-1)\left(z+\frac{1}{2}\right)}$；

(3) $X(z)=\frac{z^2}{(z-1)(z-2)}$。

6.8　求下列 $X(z)$ 的逆 z 变换 $x(n)$。

(1) $X(z)=\frac{1}{1-0.5z^{-1}}, |z|>0.5$；　　(2) $X(z)=\frac{3z+1}{z+0.5}, |z|>0.5$；

(3) $X(z)=\frac{az-1}{z-a}, |z|>|a|$；　　(4) $X(z)=\frac{z^2}{z^2+3z+2}, |z|>2$；

(5) $X(z)=\frac{z^2+z+1}{z^2+3z+2}, |z|>2$；　　(6) $X(z)=\frac{z^3}{(z-\frac{1}{2})^2(z-1)}, |z|>\frac{1}{2}$。

6.9　画出 $X(z)=\frac{3z^{-1}}{2-5z^{-1}+2z^{-2}}$ 的零、极点图，在以下三种收敛域下，对应左边序列，右边序列，还是双边序列？并求出各对应序列。

(1) $|z|>2$； (2) $|z|<0.5$； (3) $0.5<|z|<2$。

6.10 利用卷积定理求 $y(n)=x(n)*h(n)$，若已知

(1) $x(n)=a^n u(n)$，$h(n)=u(n)$；

(2) $x(n)=a^n u(n)$，$h(n)=\delta(n-2)$；

(3) $x(n)=a^n u(n)$，$h(n)=u(n)-u(n-N)$；

(4) $x(n)=a^n u(n)$，$h(n)=b^n u(n)$；

(5) $x(n)=a^n u(n)$，$h(n)=nu(n)$。

6.11 若序列 $x(n)$ 和 $h(n)$ 的 z 变换分别为 $X(z)$ 和 $H(z)$，试证明：

(1) $[a^n x(n)]*[a^n h(n)]=a^n[x(n)*h(n)]$；

(2) $n[x(n)*h(n)]=[nx(n)]*h(n)+x(n)*[nh(n)]$。

6.12 利用 z 变换法解下列齐次差分方程。

(1) $y(n)-0.9y(n-1)=0, y(-1)=1$；

(2) $y(n)-y(n-1)-2y(n-2)=0, y(-1)=0, y(-2)=3$；

(3) $y(n+2)-y(n+1)-2y(n)=0, y(0)=0, y(1)=3$；

(4) $y(n)-y(n-1)-2y(n-2)=0, y(0)=0, y(1)=3$。

6.13 利用 z 变换法解下列差分方程。

(1) $y(n)-0.9y(n-1)=0.1u(n), y(-1)=2$；

(2) $y(n)+3y(n-1)+2y(n-2)=u(n), y(-1)=0, y(-2)=0.5$；

(3) $y(n+2)-y(n+1)-2y(n)=u(n), y(0)=1, y(1)=1$；

(4) $y(n+2)+3y(n+1)+2y(n)=3^n u(n), y(0)=0, y(1)=0$。

6.14 若已知描述某 LTI 离散系统的差分方程为 $y(n)-y(n-1)-2y(n-2)=x(n)$，若输入 $x(n)=u(n)$，$y(-1)=-1$，$y(-2)=\dfrac{1}{4}$，试求该系统的零输入响应、零状态响应和全响应。

6.15 若已知描述某 LTI 离散系统的差分方程为

$$y(n+2)-0.7y(n+1)+0.1y(n)=7x(n+1)-2x(n)$$

若输入 $x(n)=(0.4)^n u(n)$，$y(-1)=-4$，$y(-2)=-38$，试求该系统的零输入响应、零状态响应和全响应。

6.16 因果系统的系统函数 $H(z)$ 如下所示，试说明这些系统是否稳定。

(1) $H(z)=\dfrac{z+2}{8z^2-2z-3}$； (2) $H(z)=\dfrac{8(1-z^{-1}-z^{-2})}{2+5z^{-1}+2z^{-2}}$；

(3) $H(z)=\dfrac{2z-4}{2z^2+z-1}$； (4) $H(z)=\dfrac{1+z^{-1}}{1-z^{-1}+z^{-2}}$。

6.17 已知一阶因果离散系统的差分方程为

$$y(n)+3y(n-1)=x(n)$$

试求：

(1) 系统的单位脉冲响应 $h(n)$；

(2) 若 $x(n)=u(n)$，求响应 $y(n)$。

6.18 由下列差分方程画出离散系统的结构图，并求系统函数 $H(z)$ 及单位脉冲响应 $h(n)$。

(1) $3y(n)-6y(n-1)=x(n)$；

(2) $y(n)=x(n)-5x(n-1)+8x(n-3)$；

(3) $y(n)-0.5y(n-1)=x(n)$;

(4) $y(n)-3y(n-1)+3y(n-2)-y(n-3)=x(n)$;

(5) $y(n)-5y(n-1)+6y(n-2)=x(n)-3x(n-2)$。

6.19　对于下列差分方程表示的离散系统

$$y(n)+0.9y(n-1)=x(n)$$

(1)求系统函数 $H(z)$ 及其单位脉冲响应 $h(n)$，并说明系统的稳定性。

(2)若系统起始状态为零，$x(n)=10u(n)$，求系统响应。

6.20　当输入 $x(n)=u(n)$ 时，某 LTI 离散系统的零状态响应为

$$y_f(n)=[2-(0.5)^n+(-1.5)^n]u(n)$$

求系统函数和描述该系统的差分方程。

6.21　当输入 $x(n)=u(n)$ 时，某 LTI 离散系统的零状态响应为

$$y_f(n)=[2-(0.5)^n+(-1.5)^n]u(n)$$

求输入 $x(n)=\left(\frac{1}{2}\right)^n u(n)$ 时，系统的零状态响应 $y_f(n)$。

6.22　已知某一阶 LTI 系统，当初始状态 $y(-1)=1$，输入 $x_1(n)=u(n)$ 时，其全响应 $y_1(n)=2u(n)$；当初始状态 $y(-1)=-1$，输入 $x_2(n)=0.5nu(n)$ 时，其全响应 $y_2(n)=(n-1)u(n)$；求输入 $x(n)=(0.5)^n u(n)$ 时的零状态响应 $y_f(n)$。

6.23　如题图 6.1 所示系统。

(1)求系统函数 $H(z)$。

(2)求单位脉冲响应 $h(n)$。

(3)列出该系统的输入输出差分方程。

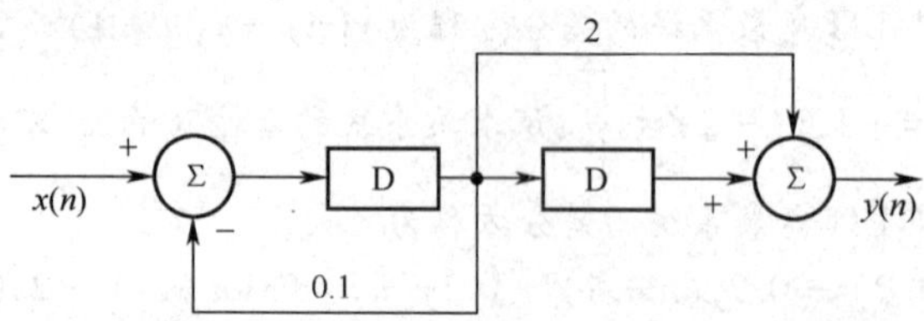

题图 6.1　题 6.23 图

6.24　如题图 6.2 所示的复合系统由 3 个子系统组成，如已知各个子系统的单位脉冲响应或系统函数分别为 $h_1(n)=u(n)$，$H_2(z)=\frac{z}{z+1}$，$H_3(z)=\frac{1}{z}$，求输入，$x(n)=u(n)-u(n-2)$ 时系统的零状态响应 $y_f(n)$。

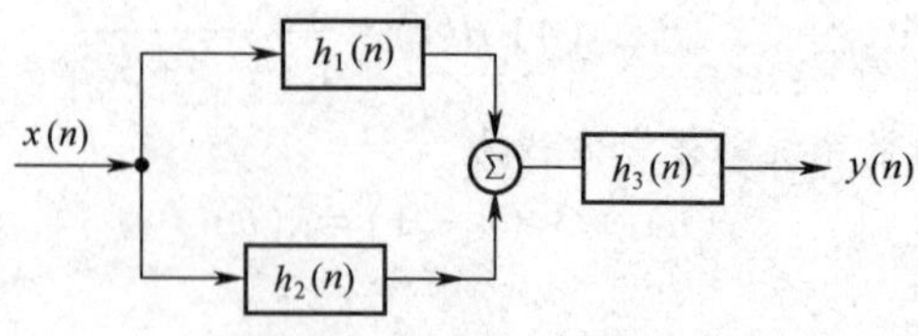

题图 6.2　题 6.24 图

6.25　设某 LTI 系统的阶跃响应为 $g(n)$，已知当输入为因果序列 $x(n)$ 时，其零状态响应为

$$y_f(n)=\sum_{i=0}^{n} g(i)$$

求其输入 $x(n)$。

6.26 移动平均是一种用以滤除噪声的简单数据处理方法。当接收到输入数据 $x(n)$ 后，就将本次输入数据与其前 3 次输入数据（一共 4 个数据）进行平均。求该数据处理系统的频率响应。

6.27 如题图 6.3 图示为梳状滤波器，求其幅频响应和相频响应，粗略画出 $N=6$ 时的幅频和相频响应曲线。

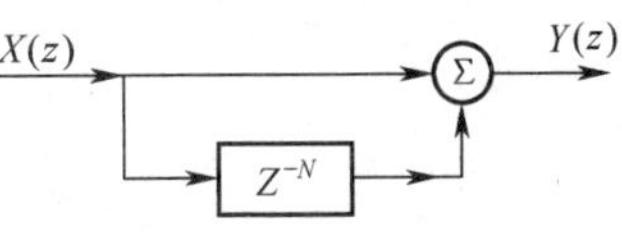

题图 6.3 题 6.27 图

6.28 若描述某 LTI 离散系统的差分方程为

$$y(n) - 3y(n-1) + 2y(n-2) = x(n-1) - 2x(n-2)$$

已知 $y(0)=y(1)=1$，输入 $x(n)=u(n)$ 时，求系统的零输入响应 $y_x(n)$ 。和零状态响应 $y_f(n)$ 。

6.29 某 LTI 因果离散系统具有非零初始状态，当输入为 $x_1(n)=u(n)$ 时，其全响应 $y_1(n)=2\left(\frac{1}{4}\right)^n u(n)$；在相同的初始条件下，输入 $x_2(n)=\left(\frac{1}{2}\right)^n u(n)$ 时，系统的全响应为 $y_2(n)=\left[\left(\frac{1}{4}\right)^n+\left(\frac{1}{2}\right)^n\right]u(n)$，求该系统的频响函数 $H(e^{j\omega})$，并画出一个周期的幅频特性。

6.30 已知某因果离散时间系统的系统函数 $H(z)$，试画出其零极点分布图，并判断系统的稳定性。

$$H(z)=\frac{z+1}{z\left(z^2+2z+\frac{3}{4}\right)}$$

6.31 一个因果线性时不变系统由下列差分方程描述：

$$y(n)=\frac{3}{2}y(n-1)+y(n-2)+x(n-1)$$

(1) 求该系统的系统函数 $H(z)$，并画出 $H(z)$ 的零极点，指出其收敛域。

(2) 求该系统的单位脉冲响应 $h(n)$。

(3) 试求出一个满足该差分方程的稳定（非因果）单位样值响应。

6.32 已知某因果离散系统如题图 6.4 所示。

(1) 写出离散系统的差分方程。

(2) 求系统函数 $H(z)$，试画出其零极点分布图。

(3) 若输入 $x(n)=2+2\sin\left(\frac{\pi}{6}n\right)u(n)$ 时，求系统的稳态响应。

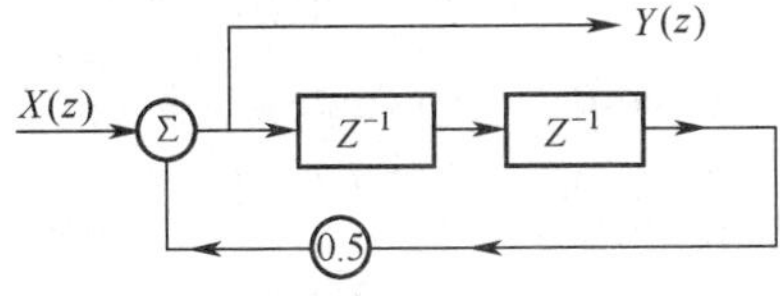

题图 6.4 题 6.32 图

6.33 已知因果离散系统的系统函数如下，为使各系统是否稳定，k 应该满足什么条件？

(1) $H(z)=\dfrac{2z+3}{z^2+z+k}$；

(2) $H(z)=\dfrac{z+2}{2z^2-(k+1)z+1}$。

附录　部分习题参考答案

习　题　1

1.2　(1)周期信号,周期 $T=2$;　(2)非周期信号;
(3)周期信号,周期 $T=\pi$;　(4)周期信号,周期 $T=\pi$;
(5)周期信号,周期 $T=60$;　(6)非周期信号;
(7)周期信号,周期 $T=\pi$;　(8)周期信号,周期 $N=7$。

1.3　(1)非能量非功率信号;　(2)非能量非功率信号;
(3)功率信号;　(4)功率信号;
(5)功率信号;　(6)能量信号。

1.4　(1)非线性系统;　(2)线性系统;
(3)线性系统;　(4)非线性系统。

1.5　(1)线性系统;　(2)非线性系统;
(3)线性系统;　(4)线性系统。

1.6　(1) $y(t)=5e^{-t}-3e^{-2t}, t\geqslant 0$;
(2) $y(t)=e^{-t}+9e^{-2t}, t\geqslant 0$。

1.7　$y(t)=-e^{-t}+4\cos 2t, t\geqslant 0$。

1.8　(1)非线性时变;(2)非线性时变;(3)线性时变 。

习　题　2

2.4　(1) $f(t-t_0)$;　(2)1;　(3)0;　(4)16。
(5)0;　(6) $\sin\theta$;　(7) $e^{-1}+1$;　(8) e^{-3}。

2.5　(1)1;　(2)4;　(3)0;　(4)1;
(5)2;　(6) $\frac{1}{4}$。

2.8　$e^{2t-3}\left[u(t-\frac{1}{2})-u(t-\frac{3}{2})\right]+\frac{1}{2}\delta(t)$ 。

2.10　$2\frac{d^2 i}{dt^2}+7\frac{di}{dt}+5i=2\frac{d^2 i_s}{dt^2}+\frac{di_s}{dt}+2i_s$。

$2\frac{d^2 u(t)}{dt}+7\frac{du(t)}{dt}+5u(t)=6i_s$。

2.12　$u_C(t)=164e^{-20t}\cos(45.8t+42.8°), t\geqslant 0$。

2.13 $\left(-\dfrac{20}{3}e^{-2t}+\dfrac{50}{3}e^{-5t}\right)u(t)$。

2.14 (1) $\left(\dfrac{8}{3}e^{-2t}-\dfrac{5}{3}e^{-5t}\right)u(t)$；　　(2) $(6t+1)\dfrac{20}{3}e^{-3t}u(t)$。

(3) $e^{-t}(\cos\sqrt{2}t+2\sqrt{2}\sin 2t)u(t)$。

2.15 (1) $(6e^{-3t}-5e^{-4t})u(t)$；　　(2) $-e^{-3t}u(t)$。

2.16 $g(t)=(1+e^{2t}-2e^{-t})u(t)$；

$h(t)=(2e^{-t}-2te^{-t})u(t)$。

2.17 $g(t)=2te^{-t}u(t)$；

$h(t)=(2e^{-t}-2te^{-t})u(t)$。

2.18 $h(t)=(e^{-t}-5e^{-2t}+5e^{-3t})u(t)$。

2.19 $12\delta(t)-2\sin\dfrac{t}{6}u(t)$。

2.20 $\delta(t)+\left(\dfrac{1}{5}e^{-t}+\dfrac{36}{5}e^{-6t}\right)u(t)$。

2.21 (1) $\begin{cases}t-1 & 1\leqslant t\leqslant 2\\ 3-t & 2\leqslant t\leqslant 3\\ 4-t & 4\leqslant t\leqslant 5\\ t-6 & 5\leqslant t\leqslant 6\\ 0 & \text{其他}\end{cases}$；　　(2) $\begin{cases}1-e^{2-t} & 2\leqslant t\leqslant 4\\ e^{4-t}-e^{2-t} & t\geqslant 4\\ 0 & t<2\end{cases}$。

2.22 $\begin{cases}0 & t<-\dfrac{1}{2}\\ 2t+1 & -\dfrac{1}{2}\leqslant t\leqslant 0\\ 1 & 0\leqslant t\leqslant\dfrac{1}{2}\\ 2-2t & \dfrac{1}{2}\leqslant t\leqslant 1\\ 0 & t>1\end{cases}$。

2.23 $y(t)=\begin{cases}e^{t-2} & t<1\\ e^{-1} & t\geqslant 1\end{cases}$；波形略。

2.24 $f(t)*h(t)=\begin{cases}0.5t & 0\leqslant t\leqslant 0.5\\ \dfrac{3}{2}t-\dfrac{1}{2} & 0.5<t\leqslant 1\\ \dfrac{3}{2}t-0.5t & 1<t\leqslant\dfrac{3}{2}\\ 3-\dfrac{3}{2}t & \dfrac{3}{2}<t\leqslant 2\\ 0 & \text{其他}\end{cases}$。

2.25 $r(t)=0.5(e^{-t}-e^{-3t})u(t)+0.5[e^{-(t-\pi)}-e^{-3(t-\pi)}]u(t-\pi)$。

2.26 $i(t)=\left[\left(\dfrac{5}{12}+\dfrac{\sqrt{3}}{4}\right)e^{(-3+\sqrt{3})t}+\left(\dfrac{5}{12}-\dfrac{\sqrt{3}}{4}\right)e^{(-3-\sqrt{3})t}+\dfrac{1}{6}\right]u(t)$。

2.27 (1) $(t+3)u(t+3)$; (2) $(1-e^{-t})u(t)$;

(3) $\left[\frac{t}{2}(t-4)\right]u(t)$; (4) $\left[\frac{1}{2}(t+2)(t-2)\right]u(t-2)$。

2.28 (1) $\left(\frac{1}{15}-\frac{1}{12}e^{-t}+\frac{1}{60}e^{-5t}\right)u(t)$;

(2) $\left(\frac{t}{3}-\frac{2}{5}+\frac{5}{12}e^{-t}-\frac{1}{60}e^{-5t}\right)u(t)$。

2.29 $4e^{-t}-3e^{-3t}$, $(2t-1)e^{-t}+e^{-2t}, t\geqslant 0$

2.30 $u_C(t)=\left(10e^{-2t}-\frac{10}{3}e^{-t}+\frac{10}{3}e^{-4t}\right)u(t)$。

2.31 $u_C(t)=\left(20e^{-\frac{1}{2}t}-9te^{-\frac{1}{2}t}-\frac{1}{4}t^2e^{-\frac{1}{2}t}\right)u(t)$。

2.32 $5e^{-t}-6e^{-2t}+2e^{-3t}+\left(\frac{1}{6}-e^{-t}+\frac{5}{2}e^{-2t}-\frac{5}{3}e^{-3t}\right)u(t)$。

2.33 $h(t)=u(t)-u(t-1)$。

2.34 $h(t)=u(t)+u(t-1)+u(t-2)-u(t-3)-u(t-4)-u(t-5)$。

习 题 3

3.1 $f_1(t)=\frac{4}{\pi}\left(\cos t-\frac{1}{3}\cos 3t+\frac{1}{5}\cos 5t-\frac{1}{7}\cos 7t+\cdots\right)$;

$f_2(t)=\frac{4}{\pi}\left(\sin t+\frac{1}{3}\sin 3t+\frac{1}{5}\sin 5t+\frac{1}{7}\sin 7t+\cdots\right)$。

3.3 $f(t)=\frac{E}{2}+\frac{4E}{\pi^2}\left(\cos\omega t+\frac{1}{3^2}\cos 3\omega t+\frac{1}{5^2}\cos 5\omega t+\cdots\right)$;

3.6 $f(t)=\begin{cases}1+\frac{1}{j\pi}\sum\limits_{n=-\infty}^{+\infty}\frac{1}{n}e^{jn\pi t} & n\neq 0\\ 1 & n=0\end{cases}$

3.7 $\sum\limits_{n=-\infty}^{+\infty}\frac{1}{3}\left(e^{-j\frac{2}{3}n\pi}+e^{-j\frac{4}{3}n\pi}\right)e^{j\frac{2}{3}n\pi t}$。

3.10 (1) $\frac{3}{2}$ (2) 2π; (3) $\frac{8\pi}{3}$。

3.11 (1) π (2) $\frac{\pi}{2}$。

3.12 (1) $Y_1(j\omega)=5e^{-j3\omega}$; (2) $Y_2(j\omega)=j\omega$;

(3) $Y_3(j\omega)=\pi\delta(\omega-\omega_0)+\frac{1}{j(\omega-\omega_0)}$ (4) $Y_4(j\omega)=\pi[\delta(\omega-2\omega_0)+\delta(\omega)]$。

3.13 (1) $F_1(j\omega)=\left\{\pi[t_0\delta(\omega)+j\delta'(\omega)]-\frac{1}{\omega}\left(\frac{1}{\omega}+jt_0\right)\right\}e^{-j\omega t_0}$

(2) $F_2(j\omega)=\frac{\pi}{2}[\delta(\omega-1)+\delta(\omega+1)]+\frac{j\omega}{1-\omega^2}$

(3) $F_3(j\omega)=2\pi[U(\omega+1)-U(\omega-1)]$;

(4) $F_4(\mathrm{j}\omega)=\dfrac{1}{(1+\mathrm{j}\omega)^2}$。

3.14 (1) $\dfrac{1}{|A|}F\left(\dfrac{\mathrm{j}\omega}{A}\right)\mathrm{e}^{\mathrm{j}\omega\tau}$；(2) $\dfrac{1}{|A|}F\left(\dfrac{\mathrm{j}\omega}{A}\right)\mathrm{e}^{-\mathrm{j}\frac{\omega\tau}{A}}$；(3) $\dfrac{1}{|A|}F(\dfrac{\mathrm{j}\omega}{A})\mathrm{e}^{-\mathrm{j}\frac{\omega\tau}{A^2}}$；(4) $\dfrac{1}{2}F\left[\dfrac{1}{2}(\mathrm{j}\omega+A)\right]$。

3.15 $F_1(\mathrm{j}\omega)=\tau\mathrm{Sa}^2\left(\dfrac{\omega\tau}{2}\right)$；　$F_2(\mathrm{j}\omega)=\dfrac{\mathrm{j}4}{\omega}\left(\sin\dfrac{\omega\tau}{2}\right)^2$。

3.16 $F_1(\mathrm{j}\omega)=\tau\mathrm{Sa}\left(\dfrac{\omega\tau}{2}\right)\mathrm{e}^{-\mathrm{j}\frac{\omega\tau}{2}}$，$F_2(\mathrm{j}\omega)=\dfrac{1-\mathrm{e}^{-\mathrm{j}\omega\tau}-\mathrm{j}\omega\tau\mathrm{e}^{-\mathrm{j}\omega\tau}}{-\omega^2\tau}$。

3.17 $F_1(\mathrm{j}\omega)=\dfrac{2}{\omega}(\sin3\omega+\sin\omega)$，$F_2(\mathrm{j}\omega)=\mathrm{j}\dfrac{2}{\omega}[\cos2\omega\tau-\mathrm{Sa}(2\omega\tau)]$。

3.18 $F_1(\mathrm{j}\omega)=\dfrac{E}{\omega^2T}(1-\mathrm{j}\omega T-\mathrm{e}^{-\mathrm{j}\omega T})$，$F_2(\mathrm{j}\omega)=\dfrac{4E}{(\tau-\tau_1)\omega^2}\left(\cos\dfrac{\omega\tau_1}{2}-\cos\dfrac{\omega\tau}{2}\right)$。

3.19 (1) $\mathrm{j}\dfrac{1}{2}\dfrac{\mathrm{d}F\left(\frac{\mathrm{j}\omega}{2}\right)}{\mathrm{d}\omega}$；　(2) $\mathrm{j}\dfrac{\mathrm{d}F(\mathrm{j}\omega)}{\mathrm{d}\omega}-2F(\mathrm{j}\omega)$；　(3) $-F(\mathrm{j}\omega)-\omega\dfrac{\mathrm{d}F(\mathrm{j}\omega)}{\mathrm{d}\omega}$。

(4) $F(-\mathrm{j}\omega)\mathrm{e}^{-\mathrm{j}\omega}$　(5) $-\mathrm{j}\dfrac{\mathrm{d}F(-\mathrm{j}\omega)}{\mathrm{d}\omega}\mathrm{e}^{-\mathrm{j}\omega}$　(6) $\dfrac{1}{2}F\left(\dfrac{\mathrm{j}\omega}{2}\right)\mathrm{e}^{-\mathrm{j}\frac{5}{2}\omega}$。

3.21 $F_1(-\mathrm{j}\omega)\mathrm{e}^{-\mathrm{j}\omega t_0}$。

3.23 (1) $F_1(\mathrm{j}\omega)=\pi\delta(\omega)-\dfrac{1}{\mathrm{j}\omega}$；　(2) $F_2(\mathrm{j}\omega)=\dfrac{1}{1-\mathrm{j}\omega}$；　(3) $F_3(\mathrm{j}\omega)=-\dfrac{1}{\mathrm{j}\omega}$；

(4) $F_4(\mathrm{j}\omega)=\pi\delta(\omega-2)+\dfrac{1}{\mathrm{j}(\omega-2)}$　(5) $F_5(\mathrm{j}\omega)=\pi\delta(\omega)+\dfrac{1}{\mathrm{j}\omega}\mathrm{e}^{-\mathrm{j}3\omega}$。

3.24 (1) $\dfrac{1}{2}(1-\mathrm{e}^{2t})u(t)$　(2) $(\mathrm{e}^{-t}-\mathrm{e}^{-2t})u(t)$。

3.26 (1) $Y(\mathrm{j}\omega)=\begin{cases}\pi\left[1-\dfrac{|\omega|}{2}\right] & |\omega|<2\\ 0 & |\omega|>2\end{cases}$；

(2) $Y(\mathrm{j}\omega)-\dfrac{\pi}{2}\sum\limits_{n=-4}^{4}[5-|n|]\delta(\omega-n)$。

3.27 $h(t)=\dfrac{1}{\pi t}(1-\cos\omega_0 t)$。

习　题　4

4.1 (1) $\dfrac{2}{s(s+2)}$；　(2) $\dfrac{s+3}{(s+2)^2}$；　(3) $\dfrac{2s+1}{s+1}$；

(4) $\dfrac{2}{(s+2)^3}$；　(5) $\dfrac{2s+1}{s^2+1}$；　(6) $\dfrac{2}{(s+1)^2+4}$；

(7) $\dfrac{1}{2}\left(\dfrac{1}{s}+\dfrac{s}{s^2+4}\right)$；　(8) $\dfrac{2s^3-6s}{(s^2+1)^3}$。

4.3 (1) $\dfrac{(1-\mathrm{e}^{-s})^2}{s}$；　(2) $\dfrac{1-\mathrm{e}^{-sT}-sT\mathrm{e}^{-sT}}{s^2T}$；　(3) $\dfrac{2(1-\mathrm{e}^{-s})(1-\mathrm{e}^{-2s})}{s^2}$；

(4) $\dfrac{A\pi}{s^2+\pi^2}(1-\mathrm{e}^{-s})$　　(5) $\dfrac{A\pi}{s^2+\pi^2}(1+\mathrm{e}^{-2s})$；　(6) $\dfrac{2}{s+1}-\dfrac{2\mathrm{e}^{-2(s+1)}}{s+2}$

4.4 (a) $\dfrac{1-2s\mathrm{e}^{2s}-\mathrm{e}^{2s}}{s^3}$　(b) $\dfrac{1}{s(1-\mathrm{e}^{-s})}$；　(c) $\dfrac{1-\mathrm{e}^{-\frac{1}{2}sT}}{s(1-\mathrm{e}^{-sT})}$；　(d) $\dfrac{1}{1+\mathrm{e}^{-\frac{1}{2}s}}$。

4.6 $F_2(s)=\dfrac{\dfrac{\pi}{T}(1+s^{-sT})}{s^2+\left(\dfrac{\pi}{T}\right)^2}$。

4.7 (1) $2\,\mathrm{e}^{-\frac{3}{2}t}u(t)$；　(2) $\dfrac{4}{3}(1-\mathrm{e}^{-\frac{3}{2}t})u(t)$；

(3) $\left(\dfrac{1}{3}\mathrm{e}^{-2t}+\dfrac{2}{3}\mathrm{e}^{-5t}\right)u(t)$；　(4) $(4+3\mathrm{e}^{-t}-7\mathrm{e}^{-\frac{1}{2}t})u(t)$；

(5) $\left(-\dfrac{1}{2}t\mathrm{e}^{5t}-\dfrac{1}{4}\mathrm{e}^{5t}+\dfrac{1}{4}\mathrm{e}^{7t}\right)u(t)$；　(6) $[1+\sqrt{2}\sin(2t-45°)]u(t)$；

(7) $\left[\dfrac{1}{2}t\mathrm{e}^{2t}-\dfrac{1}{4}\mathrm{e}^{2t}+\dfrac{1}{4}\right]u(t)$；　(8) $(t-1+e^{-t})u(t)$；

(9) $(1-\mathrm{e}^{-t}\cos 2t)u(t)$；　(10) $(\sin t-t\cos t)u(t)$。

4.8 (1) $\delta(t)+\sin t$；　(2) $\delta(t)+(2\mathrm{e}^{-t}-\mathrm{e}^{-2t})u(t)$；

(3) $\delta'(t)-2\delta(t)+4\mathrm{e}^{-2t}u(t)$；　(4) $\mathrm{e}^{-t}u(t)-\mathrm{e}^{-(t-T)}u(t-T)$；

(5) $\left(\dfrac{1}{3}-\dfrac{1}{3}\mathrm{e}^{-3t}\right)u(t)-\left[\dfrac{1}{3}-\dfrac{1}{3}\mathrm{e}^{-3(t-2)}\right]u(t-2)$；

(6) $tu(t)-2(t-1)u(t-1)+(t-2)u(t-2)$；

(7) $\dfrac{t^2}{2}u(t)-(t-2)^2u(t-2)+\dfrac{1}{2}(t-4)^2u(t-4)$；

(8) $\dfrac{1}{4}[1-\cos(t-1)]u(t-1)$；

(9) $\dfrac{1}{3}(\cos t-\cos 2t)$；

(10) $\dfrac{1}{2}[(t-T)^2\mathrm{e}^{-(t-T)}]u(t-T)$；

4.9 (1) $\dfrac{1}{2}t^2u(t)$；　(2) $\delta(t)-2\mathrm{e}^{-t}u(t)+t\,\mathrm{e}^{-t}u(t)$；

(3) $\left(\dfrac{1}{4}-\dfrac{1}{4}\cos 2t+\dfrac{1}{2}\sin 2t\right)u(t)$；　(4) $\dfrac{1}{2}[1-\mathrm{e}^{-2(t-2)}]u(t-2)$。

4.10 (1) $f(0_+)=1, f(\infty)=0$；　(2) $f(0_+)=0, f(\infty)=0$；

(3) $f(0_+)=0, f(\infty)=0$；　(4) $f(0_+)=2, f(\infty)=0$。

4.11 (1) $y_x(t)=(5\mathrm{e}^{-2t}-4\mathrm{e}^{-3t})u(t), y_f(t)=\left(\dfrac{1}{2}-\dfrac{3}{2}\mathrm{e}^{-2t}+\mathrm{e}^{-3t}\right)u(t)$；

(2) $y_x(t)=(\mathrm{e}^{-2t}-\mathrm{e}^{-3t})u(t), y_f(t)=\left(\dfrac{3}{2}\mathrm{e}^{-t}-3\mathrm{e}^{-2t}+\dfrac{3}{2}\mathrm{e}^{-3t}\right)u(t)$。

4.12 (1) $\dfrac{1}{2}(1+\mathrm{e}^{-2t})u(t)$；　(2) $\mathrm{e}^{-2t}u(t)$；

(3) $(1-t)e^{-2t}u(t)$；　　(4) $\frac{1}{4}(2t+1-e^{-2t})u(t)$。

4.13 (1) $y_x(t)=(e^{-t}-e^{-2t})u(t)$，$y_f(t)=(2-3e^{-t}+e^{-2t})u(t)$；

(2) $y_x(t)=(3e^{-t}-2e^{-2t})u(t)$，$y_f(t)=[3e^{-t}-(2t+3)e^{-2t}]u(t)$；

(3) $y_x(t)=(4e^{-t}-3e^{-2t})u(t)$，$y_f(t)=(2-3e^{-t}+e^{-2t})u(t)$；

(4) $y_x(t)=(3e^{-t}-2e^{-2t})u(t)$，$y_f(t)=[3e^{-t}-(2t+3)e^{-2t}]u(t)$；

4.14 $y(t)=(14e^{-t}-5t\,e^{-t}-14e^{-2t})u(t)$。

4.15 $u_C(t)=(1+t)e^{-t}u(t)$。

4.16 $i_1(t)=\frac{3}{2}e^{-\frac{7}{2}t}u(t)$，$i_2(t)=-i_1(t)$；

$u_L(t)=-3.5\delta(t)-\frac{9}{4}e^{-\frac{7}{2}t}u(t)$。

4.17 $i(t)=\frac{3}{2}E\delta(t)+\frac{E}{9}e^{-\frac{1}{3}t}u(t)$，$u_R(t)=\frac{E}{3}e^{-\frac{1}{3}t}u(t)$。

4.18 $u_C(t)=(3e^{-\frac{3}{2}t}-3e^{-2t})u(t)$。

4.19 $y(t)=[3.5-(2.5t+1.5)e^{-2t}]u(t)$。

4.20 (1) $h(t)=(-2e^{-t}+3e^{-2t})u(t)$，

$g(t)=(-1+2e^{-t}-e^{-3t})u(t)$。

(2) $h(t)=\frac{2}{\sqrt{3}}e^{-\frac{t}{2}}\cos\left(\frac{\sqrt{3}}{2}t-60°\right)u(t)$，

$g(t)=[1-\frac{2}{\sqrt{3}}e^{-\frac{t}{2}}\cos\left(\frac{\sqrt{3}}{2}t+30°\right)]u(t)$。

4.21 (1) $y_x(t)=(4e^{-2t}-3e^{-3t})u(t)$；

(2) $y_x(t)=\frac{1}{2}\sin 2t\,u(t)$；

(3) $y_x(t)=(3-3e^{-t}+e^{-2t})u(t)$。

4.22 $g(t)=(1-e^{-2t}+2e^{-3t})u(t)$。

4.23 (1) $\frac{2s-4}{(s+1)(s^2+4)}$；(2) $\frac{-2(s+1)^2}{s^2(s^2+2s+2)}$。

4.24 $h(t)=2\delta'(t)-2\delta(t)+2e^{-t}u(t)$。

$g(t)=2\delta(t)-2e^{-t}u(t)$。

4.25 $h(t)=\frac{1}{2}\delta(t)-\frac{1}{24}e^{-\frac{t}{4}}u(t)$，$g(t)=\frac{1}{6}(2+e^{-\frac{t}{4}})u(t)$。

4.26 (1) $H(s)=\frac{s-2}{s+2}$；

(2) $h(t)=\delta(t)-4e^{-2t}u(t)$，$g(t)=(-1+2e^{-2t})u(t)$；

(3) $y_f(t)=\begin{cases}1-t-e^{-2t} & 0\leqslant t\leqslant 2\\ -(3+e^{-4})e^{-2(t-2)} & t>2\end{cases}$。

4.27 (1) $\frac{s+2}{s^2+5s+4}$；(2) $\frac{s}{s^2+2s+2}$。

4.28 $|H(j1)|=\frac{8}{5}$。

4.29 $H(s)=\frac{4s^3+8s^2+s+4}{s(s^2+2s+2)}$。

4.30 (1) $H(s)=\frac{2}{s+2}$, $H(j\omega)=\frac{2}{j\omega+2}$,低通;

(2) $H(s)=\frac{6(1-s)}{(s+3)(s+2)}$, $H(j\omega)=\frac{6(1-j\omega)}{(j\omega+3)(j\omega+2)}$。

4.31 (1) $H(s)=\frac{s}{s+2}$,高通;

(2) $H(s)=\frac{s-2}{s+2}$,全通。

4.32 (1)稳定,(2)、(3)、(4)均不稳定。

4.34 $H(s)=\frac{H_1H_2H_3H_4H_5}{1+H_2G_2+H_3H_4G_3+H_2H_3H_4G_3+H_4G_4+G_5+H_2H_3H_4G_{11}G_4+H_2G_1G_5}$。

4.35 (1) $\frac{2s^2-1}{s^3+4s^2+5s+6}$; (2) $\frac{3s+2}{s^3+3s^2+2s}$。

习 题 5

5.2 (1) $y(n)=\left(\frac{1}{3}\right)^n u(n)$ (2) $y(n)=\left[-\frac{1}{2}\left(\frac{1}{3}\right)^n+\frac{3}{2}\right]u(n)$;

(3) $y(n)=\delta(n)+\frac{4}{3}\delta(n-1)+13\left(\frac{1}{3}\right)^n u(n-2)$。

5.3 $y(n)=\left(\frac{1}{3}\right)^{n-1}u(n-1)$

5.5 (1) $H(E)=\frac{cE+d}{E^2-aE-b}$; (2) $H(E)=\frac{E^2+E}{E^2-2}$;

(3) $H(E)=\frac{E-2}{E^2+5E+6}$; (4) $H(E)=\frac{E^2+3E}{E^3+4E^2+5}$;

(5) $H(E)=\frac{E^3}{E^3-2E^2-5E+6}$。

5.6 $y(n)=\begin{cases}0 & n<0,n>10\\ 2^{n+1}-1 & 0\leqslant n\leqslant 4\\ 2^{n+1}-2^{n-4} & 5\leqslant n\leqslant 6\\ 2^7-2^{n-4} & 7\leqslant n\leqslant 10\end{cases}$。

5.7 (1) $y(n)=\left(\frac{1}{2}\right)^n u(n)$; (2) $y(n)=\left(-\frac{1}{3}\right)^{n+1}u(n)$;

(3) $y(n)=[2(-1)^n-4(-2)^n]u(n)$; (4) $y(n)=(1+2n)(-1)^n u(n)$;

(5) $y(n)=[3^n-2^n-n2^n]u(n)$。

5.8 (1) $y(n)=\frac{(b^{n+1}-a^{n+1})}{b-a}u(n)$; (2) $y(n)=[2-(0.5)^n]u(n)$;

(3) $y(n)=2u(n)+2^{n+1}u(-n-1)$;

(4) $y(n)=\left[-\frac{8}{3}\left(\frac{1}{5}\right)^n-\frac{10}{3}\left(\frac{1}{2}\right)^n+5\left(\frac{1}{4}\right)^n\right]u(n)$。

(5) $y(n)=1.5\left[(-1)^n+\left(\frac{1}{3}\right)^{n+1}\right]u(n)$。

5.9 (1) $h(n)=\left[-\frac{1}{6}+\frac{4}{15}(-2)^n+\frac{9}{10}(3)^n\right]u(n)$;

(2) $h(n)=4\delta(n)+2n\left(\frac{1}{2}\right)^{n-1}u(n)-4\left(\frac{1}{2}\right)^n u(n)$;

(3) $h(n)=\begin{cases}-1 & n=0\\ -0.5 & n=1\\ 106\left(\frac{1}{3}\right)^n-431\left(\frac{1}{6}\right)^n & n\geqslant 2\\ 0 & \text{其他}\end{cases}$;

(4) $h(n)=\begin{cases}0 & n<0\\ \left(\frac{\sqrt{2}}{2}\right)^n\cos\left(\frac{n\pi}{2}\right) & n\geqslant 0\end{cases}$。

5.10 $h(n)=h_1(n)+[h_2(n)+h_3(n)*h_4(n)]*h_5(n)$。

5.11 (1) $y(n)=\{1,3,7,13,13,12,10,6\}_0$;

(2) $y(n)=\{1,3,7,13,13,12,10,6\}_1$。

5.12 (1) $y_x(n)=2(\sqrt{2})^n\sin\left(\frac{3\pi}{4}n\right),n\geqslant 0$;

(2) $y_x(n)=(1-2n)(-2)^n,n\geqslant 0$。

5.13 (1) $h(n)=\left[25\left(\frac{1}{2}\right)^{n-1}-14\left(-\frac{3}{5}\right)^{n-1}\right]u(n-1)$;

(2) $y_f(n)=\left[41.25-50\left(\frac{1}{2}\right)^n+8.75(-0.6)^n\right]u(n-1)-$

$\left[41.25-50\left(\frac{1}{2}\right)^{n-8}+8.75(-0.6)^{n-8}\right]u(n-8)$。

5.14 $y(n)=2\left[1-\left(\frac{1}{2}\right)^{n+1}\right]u(n)+\left[1-\left(\frac{1}{2}\right)^n\right]u(n-1)$。

5.15 (1) $y_x(n)=(-2)^n,n\geqslant 0$; (2) $y_x(n)=2^n-1,n\geqslant 0$;

(3) $y_x(n)=(-1)^n-(-2)^n,n\geqslant 0$; (4) $y_x(n)=\frac{5}{3}(0.2)^n-\frac{2}{3}(-1)^n,n\geqslant 0$;

(5) $y_x(n)=2^n\left[\cos\left(\frac{2\pi}{3}n\right)+\sqrt{3}\sin\left(\frac{2\pi}{3}n\right)\right],n\geqslant 0$。

5.17 $y_x(n)=6(0.5)^n+(0.2)^n,n\geqslant 0$;

$y_f(n)=12.5-[5(0.5)^n+0.5(0.2)^n]u(n)$;

$y(n)=12.5+[(0.5)^n+0.5(0.2)^n]u(n)$。

5.18 (1) $y_x(n)=\delta(n-1)+\delta(n-2)+[1.5+0.5(-1)^{n-3}]u(n-3)$;

(2) $H(E)=1+E^{-1}+E^{-2}=\frac{E^2+E+1}{E^2}$。

5.19 (1) $y_x(n)=-4(2)^n+4, n\geqslant 0$;

(2) $h(n)=[3(2)^n-2]u(n)$, $g(n)=[3(2)^{n+1}-5]u(n)$;

(3) $y_f(n)=[-(2)^n-2]u(n)$, $y(n)=[-5(2)^n+2]u(n)$。

习 题 6

6.1 (1) $\dfrac{1}{1-\frac{1}{2}Z^{-1}}$, $|Z|>\dfrac{1}{2}$;

(2) $-\dfrac{1}{1-2Z^{-1}}+\dfrac{1}{1-\frac{1}{3}Z^{-1}}, \dfrac{1}{3}<|Z|<2$;

(3) $Z, |Z|<+\infty$;

(4) $\dfrac{2Z-(2Z)^5}{1-2Z}+\dfrac{1}{1-\frac{1}{2}Z^{-1}}, \dfrac{1}{2}<|Z|$;

(5) $\dfrac{1}{1+Z}, |Z|<1$

(6) $4Z^2+2Z+\dfrac{1}{1-\frac{1}{2}Z^{-1}}, |Z|<\dfrac{1}{2}$;

(7) $1-\dfrac{1}{2}Z^{-3}, |Z|>0$;

(8) $\dfrac{1-\left(\frac{1}{3}Z^{-1}\right)^{10}}{1-\frac{1}{3}Z^{-1}}, |Z|>0$;

(9) $-\dfrac{1}{1+2Z^{-1}}, |Z|<2$;

(10) $\dfrac{-2Z}{(Z-1)^3}, |Z|<1$。

6.3 (1) $\delta(n)$;

(2) $\delta(n+3)$;

(3) $\delta(n-1)$;

(4) $2\delta(n+1)+\delta(n)-2\delta(n-2)$;

(5) $a^n u(n)$;

(6) $-a^n u(-n-1)$。

6.4 (1) $X(Z)=\dfrac{Z^2}{Z^2-1}, |Z|>1$;

(2) $X(Z)=\dfrac{Z-2Z^3+Z^{-7}}{Z-1}, |Z|>1$;

(3) $X(Z)=-\dfrac{Z}{(Z+1)^2}, |Z|>1$;

(4) $X(Z)=\dfrac{1}{(Z-1)^2}, |Z|>1$;

(5) $X(Z)=\dfrac{2Z}{(Z-1)^3}, |Z|>1$;

(6) $X(Z)=\dfrac{Z+1}{(Z-1)^3}, |Z|>1$;

(7) $X(Z)=\dfrac{Z^4-4Z+3}{Z^3(Z-1)^2}, |Z|>1$;

(8) $X(Z)=\dfrac{Z^2}{Z^2+1}, |Z|>1$;

(9) $X(Z)=\dfrac{4Z^2}{4Z^2+1}, |Z|>\dfrac{1}{2}$;

(10) $X(Z)=\sqrt{2}\,\dfrac{2Z^2+Z}{4Z^2+1}, |Z|>\dfrac{1}{2}$。

6.5 (1) $x(0)=1$; (2) $x(0)=1$; (3) $x(0)=1$。

6.7 (1) $x(\infty)=0$; (2) $x(\infty)=2$; (3) $x(\infty)$ 不存在。

6.8 (1) $x(n)=(0.5)^n u(n)$;

(2) $x(n)=2\delta(n)+(-0.5)^n u(n)$ 或 $x(n)=3\delta(n)+(-0.5)^n u(n-1)$。

(3) $x(n)=\dfrac{1}{a}\delta(n)+\left(a-\dfrac{1}{a}\right)a^n u(n)$;

(4) $x(n)=[-(-1)^n+2(-2)^n]u(n)$;

(5) $x(n)=\frac{1}{2}\delta(n)+\left[-(-1)^n+\frac{3}{2}(-2)^n\right]u(n)$；

(6) $x(n)=\left[4-3\left(\frac{1}{2}\right)^n-\frac{1}{2}n\left(\frac{1}{2}\right)^n\right]u(n)$；

6.9　(1)右边序列 $x(n)=\left[-\left(\frac{1}{2}\right)^n+2^n\right]u(n)$；

(2)左边序列 $x(n)=\left[\left(\frac{1}{2}\right)^n-2^n\right]u(-n-1)$；

(3)双边序列 $x(n)=-\left(\frac{1}{2}\right)^n u(n)-2^n u(-n-1)$。

6.10　(1) $x(n)=\frac{1-a^{n+1}}{1-a}u(n)$；

(2) $x(n)=a^{n-2}u(n-2)$；

(3) $x(n)=\frac{1-a^{n+1}}{1-a}u(n)-\frac{1-a^{n-N+1}}{1-a}u(n-N)$；

(4) $x(n)=\begin{cases}(n+1)a^n & a=b\\ \dfrac{a^{n+1}-b^{n+1}}{a-b} & a\neq b\end{cases}$；

(5) $x(n)=\left[\frac{\frac{1}{a}}{\left(1-\frac{1}{a}\right)^2}a^n+\frac{1}{(1-a)^2}+\frac{1}{1-a}n\right]u(n)$。

6.12　(1) $y(n)=(0.9)^{n+1}u(n)$；

(2) $y(n)=[2(-1)^n+4(2)^n]u(n)$；

(3) $y(n)=[-(-1)^n+2^n]u(n)$；

(4) $y(n)=[-(-1)^n+2^n]u(n)$。

6.13　(1) $y(n)=[1+0.9(0.9)^n]u(n)$；

(2) $y(n)=\left[\frac{1}{6}+\frac{1}{2}(-1)^n-\frac{2}{3}(-2)^n\right]u(n)$；

(3) $y(n)=\left[-\frac{1}{2}+\frac{1}{2}(-1)^n+2^n\right]u(n)$；

(4) $y(n)=[0.05\times 3^n-0.25(-1)^n+0.2(-2)^n]u(n)$；

6.14　$y_x(n)=\left[\frac{1}{2}(-1)^n-2^n\right]u(n)$；

$y_f(n)=\left[-\frac{1}{2}+\frac{1}{6}(-1)^n+\frac{4}{3}2^n\right]u(n)$；

$y(n)=\left[-\frac{1}{2}+\frac{2}{3}(-1)^n+\frac{1}{3}2^n\right]u(n)$；

6.15　$y_x(n)=[-2(0.2)^n+3(0.5)^n]u(n)$；

$y_f(n)=[-40(0.4)^n-10(0.2)^n+50(0.5)^n]u(n)$；

$y_f(n)=[-40(0.4)^n-12(0.2)^n+53(0.5)^n]u(n)$。

6.16　(1)是；(2)否；(3)否；(4)否。

6.17 $h(n)=(-3)^n u(n)$;

$y(n)=\left[\frac{3}{16}-\frac{3}{16}(-3)^n+\frac{1}{4}n\right]u(n)$。

6.18 (1) $H(Z)=\dfrac{\frac{1}{3}}{1-2Z^{-1}}, h(n)=\frac{1}{3}(2)^n u(n)$;

(2) $H(Z)=1-5Z^{-1}+8Z^{-3}, h(n)=\delta(n)-5\delta(n-1)+8\delta(n-3)$;

(3) $H(Z)=\dfrac{1}{1-0.5Z^{-1}}, h(n)=(0.5)^n u(n)$;

(4) $H(Z)=\dfrac{1}{(1-Z^{-1})^3}, h(n)=\frac{1}{2}(n+1)(n+2)u(n+2)$;

(5) $H(Z)=\dfrac{1-3Z^{-2}}{1-5Z^{-1}+6Z^{-2}}; h(n)=[2(3)^n-\frac{1}{2}2^n]u(n)$。

6.19 (1) $H(Z)=\dfrac{1}{1+Z^{-1}}, h(n)=(-1)^n u(n)$，系统不稳定。

(2) $y(n)=5[1-(-1)^{n+1}]u(n)$。

6.20 $H(Z)=\dfrac{2+0.5Z^{-2}}{1+Z^{-1}-0.75Z^{-2}}$。

$y(n)+y(n-1)-0.75y(n-2)=2x(n)+0.5x(n-2)$。

6.21 $y_f(n)=\left[\frac{5}{4}(-1.5)^n-\frac{1}{4}(0.5)^n+n(0.5)^n\right]u(n)$。

6.22 $y_f(n)=(n+1)(0.5)^n u(n)$。

6.23 (1) $H(Z)=\dfrac{2Z+1}{Z(Z+0.1)}$。

(2) $h(n)=10\delta(n-1)-8(-0.1)^{n-1}u(n-1)$。

(3) $y(n)+0.1y(n-1)=2x(n-1)+x(n-2)$。

6.24 $y_f(n)=\left[-\frac{1}{2}(-1)^n+\frac{1}{2}+n\right]u(n)-\left[-\frac{1}{2}(-1)^{n-2}+\frac{1}{2}+(n-2)\right]u(n-2)$。

6.25 $x(n)=(n+1)u(n)$。

6.26 $H(e^{j\omega})=\dfrac{1}{4}\dfrac{e^{j\omega}-e^{-j3\omega}}{e^{j\omega}-1}$。

6.28 $y_f(n)=nu(n)$;

$y_x(n)=(-2+2^n)u(n)$。

6.29 $H(e^{j\omega})=-2+\dfrac{\frac{3}{2}}{1-\frac{1}{4}e^{-j\omega}}$。

6.30 系统不稳定。

6.31 (1) $H(Z)=\dfrac{Z^{-1}}{1-\frac{3}{2}Z^{-1}-Z^{-2}}$;

(2) $|Z| > 2$ 时, $h(n) = \left[\frac{2}{5}(2)^n - \frac{2}{5}(-0.5)^n\right]u(n)$;

(3) $h(n) = -\frac{2}{5}(2)^n u(-n-1) - \frac{2}{5}(-0.5)^n u(n)$。

6.32 (1) $y(n) - 0.5y(n-2) = x(n)$;

(2) $H(Z) = \frac{Z^2}{Z^2 - 0.5}$;

(3) $y(n) = 4 + \frac{4}{\sqrt{3}}\sin\left(\frac{\pi}{6}n - 30^\circ\right)$ 。

6.33 (1) $0 < k < 1$;

(2) $-5 < k < 3$。

参 考 文 献

[1] 吴大正,杨林耀,张永瑞,等. 信号与线性系统分析[M]. 4 版. 北京:高等教育出版社,2010.
[2] 陈生潭,郭宝龙,李学武,等. 信号与系统[M]. 4 版. 西安:西安电子科技大学出版社,2014.
[3] 郑君里,应启衍,杨为理. 信号与系统[M]. 北京:高等教育出版社,2000.
[4] 陈后金,胡健,薛健. 信号与系统[M]. 2 版. 北京:清华大学出版社,2005.
[5] 范世贵. 信号与系统常见题型解析及模拟题[M]. 西安:西北工业大学出版社,1999.
[6] 胡光锐. 信号与系统[M]. 2 版. 上海:上海交通大学出版社,2009.
[7] 陈生潭. 信号与系统(第四版)习题详解[M]. 西安:西安电子科技大学出版社,2014.
[8] 张永瑞. 信号与系统[M]. 北京:科学出版社,2010.
[9] 张小虹. 信号与系统[M]. 西安:西安电子科技大学出版社,2004.
[10] 孙春霞. 信号与系统[M]. 西安:西安电子科技大学出版社,2008.